# 水电厂电气设备

**SHUIDIANCHANG DIANQI SHEBEI**

张美燕　方勇耕　主编

中国水利水电出版社
www.waterpub.com.cn
·北京·

# 内 容 提 要

本教材简要介绍了电工电子基本知识，介绍了发电机、变压器基本原理，重点介绍了水电厂电气一次设备、交流厂用电、直流厂用电和发电机转子励磁等水电厂电气设备结构原理，对现代水电厂常见微机励磁系统、微机同期装置、微机继电保护、机组 LCU、公用 LCU 等计算机监控设备进行了详细的介绍，系统介绍了水电厂电气设备运行规程和安全运行管理。书中大部分设备配有视图和实物照片，便于读者对视图的读图和识图。

本教材既适用作为高等院校和职业技术学院教材，也适合作为水电厂职工培训、上岗证培训和行业职业技能等级考试教材，还适合作为水电设计人员和水电行业工作人员自学教材。

## 图书在版编目（CIP）数据

水电厂电气设备 / 张美燕，方勇耕主编. -- 北京：中国水利水电出版社，2025. 3. -- ISBN 978-7-5226-2994-0

Ⅰ. TV734.2

中国国家版本馆CIP数据核字第202540E3Z0号

| 书 名 | **水电厂电气设备**<br>SHUIDIANCHANG DIANQI SHEBEI |
|---|---|
| 作 者 | 张美燕 方勇耕 主编 |
| 出版发行 | 中国水利水电出版社<br>（北京市海淀区玉渊潭南路 1 号 D 座　100038）<br>网址：www.waterpub.com.cn<br>E-mail：sales@mwr.gov.cn<br>电话：(010) 68545888（营销中心） |
| 经 售 | 北京科水图书销售有限公司<br>电话：(010) 68545874、63202643<br>全国各地新华书店和相关出版物销售网点 |
| 排 版 | 中国水利水电出版社微机排版中心 |
| 印 刷 | 清淞永业（天津）印刷有限公司 |
| 规 格 | 184mm×260mm　16 开本　24.75 印张　634 千字 |
| 版 次 | 2025 年 3 月第 1 版　2025 年 3 月第 1 次印刷 |
| 定 价 | **78.00 元** |

# 前　言

　　为实现我国在联合国大会上承诺的 2030 年前碳排放达到峰值和 2060 年前实现碳中和的"双碳"庄重宣言，大力发展可再生能源的水力发电、风力发电和太阳能发电势在必行。截至 2024 年年底，我国可再生能源装机容量达到 18.89 亿 kW，连续两年可再生能源装机容量超越火电装机容量。其中，水电装机容量 4.36 亿 kW，风电装机容量 5.21 亿 kW，太阳能发电装机容量 8.87 亿 kW，生物质发电装机容量 0.45 亿 kW。水力发电作为成熟、理想的可再生能源发电方式，不但单机容量和总装机容量大或特大，而且同步发电机的水力发电模式更适合电网频率和电压调整。水力发电将水能转换成电能的效率可达 80% 以上，几乎是风力发电或太阳能发电的 2～3 倍。我国水力发电技术已处于世界顶尖水平，墨脱水电站、白鹤滩水电站和三峡水电站等世界超大型水电站不断建成和投产，无论是机组单机容量还是总装机容量都是世界一流水平。

　　水电厂是通过水力生产电能的工厂，6.3kV～35kV，甚至是 110kV、220kV 等电气设备，压力油箱和高速旋转的水轮发电机组等动力设备，都属于水电厂高危重要设备。水力发电生产一旦发生事故，强大的高压电在极短时间内能将设备损坏或对人身造成伤害，因此扎实掌握水电厂电气设备和动力设备专业技术是每个水力发电从业人员必须具备的素质。

　　面对日益严峻的就业形势，对高等院校和职业技术学院的学生来讲，如何使学生尽量在学校就能掌握现场新设备新技术，使学生进入岗位能尽早适应，提高学校在社会和用人单位中的知名度和口碑，急需一套反映现行生产新设备新技术、理论联系实际的应用型专业技术教材。面对新设备新技术在新建水电厂投运和老电厂旧设备的更新改造，对水电厂职工培训、上岗证培训和行业考工来讲，也急需一套反映现行实际运行新设备新技术的应用型教材。编者自 1970 年开始从事水电工程建设，1978 年开始从事水电专业教学，1996 年在高校教学同时开始从事水电厂现场职工培训，前后近六十次现场职工培训和上岗证培训，在多年高校教学科研和现场职工培训的基础上，自 2002 年开始编写本教材，一边高校教学科研，一边现场培训收集资料，不断修改完善推敲充实书稿，历经二十二年的精雕细琢，潜心二十二年的精磨一剑，把五十三年职业在专业方面所有的心得、体会、感悟和经验都写进了教材，终于成就了这套集编者毕生专业精华的《水电厂电气设备》和《水电厂动力设备》水电厂机电设备教材。

本教材编写思路是以设备和技术为核心，理论介绍都是围绕设备和技术所需知识点展开，以通俗易懂的语言或比喻，点到为止，够用为度。本教材最大特点是教材中许多设备照片都来自编者长期现场培训一路拍摄的现场设备，有的设备照片是编者在设备安装检修和调试打开时拍摄的，是运行时看不到的内部结构，有的设备照片是生产厂家随设备带来的产品说明书中精美彩色图片和非常难得见到又非常容易看懂的彩色立体剖视图片。所有技术规范来自于最具有权威性的设备生产厂家产品说明书或设计院技术说明书。编者只是将几十年来收集到的水电厂、设备生产厂家和设计院的照片、图纸和文字资料整合成这套书，因此具有首创性、唯一性和权威性。一部分技术要领和专业诀窍是编者几十年工作经验的积累和总结。大部分照片、图纸和资料首次公开面市，特别珍贵实用。本教材是读者工作中能随时翻阅对照的专业技术手册和图册。

本教材在水电厂计算机控制及二次回路方面的介绍不求类型多，只对一个实际在运行的典型水电厂计算机控制及二次回路的全套图纸进行详细剖析学深讲透。整套教材的计算机控制及二次回路图纸是一个完整的系统，不同图纸中的回路号和元件号相互有联系有指向，目的是帮助读者熟练掌握一个完整的水电厂计算机控制及二次回路系统，培养读者独立思考举一反三的能力，学会分析问题、解决问题的方法。随着计算机控制和通信技术的发展，以及 AI 技术在水电厂的运用，很多水电厂将中央控制室搬到远离水电厂的城市中心，对水电厂进行长距离的远控，实现水电厂现场"无人值班，少人值守"的智能电厂。

教材每章最后配有四种题型的习题，每章习题所涉及的内容就是本章要求重点掌握的知识，读者可以反复练习，每本书的最后配有所有习题的参考答案，可供教师试卷出题参考用及读者自己练习提升用。附赠的数字资源中与正文匹配的彩色图库，延伸和扩展了书本知识面。

本教材由浙江水利水电学院张美燕和方勇耕任主编，相互配合共同合作完成。感谢浙江水利水电学院的领导和同事的大力支持和帮助，感谢相关水电厂、设备生产厂家和设计院提供的大量照片、图纸、产品说明书和设计说明书。由于编者水平有限，书中有不妥或错误之处，敬请读者批评指正。

编者

2025 年 1 月

# 目 录

# 第一章　电气技术基础知识

水电站的大坝和引水建筑物将具有足够压力和流量的水流引到水电厂厂房内，水电厂是将水能转换成电能的能量转换工厂，能量转换过程所需要的机电设备分电气设备和动力设备两大部分。

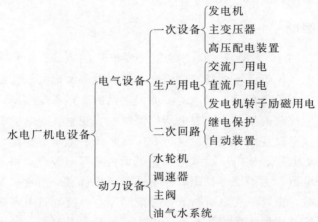

本书介绍了水电厂机电设备中的电气设备。水轮机将水能转换成旋转机械能，再由发电机将旋转机械能转换成电能。水轮机和发电机组成水轮发电机组，称水电厂的主机，水轮发电机组是水电厂的核心设备。水电厂在电能生产、分配和输送过程中涉及许多电工学原理和电子技术理论，本章从应用技术的角度，介绍直流电、交流电的基本概念，介绍发电机、变压器的基本原理，简述电力电子整流技术及模拟电子电路、数字电子电路的基本概念，为电气设备知识的学习提供完整的知识平台。

## 第一节　发电厂与电力系统

### 一、水电厂电气设备组成

水电厂电气设备的任务是进行电能的生产、输送、分配以及对机电设备的保护、控制，其主要由发电机、主变压器、高压配电装置、厂用电系统以及继电保护和自动装置组成，是水电厂的重要设备。水电厂电气设备由电气一次设备、电气二次回路和生产用电三大部分组成。

1. 电气一次设备

直接进行电能生产、输送、升压、分配的设备称为电气一次设备。电气一次设备按工作电压的等级来分属于高压设备。其按所担任的任务不同分为发电机、主变压器和高压配电装置三部分。高压配电装置又由断路器、隔离开关、电压互感器、电流互感器、熔断器和避雷器组成。

**2. 电气二次回路**

凡是对电气一次设备、动力设备和生产用电系统进行监测、显示、保护和控制的设备称电气二次设备。二次设备元件的功能往往需要用一定的回路连接这些设备元件来实现，因此二次设备又称二次回路。现代水电厂将电气二次回路中许多继电器和靠回路建立的逻辑功能用可编程控制器（PLC）的微机来实现，使得许多继电器消失及二次回路大大简化。水电厂电气二次回路由继电保护和自动装置组成。

**3. 生产用电**

凡是为发电厂生产电能所需要的电源称生产用电。水电厂生产用电包括交流厂用电、直流厂用电和发电机转子励磁用电三大块。

## 二、电力系统组成

电力系统示意图如图1-1所示。电力系统由发电厂的电源、电网和负荷三大块组成，电源将非电能转换成电能，负荷将电能转换成非电能，电源发出的电能必须通过电网输送才能到达成千上万不同地方的负荷处。电网的实体或电网的支点是变电所，电网除了变电所就是四通八达的高压输电线路的架空线。变电所作为输电、变电、配电的枢纽，在收集电源生产电能的同时向用户供电。变电所对电能进行升压或降压、汇集或分配。电力系统是通过电网连接所有水电厂、火电厂、核电厂、风电场、光伏电站等电源点，将各电源点的电能收集到电源中心的升压变电所，为了便于长距离输送还需要进行进一步逐级升压，在电能输送接近城市负荷中心附近时，由降压变电所再逐级分配降压，最终通过电网将电能送入所有的工矿企业、文教科研场所及居民小区等负荷点。电力系统是集发电、输电、变压、配电、供电的一体化系统，其中从电源到升压变电所或从升压变电所到升压变电所之间的电力线路称输电线路，从降压变电所到降压变电所或从降压变电所到负荷之间的电力线路称配电线路。

电网负荷侧单独直接向一个或一片用电负荷供电的降压变压器称为终端变压器。从电源出口升压变压器经电网到终端变压器之间全都是用电力线路连接的主变压器；主变压器和终

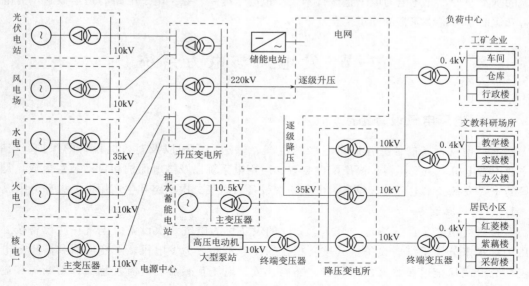

图1-1　电力系统示意图

端变压器统称为电力变压器。主变压器不直接向用电负荷供电，主变压器不是升压变压器就是降压变压器。任何变压器一侧是电源侧，另一侧是负荷侧。本级主变压器是上一级主变压器的负荷，同时又是下一级主变压器的电源。电网中的电源输出电能经电源出口主变压器升压送至电源中心的升压变电所，再经输电线路上的升压变电所的主变压器逐级升压到更高的电压等级。到负荷中心附近由配电线路上的降压变电所的主变压器逐级降压，最后由终端变压器降压后向工业和民用负荷提供电能。例如，发电厂出口主变压器将发电机 6.3kV 或 10.5kV 的机端电压升压成 35kV、110kV 或 220kV，电源中心的升压变电所将各发电厂送来的电能进行汇集并逐级升压到 110kV、220kV、500kV，甚至 1000kV。长距离输送到负荷中心附近的降压变电所将电能进行分配，并将 500kV、220kV、110kV 电压等级逐级降压。只有到了终端变压器才直接面对工业负荷或民用负荷。矿山石化企业大功率的破碎机、皮带机、压缩机及火电厂内的给水泵和鼓风机等都需要高压三相电动机，因此高压负荷的终端变压器的高压侧电压为 35kV 或 110kV，低压侧电压为 6kV 或 10kV。大多数工矿企业的三相电动机为 380V，生活工作单相民用负荷为 220V，因此低压负荷的终端变压器的高压侧为 10kV 或 20kV，低压侧电压为三相四线制的 220V/380V。随着人民生活水平的快速提高，民用负荷的用电量急剧增大，低压负荷的 10kV 线路和终端变压器已经无法满足供电需求，目前低压负荷的 20kV 线路和终端变压器有逐步取代 10kV 线路和终端变压器的趋势。20kV 线路和终端变压器的负荷输送功率增加一倍，输送同样的负荷功率，线路供电输送距离增加一倍。抽水蓄能电站的可逆机组在电网负荷低谷时抽水蓄能作为负荷用电运行，在电网负荷高峰时放水发电作为电源发电运行，对电网能起到削峰填谷的作用，减少对火电厂、核电厂机组发电功率的频繁调整，从而改善火电厂、核电厂和电网运行的经济效益。光伏电站和风电场等发电功率不稳定的新能源大规模进入电网，对电网频率造成极大冲击，大规模储能电站应运而生。储能电站在新能源发电功率高峰时吸收储存电能，在新能源发电功率低谷时输出释放电能，从而稳定电网频率。当然功率巨大的抽水蓄能电站与新能源发电配合，同样也能有效稳定电网频率。

每一个电网都有一个电力中心调度所，电力中心调度所的任务是通过通信对电力系统的发电厂（新能源发电功率不可调）和变电所下达调度指令，对发电、输电、配电、供电进行协调，保证发电和用电的供需平衡，确保电网的电压、频率稳定和经济、安全运行。我国按行政区域划分为若干个地区大电网，例如东北电网、南方电网、华中电网等，每一个电网都有一个电力中心调度所。例如华东电网有一个位于上海的华东电网电力中心调度所（称网调），负责对整个华东电网进行调度和协调。华东电网下属的浙江省电网有一个位于杭州的浙江省电力中心调度所（称省调），负责对浙江电网进行调度和协调。浙江省电网下面的地（市）、县电网又有地（市）电力中心调度所（称地调或区调）和县电力中心调度所（称县调），负责对地（市）、县电网进行调度和协调。

# 第二节 直流电实用技术

## 一、电流的定义和表达式

电流的定义为单位时间流过导线截面的正电荷量。设流过导线截面的电荷量随时间恒定

不变，并且在 $t$ 秒的时间内流过导线截面的电荷量为 $Q$（图 $1-2$），则根据电流的定义，电流可以表示为

$$I = \frac{Q}{t} \tag{1-1}$$

流动大小和流动方向都不随时间变化的电流称直流电流，用大写字母"$I$"表示。如果通过导线截面的电荷量随时间变化，设在极短时间 $\Delta t$ 内通过导线截面的电荷量为 $\Delta q$，根据电流的定义，该时段的变化电流平均值

$$i = \frac{\Delta q}{\Delta t}$$

当时间 $\Delta t$ 趋向无限小时，$\Delta q / \Delta t$ 就是这个瞬间的电流变化精确值 $i$，这就是高等数学的极限概念，表达式为

$$i = \frac{\mathrm{d}q}{\mathrm{d}t} \tag{1-2}$$

实际中遇到最多的变化电流是按正弦规律变化的交流电流。交流电流不但大小随时间变化，而且流动方向也交替变化（图 $1-3$）。

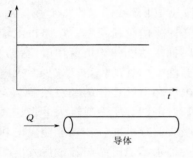

图 1-2　直流电流

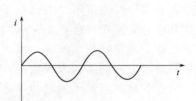

图 1-3　正弦交流电流波形

用直流电流和交流电流分别流过电灯来比较两者的不同之处如图 $1-4$ 所示，直流电流流过电灯时，始终从 a 点流到 b 点，电流的大小和流动的方向始终不变 [图 $1-4$（a）]。交流电流流过电灯时，在交流电流变化的一个周期 0.02s 时间内，1/2 周期时间内电流方向从 a 点流到 b 点（电流为正），电流大小按正弦规律从零变大到最大值再变小到零。1/2 周期时间内电流方向从 b 点流到 a 点（电流为负），电流大小按正弦规律从零变大到最大值再变小到零 [图 $1-4$（b）]。每个周期 0.02s 内电流方向正负交变一次，两次最大值，两次为零。即每秒钟电流正反方向流动变化 50 次，每秒钟

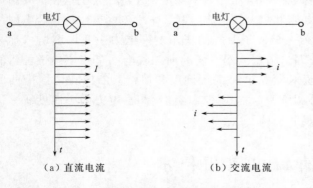

（a）直流电流　　　　（b）交流电流

图 1-4　直流电流与交流电流流动比较

电流 100 次最大值，100 次为零，电灯每秒钟 100 次最亮，100 次熄灭。由于人的视觉有惰性，电灯这么快速的闪烁，视觉感觉不出来。

## 二、矢量和标量

平时在工作和生活中遇到的电流、电压、电动势、时间、温度、长度、质量、速度和力等所有物理量，按照物理量表现的物理特征不同，可以分为矢量和标量两大类。

1. 矢量的物理特性

矢量所表现的物理特征不但与物理量的大小有关，而且还与物理量的方向有关。例如用20N的力垂直方向推动放在水平面上的物体，该物体肯定不会运动。同样，用20N的力水平方向推动放在水平面上的物体，该物体有可能运动。又如用0.5m/s的速度向着家的方向行进，有可能回到家，同样用0.5m/s的速度背着家的方向行进，肯定回不到家。说明力和速度等物理量的物理特征不但与物理量的大小有关，还与物理量的方向有关。加速度也属于矢量。

2. 标量的物理特性

标量所表现的物理特征只与该物理量的大小有关，与该物理量的方向无关。例如2A的电流从导线的上端垂直向下流过电灯与从导线的下端垂直向上流过电灯，其产生的物理特征即电灯的亮度是一样的，因此电流的物理特征只与电流的大小有关，与电流流动的方向无关，平时讲的电流方向指的是电流流动的方向。又例如一根2m长的竹竿，垂直放置测量长度是2m，水平放在地上测量长度还是2m。说明长度物理量的物理特征只与物理量的大小有关，与物理量的方向无关。生产和生活中遇到的能量、温度、时间、电压、电动势、电功率等都属于标量。

## 三、电压的定义和表达式

在地球周围存在一个看不到、摸不着的重力场（图1-5），在重力场中任何物质 $m$ 都会受到万有引力 $G$ 的作用，在地球表面的万有引力又称重力 $G=mg$，$g$ 为重力加速度。在重力 $mg$ 作用下，所有物质 $m$ 都企图向地球表面靠近，如果物质 $m$ 在重力 $G$ 作用下向靠近地面移动了 $l$ 的距离，则重力所做的功为

$$W=力×距离=mgl$$

说明重力场具有做功的本领，根据物理学功能原理可知，做功的能力是能量，能量是做功的能力。说明地球周围的重力场是具有能量的，重力场的能量称重力场能或位能。

1J的能量等于用1N的力将物体提升1m所做的功。因为做功的能力是能量，所以1J的能量具有用1N的力将物体提升

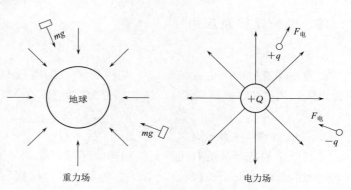

图1-5 重力场和电力场

1m的能力。因为1000g的物质在地球上受到9.81N的重力，所以1N等于101.9g的物质在地球上受到的重力。

在电场中任何带电粒子 $q$ 都会受到电场力 $F_电$ 的作用，同性电荷被作用斥力 $F_电$，异性电荷被作用吸力 $F_电$。在电场力 $F_电$ 的作用下，所有带电粒子 $q$ 都企图向电荷 $Q$ 靠近或远离，

如果带电粒子 $q$ 在电场力 $F_电$ 作用下移动了 $l$ 的路程，则电场力所做的功为

$$W = 力 \times 距离 = F_电 \, l$$

说明电场具有做功的本领，因此电场具有能量，电场的能量称电场能或电能。

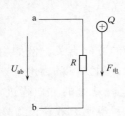

图 1-6　电场力做功

电压的定义为 a、b 两点之间的电压 $U_{ab}$ 等于电场力将单位正电荷从 a 点推到 b 点时所做的功。如果在电场力 $F_电$ 的作用下（图 1-6），将电量为 $Q$ 的正电荷从 a 流过负载 $R$ 推到 b，电场力做功 $W_{ab}$，则根据电压的定义，ab 两端的电压为

$$U_{ab} = \frac{W_{ab}}{Q} \tag{1-3}$$

根据功等于能的功能原理，电压 $U_{ab}$ 等于电场力做功将单位正电荷从 a 点推到 b 点时的能量下降值，负载将电能转换成非电能，例如，电灯将电能转换成光能，电动机将电能转换成机械能等。从能量的角度也可以说，电压 $U_{ab}$ 也等于单位正电荷在 a 点相对于 b 点所具有的能量或具有做功的能力。

因为电压表示的是单位正电荷的能量，所以电压是只有大小没有方向的标量。平时讲的电压方向指的是单位正电荷能量下降的方向，因此电压又可以称为电压降。当电压在电路图中已用箭头标明能量下降的起点和终点时，电压 $U$ 的脚标 ab 可省略不写。有时将单位正电荷能量高的点标"＋"，单位正电荷能量低的点标"－"来表示电压的方向。因为单位正电荷能量高的点又可以称高电位，单位正电荷能量低的点又可以称低电位，所以电路中两点之间的电压降又等于这两点之间的电位差。

因此电压有三种描述方法：a、b 两点之间的电压用做功的角度描述时等于电场力将单位正电荷从 a 点推到 b 点时所做的功。用能量的角度描述时等于单位正电荷在 a 点相对于 b 点所具有的能量。用电位的角度描述时等于 a 点和 b 点之间的电位差。在直流电路中，电压的大小和方向随时间不变，称直流电压，用大写"$U$"表示。在交流电路中，电压的大小和方向随时间按正弦规律变化，称正弦交流电压，用小写"$u$"表示。

## 四、欧姆定律及应用

### 1. 欧姆定律

实验发现流过电阻负载的电流 $I$ 与作用两端的电压 $U$ 成正比，正比系数称"电阻值"简称电阻，用"$R$"表示（图 1-7），单位为"欧姆（Ω）"。欧姆定律表达式为

$$U = IR \tag{1-4}$$

### 2. 并联回路及分流公式

并联电路的特点是所有元件头头相连、尾尾相连，并承受同一个电压。并联电阻的分流如图 1-8 所示，如果总电流为 $I$，根据欧姆定律可知，在电压 $U$ 一定的条件下，如果电阻 $R_2$ 的阻值越大，总电流 $I$ 分流给电阻 $R_2$ 的电流 $I_2$ 越小，分流给电阻 $R_1$ 的电流 $I_1$ 越大；同理，如果电阻 $R_1$ 的阻值越大，总电流 $I$ 分流给电阻 $R_1$ 的电流 $I_1$ 越小，分流给电阻 $R_2$ 的电流 $I_2$ 越大。说明流过本电阻的电流与另一只电阻的阻值成正比。根据此原理，可以先将总电流 $I$ 平均等分成 $R_1 + R_2$ 等份，则流过电阻 $R_1$ 的电流 $I_1$ 与阻值 $R_2$ 成正比，表示为

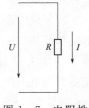

图 1-7　电阻性负载

$$I_1 = \frac{I}{R_1 + R_2}R_2 = I\frac{R_2}{R_1 + R_2} \qquad (1-5)$$

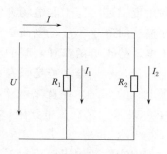

图 1-8 并联电阻的分流

同理，流过电阻 $R_2$ 的电流 $I_2$ 与阻值 $R_1$ 成正比，表示为

$$I_2 = \frac{I}{R_1 + R_2}R_1 = I\frac{R_1}{R_1 + R_2} \qquad (1-6)$$

式（1-5）、式（1-6）称并联电路的分流公式。由分流公式可知，两电阻并联，流过本电阻的电流与另一只电阻阻值成正比。

### 3. 串联回路及分压公式

串联电路的特点是所有元件头尾相连，并流过同一个电流。串联电阻分压如图 1-9 所示，如果总电压为 $U$，根据欧姆定律可知，在电流 $I$ 一定的条件下，如果电阻 $R_1$ 的阻值越大，总电压 $U$ 分配到电阻 $R_1$ 上的电压 $U_1$ 越大，分配到电阻 $R_2$ 上的电压 $U_2$ 越小；同理，

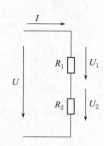

图 1-9 串联电阻
分压

如果电阻 $R_2$ 的阻值越大，总电压 $U$ 分配到电阻 $R_2$ 上的电压 $U_2$ 越大，分配到电阻 $R_1$ 上的电压 $U_1$ 越小。说明分配给本电阻的电压与本电阻的阻值成正比。根据此原理，先将总电压 $U$ 平均等分成 $R_1 + R_2$ 等份，则分配给电阻 $R_1$ 的电压 $U_1$ 与阻值 $R_1$ 成正比，表示为

$$U_1 = \frac{U}{R_1 + R_2}R_1 = U\frac{R_1}{R_1 + R_2} \qquad (1-7)$$

同理，分配给电阻 $R_2$ 的电压 $U_2$ 与阻值 $R_2$ 成正比，表示为

$$U_2 = \frac{U}{R_1 + R_2}R_2 = U\frac{R_2}{R_1 + R_2} \qquad (1-8)$$

式（1-7）、式（1-8）称串联电路的分压公式。由分压公式可知，两电阻串联，分配给本电阻的电压跟本电阻阻值成正比。

### 五、电动势的定义和表达式

电动势的定义为非电场力将单位正电荷从电源负极板 b 推到正极板 a 时所做的功。任何电源都有两个电极（图 1-10），正电荷 $Q$ 在从负极板 b 向正极板 a 移动过程中，会受到正极板上的正电荷的排斥力和负极板上负电荷的吸引力，两个合力称电场力 $F_{电}$。如果在非电场力 $F_{非}$ 的作用下，电量为 $Q$ 的正电荷克服两极板之间电场力 $F_{电}$ 的反抗，从电源负极 b 强行移动到正极 a，非电场力做功为 $W_{ba}$，则根据电动势的定义，电源内的电动势为

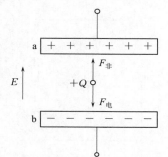

图 1-10 非电场力做功

$$E = \frac{W_{ba}}{Q} \qquad (1-9)$$

根据功等于能的功能原理，电动势 $E$ 等于非电场力做功将单位正电荷从负极推到正极时的能量上升值，电动势将非电能转换成电能。例如，发电机利用磁场力移动电荷，消耗机械能，将机械能转换成电能；化学电池利用化学分解力移动电荷，消耗化学能，将化学能转换成电能。

因为电动势的描述与电压有相似之处，所以电动势也有三种描述方法：①电动势用做功

的角度描述时等于非电场力将单位正电荷从电动势负极推到正极时所做的功；②用能量的角度描述时等于单位正电荷在电动势正极相对于负极所具有的能量；③用电位的角度描述时等于电动势正负两极和之间的电位差。因为电动势表示的是单位正电荷的能量上升值，能量属于标量，所以电动势是只有大小没有方向的标量。平时讲的电动势方向指的是单位正电荷能量上升的方向。在直流电路中，电动势的大小和方向随时间不变，称直流电动势，用大写"$E$"表示。在交流电路中，电动势的大小和方向按正弦规律变化，称交流电动势，用小写"$e$"表示。

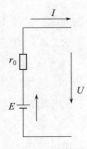

图 1-11 等效电路

因为电动势正极板的单位正电荷相对于负极板是具有能量的，所以电动势正极板相对负极板是有电压的，而且电动势的电压 $U$ 的方向与电动势 $E$ 的方向相反。任何电动势内部在电流从低电位流到高电位时都会遇到电动势内部电阻性的阻力，这个阻力称电动势的内阻 $r_0$。没有内阻的电动势称理想电动势，实际是不存在的。因此任何实际电源都可以等效成内阻 $r_0$ 和理想电动势 $E$ 串联而成，实际电源的等效电路如图 1-11 所示。当电源有电流 $I$ 输出时，根据欧姆定律，电源内阻上有电压降 $Ir_0$，因此电源端电压 $U$ 小于电动势 $E$。

$$U = E - Ir_0 \qquad (1-10)$$

式中　$I$——电源向外输出的电流。

当电源开路无电流 $I$ 输出时，电源内阻 $r_0$ 上的电压降为零，只有电源开路无电流输出时才有电源端电压 $U$ 与电动势 $E$ 大小相等、方向相反。

## 六、叠加原理

由电工学中的叠加原理可知，一个回路有多个电源时，每一个元件中流过的电流等于每个电源单独作用时电流的代数和。叠加原理如图 1-12 所示，$I_1'$、$I_2'$、$I_3'$ 是将电源 $E_2$ 短路不起作用，$E_1$ 单独作用时每个元件中的分电流；$I_1''$、$I_2''$、$I_3''$ 是将电源 $E_1$ 短路不起作用，$E_2$ 单独作用时每个元件中的分电流。根据叠加原理，两个电源 $E_1$、$E_2$ 共同作用时，每个元件中的电流为电源分别单独作用时的分电流的代数和。

$$I_1 = I_1' - I_1'', \quad I_2 = I_2'' - I_2', \quad I_3 = I_3' + I_3''$$

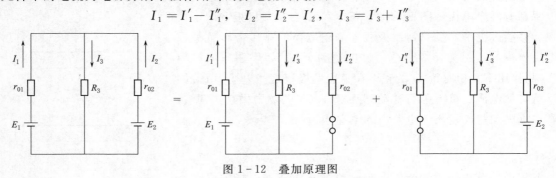

图 1-12 叠加原理图

应用叠加原理可以把多个电源作用的复杂电路计算变成多个单电源作用的简单电路计算，再代数和叠加（注意分电流的正负号），单个电源作用的电路计算简单多了，当然计算量增大了。对分析电路来讲，应用叠加原理可以使一个复杂电路变成几个简单电路分析，这种分析方法后面第三章低压发电机电抗分流励回路（参见图 3-54）分析将用到。

### 七、惠斯登电桥

惠斯登电桥广泛应用在精密测量场合（图 1－13）。电源电动势为 $E$，电源内阻为 $r_0$。四个臂上的电阻分别是 $R_W$、$R_2$、$R_3$、$R_X$，其中 $R_2$、$R_3$ 为阻值已知的标准精密电阻，$R_W$ 为可人为调整的阻值且阻值方便可读的精密电位器，$R_X$ 为被测电阻的阻值。点 a 与点 b 之间称为"桥"，桥中央设有一只测量电流用的毫安表 mA，通过调整精密电位器 $R_W$ 的阻值，总能使得四个臂上的电流 $I_1＝I_3$，$I_2＝I_4$，对点 a 来讲，流进节点的电流等于流出节点的电流 $I_2＝I_4$。同样对点 b 来讲，流进节点的电流等于流出节点的电流 $I_1＝I_3$，因此"桥"上电流 $I_0＝0$。电桥上毫安表指示电流 $I_0＝0$，称电桥平衡。由于电桥平衡时，点 a 与点 b 之间没有电流流过，因此说明点 a 与点 b 之间为等电位，根据欧姆定律可得

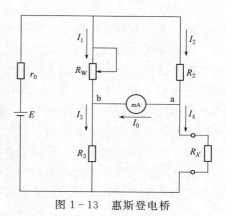

图 1－13 惠斯登电桥

$$I_1 R_W = I_2 R_2, \quad I_3 R_3 = I_4 R_X$$

或

$$\frac{I_1 R_W}{I_3 R_3} = \frac{I_2 R_2}{I_4 R_X}$$

又因为 $I_1＝I_3$，$I_2＝I_4$，所以得

$$\frac{R_W}{R_3} = \frac{R_2}{R_X}, \quad R_W R_X = R_2 R_3$$

在读出 $R_W$ 的阻值后，就可以计算得到被测电阻的精确值，即

$$R_X = \frac{R_2 R_3}{R_W} \tag{1-11}$$

如果 $R_X$ 是非电模拟量测量中一个敏感元件，例如测量压力的压敏电阻、测量温度的热敏电阻、测量光照的光敏电阻等，这些敏感元件在压力、温度或光照等非电模拟量参数变化时，元件的阻值 $R_X$ 会跟着发生变化。当电桥平衡遭到破坏，$I_0$ 跟着变化，而且 $I_0$ 与被测非电模拟量有良好的线性关系，从而成功地将非电模拟量压力、温度或光照转换成电模拟量电流 $I_0$。第四章中的传感器就是利用这个原理将非电模拟量转换成电模拟量。

### 八、电阻负荷消耗的直流功率

因为电压 $U$ 等于单位正电荷流过电阻时的能量下降值，电流 $I$ 等于单位时间流过电阻时的正电荷量，所以 $UI$ 等于单位时间 $I$ 数量的正电荷流过电阻的能量下降值。由于单位时间的能量就是功率，故在直流电路中，电阻性负荷 $R$ 在单位时间消耗的电能直流功率为

$$P = IU = I^2 R \tag{1-12}$$

式（1－12）表明电阻负载 $R$ 消耗的直流功率 $P$ 与电流 $I$ 的平方成正比，电阻负荷消耗的电功率全部转换成非电功率的发热，在 $t$ 时间内转换成的热能等于 $I^2 Rt$。功率的单位是"瓦（W）"，1W 等于在 1s 的时间用 1N 的力将物体提高 1m 所做的功。当功率比较大时用

"千瓦（kW）"表示，1kW＝1000W。

### 九、电容器在直流电路中的充电过程

最简单的电容器为两片金属极板，在金属极板上分别各引出一根电极，两金属极板之间为绝缘介质，电容器结构模型如图1-14所示。

电容器充电回路如图1-15所示。充电开始前，因为电容器 $C$ 正、负两个金属极板的正电荷数量与负电荷数量相等，对外显中性不带电，两极板之间的电位差也就是电容器的两端的电压 $u_C＝0$。开关 K 合上瞬间，电动势 $E$ 正极板上"拥挤不堪"的大量正电荷流过内阻 $r_0$ 和限流电阻 $R$ 纷纷涌向"空空如也"的中性电容器正极板，电容器正极板上新增的正电荷对电容器负极板上原有的正电荷具有强烈排斥力，而电动势负极板上大量的负电荷对电容器负极板中原有的正电荷有强烈吸引力，在两个力一推一拉的共同作用下，同样数量的正电荷离开电容器的负极板，纷纷涌向电动势的负极板，从表面上看有充电电流流过电容器，其实电容器两个极板之间的绝缘介质中没有电荷流动。

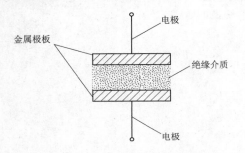

图1-14　电容器结构模型

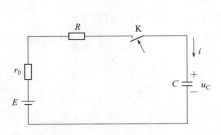

图1-15　电容器充电回路

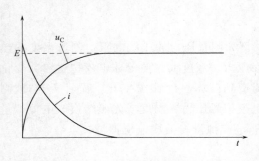

图1-16　电容器充电过程曲线

电容器充电过程曲线如图1-16所示。由于充电开始前电容器极板为中性不带电，正负极板之间的电压 $u_C$ 为零。因此开关 K 合上瞬间，电动势 $E$ 涌向电容器正极板的正电荷 $Q$ 最多，开关 K 合上瞬间充电电流 $i$ 最大。随着充电过程的进行，电容器正、负两极板上的正、负电荷从零开始按指数规律增多，使得电容器正负两极板之间的电压 $u_C$ 从零开始按指数规律增大，反抗电动势 $E$ 向电容器充电的能力从零开始按指数规律增大，因此，充电电流 $i$ 从最大值按指数规律下降。当充电结束电路稳定后 $u_C＝E$，$i＝0$。

极板带电量 $Q$ 越多，电容器两极板之间的电压 $u_C$ 越高，电容器极板的电荷量 $Q$ 与电压 $u_C$ 与成正比，正比系数称电容器的电容量 $C$。因此电容量 $C$ 为

$$C＝\frac{Q}{u_C}$$

可以看出，电容器的电容量 $C$ 可以理解成在外加单位电压作用下的极板电荷量，外加充电电压 $u_C$ 越高，极板电荷量 $Q$ 越多；外加充电电压 $u_C$ 越低，极板电荷量 $Q$ 越少。在外加充电电压 $u_C$ 作用下的极板带电量 $Q＝Cu_C$。当外加充电电压发生微小变化 $\Delta u_C$ 时，电容

极板电荷量也发生微小变化，即

$$\Delta q = C \Delta u_C$$

当外加充电电压变化 $\Delta u_C$ 趋向无限小时，电容极板电荷量变化量的高等数学微分表达式为

$$dq = C du_C \tag{1-13}$$

当外加充电电压上升 $du_C$ 为"＋"时，外加电压对电容器充电，充电电流使极板电荷增加 $dq = C du_C$；当外加充电电压下降 $du_C$ 为"－"时，电容器对外放电，放电电流使极板电荷减少 $dq = C du_C$。电容器将电源提供的电能转换成电场能储存在电容器中。

由图 1-16 可以看出，尽管在直流电路中，充电过程中电容电压和电流都是按指数规律变化的，只有到了充电结束后，电容的电压和电流才稳定不变。充电电流最大时，电容两端电压最低；电容两端电压最高时，充电电流最小，表明电流最大值和电压最大值出现的时间发生了错位，而且是电流超前电压；充电瞬间前电容电流为零，充电瞬间后电容电流立即为最大，表明电容电流可以突变；充电瞬间前电容电压为零，充电瞬间后电容电压从零开始增大，表明电容电压不能突变，电容电流可以突变。

可以用恒定水位的大水箱向空的小水箱充水过程来形象模拟电源向电容器的充电过程，从而加深理解电容充电电流最大值与电容电压最大值发生错位的原因。大水箱向空的小水箱充水过程示意图如图 1-17 所示。因为水源对大水箱的充水量大于大水箱对小水箱的充水量，所以大水箱一直在溢水，保证大水箱的水位恒定。恒定水位的大水箱相当于充电回路的电动势 $E$，小水箱相当于电容器 $C$，充水水流相当于充电电流 $i$，小水箱的水位相当于电容器两端的电压 $u_C$。小水箱被充水前［图 1-17（a）］，充水水流为零，小水箱水位为零。突然打开闸阀，小水箱开始被充水［图 1-17（b）］，因为小水箱是空的，所以充水水流发生突变，水流从零立即变为最大，但小水箱水位只能从零开始上升，水位不可能突变。随着充水过程的进行，小水箱的水位按指数规律上升，充水水流指数规律减小。充水结束后［图 1-17（c）］，小水箱水位最高，但充水水流为零。由此可见，充水水流最大时，小水箱水位最低；小水箱水位最高时，充水水流最小。表明充水水流最大值和小水箱水位最大值出现的时间发生了错位。充水水流可以突变，小水箱水位不能突变。

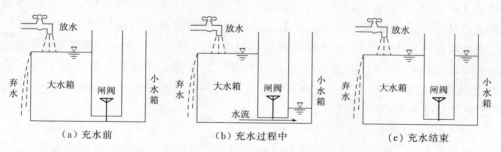

图 1-17　小水箱充水示意图

根据变化电流的定义公式 $i = dq/dt$ 和电容极板电荷量变化公式 $dq = C du_C$ 可得

$$i = \frac{dq}{dt} = \frac{C du_C}{dt} = c \frac{du_C}{dt} \tag{1-14}$$

表明流过电容器的电流 $i$ 的大小与外加充电电压随时间的变化率 $du_C/dt$ 成正比，正比系数为电容器的电容量 $C$。电容器外加充电电压随时间变化越快，$du_C/dt$ 越大，流过电容

器的电流 $i$ 越大；电容器外加充电电压随时间变化越慢，$du_C/dt$ 越小，流过电容器的电流 $i$ 越小。反过来也就是说，流过电容器的电流 $i$ 的大小与电容器外加电压 $u_C$ 大小没有关系，故电容器的电压与电流之间不服从欧姆定律，这个结论在交流电路分析中非常有用。

在直流电路中，当充电结束电路稳定后，电容充电电压随时间不再变化，电压随时间的变化率 $du_C/dt=0$，故电容电流 $i=0$。在交流电路中，当充电结束电路稳定后，电容充电电压始终在按正弦规律变化，电压随时间的变化率始终为 $du_C/dt\neq0$，电容电流始终 $i\neq0$。

### 十、电感线圈在直流电路中的充电过程

#### 1. 直流电流流过线圈

最简单的电感线圈为用导线绕成的空心线圈，当空心线圈通入恒定不变的直流电流 $I$ 后，"动电生磁"，电流流动的动电会在空心线圈中产生恒定不变静止磁通 $\Phi$（图 1-18），根据右手螺旋定律，磁通 $\Phi$ 方向向下，磁通也称磁场。因为磁通 $\Phi$ 属于静止磁场，不是运动或变化的磁场，所以不会产生"动磁生电"现象，静止磁通 $\Phi$ 不会产生电场。

在空心线圈中放入铁芯，能使相同的电流 $I$ 产生更大的磁通 $\Phi$。为了用较小的电流获得较大的磁通，大部分线圈都有铁芯。同样的电流和同样的铁芯，线圈匝数 $N$ 越多，磁通 $\Phi$ 越大；同样的线圈匝数和同样的铁芯，电流越大，磁通 $\Phi$ 越大。当线圈匝数和铁芯结构形状一定时，在铁芯

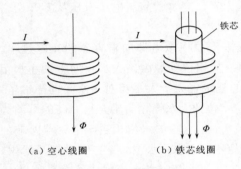

图 1-18　恒定电流流过线圈

未磁饱和之前，线圈的磁通 $\Phi$ 和产生磁通的电流 $I$ 成正比，即流过线圈的电流 $I$ 越大，线圈中的磁通 $\Phi$ 越大，正比系数称线圈的电感量 $L$。

$$L=\frac{\Phi}{I} \tag{1-15}$$

由式（1-15）可以看出，电感 $L$ 为线圈匝数和铁芯结构一定时单位电流在电感线圈中产生的磁通量。当电感电流发生微小变化 $\Delta i$ 时，线圈的磁通跟着发生微小变化 $\Delta\Phi=L\Delta i$。这个结论在后面建立电感线圈电压与电流关系时非常有用。在线圈电流 $I$ 较小时，磁通 $\Phi$ 与电流成线性正比 $\Phi=LI$，但是当电流 $I$ 增大到一定数值后，随着电流的增大，线圈的磁通 $\Phi$ 增大减缓，磁通 $\Phi$ 与电流 $I$ 不再有线性比例关系了，称铁芯进入磁饱和区，一般线圈的铁芯是不允许工作在磁饱和区的。

#### 2. 变化电流流过线圈

（1）电流从上向下流过线圈。变化电流从上向下流过电感线圈的电磁感应原理如图 1-19 所示。当变化电流 $i$ 由小变大从上向下流过电感线圈时 [图 1-19 (a)]，"动电生磁"，根据右手螺旋定律可知，变化电流产生的变化磁通 $\Phi$ 方向向下，磁通 $\Phi$ 随之从小变大，变化磁通 $\Phi$ 属于"动磁"。变化磁通 $\Phi$"动磁生电"产生了变化感应电动势 $e_L$，因为感应电动势是变化电流 $i$ 自己产生的，所以称 $e_L$ 为自感电动势。根据焦耳-楞次定律可知，自感电动势的方向永远反抗电流的变化，故自感电动势方向向上反抗电流变大。当变化电流由大变小从上向下流过电感线圈时 [图 1-19 (b)]，尽管电流方向和磁通方向没变，但磁通跟着变化电流

也从大变小，变化磁通又产生"动磁生电"，根据焦耳-楞次定律，变化磁通产生自感电动势方向向下反抗电流变小。

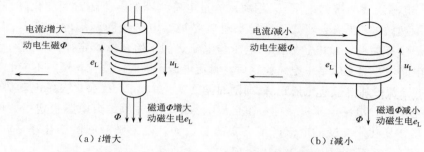

（a）i增大 　　　　　　　　　　　　　（b）i减小

图1-19　变化电流从上向下流过电感线圈的电磁感应原理

（2）电流从下向上流过线圈。变化电流从下向上流过电感线圈的电磁感应原理图如图1-20所示。当变化电流由小变大从下向上流过电感线圈时［图1-20（a）］，变化电流产生变化磁通，根据右手螺旋定律可知，变化磁通的方向向上，变化磁通产生的自感电动势方向向下反抗电流变大。当变化电流由大变小从下向上流过电感线圈时［图1-20（b）］，尽管电流方向和磁通方向没变，但磁通跟着从大变小，变化磁通产生自感电动势方向向上，反抗电流变小。

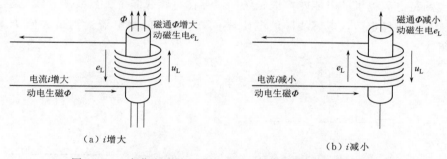

（a）i增大 　　　　　　　　　　　　　（b）i减小

图1-20　变化电流从下向上流过电感线圈的电磁感应原理

**3. 电感线圈两端的电压**

从法拉第电磁感应定律可知，自感电动势 $e_L$ 的大小与磁通 $\Phi$ 随时间 $t$ 的变化率 $\Delta\Phi/\Delta t$ 成正比，再根据电感线圈磁通量变化公式 $\Delta\Phi = L\Delta i$ 可得自感电动势

$$e_L = \frac{\Delta\Phi}{\Delta t} = L\frac{\Delta i}{\Delta t}$$

当时间 $\Delta t$ 趋向无限小时，用高等数学极限的概念可得

$$e_L = \frac{\mathrm{d}\Phi}{\mathrm{d}t} = L\frac{\mathrm{d}i}{\mathrm{d}t} \tag{1-16}$$

以上内容表明自感电动势 $e_L$ 与电流 $i$ 的大小没有关系，与电流 $i$ 随时间的变化率 $\mathrm{d}i/\mathrm{d}t$ 成正比。变化电流流过电感线圈有自感电动势，线圈两端就有电压 $u_L$，忽略线圈导线电阻时，线圈电压 $u_L$ 与自感电动势 $e_L$ 大小相等，方向相反，即电感电压

$$u_L = L\frac{\mathrm{d}i}{\mathrm{d}t} \tag{1-17}$$

13

式（1-17）表明电感线圈两端的电压 $u_L$ 大小与流过电感线圈的电流随时间的变化率 $di/dt$ 成正比，正比系数为电感线圈的电感量 $L$。流过电感线圈的电流随时间变化越快，$di/dt$ 越大，电感线圈两端的电压 $u_L$ 越高；流过电感线圈的电流随时间变化越慢，$di/dt$ 越小，电感线圈两端的电压 $u_L$ 越低。反过来也就是说，电感线圈两端的电压 $u_L$ 与流过电感线圈的电流 $i$ 没有关系，故电感线圈的电压与电流之间不服从欧姆定律。

在直流电路中，当充电结束电路稳定后，直流电流不随时间变化，恒定不变的直流电流产生恒定不变的直流磁通（静止磁通），磁通随时间的变化率 $d\Phi/dt=0$，自感电动势 $e_L=0$，忽略线圈导线电阻时，电感电压 $u_L=0$。在交流电路中，当充电结束电路稳定后，电感电流随时间按正弦规律变化，交变的电流产生交变的磁通 $\Phi$，磁通随时间的变化率 $d\Phi/dt\neq0$，自感电动势 $e_L\neq0$，电感电压 $u_L\neq0$。

4. 电感线圈在直流电路中的充电过程

电感线圈在直流电路中的充电回路如图 1-21 所示，电感线圈 $L$ 充电过程中的电流和电压变化曲线如图 1-22 所示。开关 K 刚合上瞬间，电感线圈中的电流从零开始变大，电流最小 $i=0$，但电流随时间的变化率 $di/dt$ 最大，自感电动势反抗电流增大的能力最强，即自感电动势 $e_L$ 最大，线圈两端的电压 $u_L$ 最大。随着充电过程的进行，电感线圈中的电流 $i$ 从零按指数规律上升，电流随时间变化，$di/dt$ 也按指数规律减小，自感电动势反抗电流增大的能力减小，自感电动势 $e_L$ 也按指数规律减小，电感线圈两端的电压 $u_L$ 按指数规律减小。电感线圈将电源提供的电能转换成磁场能储存在电感线圈中。当线圈导线电阻忽略不计时，充电结束电路稳定后，电感线圈的电压 $u_L=0$，充电回路电流达到最大值 $I_m$，根据欧姆定律可得

$$I_m=\frac{E}{r_0+R} \tag{1-18}$$

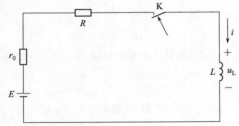

图 1-21　电感线圈的充电回路

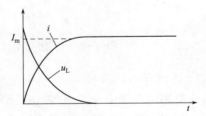

图 1-22　电感线圈充电过程曲线

由充电过程曲线可以看出，充电电流最小时，电感线圈两端电压最高；充电电流最大时，电感线圈两端电压最低。表明电压最大值和电流最大值出现的时间发生了错位，而且是电流滞后电压；充电瞬间前电感电压为零，充电瞬间后电感电压立即为最大，表明电感电压可以突变；充电瞬间前电感电流为零，充电瞬间后电感电流从零开始增大，表明电感电流不能突变。这三个"表明"在交流电路分析中非常有用。

## 十一、交流线圈铁芯发热问题

变压器、发电机、电动机等所有有铁芯的交流电气设备必须利用交流电流在线圈中产生

交变磁场才能进行工作。如果铁芯用整块钢铁制成，如图1-23（a）所示，交变电流 $i$ 产生交变磁通 $\Phi$ 进行工作的同时，还会在铁芯中产生感应电动势，感应电动势在整块铁芯中形成的短路电流称涡流，涡流不但消耗能量，还使铁芯发热，这是交流电气设备运行中不希望发生的。但是要求交变磁通在铁芯中不产生感应电动势是不可能的，唯一可以做的就是采取措施减小涡流。

变压器、发电机、电动机等所有交流电气设备的铁芯必须采用0.27～0.35mm厚的硅钢片叠压成，如图1-23（b）所示，硅钢片两面涂上绝缘漆，由于硅钢片之间是绝缘的，这样就使得交变磁通在每一片硅钢片中产生的涡流只能在薄薄的硅钢片狭窄的路径中流动，因此，流动路径的电阻很大，涡流很小。另外，由于同样过流断面的硅钢电阻值比一般钢材电阻值大得多，这也有利于减小涡流。因为流过直流线圈的电流为恒定不变的直流电流，直流电流产生的磁通 $\Phi$ 不随时间变化，所以不变的静止磁通不会产生感应电动势，在铁芯中就没有涡流，因此，直流线圈可以用整块铁作为铁芯。特别提醒，线圈绕制方向必须与硅钢片平面垂直，如果线圈绕制方向与硅钢片平面平行的话，与整块铁芯一样还是有较大的涡流。

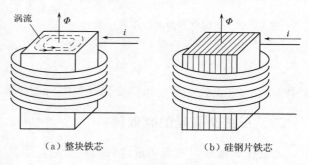

（a）整块铁芯 　　　　（b）硅钢片铁芯

图1-23　铁芯中的涡流

# 第三节　交流电实用技术

## 一、正弦交流电

根据数学知识可知，三角函数表达式为

$$y = A \sin \alpha$$

式中　$A$——三角函数变化过程中的最大值；

　　　$\alpha$——角度。

大规模电能产生的交流电都是随时间按正弦规律变化的正弦交流电，正弦交流电流的一般表达式为

$$i = I_m \sin\alpha = I_m \sin(\omega t + \varphi) \tag{1-19}$$

式中　$I_m$——交流电流变化过程中出现的最大值，A；

　　　$\alpha$——正弦交流量的电气角度或相位，是时间 $t$ 的函数，rad；

　　　$\omega$——角频率，正弦交流量每秒变化的电气角度，rad/s。

其中，

$$\alpha = \omega t + \varphi \tag{1-20}$$

$$\omega = 2\pi f \tag{1-21}$$

式中　$f$——频率，每秒交变的次数，Hz。

因此电流 $i$ 也是时间 $t$ 的函数。如果时间 $t=0$ 时，电流 $i \neq 0$，说明时间 $t=0$ 时相位 $\alpha$ 不等于零，此时的相位称初相位 $\varphi$，如图 1-24 所示。初相位 $\varphi$ 比相位 $(\omega t + \varphi)$ 更有实际意义，后面会经常用到。

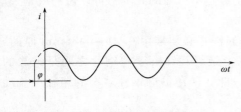

图 1-24 初相位不为零的正弦交流
电流波形图

我国规定正弦交流电的频率 $f=50\,\text{Hz}$。因此我国所有的交流电的角频率都是

$$\omega = 2\pi f = 2 \times 50 \times 3.14 = 314 \ (\text{rad/s})$$

同理正弦交流电压的表达式为

$$u = U_{\text{m}} \sin(\omega t + \varphi) \tag{1-22}$$

式中 $U_{\text{m}}$——正弦交流电压变化过程中出现的最大值。

正弦交流电动势的表达式为

$$e = E_{\text{m}} \sin(\omega t + \varphi) \tag{1-23}$$

式中 $E_{\text{m}}$——正弦交流电动势变化过程中出现的最大值。

## 二、正弦交流量的有效值

无论什么场合，电流的最终目的是做功，因此实际中用正弦交流电流做功大小来表示正弦交流电流的大小。设将正弦交流电流 $i$ 与直流电流 $I$ 分别流过两只阻值相同的电阻 $R$，如果在相同的时间内，直流电流流过的电阻发热量 $Q_{\text{直}}$ 与正弦交流电流流过的电阻发热量 $Q_{\text{交}}$ 相同的话，就用该直流电流 $I$ 来表示对应正弦交流电流 $i$ 的有效值。在一个周期时间 $T$ 内流过直流电流的电阻发热量为

$$Q_{\text{直}} = I^2 R T \tag{1-24}$$

设正弦交流电初相位 $\varphi = 0$，$i = I_{\text{m}} \sin \omega t$，因为正弦交流电是按正弦规律大小和方向都在变化的电流，所以每时每刻的电阻发热量 $i^2 R$ 也不一样。用高等数学中的积分计算在一个周期时间 $T$ 内流过正弦交流电流的电阻发热量为

$$Q_{\text{交}} = \int_0^T i^2 R \, \mathrm{d}t \tag{1-25}$$

令

$$I^2 R T = \int_0^T i^2 R \, \mathrm{d}t \tag{1-26}$$

最后由积分得到正弦交流电流 $i$ 的有效值 $I$ 与对应正弦交流电流的最大值 $I_{\text{m}}$ 之间有如下关系：

$$I = \frac{I_{\text{m}}}{\sqrt{2}} = 0.707 I_{\text{m}} \quad \text{或} \quad I_{\text{m}} = \sqrt{2} I \tag{1-27}$$

有效值如图 1-25 所示，推广到正弦交流电压有效值，有

$$U = \frac{U_{\text{m}}}{\sqrt{2}} = 0.707 U_{\text{m}} \quad \text{或} \quad U_{\text{m}} = \sqrt{2} U \tag{1-28}$$

推广到正弦交流电动势有效值，有

$$E = \frac{E_{\text{m}}}{\sqrt{2}} = 0.707 E_{\text{m}} \quad \text{或} \quad E_{\text{m}} = \sqrt{2} E \tag{1-29}$$

如果不做特殊说明，平时讲的交流电的大小全是有效值，例如有效值 220V 的正弦交流电压其最大值为 $U_m = \sqrt{2} \times 220 = 311V$，有效值 380V 的正弦交流电压其最大值为 $U_m = \sqrt{2} \times 380 = 537V$，有效值 6300V 的正弦交流电压其最大值为 $U_m = \sqrt{2} \times 6300 = 8908V$，有效值 10A 的正弦交流电流其最大值为 $I_m = \sqrt{2} \times 10 = 14.14A$。因此正弦交流电的瞬时值表达式习惯写成

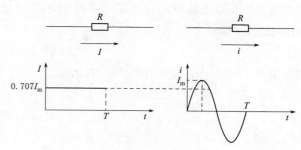

图 1-25　电流有效值

$$i = \sqrt{2}\,I\sin(\omega t + \varphi) \qquad (1-30)$$

$$u = \sqrt{2}\,U\sin(\omega t + \varphi) \qquad (1-31)$$

$$e = \sqrt{2}\,E\sin(\omega t + \varphi) \qquad (1-32)$$

### 三、正弦交流电的两要素及相量

在我国所有工业、生活中使用的 50Hz 正弦交流电的角频率为 314rad/s，因此正弦交流量表达式三个要素中的角频率 $\omega$ 为已知值，也就是说，一个正弦交流量只要确定了有效值和初相位，该正弦交流量也被唯一确定了，这就是正弦交流量的两要素。

两个正弦交流电的加减运算，就是两个正弦函数的加减运算，众所周知，三角函数的加减运算非常复杂。为此能否借用一种工具，使正弦交流量的加减运算加以简化，无论采用什么方法，只要能得到加减后正弦交流量的有效值和初相位两个要素，就得到运算结果了。

在力学和运动学中，作用力 $F$、速度 $v$ 等矢量不但有大小而且还有方向，说明矢量有两要素。矢量用带箭头的线段表示（图 1-26），线段的长度表示矢量的大小，线段与水平方向的角度表示矢量的方向。两个矢量相加必须采用平行四边形法 [图 1-27（a）]或三角形法 [图 1-27（b）]，将矢量加减运算变成了几何运算，使得力学和运动学的运算既方便又直观。矢量表达式为

$$\vec{F_1} + \vec{F_2} = \vec{F}$$

电学中借用力学和运动学的矢量表示方法，规定用带箭头的线段表示正弦交流量，线段

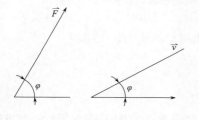

图 1-26　矢量表示方法

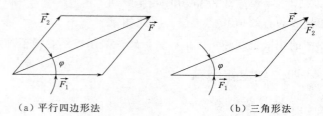

（a）平行四边形法　　　　（b）三角形法

图 1-27　矢量相加的几何作图

17

的长度表示正弦交流量的有效值，线段与水平方向的角度 $\varphi$ 表示正弦交流量的初相位。例如正弦交流电压

$$u = 220\sqrt{2}\sin(\omega t + 60°)$$

可以用图 1-28（a）带箭头的线段表示。

正弦交流电流

$$i = 10\sqrt{2}\sin(\omega t + 15°)$$

可以用图 1-28（b）带箭头的线段表示。

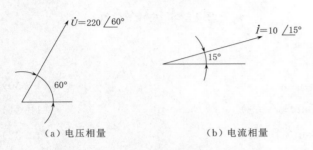

（a）电压相量　　　　　　　（b）电流相量

图 1-28　正弦交流量的相量表示方法

正弦交流量的这种表示方法称正弦交流量的相量表示法。需要注意的是，相量只是计算正弦交流量的工具，正弦交流电压、电流和电动势仍是只有大小、没有方向的标量。因为矢量用字母上面加一个小箭头 $\vec{F}$ 或 $\vec{v}$ 表示，所以为了与矢量加于区别，规定相量用字母上面加一个小圆点 $\dot{U}$ 或 $\dot{I}$ 表示。与矢量相加运算一样，相量相加也必须采用平行四边形法或三角形法。例如，电流相量 $\dot{I}_1$ 与电流相量 $\dot{I}_2$ 相加，必须先画出平行四边形相量图 [图 1-29（a）]或三角形相量图 [图 1-29（b）]的相量图才能运算，实际中三角形相量图用的最多。画两个相量相加三角形相量图时，在不改变相量方向的前提下将第一个相量 $\dot{I}_1$ 的箭头与第二个相量 $\dot{I}_2$ 的箭尾相连，然后在第一个相量 $\dot{I}_1$ 的箭尾与第二个相量 $\dot{I}_2$ 的箭头之间用带箭头相量 $\dot{I}$ 连接，相量和的表达式为

$$\dot{I} = \dot{I}_1 + \dot{I}_1$$

在相量图上用几何运算的方法可以方便地得到总电流相量 $\dot{I}$ 的箭头长度（有效值）$I$ 和箭头与水平方向的夹角 $\varphi$（初相位）。正弦交流量用相量表示后，使得正弦交流量定性分析更直观，定量计算简单。采用相量来表示正弦交流量可以说是发明正弦交流电后理论分析计算方面的一次很大的进步，从此人们在分析正弦交流量时，抛弃了繁琐的正弦函数表达式。由于相量图仅仅是为分析提供直观的参考图形，最后还得靠几何运算得到相量和的有效值和初相位。因此相量

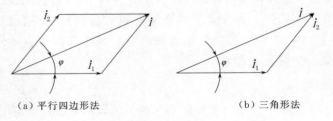

（a）平行四边形法　　　　　　（b）三角形法

图 1-29　相量相加的几何作图

图中的相量长度和角度可以大致定性表示，不必很精确地画出相量的长度和角度。

## 四、纯电阻负荷

### 1. 瞬时值关系

既没有电容效应，也没有电感效应的负荷称纯电阻。纯电阻负荷如图 1-30 所示。根据欧姆定律得

$$i = \frac{U_R}{R} \tag{1-33}$$

电压瞬时值与电流瞬时值服从欧姆定律。

2. 波形图

纯电阻负荷电压电流波形图如图 1-31 所示，电流与电压相位差 $\varphi = 0$，电流与电压同相位。电压与电流每时每刻都服从欧姆定律。

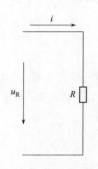

图 1-30　纯电阻负荷　　　　图 1-31　纯电阻负荷电压电流波形图

3. 相量图

因为电压初相位为零，电流相量 $\dot{I}$ 与电压相量 $\dot{U}_R$ 同相位，所以电流初相位也为零，如图 1-32 所示。如果电压初相位为 30°，则电流初相位也为 30°，以此类推。

4. 有效值关系

将电压瞬时值表达式代入式（1-33），得

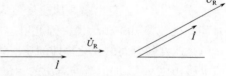

图 1-32　纯电阻负荷相量图

$$i = \frac{u_R}{R} = \frac{\sqrt{2}\,U_R \sin\alpha}{R} = \sqrt{2}\,\frac{U_R}{R}\sin\alpha = \sqrt{2}\,I\sin\alpha$$

式中

$$I = \frac{U_R}{R} \tag{1-34}$$

即电压有效值与电流有效值也服从欧姆定律。

5. 瞬时功率

电阻每一个瞬间的电压与电流的乘积等于该瞬间的瞬时功率

$$P = u_R i \tag{1-35}$$

从图 1-31 中的 $p$ 曲线可见，电压 $u_R$ 为零时，电流 $i$ 也为零，因此瞬时功率 $p$ 为零；电压 $u_R$ 为正的最大值时，电流 $i$ 也为正的最大值，瞬时功率 $p$ 为正的最大。电压 $u_R$ 为负的最大值时，电流 $i$ 也为负的最大值，负负得正，瞬时功率 $p$ 仍为正的最大。在电压 $u_L$ 正负交变的一个周期内，瞬时功率 $p$ 脉动变化两次。

6. 平均功率

由图 1-31 功率曲线可知，每个周期的前二分之一周期，电压上正下负，电流从上向下流过电阻，电源向电阻输入电能，功率为正，电阻将电能转换成热能；后二分之一周期，电压下正上负，电流从下向上流过电阻，电源还是向电阻输入电能，功率为正，电阻将电能转

19

换成热能。用高等数学积分的方法可以得到电阻消耗的平均功率等于电压有效值 $U_R$ 与电流有效值 $I$ 的乘积：

$$P = IU_R = I^2R \qquad (1-36)$$

纯电阻负荷在交流电路中将电能转换成热能、光能等非电能。电阻负载消耗的交流功率表达式与电阻负载消耗的直流功率表达式完全一样，但字母的含义不一样。在电力工程中，当功率比较大时常用"千瓦（kW）"表示。

## 五、纯电容负荷

### 1. 瞬时值关系

两极板之间没有泄漏电流，完全绝缘的电容器称纯电容。纯电容负荷图如图 1-33 所示。根据电容器充电的结论，电容电流 $i$ 与电容电压 $u_C$ 随时间的变化率成正比，

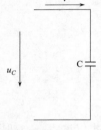

图 1-33　纯电容负荷

$$i = C\frac{\mathrm{d}u_C}{\mathrm{d}t} \qquad (1-37)$$

电流瞬时值与电压瞬时值不服从欧姆定律。

### 2. 波形图

在外加初相位 $\varphi = 0$ 的正弦交流电压 $u_C$ 后（图 1-34），当电容电压为零值时，电压 $u_C$ 最小，但是电压随时间的变化率 $\mathrm{d}u_C/\mathrm{d}t$ 最大，因此电容电流 $i$ 最大。如同运动员跑步起跑时速度最慢，但是速度随时间的变化率即加速度最大。当电容电压为最大值时，电压 $u_C$ 最大，但是电压随时间的变化率 $\mathrm{d}u_C/\mathrm{d}t = 0$，因此电容电流 $i$ 为零。如同运动员跑步达到生理极限时速度最快，但是速度随时间的变化率即加速度为零。电容电流仍按正弦规律变化，只不过是电流相位超前电压相位 90°。即电流与电压的相位差 $\varphi = 90°$。

### 3. 相量图

因为电压初相位为零，电流相量 $\dot{I}$ 超前电压相量 $\dot{U}_C$ 相位 90°，所以电流初相位为 90°。如果电压初相位为 30°，则电流初相位为 30°+90°=120°，纯电容负荷相量图如图 1-35 所示，以此类推。

### 4. 有效值关系

用高等数学的方法推导并整理后可得电容电压有效值

$$U_C = IX_C \qquad (1-38)$$

$$X_C = 1/\omega C$$

式中　$X_C$——电容器的容抗。

即电容电压有效值与电流有效值服从欧姆定律。

容抗 $X_C$ 的表达式表明，在交流电压有效值 $U_C$ 和电容量 $C$ 不变的条件下，交流电的频率 $\omega$ 越高，容抗 $X_C$ 越小，则流过电容器的电流有效值 $I$ 越大。而直流电的频率 $\omega$ 为零，容抗 $X_C$ 等于无穷大，则流过电容器的电流 $I$ 为零。在模拟电子

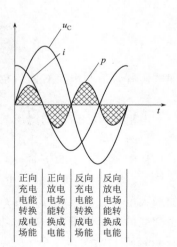

| 正向充电电能转换成电场能 | 正向放电电场能转换成电能 | 反向充电电能转换成电场能 | 反向放电电场能转换成电能 |
| --- | --- | --- | --- |

图 1-34　纯电容负荷电压电流波形图

电路中常用电容器来实现传递频率信号时的隔直通交。

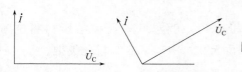

图 1-35 纯电容负荷相量图

**5. 瞬时功率**

电容器每一个瞬间的电压与电流的乘积等于该瞬间的瞬时功率，即

$$p = u_C i \qquad (1-39)$$

从图 1-34 中的 $p$ 曲线可见，电流 $i$ 最大时，电压 $u_C$ 为零，故瞬时功率 $p$ 为零；电压 $u_C$ 最大时，电流 $i$ 为零，瞬时功率 $p$ 为零。在电压 $u_C$ 正负交变的一个周期内，瞬时功率 $p$ 正负交变两次。

**6. 平均功率**

每个周期的第一个 1/4 周期，电压上正下负，电流从上向下流过电容，电源向电容正向充电，功率为正，电容吸收电能，将电能转换成两个极板之间的电场能；第二个 1/4 周期，电压上正下负，电流从下向上流过电容，电容向电源正向放电，功率为负，电容释放电场能，将电场能转换成电能重新送回电源；第三个 1/4 周期，电压下正上负，电流从下向上流过电容，电源向电容反向充电，功率为正，电容吸收电能，将电能转换成两个极板之间的电场能；第四个 1/4 周期，电压下正上负，电流从上向下流过电容，电容向电源反向放电，功率为负，电容释放电场能，将电场能转换成电能，再次重新送回给电源。故平均功率为

$$P = 0 \qquad (1-40)$$

由此可见，纯电容负荷在交流电路中只与电源进行来回反复的电场能与电能的能量交换，每一个周期交换两次，不消耗能量。

**7. 容性无功功率**

为了评价纯电容在交流电路中与电源能量交换的规模，用电容电压有效值 $U_C$ 与电流有效值 $I$ 的乘积表示容性无功功率 $Q_C$：

$$Q_C = U_C I \qquad (1-41)$$

有了无功功率的概念后，称平均功率 $P$ 为有功功率。虽然纯电容在交流电路中不需要电源提供有功功率，但是作为电源或发电机必须准备一定的容量始终与电容进行这种无功功率的能量交换，这显然对电源或发电机的有功功率输出造成不利影响。

## 六、纯电感负荷

**1. 瞬时值关系**

线圈导线电阻为零的电感线圈称纯电感。纯电感负荷如图 1-36 所示。电感电压 $u_L$ 与电感电流 $i$ 随时间的变化率成正比。

$$u_L = L \frac{\mathrm{d}i}{\mathrm{d}t} \qquad (1-42)$$

电压瞬时值与电流瞬时值不服从欧姆定律。

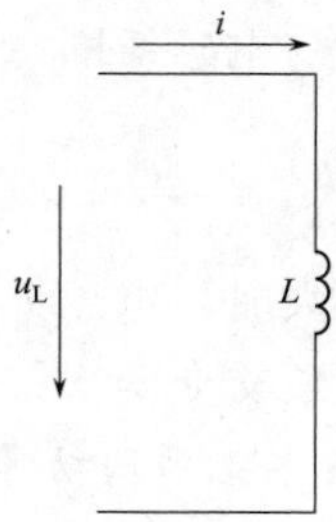

图 1-36 纯电感负荷

**2. 波形图**

在外加初相位 $\varphi = 0$ 的正弦交流电流 $i$ 后（图 1-37），当电感电流为零时，电流 $i$ 最小，但电流随时间的变化率 $\mathrm{d}i/\mathrm{d}t$ 为最大，因此电感线圈两端的电压 $u_L$ 最大；当电感电流为最大值时，电流 $i$ 最大，但电流随时间的变化率 $\mathrm{d}i/\mathrm{d}t$ 为零，因此电感线圈两端的电压 $u_L$ 为零。电感电压 $u_L$ 仍按正弦规律变化，电流相位滞后电压相位 90°。电压

与电流的相位差 $\varphi=90°$。

**3. 相量图**

因为电流初相位为零，电流相量 $\dot{I}$ 滞后电压相量 $\dot{U}_L$ 相位 90°，所以电压初相位为 90°（图 1-38）。如果电流初相位为 -15° 则电压初相位为 90°-15°=75°，以此类推。

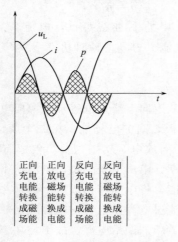

图 1-37 纯电感负荷波形图

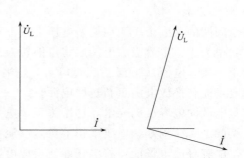

图 1-38 纯电感负荷相量图

**4. 有效值关系**

用高等数学的方法推导并整理后可得纯电感电压有效值为

$$U_L = I\,X_L \tag{1-43}$$

式中 $X_L$——电感线圈的感抗，$X_L = \omega L$。

即电感电压有效值与电流有效值服从欧姆定律。感抗 $X_L$ 的表达式表明，在交流电压有效值 $U_L$ 和电感量 $L$ 不变的条件下，交流电的频率 $\omega$ 越高，感抗 $X_L$ 越大，则电感电流有效值 $I$ 越小。而直流电的频率 $\omega$ 为零，感抗 $X_L$ 等于零，则流过电感线圈的电流有效值 $I$ 为最大。电感线圈在模拟电子电路中常用电感线圈来实现传递频率信号时的阻交通直。

**5. 瞬时功率**

电感线圈每一个瞬间的电压与电流的乘积等于该瞬间的瞬时功率，即

$$p = u_L i \tag{1-44}$$

从图 1-37 中的曲线可见，电压 $u_L$ 最大时，电流 $i$ 为零，故瞬时功率 $p$ 为零；电流 $i$ 最大时，电压 $u_L$ 为零，故瞬时功率 $p$ 为零。在电流 $i$ 正负交变的一个周期内，瞬时功率 $p$ 正负交变两次。

**6. 平均功率**

每个周期的第一个 1/4 周期，电压上正下负，电流从上向下流过电感线圈，电源向电感线圈正向充电，功率为正，电感线圈吸收电能，将电能转换成线圈内的磁场能；第二个 1/4 周期，电压下正上负，电流从上向下流过电感线圈，电感线圈向电源正向放电，功率为负，电感线圈释放磁场能，将磁场能转换成电能，重新送回电源；第三个 1/4 周期，电压下正上负，电流从下向上流过电感线圈，电源向电感线圈反向充电，功率为正，电感线圈吸收电能，将电能转换成线圈内的磁场能；第四个 1/4 周期，电压上正下负，电流从下向上流过电

感线圈，电感线圈向电源反向放电，功率为负，电感线圈释放电能，将磁场能转换成电能，再次重新送回给电源。故平均功率为

$$P = 0 \tag{1-45}$$

由此可见，纯电感负荷在交流电路中只与电源进行来回反复的磁场能与电能的能量交换，每一个周期交换两次，不消耗能量。

### 7. 感性无功功率

为了评价纯电感在交流电路中与电源能量交换的规模，用电感电压有效值 $U_L$ 与电流有效值的乘积表示感性无功功率 $Q_L$，即

$$Q_L = U_L I \tag{1-46}$$

有了无功功率的概念后，称平均功率 $P$ 为有功功率。虽然纯电感在交流电路中不需要电源提供有功功率，但是作为电源或发电机必须准备一定的容量始终与纯电感进行能量交换，这显然对电源或发电机的有功功率输出会造成不利影响。

## 七、感性负荷

在日常生活和生产中纯电阻、纯电容和纯电感是不存在的，前面通过对三种理想状况下纯电路分析的目的是用来分析复杂的实际负荷。在生活和生产中遇到最多的是电阻性负荷和既有电阻又有电感的感性负荷，常见的电阻性负荷有白炽灯和电炉等，常见的感性负荷有家用电器和电动机等。一个家庭的所有负荷，或者一个企业的所有负荷，或者一个电网的所有负荷，都可以等效成纯电阻 $R$ 和纯电感 $L$ 的串联，这种既不是纯电阻也不是纯电感的负荷称感性负荷，家庭用电为单相感性负荷，如图 1-39 所示。企业和电网是三相感性负荷，为了分析简单，只对单相感性负荷进行分析讨论，推出感性负荷的有功功率、无功功率、功率因数和视在功率的概念和结论，其同样适用三相感性负荷。

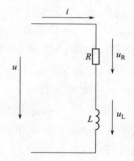

图 1-39　感性负荷

### 1. 相量图

根据纯电阻负荷的特性可知电流相量 $\dot{I}$ 与电压相量 $\dot{U}_R$ 的相位差 $\varphi = 0$，根据纯电感负荷的特性可知电流相量 $\dot{I}$ 滞后电压相量 $\dot{U}_L$ 的相位差 $\varphi = 90°$。因此又有电阻 $R$ 又有电感 $L$ 的感性负荷的电流相量 $\dot{I}$ 必定滞后电压相量 $\dot{U}$，而且相位差必定满足 $0 < \varphi < 90°$，感性负荷相量图如图 1-40 所示。

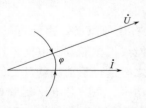

图 1-40　感性负荷相量图

### 2. 电压三角形

根据纯电阻电路可知，串联 $R$-$L$ 电路的电阻 $R$ 上的电压相量 $\dot{U}_R$ 与电流相量 $\dot{I}$ 同相位，电压有效值 $U_R = IR$。根据纯电感电路可知，串联 $R$-$L$ 电路的电感 $L$ 上的电压相量 $\dot{U}_L$ 相位超前电流相量 $\dot{I}$ 相位 90°，电压有效值 $U_L = I X_L$。串联 $R$-$L$ 电路的电阻电压相量 $\dot{U}_R$ 与电感电压相量 $\dot{U}_L$ 的相量和等于总电压相量 $\dot{U}$，即

$$\dot{U} = \dot{U}_R + \dot{U}_L \tag{1-47}$$

根据三个电压相量的相位关系，可以画出电压相量三角形，如图 1-41 (b) 所示。

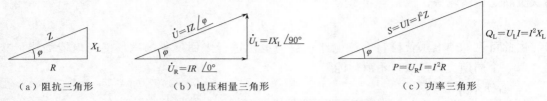

（a）阻抗三角形　　　　　　　（b）电压相量三角形　　　　　　　（c）功率三角形

图 1-41　感性负荷电压三角形及相似三角形

3. 电压三角形有效值关系

因为电压相量三角形是一个直角三角形，所以电压相量三角形的三条边符合勾股定律，即

$$U = \sqrt{U_R^2 + U_L^2} = \sqrt{(IR)^2 + (IX_L)^2} = I\sqrt{R^2 + X_L^2} = IZ$$

$$Z = \sqrt{R^2 + X_L^2} \tag{1-48}$$

式中　$Z$——感性负荷的阻抗，$\Omega$。

则串联 $R$-$L$ 感性负荷总电压有效值 $U$ 与电流 $I$ 有效值之间的关系服从欧姆定律，即

$$U = IZ$$

4. 阻抗三角形

$R$-$L$ 串联电路的阻抗表达式（1-48）与数学中的勾股定律表达式相似，因此可以画出阻抗三角形，如图 1-41 (a) 所示。当然也可以将电压三角形的每一条边缩小 $I$ 倍得到阻抗三角形，因此阻抗三角形与电压三角形是相似三角形。

5. 功率三角形

将电压相量三角形的每一条边扩大 $I$ 倍，得到功率三角形，如图 1-41 (c) 所示。功率抗三角形与电压相量三角形也是相似三角形。功率三角形的邻边为单相感性负荷的有功功率，即

$$P = U_R I = (U\cos\varphi)I = UI\cos\varphi \tag{1-49}$$

功率三角形的对边为单相感性负荷的感性无功功率，即

$$Q_L = U_L I = (U\sin\varphi)I = UI\sin\varphi \tag{1-50}$$

功率三角形的斜边为单相感性负荷的视在功率（容量），即

$$S = UI \tag{1-51}$$

根据三角形的勾股定律可得视在功率可得

$$S = \sqrt{P^2 + Q_L^2} \tag{1-52}$$

特别提醒，有功功率 $P$ 直接与无功功率 $Q_L$ 相加（$P+Q_L$）没有任何意义。由此可见，感性负荷在交流电路中将电源的一部分电能消耗并转换成光能或热能或机械能等非电能，这部分能量消耗的功率称有功功率。另一部分电能在感性负荷与电源之间进行不消耗的反复的电能与磁场能的能量转换，这部分不消耗的能量转换的功率称无功功率。负荷总电压相量 $\dot{U}$ 与总电流相量 $\dot{I}$ 的相位差 $\varphi$ 称功率因数角，或者说阻抗三角形的邻边与斜边的夹角 $\varphi$ 称功率因数角，或者说电压三角形的邻边与斜边的夹角 $\varphi$ 称功率因数角，或者说功率三角形的邻边与斜边的夹角 $\varphi$ 称功率因数角。功率因数角的余弦 $\cos\varphi$ 称功率因数，此结论同样适用

三相交流负荷。

因为负荷需要的有功功率和无功功率都是由发电机提供的，而发电机的根本任务是将机械能转化成有功功率送出给负荷，而不是跟负荷进行电能与磁场能的无功功率交换，因此功率因数 $\cos\varphi$ 是负荷和发电机的重要参数。负荷的功率因数角 $\varphi$ 越小，功率因数 $\cos\varphi$ 越大，功率三角形的邻边越长，对边越短，发电机需要提供或电网需要输送的有功功率越多，无功功率越少，对发电机和电网越有利；负荷的功率因数角 $\varphi$ 越大，功率因数 $\cos\varphi$ 越小，功率三角形的邻边越短，对边越长，发电机需要提供或电网需要输送的有功功率越少，无功功率越多，对发电机和电网越不利。

纯电阻负荷的电流相量 $\dot{I}$ 与电压相量 $\dot{U}$ 同相位，功率因数角 $\varphi=0$，功率因数 $\cos\varphi=1$ 为最大。纯电容负荷的电流相量 $\dot{I}$ 超前电压相量 $\dot{U}$ 相位 $90°$，功率因数角 $\varphi=+90°$（超前），功率因数 $\cos\varphi=0$ 为最小。纯电感负荷的电流相量 $\dot{I}$ 滞后电压相量 $\dot{U}$ 相位 $90°$，功率因数角 $\varphi=-90°$（滞后），功率因数 $\cos\varphi=0$ 为最小。感性负荷的电流相量 $\dot{I}$ 滞后电压相量 $\dot{U}$，功率因数角 $0<\varphi<90°$（滞后），功率因数 $0<\cos\varphi<1$。

### 八、并联 *LC* 谐振电路

理想电容 $C$ 与理想电感 $L$ 并联电路如图 1-42 所示，图中电量全部用相量表示。电容容抗 $X_C=1/\omega C$，电感感抗 $X_L=\omega L$。由相量图可知，电容电流 $\dot{I}_C$ 相位超前电压 $\dot{U}$ 相位 $90°$，电感电流 $\dot{I}_L$ 相位滞后电压 $\dot{U}$ 相位 $90°$，则电容电流 $\dot{I}_C$ 与电感电流 $\dot{I}_L$ 两者大小不等且相位差 $180°$。也就是说，电容放电时正好是电感充电时，电容充电时正好是电感放电时，电路总电流有效值 $I=I_L-I_C$。通过改变交流电角频率 $\omega$ 或改变电容量 $C$ 或改变电感量 $L$，总能使得并联感抗 $X_L$ 等于容抗 $X_C$，即

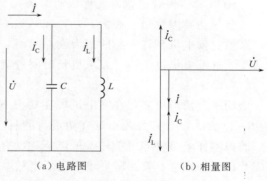

$$\omega L=\frac{1}{\omega C} \qquad (1-53)$$

(a) 电路图　　　　(b) 相量图

图 1-42　理想电容与理想电感并联电路

这时的电容电流有效值 $I_C=U/X_C$ 与电感电流有效值 $I_L=U/X_L$，两个电流大小相等相位差 $180°$，称并联 *LC* 电路发生了并联谐振。纯 *LC* 并联电路发生并联谐振时，电路总电流有效值 $I=I_L-I_C=0$，说明电路总阻抗 $Z$ 等于无穷大。实际电容总有泄漏电流，实际电感总有电阻，因此实际 *LC* 并联电路发生并联谐振时，电路总电流不等于零但为最小，回路总阻抗 $Z$ 不等于无穷大但为最大。发生并联谐振时，电容电流 $\dot{I}_C$ 或电感电流 $\dot{I}_L$ 可以是电路总电流 $I$ 的十几倍甚至几十倍，因此电力线路发生并联谐振时会造成电力设备和用户设备过电流烧毁，故电力系统绝对不允许并联谐振发生。后面不做说明的话，大写 $U$、$I$ 都表示交流电压、电流的有效值。

### 九、串联 *LC* 谐振电路

理想电容 $C$ 与理想电感 $L$ 串联电路如图 1-43 所示，由相量图可知，电感电压 $\dot{U}_L$ 相位超前电流 $\dot{I}$ 相位 $90°$，电容电压 $\dot{U}_C$ 相位滞后电流 $\dot{I}$ 相位 $90°$，则电容电压 $\dot{U}_C$ 与电感电压 $\dot{U}_L$

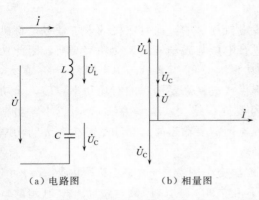

（a）电路图　　　　　（b）相量图

图 1-43　理想电容与理想电感串联电路

两者大小不等且相位差 180°，也就是说，电容放电的时候正好是电感充电的时候，电容充电的时候正好是电感放电的时候，电路总电压有效值 $U=U_L-U_C$。通过改变角频率 $\omega$ 或改变电容量 $C$ 或改变电感量 $L$，总能使得感抗 $X_L$ 等于容抗 $X_C$，这时的电容电压 $U_C=IX_C$ 与电感电压 $U_L=IX_L$，两个电压大小相等，相位差 180°，称串联 $LC$ 电路发生了串联谐振。纯 $LC$ 电路发生了串联谐振时，电路总电压 $U=U_L-U_C=0$，说明电路总阻抗 $Z$ 等于为零。实际电容总有泄漏电流，实际电感总有电阻，因此实际串联 $LC$ 电路发生串联谐振时，电路总电压 $U$ 不等于零但为很小，回路总阻抗 $Z$ 不等于零但为很小。发生串联谐振时，电容电压 $U_C$ 或电感电压 $U_L$ 可以是电路总电压 $U$ 的十几倍甚至几十倍，因此电力线路发生串联谐振会造成电力设备和用户设备过电压击穿，故电力系统绝对不允许发生串联谐振。

## 十、负荷功率因数过低对电力生产的影响

**1. 负荷功率因数过低对发电机的影响**

负荷的功率因数角 $\varphi$ 越大，功率因数 $\cos\varphi$ 越小（低）。发电厂发电机的铭牌容量是发电机厂家规定发电机允许发出的最大视在功率，发电机运行时，超出发电机允许发出的最大视在功率，称发电机过负荷。发电机长时间过负荷运行会造成线圈温度过高，绝缘老化，影响发电机寿命。

由功率三角形可知，在发电机视在功率 $S$ 一定的情况下，如果发电机带无功负荷的无功功率 $Q$ 太大，势必要减小对有功负荷的有功功率输出，否则会造成发电机过负荷。而发电厂的根本任务是将非电能转换成电能，以有功功率的形式输出，因此如发电机带的负荷功率因数过低，则会直接影响发电厂的经济效益。

**2. 负荷功率因数过低对电网的影响**

在负荷与电源之间的架空输电线中流动的感性电流 $\dot{I}$，可以分解成两个电流分量，如图 1-44 所示。感性负荷电流 $\dot{I}$ 在电压同方向的分量 $\dot{I}_{有}$ 才是真正用来做功的，称电流 $\dot{I}$ 的有功分量。而感性负荷电流 $\dot{I}$ 在电压垂直方向的分量 $\dot{I}_{无}$ 不做功，称电流 $\dot{I}$ 的无功分量。感性电流有效值为

$$I=\sqrt{I_{有}^2+I_{无}^2}$$

电网的网损与流过导线的电流平方成正比，不做功的无功电流分量 $I_{无}$ 在电源与负荷之间每一个周期流动两次将造成电网的网损增加，同时无功电流分量 $I_{无}$ 造成线路压降增

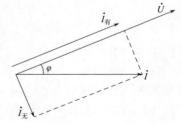

图 1-44　电流的分解

大。因此负荷功率因数过低造成电网的网损增加，供电部门的经济效益下降；造成线路压降增大，受电端用户的电压下降。

3. 提高电网功率因数的措施

(1) 调相运行。水电厂在枯水期将空闲的机组启动起来并入电网，再关闭导叶切断水流，发电机成为电网提供电流的同步电动机，此时再增大励磁电流，电机空转消耗少量的有功功率，发出大量的无功功率，同步电机的这种运行方式称调相运行，调相运行发出的无功功率为

$$Q = \sqrt{S^2 - (-P)^2}$$

大型变电所有专门的调相机，当电网线路电压过低时，将同步电动机启动空转作为调相机运行，专门用来产生无功功率。

(2) 无功补偿电容器。以图 1-45 单相 $RL$ 感性负荷并联无功补偿电容器为例，分析感性负荷 $RL$ 并联无功补偿电容器 $C$ 前后的功率因数变化。没有并联无功补偿电容器 $C$ 时，电源提供给负荷的电流 $\dot{I}$ 就等于感性负荷电流 $\dot{I}_{RL}$，电流 $\dot{I}_{RL}$ 滞后电压 $\dot{U}$ 相位 $\varphi_{RL}$ 较大时，功率因数 $\cos\varphi_{RL}$ 较低。在感性负荷 $RL$ 边上并联无功补偿电容器 $C$ 后，增加的容性无功电流 $\dot{I}_C$ 部分抵消了感性电流 $\dot{I}_{RL}$，这是由于感性负荷中的电感 $L$ 需要充电时正好是电容 $C$ 放电时，感性负荷中的电感 $L$ 需要放电时正好是电容 $C$ 充电时，并联无功补偿电容器后的总电流 $\dot{I}$ 不但没有增大，而且有效值 $I$ 减小了，总电流 $\dot{I}$ 滞后电压 $\dot{U}$ 的

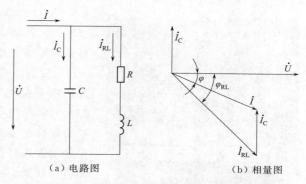

(a) 电路图　　　　(b) 相量图

图 1-45　单相 $RL$ 感性负荷无功补偿电容器

相位从 $\varphi_{RL}$ 减小到了 $\varphi$，整个回路的功率因数从 $\cos\varphi_{RL}$ 提高到了 $\cos\varphi$。

实际中规定所有的变电所和企事业单位必须在三相交流电供电母线上与负荷并联接上三相无功补偿电容器，根据母线电压分批投入或退出无功补偿电容器，由电容器向电力系统或企事业单位内的感性无功负荷提供部分无功功率，这样可以大大减小由发电机通过电网提供的无功功率，使发电机能发出更多的有功功率；同时减小无功电流流过线路和变压器的损耗，减少网损，提高用户受电端的电压。这种高电压大电流的电容器称电力电容器。电力电容器无功补偿不是补得越多越好，无功补偿提高功率因数最高不得高于 $\cos\varphi = 0.95$，如果电力电容器无功补偿到 $\cos\varphi = 1$ 的话，将发生 $LC$ 并联谐振，造成所有交流设备过电流，这是绝对不允许的。

无功补偿电力电容器接线图如图 1-46 所示，三相无功补偿电容器与负荷是并联关系。企事业单位 10kV 终端变压器的无功补偿电容器可以并联接在终端变压器的 10kV 高压侧，也可以并联接在终端变压器 220V/380V 低压侧，其无功补偿的效果是完全一样的。在终端变压器高压侧并联电容进行无功补偿时，需要的电容量小，但要求电容的耐压高（10kV）；在终端变压器低压侧并联电容进行无功补偿时，需要的电容量大，但要求电容的耐压低（380V）。油浸式 10kV 高压无功补偿电力电容器如图 1-47 所示，电容器箱内充满了绝缘油。图 1-47（a）为单相分体式。图 1-47（b）为三相整体式。企事业单位接在终端变压器 220V/380V 低压侧母线上的低压无功补偿装置如图 1-48 所示，三相整体式电容器箱

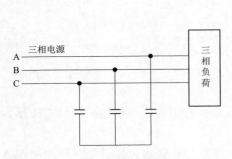

（a）单相分体式　　　（b）三相整体式

图1-46　无功补偿电力电容器接线图　　　图1-47　10kV高压无功补偿电力电容器

图1-48　接在220V/380V低压侧母线
上的低压无功补偿装置

1—低压三相母线；2—空气开关；

3—接触器；4—电容器箱

4内为三只星形"Y"形连接的低压电力电容器，屏柜前面六只电容器箱，屏柜后面六只电容器箱。每两箱电容器并联成一组，共有六组电容器箱，六个交流接触器3分别控制六组电容器组。无功补偿装置投入运行时，先把六只空气开关2全部合上。当380V/220V母线1的无功负荷过大造成母线电压下降时，无功补偿微机控制装置自动控制交流接触器先后合闸，无功补偿电容器箱分批投入，使母线电压回升。当220V/380V母线的无功负荷减小使得电压上升时，自动控制交流接触器先后分闸，无功补偿电容器分批退出，使母线电压下降。当电容电流过大时空气开关中的过电流保护动作自动跳开空气开关，从而保护无功补偿电容器不被烧坏。

变电所的无功补偿电容器挂接在变电所内的35kV母线上或10kV母线上。其中35kV母线上的无功补偿电容器的工作电压已经相当高了，因此35kV油浸式电力电容器体积庞大，造价昂贵，一般布置在变电所像网球场大小的室外露天，用网球场那样的铁丝网围住防止人员误入，而自动控制无功补偿电容器投入或退出的高压断路器布置在高压开关室内。

# 第四节　变压器基本原理

变压器是在电力生产中变压、变流和采集电量常用的电气设备。变压器利用磁作为介质，将电能或电量从一只线圈传递到另一只线圈。水电厂利用变压器原理工作的设备有主变压器、励磁变压器、厂用电变压器、电压互感器、电流互感器和交流稳压器六种。

## 一、变压器的变压原理

**1. 变压器的空载励磁电流**

在变压器铁芯上套了匝数为 $N_1$ 和 $N_2$ 的两只线圈（图1-49），在线圈 $N_1$ 两端加上电

压为 $u_1$ 的交流电源，与电源连接的线圈称变压器的原方线圈，与负载连接的线圈 $N_2$ 称变压器的付方线圈。在付方线圈空载开路的条件下，电源电压 $u_1$ 在原方线圈 $N_1$ 中产生了交流电流 $i_0$，交流电流 $i_0$ 在铁芯中产生了交变磁通 $\Phi_0$，交变磁通又在线圈 $N_1$ 中产生自感电动势 $e_L$，自感电动势 $e_L$ 反过来又反抗电流 $i_0$ 的变化，经过一个动态过程最后达到电磁平衡。付方线圈空载时的变压器电磁平衡原理框图如图 1-50 所示，

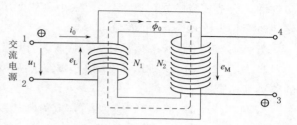

图 1-49　空载运行变压器原理图

变压器付方空载开路时的原方线圈电流 $i_0$ 称为变压器的空载励磁电流，对应的磁通 $\Phi_0$ 称为变压器的平衡磁通。在原方电源电压有效值 $U_1$ 不变的条件下，对一只铁芯面积、结构形状和线圈匝数一定的变压器，无论变压器付方是开路还是负载，平衡磁通 $\Phi_0$ 永远等于常数，牢记这个结论对分析变压器原理非常重要。

图 1-50　付方线圈空载时的变压器电磁平衡原理框图

### 2. 变压器的变比

平衡磁通 $\Phi_0$ 既然会在原方线圈 $N_1$ 中产生感应电动势 $e_L$，同样也会在付方线圈 $N_2$ 中产生感应电动势，平衡磁通 $\Phi_0$ 在付方线圈中产生的感应电动势称互感电动势 $e_M$，互感电动势两端的交流电压称为变压器付方电压 $u_2$，因为自感电动势 $e_L$ 和互感电动势 $e_M$ 是由同一个变化磁通感应产生，变化磁通对原付方线圈的每一匝线圈的感应作用是一样的，所以付方线圈匝数 $N_2$ 越多，线圈中的互感电动势 $e_M$ 越大，付方线圈匝数 $N_2$ 越少，线中的互感电动势 $e_M$ 越小，显然付方线圈的感应电动势与线圈匝数成正比。根据法拉第电磁感应定律，考虑了原付方线圈匝数 $N$ 不同，根据式（1-16），自感电动势和互感电动势为

$$e_L = N_1 \frac{d\Phi_0}{dt}, \quad e_M = N_2 \frac{d\Phi_0}{dt} \tag{1-54}$$

设变压器原方线圈自感电动势 $e_L$ 的有效值为 $E_L$，原方线圈两端的电压有效值为 $U_1$；付方线圈互感电动势 $e_M$ 的有效值为 $E_M$，付方线圈两端的电压有效值为 $U_2$，在忽略线圈导线电阻对电压的影响时，有

$$\frac{E_L}{E_M} = \frac{U_1}{U_2} = \frac{N_1}{N_2} = k \tag{1-55}$$

$$U_2 = U_1 \frac{N_2}{N_1} = \frac{U_1}{k}$$

式中　$k$——变压器的变比或匝数比。

变压器线圈的匝数比 $k$ 规定原方线圈匝数与付方线圈匝数之比，因此变压器原付方的电压比等于匝数比，与匝数比成正比。需要说明的是，变压器的原方线圈电压 $U_1$（有效值）是由原方电源电压决定，不能随意改变。而原方线圈的匝数 $N_1$ 又是由原方电源电压决定

的，试想原方线圈匝数 $N_1$ 太少的话，会造成空载励磁电流 $i_0$ 会太大；原方线圈匝数 $N_1$ 太多的话，会造成空载励磁电流 $i_0$ 会太小。故变压器只能靠改变付方线圈的匝数 $N_2$，才能方便地改变付方电压 $U_2$（有效值）。

当 $N_2 > N_1$ 时，$k < 1$，$U_2 > U_1$，成为升压变压器，例如，发电厂的主变压器。

当 $N_2 = N_1$ 时，$k = 1$，$U_2 = U_1$，成为隔离变压器，例如，同期装置电压信号采集时用的隔离变压器。

当 $N_2 < N_1$ 时，$k > 1$，$U_2 < U_1$，成为降压变压器，例如，发电厂的厂用变压器、励磁变压器和居民小区的终端变压器。

如果在付方绕制两只或三只线圈，就可以得到两个或三个付方电压。所有的变压器原方侧线圈都是接受电源提供的电能，付方侧线圈都是向负荷输出电能。即使是连续几级都是变压器升压或连续几级都是变压器降压，前级变压器对后级变压器是电源，后级变压器对前级变压器是负荷。

### 3. 变压器的同名端

原方线圈端子"1""2"输入的是每秒钟上下正负交变 50 次的正弦交流电，如果付方线圈与原方线圈在铁芯上的绕制方向一致，在某一个瞬间，输入端子"1"为正"2"为负时，根据右手螺旋定律可知输出端子"3"为正"4"为负，端子"1"与"3"极性相同，称"1"与"3"是同名端或同极性端。如果付方线圈与原方线圈在铁芯上的绕制方向相反，即原方线圈在铁芯上顺时针向绕制，付方线圈在铁芯上逆时针向绕制，在某一个瞬间，输入端子"1"为正"2"为负时，根据右手螺旋定律可知输出端子"3"为负"4"为正，端子"1"与"4"极性相同，称"1"与"4"是同名端或同极性端。变压器一旦制造完毕，在外部是看不到变压器外壳里面原付方线圈在铁芯上的绕制方向的，为此生产厂家在变压器外壳上原付方线圈的接线端子旁用符号"＋"或"＊"表示原付方线圈的同名端。

## 二、变压器的变流原理

当变压器的付方线圈接上负载时，付方线圈向外输出电流 $i_2$，$i_2$ 是平衡磁通 $\Phi_0$ 在付方线圈产生的感应电流，感应电流 $i_2$ 又在铁芯中产生磁通 $\Phi_2$。根据焦耳—楞次定律，感应电流 $i_2$ 产生的磁通 $\Phi_2$ 永远反抗原来磁通 $\Phi_0$ 的变化（图 1-51），反抗磁通 $\Phi_2$ 与原来的平衡磁通 $\Phi_0$ 方向相反，使得铁芯中的合成磁通减小，原来的电磁平衡遭到破坏，原方线圈的自感电动势 $e_L$ 变小，反抗电源电流通过的能力减小，使得电源输入给原方线圈的电流从 $i_0$ 增大到 $i_1$，原方线圈的磁通从 $\Phi_0$ 增大到 $\Phi_1$，当 $\Phi_1$ 增大到 $\Phi_1 - \Phi_2 = \Phi_0$ 时，重新达到原来的平衡磁通 $\Phi_0$。经过重新平衡

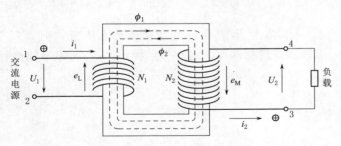

图 1-51 负载运行变压器原理图

的过程，通过磁场将原方线圈的电能传递到付方线圈，特别提醒，原付方两个线圈在电气回路上是完全独立分开的两个回路，这就是看不到、摸不着的磁场传送电能的奇妙之处。

变压器的空载励磁电流 $i_0$ 很小，一般是额定电流的 2%～5%。如果空载励磁电流和铁

芯发热损耗忽略不计，则从能量守恒的角度可以认为，每秒钟输入变压器原方线圈的电能应等于付方线圈输出变压器的电能，每秒钟的电能就是功率，即输入变压器的功率等于变压器输出功率，即

$$U_1 I_1 = U_2 I_2$$

式中 $I_1$——原方电流有效值；

$I_2$——付方电流有效值。

$$\frac{I_1}{I_2} = \frac{U_2}{U_1} = \frac{N_2}{N_1} = \frac{1}{k} \tag{1-56}$$

$$I_2 = k I_1$$

可以看出，变压器的原付方的电流比等于匝数比的倒数，与匝数比成反比。

当 $N_2 > N_1$ 时，$k < 1$，$I_2 < I_1$，付方线圈电流小于原方线圈电流，成为升压变压器，例如，发电厂的主变压器。

当 $N_2 = N_1$ 时，$k = 1$，$I_2 = I_1$，成为隔离变压器。例如同期装置电压信号采集时用的隔离变压器。

当 $N_2 < N_1$ 时，$k > 1$，$I_2 > I_1$，付方线圈电流大于原方线圈电流，成为降压变压器，例如，发电厂的厂用变压器、励磁变压器和居民小区的降压变压器。

付方线圈匝数比原方越多，付方输出电压越高，电流越小，例如发电厂主变压器等所有的升压变压器。付方线圈匝数比原方越少，付方输出电压越低，电流越大，例如发电厂的厂用变压器、励磁变压器和居民小区的终端变压器。发电厂的厂用变压器、励磁变压器和居民小区的终端变压器都是单独带一片负荷的，这些变压器的原方线圈电流大小完全由付方线圈负载电流的大小决定，负载耗电越大，变压器付方线圈电流越大，原方线圈电流跟着变大。负载电流过大严重时，变压器过载烧毁；负载断开不用电时，变压器付方线圈电流为零，原方线圈为很小的空载励磁电流。发电厂的主变压器在电网中与其他发电厂的主变压器是并列（注意，不是并联）带负荷的，这些变压器的付方线圈电流大小完全由原方线圈电流大小决定，原方线圈电流大小由发电机输出功率决定的，发电机输出功率越大，主变压器原方电流越大，付方上网电流越大；发电机跳闸停机输出功率为零时，主变压器原方电流为零，付方上网电流为零。因此变压器是原方线圈电流跟着付方线圈电流变还是付方线圈电流跟着原方线圈电流变，并列运行的变压器与单独带一片负荷的变压器是不一样的。

### 三、自耦变压器原理

自耦变压器又称调压变压器。应用在要求运行中付方输出交流电压 $U_2$ 能无级连续调节的场合，单相直柱式自耦变压器原理图如图 1-52 所示。铁芯为直柱式，采用三个单相就构成交流厂用电中的 380V 三相交流电力稳压器中的调压变压器。每一相原、付方共用同一只线圈，线圈绕组用 3~5mm 厚的铜带螺旋状绕制而成，螺旋状铜带层与层之间用薄的胶木板绝缘，铜带螺旋式线圈的外侧圆柱面为铜带的裸露部分，动触头紧紧压在线圈的外侧圆柱面铜带裸露部分上。原方线圈匝数 $N_1$ 固定不变，在带负载条件下上下移动动触头，可以方便地改变付方线圈匝数 $N_2$，从而方便地无级调节付方电压 $U_2$。当向下移动动触头，使得 $N_2$ 小于 $N_1$ 时，付方电压 $U_2$ 低于原方电压 $U$。当移动动触头，使得 $N_2$ 等于 $N_1$ 时，付方电压 $U_2$ 等于原方电压 $U_1$。当向上移动动触头，使得 $N_2$ 大于 $N_1$ 时，付方电压 $U_2$ 大于原

方电压 $U$。单相圆环式自耦变压器外形图如图 1-53 所示，铁芯为圆环式，工作原理与铁芯直柱式相同，转动手柄可以方便地无级调节输出交流电压。单相圆环式自耦变压器广泛应用在电工实验室里，做实验时输入交流电压为 220V，输出交流电压在 0～250V 连续无级可调。在水电厂现场电气设备交流高压耐压试验中，输入自耦变压器 220V 交流厂用电，自耦变压器输出接 6.3kV 电压互感器的低压侧，转动手柄使自耦变压器输出在 0～100V 范围内，就可以在电压互感器的高压侧得到 0～6.3kV 的高压试验电压。同理，将自耦变压器输出接 35kV 电压互感器的低压侧，转动手柄使自耦变压器输出在 0～100V 范围内，就可以在电压互感器的高压侧得到 0～35kV 的高压试验电压。将自耦变压器输出接 110kV 电压互感器的低压侧，转动手柄使自耦变压器输出在 0～100V 范围内，就可以在电压互感器的高压侧得到 0～110kV 的高压试验电压。特别提醒，在现场做电气设备交流高压耐压试验时，转动手柄应特别小心，严禁自耦变压器输出电压大幅度高于 100V，防止电压互感器高压侧电压过高，击穿电压互感器自身的绝缘和被测试电气设备的绝缘。

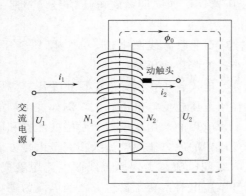

图 1-52　单相直柱式自耦变压器原理图

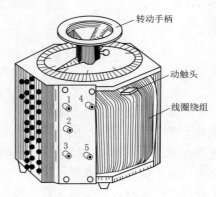

图 1-53　单相圆环式自耦变压器外形图

# 第五节　同步发电机基本原理

　　水电厂同步发电机利用电磁感应原理将水轮机的机械能转换成电能，同步发电机工作时还必须另外建立励磁系统，负责向发电机转子线圈提供励磁电流，产生电磁感应的转子磁场。

## 一、同步发电机的三相交流电动势

　　同步发电机转子磁场的产生是采用在转子铁芯上绕制转子线圈，在转子线圈中通入直流电流 $I$，如图 1-54 所示。该直流电流称转子励磁电流，现代发电厂励磁电流都是由可控硅励磁装置将交流电整流成直流后提供。同步发电机的转子磁场属于直流磁场。

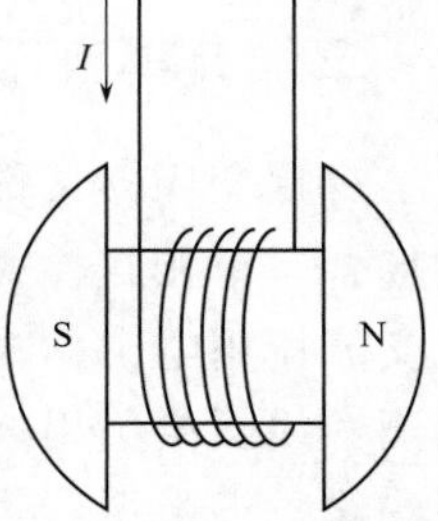

　　无论是永久磁钢产生的磁场还是通电线圈产生的磁场，每一个磁场都同时有 N 极和 S 极两个磁极。将一块有两个磁极的永久磁钢断裂成几个小块，如图 1-55 所示，断裂后每一个小块都会重新出现 N 极和 S 极，因此，磁极永远是 N、S 成对出现的。

图 1-54　转子绕组和励磁电流

　　磁场与地球周围的重力场一样，是看不到摸不着的。为了形象地表示磁场的分布情况，习惯用磁力线来描述。规定磁极外部磁力线的方向为从 N 极到 S 极，磁极内部磁力线的方向为从 S 极到 N 极。因为磁极是成对出现的，所以磁力线应该是一个个封闭的曲线，如图 1-56 所示。按右手螺旋定则，在已知线圈励磁电流方向的条件下，可以确定磁力线的方向。

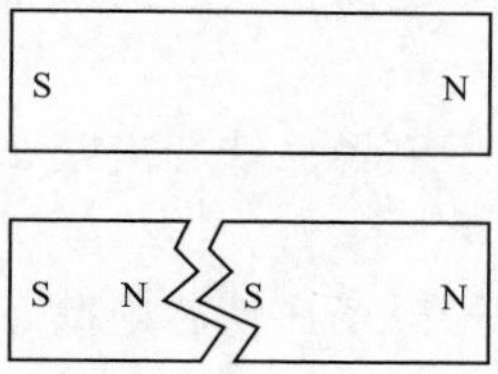

图 1-55　成对出现的磁极

　　有了磁力线作为描述磁场的工具后，线圈产生的总的磁力线数称磁通 $\Phi$，磁通方向与励磁电流的方向应满足右手螺旋定则。垂直穿过单位面积的磁力线根数称为磁感应强度 $B$，显然，在同一个磁通为 $\Phi$ 的磁场中，磁极周围磁力线分布密，磁感应强度 $B$ 大；远离磁极处的磁力线分布疏，磁感应强度 $B$ 小。

　　**1. 长直导体切割磁力线产生的感应电动势**

　　根据物理知识可知，磁感应强度为 $B$ 的磁场，与有效长度为 $L$ 的长直导体以速度 $v$ 相对运动时（图 1-57），导体切割磁力线，动磁生电。图中磁极 N 以 $v$ 的速度向左运动时，相当于长直导体以 $v$ 的速度向右运动，因此根据右手发电机定律，当磁感应强度 $B$、有效长度 $L$ 和长直导体运动速度 $v$（向右）三者相互垂直时，在长直导体内产生的感应电动势 $e$ 的方向从里面指向外面，感应电动势 $e$ 为

$$e = BLv \tag{1-57}$$

式中　$L$——导体在磁场内的有效长度；
　　　$v$——导体与磁场的相对速度。

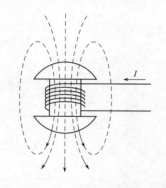

图 1-56　磁力线的磁场分布

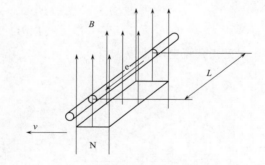

图 1-57　长直导体切割磁力线

　　**2. 发电机转子磁场在定子铁芯内壁的分布**

　　同步发电机内的转子旋转磁场的磁感应强度 $B$ 由转子线圈中的励磁电流产生，调整励磁电流的大小就可以调整磁感应强度 $B$ 的大小。转子磁极与定子铁芯内壁之间的间隙称气隙，对只有一对磁极的发电机，通过修整转子铁芯磁极表面形状，改变转子铁芯磁极表面与定子铁芯内壁之间的气隙，总能使磁感应强度 $B$ 在定子铁芯内壁 360° 范围内的分布近似（只能做到近似）满足正弦规律，即

$$B = B_{\mathrm{m}} \sin\alpha \tag{1-58}$$

式中　$B_{\mathrm{m}}$——磁感应强度在定子铁芯内壁分布的最大值；
　　　$\alpha$——定子铁芯内壁某点所处的圆心角。

转子磁场在铁芯内壁 $\alpha=0$ 处的磁感应强度为

$$B=B_{\mathrm{m}}\sin 0=0$$

转子磁场在铁芯内壁 $\alpha=90°$ 处的磁感应强度为

$$B=B_{\mathrm{m}}\sin 90°=+B_{\mathrm{m}}$$

转子磁场在铁芯内壁 $\alpha=180°$ 处的磁感应强度为

$$B=B_{\mathrm{m}}\sin 180°=0$$

转子磁场在铁芯内壁 $\alpha=270°$ 处的磁感应强度为

$$B=B_{\mathrm{m}}\sin 270°=-B_{\mathrm{m}}$$

$+B_{\mathrm{m}}$ 表示"N"极，$-B_{\mathrm{m}}$ 表示"S"极。

定子铁芯内壁磁感应强度分布如图 1-58 所示。

3. 发电机三相电动势的产生

设有 3 个独立的矩形线圈，每只线圈有两个端子四条边，每只线圈相对的两条边分别镶入定子铁芯内壁相隔 180° 的两个线槽内，3 个线圈平面相互之间的夹角为 120°，如图 1-59 中 Ax、By、Cz。这 3 个线圈就是最简单的发电机三相定子绕组。当发电机转子在水轮机带动下以 $\omega$ 的角速度旋转时，每一相定子绕组在相隔 180° 的两个定子线槽内的两条边相对转子旋转磁场的线速度为 $v$，线槽内切割转子磁场磁力线的导体有效切割边的长度为 $L$，每一个定子线槽内有效切割边承受切割的磁感应强度 $B$ 按正弦规律变化，而且每相绕组的一条有效切割边承受转子磁场 N 极切割时，另一条有效切割边正好承受转子磁场 S 极切割，因此每一个线圈的两条有效切割边中产生的两个感应电动势为串联叠加关系。则发电机 A 相定子绕组中两个串联后的感应电动势

$$e_{\mathrm{A}}=2BLv=2Lv(B_{\mathrm{m}}\sin\alpha)=E_{\mathrm{m}}\sin\omega t \qquad (1-59)$$

$$E_{\mathrm{m}}=2LvB_{\mathrm{m}}$$

式中　$E_{\mathrm{m}}$——正弦交流电动势最大值。

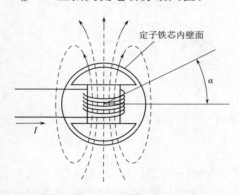

图 1-58　定子铁芯内壁磁感应强度分布

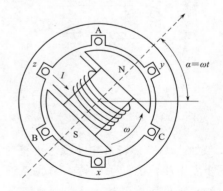

图 1-59　发电机输出三相交流电压

在定子铁芯线槽内夹角为 120° 的三相定子绕组被同一个转子磁场切割，因此三相电动势最大值相等，相位差 120°，则

$$e_{\mathrm{B}}=E_{\mathrm{m}}\sin(\omega t-120°)$$

$$e_{\mathrm{C}}=E_{\mathrm{m}}\sin(\omega t-240°)=E_{\mathrm{m}}\sin(\omega t+120°)$$

当忽略线圈导体电阻对电压的影响时，发电机机端输出三相交流电压与三相交流电动势

大小相等方向相反。发电机输出三相交流电压如图 1-60 所示。

$$\begin{cases} u_A = U_m \sin\omega t \\ u_B = U_m \sin(\omega t - 120°) \\ u_C = U_m \sin(\omega t + 120°) \end{cases} \qquad (1-60)$$

式中　$U_m$——电压最大值。

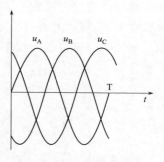

图 1-60　发电机输出三相
交流电压

有两对磁极的同步发电机，通过修整转子铁芯磁极表面，改变转子铁芯磁极表面与定子铁芯内壁之间的气隙，总能使磁感应强度 $B$ 在定子铁芯内壁 180°范围内的分布满足正弦规律，再对定子三相绕组按一定方法布置，能输出三相正弦交流电。对有 $n$ 对磁极的同步发电机，通过修整转子铁芯磁极表面，改变转子铁芯磁极表面与定子铁芯内壁之间的气隙，总能使磁感应强度 $B$ 在定子铁芯内壁 360°/$n$ 范围内的分布满足正弦规律，再对定子三相绕组按一定方法布置，能输出三相正弦交流电。

1 对转子磁极的同步发电机转子转 1 转，在每一相定子绕组里产生 1 个正弦波。我国规定正弦交流电的正弦波必须每秒 50 个，每分钟 3000 个。因此磁极对数 $P=1$ 的同步发电机，转子必须每分钟的转速 $n=3000$ 才能输出 50Hz 的正弦波交流电。磁极对数 $P=2$ 的同步发电机，转子必须每分钟的转速 $n=1500$ 才能输出 50Hz 的正弦波交流电。磁极对数 $P=3$ 的同步发电机，转子必须每分钟的转速 $n=1000$ 才能输出 50Hz 的正弦波交流电。以此类推。也就是说，为保证发电机输出 50Hz 的正弦交流电，在我国的同步发电机必须满足转速 $n$ 与磁极对数 $P$ 的乘积等于 3000，这种转速称同步转速。

## 二、同步发电机内的旋转磁场

### 1. 三相定子绕组产生的定子旋转磁场

发电机三相正弦交流电流波形图如图 1-61 所示，下面取一个周期内 $t_1 \sim t_6$ 六个特殊时刻来分析三相定子绕组产生的定子旋转磁场。三相定子绕组 Ax、By、Cz 均布在定子铁芯内壁相隔 120°的三对线槽内（图 1-62），三相定子绕组带上负荷后分别输出三相正弦交流电流 $i_A$、$i_B$、$i_C$。

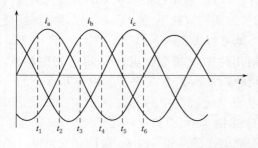

图 1-61　发电机三相正弦交流电流波形图

当时间为 $t_1$ 时，C 相电流 $i_C=0$，则 C 相绕组的定子磁场 $\Phi_C=0$，A 相电流 $i_A>0$，电流从绕组尾部 x 流进头部 A 流出，根据右手螺旋定则可得 A 相绕组的定子磁场 $\Phi_A$ 方向为水平向右。

B 相电流 $i_B<0$，电流从绕组头部 B 流进尾部 y 流出，根据右手螺旋定则可得 B 相绕组的定子磁场 $\Phi_B$ 方向为向右下方 60°，则三相定子绕组的合成磁场 $\Phi_合$ 方向为向右下方 30°。

当时间为 $t_2$ 时，B 相电流 $i_B=0$，则 B 相绕组的定子磁场 $\Phi_B=0$，A 相电流仍为 $i_A>0$，A 相绕组的定子磁场 $\Phi_A$ 方向仍为水平向右，C 相电流 $i_C<0$，电流从绕组头部 C 流进尾部 z 流出，根据右手螺旋定则可得 C 相绕组的定子磁场 $\Phi_C$ 方向为向右上方 60°，则三相定子绕组的合成磁场 $\Phi_合$ 方向为向右上方 30°。

从时间 $t_1$ 到 $t_2$，三相定子绕组的合成磁场 $\Phi_合$ 方向逆向转了 60°。时间为 $t_3$、$t_4$、…以此类推可以看出，三相定子电流在定子铁芯内壁上产生的合成磁场 $\Phi_合$ 在空间上是旋转的。合成磁场 $\Phi_合$ 大小取决于三相定子电流的大小，合成磁场 $\Phi_合$ 的旋转方向（逆钟向或顺钟向）取决于三相交流电流的相序（即是 A、B、C、A、B、C 等相序，还是 A、C、B、A、C、B 等相序）。

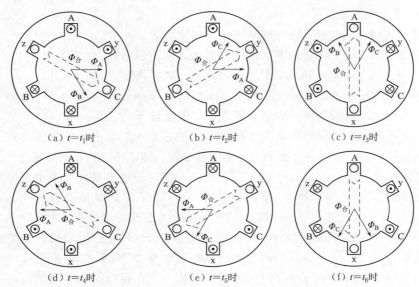

（a）$t=t_1$时　　　　　（b）$t=t_2$时　　　　　（c）$t=t_3$时

（d）$t=t_4$时　　　　　（e）$t=t_5$时　　　　　（f）$t=t_6$时

图 1-62　三相定子绕组产生的定子磁场

　　三相同步发电机、三相同步电动机、三相异步发电机和三相异步电动机的定子结构是完全一样的，统称三相交流电机。由此可见，只要三相交流电机的定子绕组有三相定子电流在流动，都会在定子铁芯内壁出现看不到、摸不着的定子旋转磁场。只不过三相同步发电机和三相异步发电机是向电网输出三相交流电流，三相同步电动机和三相异步电动机是电网输入三相交流电流。如果实际工作中发现三相异步电动机的旋转方向不对，只需将三相电源线任意两相对换一下就可解决。

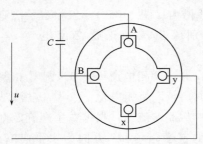

图 1-63　单相异步电动机接线图

　　家用电风扇用的是单相交流电的单相交流电动机，单相交流电动机的定子铁芯内布置了两相相互垂直的定子绕组，交流电源直接接其中一相定子绕组 Ax，交流电源经电容器 C 移相 90°后接另一相定子绕组 By，移相电容器把单相交流电变成了相位差 90°的两相交流电，单相异步电动机接线图如图 1-63 所示。两相线圈通电后在定子铁芯内壁产生的合成磁场同样会旋转，从而异步拖动转子旋转。

**2. 同步发电机内的旋转磁场**

　　同步发电机的转子是人工制造出来的"工艺品"，采用在转子铁芯上绕制转子励磁线圈，再通入直流励磁电流得到转子磁场的方法，四对磁极的发电机内部磁场如图 1-64 所示。

　　对于同步水轮发电机，转子在水轮机水动力矩 $M_t$ 的带动下以角速度 $\omega$ 恒速旋转，产生转子旋转磁场。定子绕组在转子旋转磁场作用下切割磁力线，产生三相感应电动势向负荷输出三相电流，三相负荷电流反过来又在定子铁芯内壁产生看不到、摸不着的定子旋转磁场。同步发电机定子旋转磁场与转子旋转磁场磁极对数相同、旋转方向相同、旋转转速相同，"同步"由此得名。

### 三、同步发电机带有功负荷的原理

#### 1. 同步发电机的运行状态

当机组额定转速，转子励磁不投入时，发电机机端没有电压，定子绕组中没有电流，发电机内部即没有转子旋转磁场也没有定子旋转磁场，称机组空转。这时水轮机提供的水动力矩 $M_t$ 用来克服机组转动系统的机械摩擦阻力矩 $M_n$。当机组达到额定转速，转子励磁投入，但断路器没有合闸或合闸后没有带上负荷，发电机机端有电压，定子绕组中没电流，发电机内部有转子旋转磁场没有定子旋转磁场，称机组空载。与机组空转一样，这时的水动力矩 $M_t$ 用来克服机组转动系统的机械摩擦阻力矩 $M_n$。当机组达到额定转速，转子励磁电流投入，断路器合闸并带上负荷，发电机机端有电压，定子绕组中有电流，发电机内部既有转子旋转磁场又有定子旋转磁场，而且两个一起同步旋转磁场的 N、S 极一一对应，紧紧相吸，相互作用吸引力。同步发电机的定子旋转磁场是转子旋转磁场切割定子线圈导体后，在定子线圈导体中产生了感应电动势，感应电动势向外输出定子电流时产生的，也就是说，没有转子旋转磁场就没有定子旋转磁场。因此是转子旋转磁场拖着定子旋转磁场一起旋转，那么定子旋转磁场对转子作用电磁阻力矩 $M_g$（图 1-65）。这时的水动力矩 $M_t$ 不但要克服机组转动系统的机械摩擦阻力矩 $M_n$，还要克服定子旋转磁场对转子旋转磁场作用的电磁阻力矩 $M_g$。水动力矩 $M_t$ 的大小正比于水流量，电磁阻力矩 $M_g$ 的大小正比于负荷电流。

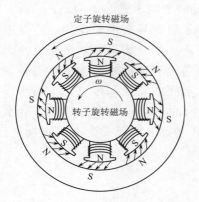 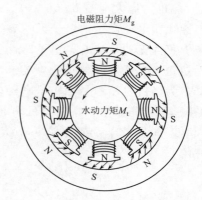

图 1-64　四对磁极的发电机内部磁场　　　　图 1-65　旋转磁场相互作用图

#### 2. 同步发电机带有功负荷的原理

发电机输出有功功率的过程，其实就是将机械能转换成电能的过程，能量转换有两种方式：第一种能量转换方式是能量自发地从一种能量形式转换成另一种能量形式。例如，垂直自由下落的物体，势能越来越小，动能越来越大，物体的大部分势能转换成动能。第二种能量转换方式是以做功的方式消耗一种能量，将消耗的能量大部分转换成另一种能量。例如，搬运工早上吃了早饭，获得食物的化学能，上班做功将一楼的砖块搬运到五楼，消耗了化学能，到了中午肚子饿了，采用做功的方式，将大部分化学能转换成五楼砖块的势能。

在水轮发电机将旋转机械能转换成电能的过程中，设机组单机带三相纯电阻负荷（有功负荷），当发电机从空载额定转速转为带有功负载时，定子有功电流从零开始增大，定子旋转磁场的电磁阻力矩 $M_g$ 也从零开始增大，作用转子转速下降，为维持额定转速不变，水轮机导叶或喷嘴必须进一步增大开度，增加进入水轮机的水流量，即增加输入水轮机的水能，使水动力矩 $M_t$ 进一步增大，带动转子旋转磁场克服新增加的定子旋转磁场电磁阻力矩做功，消耗机械能，从而带上了有功负荷，将机械能转换成电能。由此可见，有功负荷增大时，如果水轮机导叶或喷嘴开度不开大，水动力矩 $M_t$ 不增大，发电机转速（频率）将下降，这是不允许的。

### 四、同步发电机带感性无功负荷的原理

因为实际中发电机带的负荷极大部分是感性负荷，所以只分析发电机带感性无功负荷时的原理。为了使问题分析简单，假设发电机只有单相定子绕组，带单相纯电感无功负荷（图1-66）。已知纯电感负荷的电流相位滞后电压相位90°，即电压最大值时电流为零；电流最大值时电压为零［图1-66（a）］。当转子磁极以 $\omega$ 的转速逆钟向旋转到转子磁通 $\Phi_{转}$ 正对定子绕组导体 A—x 切割时，定子绕组导体切割磁感应强度 $B$ 最大，发电机机端电压 $u$ 最大，但根据纯电感负荷特性此时负荷无功电流 $i=0$，因此定子电流 $i_{定}=0$，定子电流产生的定子磁通 $\Phi_{定}=0$［图1-66（b）］；当转子磁极以 $\omega$ 的转速逆钟向转过90°时，定子绕组导体 A—x 位于转子磁场中间，定子绕组导体切割磁感应强度 $B=0$，发电机机端电压 $u=0$，但根据纯电感负荷特性此时负荷无功电流 $i$ 为最大，因此定子电流 $i_{定}$ 也最大，定子电流产生的定子磁通 $\Phi_{定}$ 也为最大［图1-66（c）］。由于此时的定子磁通 $\Phi_{定}$ 与转子磁通 $\Phi_{转}$ 方向相反，说明感性无功电流产生的定子无功磁通对转子磁通具有去磁作用。当发电机从空载额定电压带上感性无功负载时，定子感性无功电流从零开始增大，定子感性无功电流产生的定子无功磁通也从零开始增大，定子无功磁通对转子磁通的去磁作用造成发电机机端电压下降，为维持机端不变，转子励磁电流 $I$ 必须在原来基础上跟着增大，使转子磁通 $\Phi_{转}$ 在原来基础上跟着增大，保持机端电压不变，从而带上了无功负荷。由此可见，无功负荷增大时，如果转子励磁电流不增大，转子磁通不增大，发电机机端电压将下降，这是不允许的。

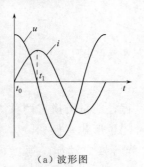 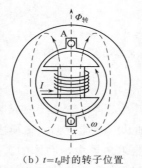 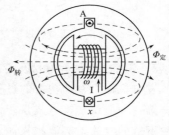

（a）波形图　　　　　（b）$t=t_0$时的转子位置　　　　　（c）$t=t_1$时的转子位置

图1-66　同步发电机带纯电感无功负荷的内部电磁原理图

## 五、三相交流电动机内的电能与机械能转换

### 1. 三相同步电动机

三相同步电动机的结构与三相同步发电机结构完全一样，也需要提供转子励磁电流，统称为同步电机。同步电机是可逆的，当电网向同步电机定子线圈提供定子电流时，同步电机就成为同步电动机。定子旋转磁场作为电磁动力矩拖着转子磁场旋转，为保持同步电动机转速不变，定子旋转磁场的电磁动力矩必须克服转子转动系统的机械摩擦阻力矩和机械设备的机械阻力矩做功，从而消耗电能，将电能转换成机械能。

### 2. 三相异步电动机

因为三相异步电动机的转子结构与三相同步电动机不一样，所以三相异步电动机的工作原理与三相同步电动机也不一样。工农业生产中使用最多的是鼠笼式异步电动机，其转子主要由硅钢片、鼠笼和转轴等组成，部分结构如图1－67所示。开有若干缺口薄薄的硅钢片[图1－67（b）]两面涂绝缘漆绝缘，然后在转轴上用硅钢片叠压成转子的圆柱体铁芯，众多叠压硅钢片的缺口在圆柱体铁芯表面形成若干条凹槽，再用溶化的铝水浇注圆柱体表面的凹槽并在两端浇注形成短路环，构成由铝制成的鼠笼[图1－67（c）]，圆柱表面经车床加工后就成为鼠笼式异步电动机的转子[图1－67（a）]。凹槽内的铝条称阻尼条，相隔180°的两根阻尼条可理解成是一个转子线圈的两条有效切割边，短路环将所有转子线圈有效切割边连接在一起。

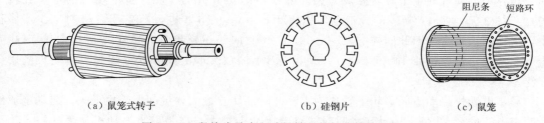

（a）鼠笼式转子　　　　　　　　　　（b）硅钢片　　　　　　　　（c）鼠笼

图1－67　鼠笼式异步电动机转子的部分结构组成

异步电动机转动原理如图1－68所示。三相异步电动机正常工作时，电源输入三相定子绕组中的三相定子电流在定子铁芯内壁形成同步转速为$n_1$的定子旋转磁场，转子转速$n_2$始终低于定子旋转磁场转速$n_1$，阻尼条始终被定子旋转磁场切割，在转子阻尼条中产生感应电动势，转子上相隔180°的两根阻尼条中的两个感应电动势经短路环形成串联关系，并经短路环形成转子阻尼条中的短路电流。如图1－68所示瞬间，根据右手发电机定理可知，阻尼条长直导体切割定子旋转磁场磁力线，在转子上半部分阻尼条中的短路电流为流出纸面，下半部分阻尼条中的短路电流为流进纸面。由于通电阻尼条在定子磁场内会受到电磁力作用，根据左手电动机定理，上半部分阻尼条中的短路电流在定子旋转磁场中受到向右电磁力$F$作用，下半部分阻尼条中

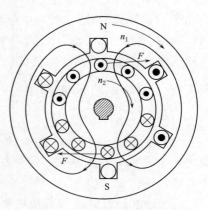

图1－68　异步电动机转动原理

的短路电流在定子旋转磁场中受到向左电磁力 $F$ 作用，两个电磁力形成的电磁转动力矩克服转子上的机械阻力矩，使转子以转速 $n_2$ 旋转。定子旋转磁场带动转子旋转做功，消耗有功功率，将电能转换成旋转机械能。

在定子三相绕组接通三相交流电源瞬间，定子旋转磁场转速瞬间为同步转速 $n_1$，但是转子转速 $n_2$ 为零，此时定子旋转磁场转速与转子转速的转差 $\Delta n = n_1 - n_2$ 最大，转子与定子旋转磁场之间的相对运动最大，转子阻尼条被定子旋转磁场切割最厉害，转子阻尼条中的短路电流也最大，电磁转动力矩也最大。随着转子转速 $n_2$ 的上升，转子与定子旋转磁场的转差 $\Delta n$ 减小，转子与定子旋转磁场之间的相对运动减小，定子旋转磁场对转子阻尼条切割减弱，转子阻尼条短路电流减小，电磁转动力矩也减小。假如转子转速 $n_2$ 上升到与定子旋转磁场的转速 $n_1$ 一样，则定子旋转磁场与阻尼条相对运动为零，转差 $\Delta n = 0$，定子旋转磁场转子阻尼条没有切割，阻尼条中短路电流为零，转子电磁转动力矩为零。由此可见，为了获得转子的电磁转动力矩，转子的转速 $n_2$ 必须低于定子旋转磁场的转速 $n_1$，保持一定的转差 $\Delta n$，"异步"由此得名。因为异步电动机靠定子旋转磁场切割转子阻尼条感应产生短路电流获得转子的电磁转动力矩，所以异步电动机又称"感应电动机"。

生产实际中一种常见的三相异步电动机的转子额定转速 $n_2 = 1450\text{r/min}$，定子旋转磁场的同步转速 $n_1 = 1500\text{r/min}$，三相异步电动拖动额定机械负荷时的额定转差 $\Delta n = 50\text{r/min}$。另一种三相异步电动机的转子额定转速为 $n_2 = 960\text{r/min}$，定子旋转磁场的同步转速 $n_1 = 1000\text{r/min}$，三相异步电动拖动额定机械负荷时的额定转差 $\Delta n = 40\text{r/min}$。因为 1450r/min 的三相异步电动机的定子旋转磁场是两对磁极，960r/min 的三相异步电动机的定子旋转磁场是三对磁极，1450r/min 的异步电动机比 960r/min 的异步电动机定子磁极对数少，体积小，消耗铜铁量少，因此同样的功率，1450r/min 的三相异步电动机比 960r/min 的三相异步电动机价格便宜，故 1450r/min 的三相异步电动机比 960r/min 的三相异步电动机应用更广泛。

异步电动机启动瞬间，转子转速为零，此时的转差最大，启动电流也最大，启动电流约为额定电流的 3~7 倍，因此启动时对线路电压冲击较大，这是异步电动机最大的缺点。为了建立定子旋转磁场，电源必须提供较大的无功功率，使得三相异步电动机的功率因数 $\cos\varphi$ 比较低（约 0.7）。如果异步电动机实际带的机械功率比电动机额定功率小得多，例如功率为 4kW 的异步电动机实际带了 2kW 机械功率，电源需要提供的有功功率只有额定功率的 50%（电动机轻载），但建立定子旋转磁场的无功功率几乎没变，使得异步电动机的功率因数 $\cos\varphi$ 更低，故尽量不要大功率异步电动机带小功率机械负荷，如"大马拉小车"。异步电动机的优点是结构简单，造价便宜，启停方便，因此使用最广泛。

## 六、同步电机的四种工况

### 1. 发电工况

（1）发电运行。发出有功功率，发出无功功率。操作如下：打开导叶或喷针，转速达到额定转速的 95% 投入励磁，同期并网后，再打开导叶或喷针，输出有功功率；同时增大励磁电流，输出无功功率。

（2）进相运行。输出有功功率，吸收无功功率（欠励）。操作如下：打开导叶或喷针，转速达到额定转速的 95% 投入励磁，同期并网后，再打开导叶或喷针，输出有功功率；同

时减小励磁电流，吸收无功功率。（对发电机制造有特殊要求）

2．电动工况

（1）电动运行。消耗有功功率。操作如下：打开导叶或喷针，转速达到额定转速的95％投入励磁，同期并网后，再关闭导叶或喷针，消耗有功功率，吸收无功功率。

（2）调相运行。消耗有功功率，输出无功功率（过励）。操作如下：打开导叶或喷针，转速达到额定转速的95％投入励磁，同期并网，再关闭导叶或喷针，消耗少量的有功功率；再增大励磁电流（1.3～1.4倍的额定励磁电流），输出大量无功功率。

# 第六节　三相交流电源连接

大规模工业性的电能生产都是由三相同步发电机提供的，同步发电机能同时提供三个有效值相同、相位差120°的正弦交流电动势，称三相对称正弦交流电源。如果按每一相交流电源单独输出的话，每一相交流电源需要两根输电线，则三相交流电源需要六根输电线，这显然对输电线路带来极大的不便和线路投资的增加。利用正弦交流量的特殊变化规律，对三相正弦交流电源进行一定方式的连接，可以减少三相交流电源输出线的数量，简化输电线路，节省线路投资。三相对称正弦交流电源的连接方法有星形（Y）连接和三角形（△）连接两大类，其中星形（Y）连接又有三相三线制和三相四线制两种连接方式。

## 一、三相星形连接

1．星形三相三线制

将三相对称正弦交流电源的三相绕组末端连接在一起，三相绕组首端引出三根输出线向外供电，星形三相三线制的三相对称正弦交流电源连接方法如图1-69所示。

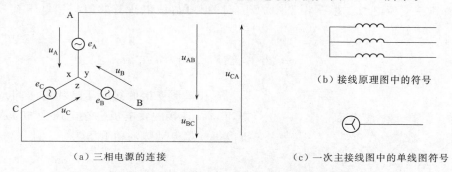

（a）三相电源的连接　　　　　　　（b）接线原理图中的符号　　　（c）一次主接线图中的单线图符号

图1-69　星形三相三线制的三相对称正弦交流电源连接方法

A、B、C三端的输出线习惯称火线，火线与火线之间的电压称线电压，根据图示，线电压与相电压的瞬时值表达式为

$$\begin{cases} u_{AB} = u_A - u_B \\ u_{BC} = u_B - u_C \\ u_{CA} = u_C - u_A \end{cases} \tag{1-61}$$

由代数知识可知减去一个数等于加上这个数的负数。因此线电压与相电压关系的相量表达式为

$$\left.\begin{array}{l} \dot{U}_{AB} = \dot{U}_A - \dot{U}_B = \dot{U}_A + (-\dot{U}_B) \\ \dot{U}_{BC} = \dot{U}_B - \dot{U}_C = \dot{U}_B + (-\dot{U}_C) \\ \dot{U}_{CA} = \dot{U}_C - \dot{U}_A = \dot{U}_C + (-\dot{U}_A) \end{array}\right\} \qquad (1-62)$$

根据线电压与相电压关系的相量表达式，可以画出星形三相三线制连接相电压和线电压相量图，如图 1-70 所示。

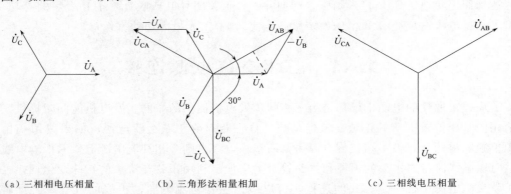

（a）三相相电压相量　　　（b）三角形法相量相加　　　　（c）三相线电压相量

图 1-70　星形三相三线制连接相电压和线电压相量图

将相量转 180° 就是这个相量的负相量，在相量图中平行上下左右移动相量，不改变相量的大小和方向。因此将图中 $\dot{U}_B$ 转 180° 得到相量 $-\dot{U}_B$，再将 $-\dot{U}_B$ 平移到与相量 $\dot{U}_A$ 头尾连接，得到线电压相量 $\dot{U}_{AB}$。将图中 $\dot{U}_C$ 转 180° 得到相量 $-\dot{U}_C$，再将 $\dot{U}_C$ 平移到与相量 $\dot{U}_B$ 头尾连接，得到线电压相量 $\dot{U}_{BC}$。将图中 $\dot{U}_A$ 转 180° 得到相量 $-\dot{U}_A$，再将 $-\dot{U}_A$ 平移到与相量 $\dot{U}_C$ 头尾连接，得到线电压相量 $\dot{U}_{CA}$。由此可见，三相线电压也是有效值相同、相位差 120° 的三相对称正弦交流电源。根据相量图的几何图形可得线电压有效值与相电压有效值的关系为

$$U_{线} = 2(U_{相}\cos30°) = 2\left(U_{相}\frac{\sqrt{3}}{2}\right) = \sqrt{3}U_{相} \qquad (1-63)$$

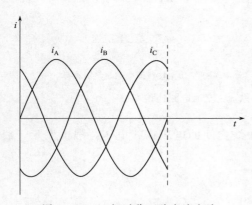

图 1-71　三相对称正弦交流电流

三相星形连接的线电压是相电压的 $\sqrt{3}$ 倍，例如，"Y"连接的发电机机端电压为 6300V，发电机内每一相电动势的相电压为

$$U_{相} = 6300/\sqrt{3} = 3637V$$

当三相对称电源带上三相对称负荷 $Z_A = Z_B = Z_C$ 时，三相电流也对称，即三相电流有效值 $I_A = I_B = I_C$，相位差 120°（图 1-71）。由图或三角函数表可知，任何时刻三相电流之和等于零，即

$$i_A + i_B + i_C = 0 \qquad (1-64)$$

例如，A 相电源流向负荷去的电流为最大值时，正好是 B 相和 C 相二分之一电流最大值从负荷流回电源，因此，A 相需要流回电源的电流正好可以借道 B 相和 C 相回路；B 相电源流向负荷去的电流为最大值时，正好是 C 相

和 A 相二分之一电流最大值从负荷流回电源，因此，B 相需要流回电源的电流正好可以借道 C 相和 A 相回路；C 相电源流向负荷去的电流为最大值时，正好是 A 相和 B 相二分之一电流最大值从负荷流回电源，因此，C 相需要流回电源的电流正好可以借道 A 相和 B 相回路。因此三相三线制供电适用对三相异步电动机和三相工业电炉等三相对称负荷供电。三相三线制供电只能输出三相对称正弦交流线电压，无法送出三相对称相电压。

当星形三相三线制带上三相不对称负荷时，三相电源输出的电流也出现不对称，这对发电机和负荷都是很不利的，过大的不对称电流将引起发电机振动和某一相线圈过热，同时会造成有的相电压上升，有的相电压下降。因此运行规程规定发电机任两相不对称电流之差不得大于额定电流的 20%，此时任一相电流不得大于额定值。

2. 星形三相四线制

将三相对称正弦交流电源的三相绕组末端连接在一起并引出一根零线，同时三相绕组首端引出三根火线向外供电，如图 1-72 所示。火线与火线之间为 380V 的线电压，火线与零线之间的相电压为线电压 380V 的 $1/\sqrt{3}$，为 220V。三相绕组末端连接点称中性点。星形三相四线制既能输出三相对称相电压，又能输出三相对称线电压，因此星形三相四线制既能向三相对称负荷供电，同时又能向三相不对称负荷供电，当然星形三相四线制主要目的是向三相不对称负荷供电。

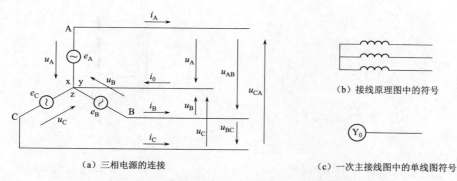

（a）三相电源的连接    （b）接线原理图中的符号    （c）一次主接线图中的单线图符号

图 1-72 星形三相四线制的三相对称正弦交流电源连接方法

（1）零线的作用。当三相负荷不对称时，三相阻抗 $Z_A \neq Z_B \neq Z_C$，造成三相电流也不对称，即

$$i_0 = i_A + i_B + i_C \neq 0 \qquad (1-65)$$

零线的作用是给三相不对称负荷电流流回电源提供公共通道，并且给单相民用负荷提供 220V 的相电压，为此星形三相四线制只在 220V/380V 的低压供电系统中采用。

（2）零线中断的后果。民用单相负荷都是接在三相四线制电源上的其中一相的火线与零线之间，尽管供电部门尽量将民用负荷均匀地分配在三相四线制的每一相火线上，但是由于民用负荷用电时间和负荷量的不确定性，接在三相对称电源上的民用负荷对三相电源来讲肯定是不对称的，因此必须采用三相四线制供电。

三相不对称负荷供电的零线上不得安装熔断丝和开关，在任何情况下不得中断，否则将对负荷造成极大的危害。例如，三相不对称负荷阻抗 $Z_A \neq Z_B \neq Z_C$，发生最不利的状况为零线中断恰又遇到只有两相负荷（例如 A、B 相）在用电，一相负荷（例如 C 相）没用电，如

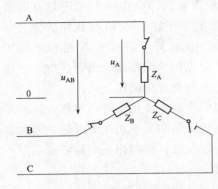

图 1-73　零线中断时最不利的状况

图 1-73 所示。在这种特殊情况下，A、B 相负荷成为串联关系跨接在线电压 $u_{AB}$ 之间，用分压公式可得 A 相负荷所承受的电压（相量表示）为

$$\dot{U}_A = \dot{U}_{AB} \frac{Z_A}{Z_A + Z_B} \qquad (1-66)$$

如果 $Z_A \gg Z_B$，则 A 相负荷实际承受的电压 $U_A \gg U_B$。由此可见，当零线中断后，有的相负荷过电压，造成家用电器击穿冒烟烧毁甚至危及人身安全，有的相负荷欠电压，造成家用电器不能正常工作。正是有了零线，无论三相负荷如何不对称，始终将每一相负荷的电压强行钳制在电源的相电压上。

## 二、三相三角形连接

将三相对称交流电源的三相绕组头尾相接成三角形状，从三角形的三个角引出三根火线向外供电，成为三相三角形连接，如图 1-74 所示。因为三角形连接没有中性点，不可能引出零线，所以三角形连接没有三相四线制，三相电源三角形连接方式只能向三相对称负荷供电。

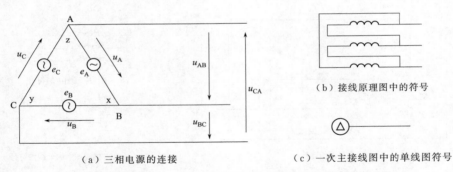

（a）三相电源的连接　　　　　　　（c）一次主接线图中的单线图符号

（b）接线原理图中的符号

图 1-74　三角形三相三线制的三相对称正弦交流电源连接方法

电源线电压就等于该相电源的相电压，根据图 1-74 所示，线电压与相电压的瞬时值表达式为

$$\begin{cases} u_{AB} = u_A \\ u_{BC} = u_B \\ u_{CA} = u_C \end{cases} \qquad (1-67)$$

对于正弦波非常标准的三相对称电动势，尽管三角形连接使得三个电动势头尾串联，但是由于是三相对称交流电动势，由图 1-75 或三角函数表可知，任何时刻三相电动势之和等于零，即

$$e_A + e_B + e_C = 0 \qquad (1-68)$$

故标准正弦波的三个电动势内没有环流的短路电流。当 A 相电动势为正的最大值时，B 相和 C 相正好是负的 1/2 最大值，因此三个电动势之和为零；B 相电动势为正的最大值时，C 相和 A 相正好是负的 1/2 最大值，因此三个电动势之和为零；C 相电动势为正的最大值

时，A 相和 B 相正好是负的 1/2 最大值，因此三个电动势之和为零。故三相标准正弦波形的三相对称交流电源，三角形头尾连接的电源回路中不会出现短路电流。但是实际发电机的三相电动势是很不标准的正弦波，三角形连接的电源回路中会出现谐波短路电流（在第二章第一节中介绍）。

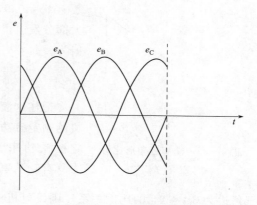

图 1-75 三相对称正弦交流电动势

### 三、电源的三相交流功率计算

1. 三相负荷不对称的三相功率计算

假如电源带的是三相不对称负荷，三相功率计算只得将 A、B、C 三个单相功率计算后一一相加。

三相有功功率为

$$P = P_A + P_B + P_C$$
$$= U_{相A} I_{相A} \cos\phi_{相A} + U_{相B} I_{相B} \cos\phi_{相B} + U_{相C} I_{相C} \cos\phi_{相C}$$

三相无功功率为

$$Q = Q_A + Q_B + Q_C$$
$$= U_{相A} I_{相A} \sin\phi_{相A} + U_{相B} I_{相B} \sin\phi_{相B} + U_{相C} I_{相C} \sin\phi_{相C}$$

三相视在功率为

$$S = S_A + S_B + S_C$$
$$= U_{相A} I_{相A} + U_{相B} I_{相B} + U_{相C} I_{相C}$$

2. 三相对称负荷时的三相功率计算

发电机和变压器负荷侧对负荷来讲，都是一样的三相交流电源，发电机或直接向负载供电的终端变压器负荷侧都是"Y"连接，前已知"Y"连接电源的相电压有效值 $U_{相} = \dfrac{1}{\sqrt{3}} U_{线}$，相电流有效值 $I_{相} = I_{线}$，即

三相有功功率为

$$P = 3P_{相} = 3U_{相} I_{相} \cos\varphi_{相} = 3 \frac{U_{线}}{\sqrt{3}} I_{线} \cos\varphi = \sqrt{3} U_{线} I_{线} \cos\varphi \qquad (1-69)$$

三相无功功率为

$$Q = 3Q_{相} = 3U_{相} I_{相} \sin\varphi = 3 \frac{U_{线}}{\sqrt{3}} I_{线} \sin\varphi = \sqrt{3} U_{线} I_{线} \sin\varphi \qquad (1-70)$$

三相视在功率为

$$S = 3S_{相} = 3U_{相} I_{相} = 3 \frac{U_{线}}{\sqrt{3}} I_{线} = \sqrt{3} U_{线} I_{线} \qquad (1-71)$$

我国生产的大部分发电机额定功率因数都是 $\cos\varphi = 0.8$，正弦函数 $\cos\varphi$ 是直角三角形的邻边与斜边的比值，也就是功率三角形的有功功率 $P$ 与视在功率 $S$ 的比值为 0.8（图 1-76）。功率因数 $\cos\varphi = 0.8$ 表示功率三角形有功功率为 4 的话，那么视在功率为 5，也就是说，我国生产的大部分发电机功率三角形三条边为 3：4：5 的比例关系（有的发电机功率因

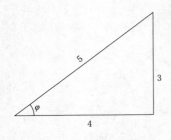

图 1-76　功率三角形比值

数 $\cos\varphi = 0.9$，就没有 3：4：5 的比例关系）。那么我国生产的大部分发电机的额定有功功率 $P$ 与额定无功功率 $Q$ 两者的比值为

$$\frac{\text{有功功率}}{\text{无功功率}} = \frac{P}{Q} = \frac{\text{邻边}}{\text{对边}} = \frac{4}{3}$$

记住这三个功率之间的比值关系非常实用，当知道了发电机的额定有功功率 $P$，即可知道发电机的额定无功功率 $Q$ 和额定视在功率 $S$。例如，一台功率因数 $\cos\varphi = 0.8$，额定出力（有功功率）为 5000kW 的发电机，按照发电机功率三角形三条边为 3：4：5 的比例关系，则发电机的额定无功功率为 $\frac{3}{4} \times 5000 = 3750$kvar，视在功率为 $\frac{5}{4} \times 5000 = 6250$kVA。如果运行中发电机的实际有功功率大于 5000kW 时，这时就要关注无功功率是否大于 3750kvar，如果发现无功功率大于 3750kvar，意味着必定发电机过载。这时应请示调度要求适当减小有功功率输出，如果电网调度不允许减有功功率，实际中常采用减无功功率使其小于 3750kvar 的办法来防止发电机过载。

# 第七节　电子实用技术

## 一、电力电子变流技术

由于发电厂生产过程的需要，利用半导体电子元件将交流电转换成直流电的技术称电力电子变流技术。水电厂电力电子变流技术有二极管整流技术和可控硅整流技术两大部分。

### 1. 二极管整流技术

大家知道，电阻性元件外加正向电压或反向电压，流过电阻性元件的电流是一样的，称线性电阻。二极管属于非线性电阻，外加正向电压时阻值很小，电流较大，电流在二极管上的管压降在 0.5～0.7V 之间。外加反向电压时阻值极大，反向漏电流极小，只有几十至几百微安。在定性分析时，常把二极管 D 当作是理想二极管（图 1-77），即外加正向电压时认为完全导通，管压降为零［图 1-77（a）］。外加反向电压时认为完全截止，反向漏电流为零［图 1-77（b）］。

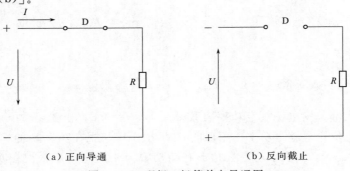

（a）正向导通　　　　　　　　　（b）反向截止

图 1-77　理想二极管单向导通图

二极管的结构和符号图如图1-78所示，在半导体材料上制成一个具有单向导通特性的PN结，然后引出两根电极，分别为阳极和阴极。面接触的二极管［图1-78（b）］过流能力比点接触的二极管［图1-78（a）］过流能力大，因此面接触二极管常用作发电厂直流系统的整流二极管。阳极电位越高阴极电位越低，二极管越容易正向导通。阳极电位越低阴极电位越高，二极管越容易反向截止。这个结论在下面整流原理分析时非常有用。

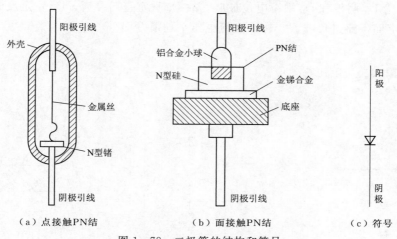

图1-78 二极管的结构和符号

（1）单相二极管半波整流。单相二极管半波整流波形图如图1-79所示，当输入交流电压为正半周时，二极管阳极电位高阴极电位低，二极管D正向导通，电流自上而下流过负载R，当输入交流电压为负半周时，二极管阳极电位低阴极电位高，二极管D反向截止，没有电流流过负载R。输出电压平均值为

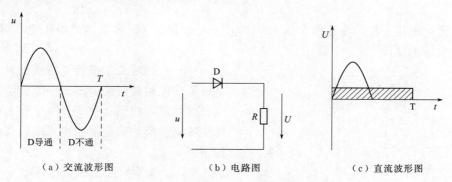

图1-79 单相二极管半波整流波形图

$$U = 0.45\tilde{U} \qquad (1-72)$$

式中 $\tilde{U}$——输入交流电压有效值。

负载平均电流

$$I = \frac{U}{R} = 0.45\frac{\tilde{U}}{R} \qquad (1-73)$$

输出直流电压一个周期只有一个波头，因此输出电压脉动最大，需要滤波后才能使用。

（2）单相桥式二极管全波整流。单相桥式二极管全波整流波形图如图 1-80 所示，当输入交流电压为正半周时，整个电路中二极管 $D_1$ 阳极和 $D_3$ 阴极电位最高，故 $D_1$ 肯定正向导通，$D_3$ 肯定反向截止；整个电路中二极管 $D_4$ 阴极和 $D_2$ 阳极电位最低，故 $D_4$ 肯定正向导通，$D_2$ 肯定反向截止，电流经 $D_1$、$D_4$ 自上而下流过负载 $R$。当输入交流电压为负半周时，整个电路中二极管 $D_2$ 阳极和 $D_4$ 阴极电位最高，故 $D_2$ 肯定正向导通，$D_4$ 肯定反向截止；整个电路中二极管 $D_3$ 阴极和 $D_1$ 阳极电位最低，故 $D_3$ 肯定正向导通，$D_1$ 肯定反向截止，电流经 $D_2$、$D_3$ 自上而下流过负载 $R$。输出直流电压平均值，即

$$U = 0.9\tilde{U} \tag{1-74}$$

式中　$\tilde{U}$——输入交流电压有效值。

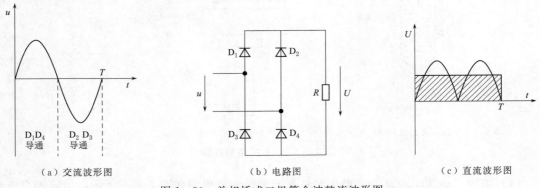

（a）交流波形图　　　　　　（b）电路图　　　　　　（c）直流波形图

图 1-80　单相桥式二极管全波整流波形图

负载平均电流

$$I = \frac{U}{R} = 0.9\,\frac{\tilde{U}}{R} \tag{1-75}$$

输出直流电压一个周期有两个波头，单相桥式二极管全波整流因此输出电压脉动很大，需要滤波后才能使用。

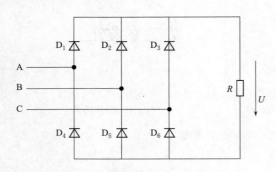

图 1-81　三相桥式二极管全波整流电路

（3）三相桥式二极管全波整流。三相桥式二极管全波整流电路如图 1-81 所示，由 6 只二极管组成，根据加在 6 只二极管上的三相正弦交流电波形，来分析相桥式二极管全波整流原理。

6 只二极管承受三相线电压。一个周期 $T$ 的电气角度为 $360°$（$2\pi$），把一个周期分成 $t_1 \sim t_6$ 6 个时段（图 1-82），每个时段 $60°$（$\pi/3$）内，根据单相桥式二极管全波整流图可知，整流电路在一个时段中，只有阳极承受最高电压的二极管和阴极承受最低电压的二极管导通，此时段其他二极管截止。此结论同样可以用来分析三相桥式二极管全波整流原理。

$t_1 \sim t_2$ 时段，A 相电位最高，B 相电位最低，因此二极管 $D_1$、$D_5$ 正向导通，其他 4 只二极管反向截止，电流从 A 相经 $D_1$、$D_5$ 自上而下流过负载 $R$，到达 B 相，因此整流电路输

出为线电压 $u_{ab}$ 波头。

$t_2 \sim t_3$ 时段，A 相电位最高，C 相电位最低，因此二极管 $D_1$、$D_6$ 正向导通，其他 4 只二极管反向截止，电流从 A 相经 $D_1$、$D_6$ 自上而下流过负载 $R$，到达 C 相，因此整流电路输出为线电压 $u_{ac}$ 波头。

$t_3 \sim t_4$ 时段，B 相电位最高，C 相电位最低，因此二极管 $D_2$、$D_6$ 正向导通，其他 4 只二极管反向截止，电流从 B 相经 $D_2$、$D_6$ 自上而下流过负载 $R$，到达 C 相，因此整流电路输出为线电压 $u_{bc}$ 波头。

$t_4 \sim t_5$ 时段，B 相电位最高，A 相电位最低，因此二极管 $D_2$、$D_4$ 正向导通，其他 4 只二极管反向截止，电流从 B 相经 $D_2$、$D_4$ 自上而下流过负载 $R$，到达 A 相，因此整流电路输出为线电压 $u_{ba}$ 波头。

$t_5 \sim t_6$ 时段，C 相电位最高，A 相电位最低，因此二极管 $D_3$、$D_4$ 正向导通，其他 4 只二极管反向截止，

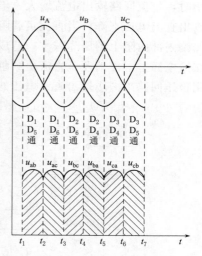

图 1-82　三相桥式二极管
整流波形分析

电流从 C 相经 $D_3$、$D_4$ 自上而下流过负载 $R$，到达 A 相，因此整流电路输出为线电压 $u_{ca}$ 波头。

$t_6 \sim t_7$ 时段，C 相电位最高，B 相电位最低，因此二极管 $D_3$、$D_5$ 正向导通，其他 4 只二极管反向截止，电流从 C 相经 $D_3$、$D_5$ 自上而下流过负载 $R$，到达 B 相，因此整流电路输出为线电压 $u_{cb}$ 波头。

每个周期每只二极管分别先后与另外两只二极管串联导通 1/6 周期，即 $\pi/3$ 或 $60°$，则每只二极管每个周期导通 $2\pi/3$ 或 $120°$。尽管三相二极管全波整流后在一个周期 $T$ 时间内输出直流电压有 6 个波头的脉动电压，直流电压波动比单相桥式二极管半波整流平缓得多，但是还是需要滤波后才能使用。输出直流电压平均值为

$$U = 1.35\tilde{U} \tag{1-76}$$

式中　$\tilde{U}$——输入交流电压有效值。

负载电流为

$$I = \frac{U}{R} = 1.35\frac{\tilde{U}}{R} \tag{1-77}$$

（4）滤波回路。由于二极管整流输出的单方向脉动电压大小变化比较大，一个性能良好的直流电源，输出电压不允许有这样的脉动。因此，滤波电路的作用是将单方向的脉动电滤波成比较平直的直流电。

L-C 滤波回路是一种最简单的滤波回路，如图 1-83 所示，滤波回路自身工作不需要提供电源，因此称无源滤波回路，已知电感线圈 $L$ 电流不能突变，具有反抗电流变化的功能，电容器 $C$ 电压不能突变，具有反抗电压变化的功能，两者作用使得输出直流电压比较平直。由于需采用容量较大的电容器和电感线圈，因此体积较大。现在已经有专门的高性能集成电路滤波器，自身工作需要提供电源，称有源滤波器，由于采用了运算放大器，只需很小的电容量，就能使输出直流电压相当平直。由于不再需要电感线圈，因此体积较小，价格便宜。

（5）稳压回路。虽然滤波回路性能良好，能使输出直流电压相当平直，但是当交流电源电压发生上下波动时，将引起整流输出的直流电压跟着上下波动。另外，当直流负载阻值较

小时，整流回路输出电流增大，输出直流电流在整流回路内部内阻上的压降增大，造成整流输出直流电压下降；当直流负载阻值较大时，整流回路输出电流减小，输出直流电流在整流回路内部内阻上的压降减小，造成整流输出直流电压上升。一个性能良好的直流电源，无论交流电源上下波动还是直流负载阻值大小变化，输出电压都不允许上下波动。因此，必须采用稳压回路来减小输出直流电压的上下波动。

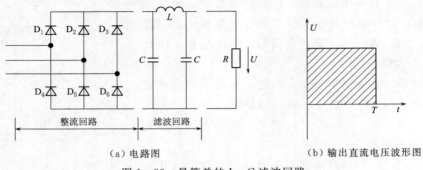

（a）电路图　　　　　　　　　　　　（b）输出直流电压波形图

图 1-83　最简单的 L-C 滤波回路

　　一种最简单的稳压回路如图 1-84 所示，稳压回路自身工作不需要提供电源，称为无源稳压回路，稳压管 W 是一只工作在反向击穿状态下的二极管，一般的二极管反向击穿后立即烧毁，由于稳压管的 PN 结面积比较大，反向击穿后不会烧毁。稳压管工作时的反向击穿电压称开门电压，稳压管两端的电压一旦高于开门电压时稳压管导通，稳压管导通后在很大的电流变化范围内，稳压管两端电压变化很小，则与稳压管并联的负载 R 两端的电压变化也很小，从而起到稳压作用。现在已经有专门的高性能集成电路稳压器，自身工作需要提供电源，称为有源稳压器，由于采用了运算放大器，可以把稳压管的稳压效果放大几十倍甚至几百倍。因此稳压效果很好，体积较小，价格便宜。

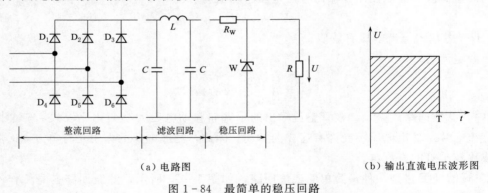

（a）电路图　　　　　　　　　　　　（b）输出直流电压波形图

图 1-84　最简单的稳压回路

### 2. 可控硅整流技术

　　可控硅 KZ 的结构和符号如图 1-85 所示。在半导体材料上制成三个具有单向导通特性的 PN 结，然后引出三根电极，分别为阳极 A、阴极 C 和控制极 G（比二极管多一个控制极 G）。螺栓式的可控硅［图 1-85（a）］过流能力比板式的可控硅［图 1-85（b）］过流能力大。因此，螺栓式可控硅常用在发电机励磁的整流电路中，并装有散热片散热，以增大过流能力［图 1-85（a）］。

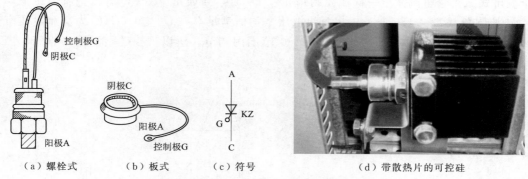

（a）螺栓式　　　（b）板式　　　（c）符号　　　　　（d）带散热片的可控硅

图 1-85　可控硅的结构和符号

　　可控硅也具有二极管单向导通的特性，但是可控硅正向导通比二极管多一个条件：可控硅外加正向电压的同时必须在控制极施加极短时间的触发脉冲电压 $U_g$ 才能正向导通。也就是说，控制极无触发脉冲作用时，可控硅无论外加正向电压还是外加反向电压，可控硅都截止不通（图 1-86）。

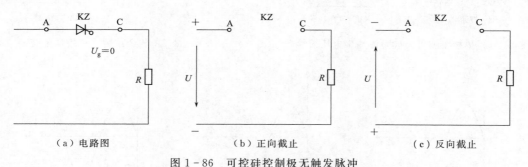

（a）电路图　　　　　　（b）正向截止　　　　　　（c）反向截止

图 1-86　可控硅控制极无触发脉冲

　　（1）单相半波可控硅整流。单相半波可控硅整流输出电压波形图如图 1-87 所示。输入交流电压为正半周时，控制极何时来触发脉冲，可控硅就何时导通，一旦导通，哪怕控制脉冲消失，可控硅继续导通，直到正半周电压下降到零后自然关闭，电流自上而下流过负载 $R$。输入交流电压为负半周时，无论是否有触发脉冲，可控硅都是截止的，没有电流流过负载 $R$。

　　（2）单相全波桥式可控硅整流。单相全波桥式可控硅整流如图 1-88 所示。当输入交流电压 $u$ 为上正下负时，同时作用触发脉冲 $U_g$ 后，2KZ、3KZ 正向导通，1KZ、4KZ 反向截止，电流经 2KZ、3KZ 自上而下流过负载电阻 $R$；当输入交流电压 $u$ 为上负下正时，同时作用触发脉冲 Ug 后，1KZ、4KZ 正向导通，2KZ、3KZ 反向截止，电流经 1KZ、4KZ 自上而下流过负载电阻 $R$。

　　（3）单相桥式可控硅整流的控制角。单相全波桥式可控硅整流控制角与输出电压的关系图如图 1-89 所示，在每一个周期 360° 范围内，可控硅控制极输入触发脉冲 $U_g$ 来得越早，控制角 $\alpha$ 越小，导通角 $\beta$ 越大，输出直流电压平均值 $U$ 越高；触发脉冲 $U_g$ 来得越迟，控制角 $\alpha$ 越大，导通角 $\beta$ 越小，输出直流电压平均值 $U$ 越低。因此改变控制角 $\alpha$ 可以方便地改变可控硅整流电路输出的电压。

　　控制角 $\alpha=0°$ 时，导通角 $\beta=180°$ 为最大导通角，输出直流电压平均值 $U=0.9\tilde{U}$，与单相全波桥式二极管整流完全一样；控制角 $\alpha=180°$ 时，导通角 $\beta=0°$，输出直流电压平均值 $U=0$；控制角 $0<\alpha<180°$ 时，输出直流电压平均值满足 $0<U<0.9\tilde{U}$（$\tilde{U}$ 为交流电压有效值）。因为控制角 $\alpha$ 可以根据要求在 $0°\sim180°$ 范围内调节，所以可控硅整流输出直流电压平均值在 $0\sim0.9\tilde{U}$ 范围内方便可调。

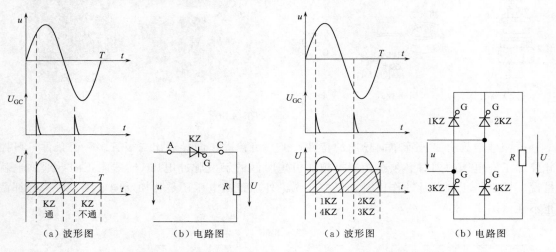

图 1-87　单相半波可控硅整流输出电压波形图　　　　图 1-88　单相全波桥式可控硅整流

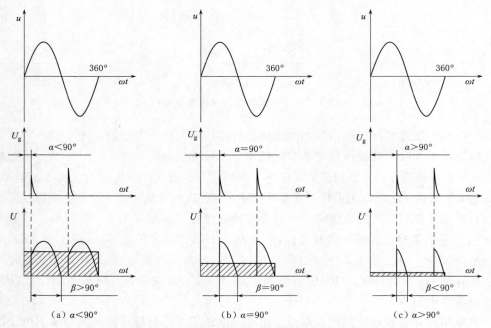

图 1-89　单相全波桥式可控硅整流控制角与输出电压关系图

（4）三相全波桥式可控硅整流。三相全波桥式可控硅整流电路如图 1-90 所示，输入三相交流电后，可控硅的导通顺序为：1KZ、5KZ 正向导通时，其余四只反向截止，电流从"＋"到"－"流过转子线圈；1KZ、6KZ 正向导通时，其余四只反向截止，电流从"＋"到"－"流过转子线圈；2KZ、6KZ 正向导通时，其余四只反向截止，电流从"＋"到

"—"流过转子线圈；2KZ、4KZ 正向导通时，其余四只反向截止，电流从"＋"到"—"流过转子线圈；3KZ、4KZ 正向导通时，其余四只反向截止，电流从"＋"到"—"流过转子线圈；3KZ、5KZ 正向导通时，其余四只反向截止，电流从"＋"到"—"流过转子线圈。续流二极管 D 始终处于反向截止状态。

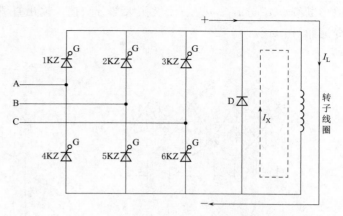

图 1-90 三相全波桥式可控硅整流电路

控制角 $\alpha=0°$ 时，输出电压波形与三相全波桥式二极管整流完全一样，如图 1-91 所示，一个周期六个完整的线电压波头，整流输出波形连续。输出直流电压平均值为线电压有效值的 1.35 倍，$(U=1.35\bar{U})$，每一只可控硅的导通角 $\beta=120°$ 为最大导通角（单相全波桥式可控硅整流最大导通角为 180°）。

图 1-92 是控制角 $\alpha=30°$ 时整流输出波形，一个周期输出 6 个线电压波头，整流输出波形连续，但 $u_{ab}$、$u_{bc}$、$u_{ca}$ 三个波头出现缺损，输出直流电压平均值减小，每一只可控硅的导通角 $\beta=120°$。

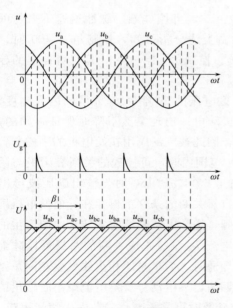

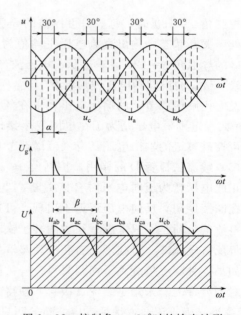

图 1-91 控制角 $\alpha=0°$ 时的输出波形　　　　图 1-92 控制角 $\alpha=30°$ 时的输出波形

图 1-93 是控制角 $\alpha=60°$ 时整流输出波形，一个周期输出 3 个线电压波头，整流输出波形连续，但 $u_{ac}$、$u_{ba}$、$u_{cb}$ 三个波头出现缺损，输出直流电压平均值减小，每一只可控硅的导通角 $\beta=120°$。

图 1-94 是控制角 $\alpha=120°$ 时整流输出波形，一个周期输出 3 个线电压波头，整流输出

波形断续，$u_{ac}$、$u_{ba}$、$u_{cb}$ 三个波头大部分缺损，输出直流电压平均值减小，每一只可控硅的导通角 $\beta = 60°$。

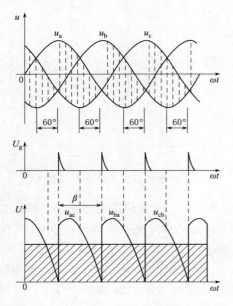

图 1 - 93　控制角 $\alpha = 60°$ 时的输出波形

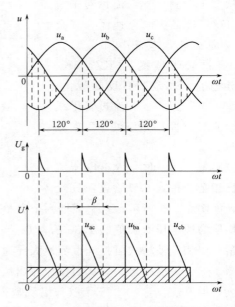

图 1 - 94　控制角 $\alpha = 120°$ 时的输出波形

控制角 $\alpha = 180°$ 时，每一只可控硅的导通角 $\beta = 0°$，可控硅触发脉冲迟迟不来，可控硅始终处于关断状态，输出直流电压平均值为零。由上述分析可知，控制角 $\alpha \leqslant 60°$ 时，每只可控硅的导通角 $\beta = 120°$，输出脉动电压波形连续。控制角 $\alpha > 60°$ 时，每只可控硅的导通角 $\beta = 180° - \alpha$，输出脉动电压波形断续。

发电机励磁调节器的输出电压要求在额定励磁电压的 20%～160% 范围内大幅度可调，其 160% 额定励磁电压是为了在电网发生接地，机端电压出现突然下降时保证强励的需要。由于可控硅整流的输出电压具有大范围调节功能，因此被广泛应用在发电机的励磁装置中。

（5）续流二极管 D 的作用。控制角 $0 \leqslant \alpha \leqslant 60°$ 范围内时，可控硅的关断靠阳极与阴极电压由正向电压转为反向电压时自然关断。当控制角 $60° < \alpha < 180°$ 时，输出电压波形出现断续，在断续期间，反向电压迟迟不出现，可控管自然关断的条件不再存在，而发电机励磁可控硅整流的负荷是一只电感量很大的转子铁芯线圈，进入电压断续时，转子线圈产生的自感电动势反抗电流减小最强烈，自感电动势输出的电流 $I_X$ 维持本应关断的两只可控硅继续导通，如果这种状况持续到下面两只可控硅被触发导通时，后果是两相火线发生相间短路，这是绝对不允许的。采用了续流二极管，使得断续期间自感电动势反抗电流减小时输出的电流 $I_X$ 经续流二极管流通，保证本应关断的两只可控硅及时可靠关断，避免发生相间短路。

3. 可控硅逆变技术

可控硅的控制角小于 180° 时，可控硅工作在整流区，能将交流电源的正弦交流电整流成脉动直流电；可控硅的控制角大于 180° 时，可控硅工作在逆变区，能反过来将直流电逆变成矩形波交流电。现代发电机正常停机时利用可控硅的逆变特性进行转子线圈灭磁的，将停机减励磁过程中转子线圈自感电动势产生的直流电转逆变成矩形波交流电。现代直流系统中有时也采用可控硅的逆变技术，当交流厂用电由于事故突然消失时，由逆变器将蓄电池的直流电逆变成交流电，向重要的交流用户提供交流电。

4. 可控硅整流与二极管整流比较

可控硅整流和二极管整流输出的都是直流电，二极管整流输出的直流电要求不得有脉动成分，因此必须设滤波回路；由于发电机转子线圈是一个电感量很大的电感线圈，相当于是一个效果很好的滤波器，因此可控硅整流不设滤波回路。可控硅整流和二极管整流输出的都是直流电，二极管整流输出的直流电要求不得上下波动，因此必须设稳压回路；可控硅整流要求输出电压能上下大幅度调整，因此不得设置稳压回路。

## 二、三极管及三极管的工作区

在半导体材料上制成两个具有单向导通特性的 PN 结，然后引出三根电极，分别为基极 B、集电极 C 和发射极 E。常见的几种三极管外形图如图 1-95 所示。在电路图中的三极管符号如图 1-96 所示。

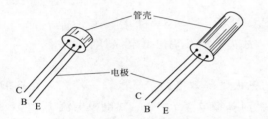

图 1-95 常见的几种三极管外形图

三极管在电路中有三种工作状况：放大区、饱和区和截止区。三极管本身只有电流放大功能，在模拟电路中采取一定的电路形式，工作在放大区的三极管可以实现电压放大和功率放大。在逻辑电路中采取一定的电路形式，工作在饱和区和截止区的三极管可以实现逻辑功能。三极管三个工作区的电路示意图如图 1-97 所示。

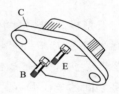

1. 工作在放大区的三极管电路

工作在放大区的三极管电路如图 1-97（a）所示，三极管工作在放大区的必备条件：基极与发射极之间的电压 $U_{BE}=0.5\sim0.7V$，集电极与发射极之间的电压 $U_{CE}\geqslant0.3V$。三极管工作在放大区时，$I_C$ 与集电极电源电压 $E_c$、电阻 $R_c$ 之间不服从欧姆定律，也就是说，$E_c$、$R_c$ 大小发生变化时，集电极电流 $I_C$ 始终不变，此时的集电极电流 $I_C$ 仅受基极电流 $I_B$ 控制，并且有

$$I_C=\beta I_B$$

图 1-96 表示三极管的符号

式中 $\beta$——三极管的电流放大倍数。

工作在放大区的集电极与发射极之间的电压（管压降）为

$$U_{CE}=E_c-I_cR_c=E_c-(\beta I_B)R_c$$

2. 工作在饱和区的三极管电路

图 1-97（b）为工作在饱和区的三极管等效电路，三极管工作在饱和区的必备条件：基极与发射极之间的电压 $U_{BE}>0.7V$，集电极与发射极之间的电压 $U_{CE}<0.3V$。由于基极

与发射极之间的电压 $U_{BE}>0.7V$，造成基极电流 $I_B$ 很大，集电极电流 $I_C=\beta I_B$ 也很大，使得集电极与发射极之间的电压 $U_{CE}=E_C-(\beta I_B)R<0.3V$，三极管进入饱和区。三极管进入饱和区后，$I_C$ 不再受 $I_B$ 控制，集电极输出低电位，即

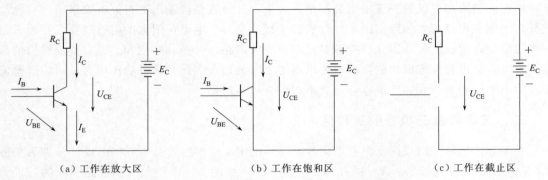

（a）工作在放大区　　　　　（b）工作在饱和区　　　　　（c）工作在截止区

图 1-97　三极管三个工作区的电路示意图

$$U_{CE}=E_C-I_CR_C<0.3V\approx0V$$

集电极与发射极之间相当于短路，故集电极 C 输出低电位 $U_{CE}\approx0$。

3. 工作在截止区的三极管电路

图 1-97（c）为工作在截止区的三极管等效电路，三极管工作在截止区的必备条件：基极与发射极之间的电压 $U_{BE}\leqslant0V$。此时基极电流 $I_B=0$，集电极电流 $I_C=0$，集电极与发射极之间相当于开路，故集电极 C 输出高电位 $U_{CE}=E_C$。

4. 开关电路

开关电路中的三极管不是工作在饱和状态就是工作在截止状态。三极管饱和时集电极 C 输出低电位，相当于三极管 C、E 两极之间的电子开关闭合；三极管截止时集电极 C 输出高电位，相当于三极管 C、E 两极之间的电子开关断开。

5. 三极管电流放大功能的应用

光敏路灯自动控制器如图 1-98 所示。继电器控制回路线圈启动电流为 10mA。在白天时，光敏电阻 $R_g$ 在光照下阻值较小，由于 $R_g$ 远远小于 $R_b$，使得三极管基极 B 的电位很低，三极管截止，集电极电流为零。即

$$U_B<0.5V \quad I_B=0$$
$$I_C\approx0$$

继电器控制回路电流约为零，铁芯电磁力小于弹簧力，可动衔铁在弹簧力作用下被控回路的接点 1、2 断开，路灯不亮，如图 1-98（a）所示。到了晚上，光照消失，光敏电阻的阻值增大，使得三极管基极 B 的电位升高，三极管基极电流 $I_B$ 增大，集电极电流 $I_C$ 也增大，当

$$I_C=\beta I_B\geqslant10mA$$

继电器铁芯电磁力大于弹簧力，可动衔铁在弹簧力作用下被控回路的接点 1、2 闭合，路灯点亮，如图 1-98（b）所示。1mA=0.001A。

## 三、模拟电路

自然界的许多物理量都是连续变化的，例如，一天的气温、水位的高低等，这些都称非

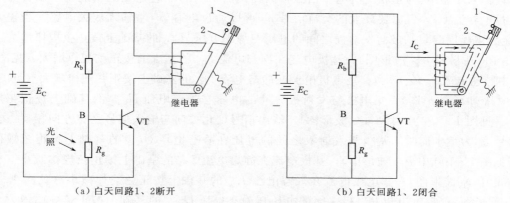

（a）白天回路1、2断开　　　　　　（b）白天回路1、2闭合

图 1-98　光敏路灯自动控制器

电模拟量，这些物理量可以用各种各样的传感器转换成电压或电流信号，称电模拟量。另外，电气设备中的电压、电流、电能、功率等也属于电模拟量。

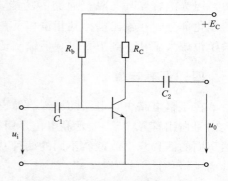

图 1-99　最简单的电压放大电路

模拟电路能放大连续变化的模拟量信号，模拟电路中的三极管工作在放大区。最简单的电压放大电路如图 1-99 所示，能将微弱的电压信号模拟放大几十甚至上百倍。

电压模拟放大波形分析图如图 1-100 所示。没有输入信号时的电路状态称静态，静态时的电压、电流都是不随时间变化的直流电压、电流。

基极与发射极之间的静态电压：$U_{BEQ}=0.5\sim0.7V$

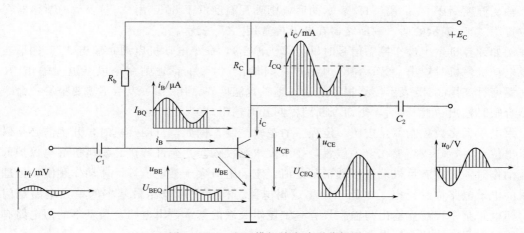

图 1-100　电压模拟放大波形分析图

基极静态电流：$I_{BQ}=（E_C-U_{BEQ}）/R_b$

集电极静态电流：$I_{CQ}=\beta I_{BQ}$

集电极与发射极之间的静态电压：$U_{CEQ}=E_C-I_{CQ}R_C$

　　设输入信号 $u_i$ 为正弦交流电压信号，因为电容器具有隔直通交的功能，所以直流电不能通过电容器 $C_1$，但需要放大的交流信号 $u_i$ 可以通过电容器 $C_1$ 输入放大电路。当输入信号 $u_i$ 为正半周时，基极与发射极之间的电压在静态电压 $U_{BEQ}$ 的基础上按正弦规律增大（见图 $1-100$ 中脉动 $u_{BE}$ 波形图）；基极电流在静态电流 $I_{BQ}$ 的基础上按正弦规律增大（见图 $1-100$ 中脉动电流 $i_B$ 波形图）；集电极电流在静态电流 $I_{CQ}$ 的基础上按正弦规律增大（见图 $1-100$ 中脉动 $i_C$ 波形图）；集电极与发射极之间的电压在静态电压 $U_{CEQ}$ 的基础上按正弦规律减小（见图 $1-100$ 中脉动 $u_{CE}$ 波形图），输出信号变化方向与输入信号变化方向相反。当输入信号 $u_i$ 为负半周时，基极与发射极之间的电压在静态电压 $U_{BEQ}$ 的基础上按正弦规律减小（见图 $1-100$ 中 $u_{BE}$ 波形图）；基极电流在静态电流 $I_{BQ}$ 的基础上按正弦规律减小（见图 $1-100$ 中 $i_B$ 波形图）；集电极电流在静态电流 $I_{CQ}$ 的基础上按正弦规律减小（见图 $1-100$ 中 $i_C$ 波形图）；集电极与发射极之间的电压在静态电压 $U_{CEQ}$ 的基础上按正弦规律增大（见图中 $u_{CE}$ 波形图），输出信号变化方向与输入信号变化方向相反。

　　因为电容器具有隔直通交的功能，所以直流电不能通过输出电容器 $C_2$，只能通过 $u_{CE}$ 的变化部分，在输出端得到相位相反、幅度放大以后的正弦交流电压信号 $u_0$，输入信号 $u_i$ 被模拟放大了几十到上百倍，但输出信号 $u_0$ 与输入信号 $u_i$ 相位相差 $180°$。

## 四、逻辑电路

　　在逻辑电路中，电路的输入、输出只有两种状态"高电位""低电位"。为了交流方便，人们习惯用符号"1"表示高电位，用符号"0"表示低电位。这里的"1"和"0"是表示截然不同的两种意思或截然不同的两种状态，而不是平时用的数字"0"和数字"1"，因此称其为逻辑"1"和逻辑"0"。

　　例如计算机采集信号时（计算机输入），电动机在工作状态用"1"表示的话，则电动机在停机状态用"0"表示；风闸在投入位置用"1"表示的话，则风闸在退出位置用"0"表示；轴瓦温度高于 $60℃$ 用"1"表示的话，则轴瓦温度低于 $60℃$ 用"0"表示；断路器在合闸位置用"1"表示的话，则断路器在断开位置用"0"表示。

　　例如计算机发出操作控制信号时（计算机输出），命令电动机启动时输出"1"的话，则命令电动机停机时输出"0"；命令风闸投入时输出"1"的话，则命令风闸退出输出"0"；轴瓦温度过高用"1"表示需要报警的话，则轴瓦温度正常用"0"表示不需要报警；命令断路器合闸时输出"1"的话，则命令断路器断开时输出"0"。

　　水电厂大多数控制都是按照一定程序的逻辑控制，例如，自动开机时，开机前必须风闸在退出位置，导叶或喷嘴在全关位置，技术供水已投入，才允许开机。发电机继电保护低压过流动作时，必须满足机端电压低于某定值，定子电流大于某定值等，才动作跳闸。处理逻辑量的电子电路称逻辑电子电路，简称逻辑电路。构成逻辑电路最基本的单元电路是门电路，门电路是一种建立输出与输入具有一定逻辑关系的基本逻辑电路，最基本的门电路有与门电路、或门电路和非门电路三种。

　　1. "与"门电路

　　"与"逻辑关系。生活和工作中有许多"与"逻辑关系，例如，银行金库门的锁，必须两个人（分别用 $A$、$B$ 表示）同时在场，金库门 $Y$ 才能打开，两个人中缺一个人，金库门就打不开。这两个人是"与"逻辑关系。"与"逻辑真值表见表 $1-1$，表中 $A$、$B$ 是逻辑条件，$Y$ 是逻辑结果。

用两只串联的开关 $A$、$B$ 控制一只灯 $Y$（图 1-101）。如果作为逻辑条件的开关合用"1"表示，开关断用"0"表示；作为逻辑结果的灯亮用"1"表示，灯灭用"0"表示。则开关 $A$ 为"0"（断开）、开关 $B$ 为"0"（断开）时，灯 $Y$ 为"0"（灯灭）；开关 $A$ 为

| 表 1-1 |   "与"逻辑真值表 | |
|---|---|---|
| $A$ | $B$ | $Y$ |
| 0 | 0 | 0 |
| 0 | 1 | 0 |
| 1 | 0 | 0 |
| 1 | 1 | 1 |

"0"（断开）、开关 $B$ 为"1"（闭合），灯 $Y$ 为"0"（灯灭）；开关 $A$ 为"1"（闭合）、开关 $B$ 为"0"（断开），灯 $Y$ 为"0"（灯灭）；开关 $A$ 为"1"（闭合）、开关 $B$ 为"1"（闭合），灯 $Y$ 为"1"（灯亮）。对照表 1-1 可知，开关断合与灯的亮灭是"与"逻辑关系。

"与"门逻辑电路图如图 1-102 所示，约定高电位 5V，用逻辑符号"1"表示，低于 0.3V 为低电位，用逻辑符号"0"表示，分析时认为二极管是理想二极管，正向导通时的管压降为 0V。当"与"门电路两个输入端 $A=0V$（低电位）、$B=0V$（低电位）时，在 $E=+10V$ 的电源电压作用下，两只二极管 $D_1$、$D_2$ 同时正向导通，门电路输出端 $Y=0V$（低电位）；当门电路输入端 $A=0V$（低电位）、$B=5V$（高电位）时，在 $E=$

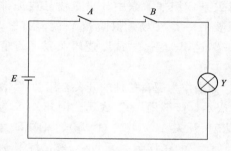

图 1-101　"与"逻辑关系

$+10V$ 的电源电压作用下，两只二极管 $D_1$、$D_2$ 都能正向导通，但 $D_1$ 比 $D_2$ 优先正向导通，一旦 $D_1$ 导通，门电路输出 $Y=0V$（低电位），$D_2$ 立即进入反向截止状态；当门电路输入端

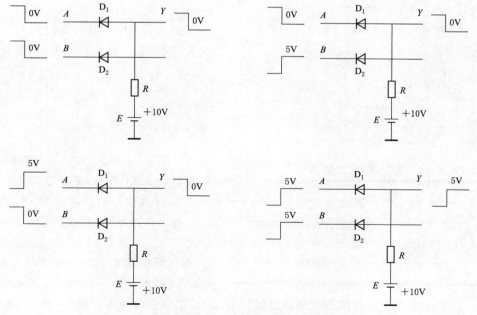

图 1-102　"与"门逻辑电路图

$A=5V$（高电位）、$B=0V$（低电位）时，在 $E=+10V$ 的电源电压作用下，两只二极管 $D_1$、$D_2$ 都能正向导通，但 $D_2$ 比 $D_1$ 优先正向导通，一旦 $D_2$ 导通，门电路输出 $Y=0V$（低电位），$D_1$ 立即进入反向截止状态；当门电路输入端 $A=5V$（高电位）、$B=5V$（高电位）时，在 $E=+10V$ 的电源电压作用下，两只二极管 $D_1$、$D_2$ 同时正向导通，门电路输出 $Y=5V$（高电位）。对照表 1-1 可知，该电路是能实现"与"逻辑关系的"与"门逻辑电路，简称"与"门电路。图中电源 $E$ 负极接粗实线，表示电源 $E$ 负极接"地"。

"与"门电路用图 1-103 中的符号（也可以用三角形图框）表示，图中逻辑输入端只有 $A$、$B$ 两个，根据实际需要，逻辑输入端可以有两个以上：$A$、$B$、$C\cdots$ 但逻辑输出端 $Y$ 只有一个。不管有几个逻辑输入端，输出与输入的逻辑关系可以表示为：见 0 出 0，全 1 出 1。说明"0"具有一票否决权，因此"与"逻辑中"0"的权利比"1"大。

2. "或"门电路

"或"逻辑关系。生活和工作中有许多"或"逻辑关系，例如，家中放贵重物品或证件的保险箱，父母（用 $A$、$B$ 表示）各有一个钥匙，只要有一个在场，保险箱 $Y$ 就能打开，两个人都不在，保险箱就打不开。这对父母两人是"或"逻辑关系。"或"逻辑关系的真值表见表 1-2。

两只并联的开关 $A$、$B$ 控制一只灯 $Y$（图 1-104）。如果作为逻辑条件的开关合用"1"表示，开关断用"0"表示；作为逻辑结果的灯亮用"1"表示，灯灭用"0"表示。则开关 $A$ 为"0"（断开）、开关 $B$ 为"0"（断开），灯 $Y$ 为"0"（灯灭）；开关 $A$ 为"0"（断开）、开关 $B$ 为"1"（闭合），灯 $Y$ 为"1"（灯亮）；开关 $A$ 为"1"（闭合）、开关 $B$ 为"0"（断开），灯 $Y$ 为"1"（灯亮）开关 $A$ 为"1"（闭合）、开关 $B$ 为"1"（闭合），灯 $Y$ 为"1"（灯亮）。对照表 1-2 可知，开关断合与灯的亮灭是"或"逻辑关系。

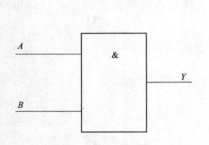

图 1-103 "与"门电路符号

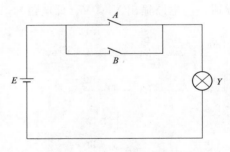

图 1-104 "或"逻辑关系

表 1-2 "或"逻辑真值表

| $A$ | $B$ | $Y$ |
|---|---|---|
| 0 | 0 | 0 |
| 0 | 1 | 1 |
| 1 | 0 | 1 |
| 1 | 1 | 1 |

图 1-105 为"或"门逻辑电路图。两个输入端 $A=0V$（低电位）、$B=0V$（低电位）时，在 $E=-10V$ 的电源电压作用下，两只二极管 $D_1$、$D_2$ 同时正向导通，门电路输出端 $Y=0V$（低电位）；当门电路输入端 $A=0V$（低电位）、$B=5V$（高电位）时，

在 $E=-10V$ 的电源电压作用下，两只二极管 $D_1$、$D_2$ 都能正向导通，但 $D_2$ 比 $D_1$ 优先正向导通，一旦 $D_2$ 导通，门电路输出 $Y=5V$（高电位），$D_1$ 立即进入反向截止状态；当门电路

输入端 $A=5V$（高电位）、$B=0V$（低电位）时，在 $E=-10V$ 的电源电压作用下，两只二极管 $D_1$、$D_2$ 都能正向导通，但 $D_1$ 比 $D_2$ 优先正向导通，一旦 $D_1$ 导通，门电路输出 $Y=5V$（高电位），$D_2$ 立即进入反向截止状态；当门电路输入端 $A=5V$（高电位）、$B=5V$（高电位）时，在 $E=-10V$ 的电源电压作用下，两只二极管 $D_1$、$D_2$ 同时正向导通，门电路输出 $Y=5V$（高电位）。对照表 1-2 可知，该电路能实现"或"逻辑关系的"或"门逻辑电路，简称"或"门电路。图 1-105 中电源 $E$ 正极接粗实线表示电源 $E$ 正极接"地"。

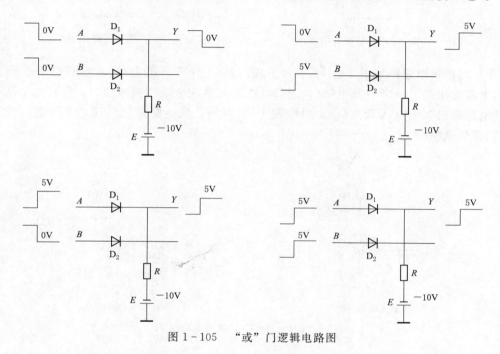

图 1-105　"或"门逻辑电路图

"或"门电路用图 1-106 中的符号（也可以用三角形图框）表示，图中逻辑输入端只有 $A$、$B$ 两个，根据实际需要，逻辑输入端可以有两个以上：$A$、$B$、$C\cdots$但逻辑输出端 $Y$ 只有一个。不管有几个逻辑输入端，输出与输入的逻辑关系可以表示为：见 1 出 1，全 0 出 0。说明"1"具有一票否决权，因此"或"逻辑中"1"的权利比"0"大。

3. "非"门电路

"非"逻辑关系。生活和工作中有许多"非"逻辑关系，例如，人们对长江鱼类捕捞量越大，长江鱼类资源越少；人们对长江鱼类捕捞量越小，长江鱼类资源越多。长江十年禁渔期就是为了恢复长江鱼类资源。对长江鱼类捕捞量与长江鱼类资源的关系为"非"逻辑的关系。"非"逻辑真值表见表 1-3。

用一只与灯并联的开关 $A$ 控制灯 $Y$（图 1-107）。如果作为逻辑条件的开关合用"1"表示，开关断用"0"表示；作为逻辑结果的灯亮用"1"表示，

表 1-3　　　"非"逻辑真值表

| $A$ | $Y$ | $A$ | $Y$ |
|---|---|---|---|
| 0 | 1 | 1 | 0 |

灯灭用"0"表示。则开关 $A$ 为"0"（断开），灯 $Y$ 为"1"（灯亮）；开关 $A$ 为"1"（闭合），灯 $Y$ 为"0"（灯灭）。对照表 1-3 可知，开关断合与灯的亮灭是"非"逻辑关系。

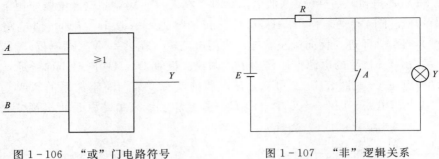

图 1-106 "或"门电路符号　　　　图 1-107 "非"逻辑关系

"非"门逻辑电路图如图 1-108 所示。输入端 $A=0V$（低电位），三极管处于截止状态，门电路输出端 $Y=1V$（高电位）；当门电路输入端 $A=5V$（高电位）三极管处于饱和状态，门电路输出 $Y=0V$（低电位）。对照表 1-3 可知，该电路是能实现"非"逻辑关系的"非"门逻辑电路。

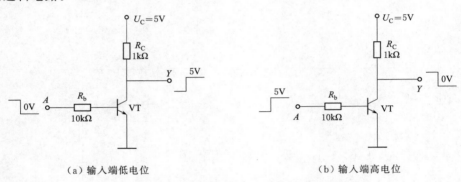

（a）输入端低电位　　　　　　　　（b）输入端高电位

图 1-108 "非"门逻辑电路图

"非"门电路符号用图 1-109（也可以用三角形图框）表示，逻辑输入端只有 A 一个，输出与输入的逻辑关系都可以表示为：见 1 出 0，见 0 出 1。

在逻辑电路中的三极管不是工作在截止区就是在饱和区。从三个逻辑门电路图可以看到，实际的逻辑电路中只有"高电位""低电位"，没有"1""0"的逻辑符号，再次强调，"1""0"的逻辑符号，完全是为了人与人之间交流方便所采用的逻辑符号。

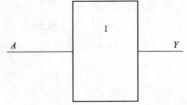

## 五、数字电路

图 1-109 "非"门电路符号

应该明确，自然界存在的物理量是没有数字量的，数字是人们用一串规定的符号来表示自然界同一类物理量多少的一种方法，是对自然界物理量进行计数或运算时编的码。人类采用 0~9 十个数码的十进制计数法。

用逻辑电路来进行计数或运算时，由于逻辑电路只有"高电位"和"低电位"两种截然不同的电逻辑状态，人们将"高电位"表示数字"1"，将"低电位"表示数字"0"，这样就成为二进制计数法，这种专门用来处理数字量的逻辑电路称数字电路，因此，数字电路是逻辑电路在数字处理领域的一种具体应用。再次强调，当人们在用二进制数字"1"和数字

"0"进行人与人之间交流时，电路实现的还是"高电位"和"低电位"。例如人与人之间在交流一个八位二进制数字"１１０１００１１"，其实数字电路是用八个逻辑电路输出端的电位"高高低高低低高高"表示。

以下是数字电路的四位二进制数与人类十进制数的关系：

四位二进制 0000 代表十进制 0；四位二进制 0001 代表十进制 1；

四位二进制 0010 代表十进制 2；四位二进制 0011 代表十进制 3；

四位二进制 0100 代表十进制 4；四位二进制 0101 代表十进制 5；

四位二进制 0110 代表十进制 6；四位二进制 0111 代表十进制 7；

四位二进制 1000 代表十进制 8；四位二进制 1001 代表十进制 9；

四位二进制 1010 代表十进制 10；四位二进制 1011 代表十进制 11；

四位二进制 1100 代表十进制 12；四位二进制 1101 代表十进制 13；

四位二进制 1110 代表十进制 14；四位二进制 1111 代表十进制 15。

## 六、高低电位值

无论逻辑电路还是数字电路，都遇到一个问题："高电位"多少合适？"低电位"多少合适？高电位与低电位相差太多，一是没必要，二是会造成电路制作成本上升；高电位与低电位相差太少，容易造成逻辑判断错误，数据处理混乱。实际电路中，高于 3V 就认为是"高电位"，低于 0.3V 就认为是"低电位"。

# 习　　题

**一、判断题**（在括号中打√或×，每题 2 分，共 5 题 10 分）

1-1. 电网的实体或电网的支点是电力中心调度所。　　　　　　　　　（　　）

1-2. 电力系统由发电机、电网和负荷组成。　　　　　　　　　　　（　　）

1-3. 变压器的原付方的电流比与匝数比成正比。　　　　　　　　　（　　）

1-4. 三相三角形连接电源的线电压等于相电压。　　　　　　　　　（　　）

1-5. 可控硅外加正向电压同时控制极必须施加触发脉冲电压 $U_g$ 才能正向导通。（　　）

**二、选择题**（将正确答案填入括号内，每题 2 分，共 15 题 30 分）

1-6. 单独向一个或一片用电设备负荷供电的降压变压器称（　　　）。

A. 电力变压器　　　　B. 主变压器　　　　　C. 中间变压器　　　　D. 终端变压器

1-7. 当电源有电流输出时，电源端电压 $U$（　　　）电动势 $E$。

A. 大于　　　　　　　B. 等于　　　　　　　C. 小于　　　　　　　D. 无关

1-8. 电容器两端的（　　　）。

A. 电压能突变，电流不能突变　　　　　B. 电压不能突变，电流能突变

C. 电压不能突变，电流不能突变　　　　D. 电压能突变，电流能突变

1-9. 电感线圈两端的（　　　）。

A. 电压能突变，电流不能突变　　　　　B. 电压不能突变，电流能突变

C. 电压不能突变，电流不能突变　　　　D. 电压能突变，电流能突变

1-10. 为了减小线圈交变磁通在铁芯内产生的（　　　），所有有铁芯的交流电气设备的

铁芯必须采用硅钢片叠压成。

　　A. 感应电动势　　　　B. 感应电压　　　　C. 涡流　　　　　D. 电流

1-11. 感性负荷的电流相量 $\dot{I}$ 的相位（　　　）。

　　A. 必定超前电压相量 $\dot{U}$ 的相位　　　　B. 必定与电压相量 $\dot{U}$ 同相位

　　C. 必定滞后电压相量 $\dot{U}$ 的相位　　　　D. 与电压相量 $\dot{U}$ 的相位前三种都有可能

1-12. 感性负荷的功率因数 $\cos\phi$ 肯定是（　　　）。

　　A. 大于0，小于1　　B. 大于0，大于1　　C. 小于0，大于1　　D. 小于0，小于1

1-13. 下列（　　　）的述说是正确的。

　　A. 有功功率 $P$ 加上无功功率 $Q$ 等于视在功率 $S$

　　B. 有功功率 $P$ 加上无功功率 $Q$，再开根号，等于视在功率 $S$

　　C. 有功功率 $P$ 的平方加上无功功率 $Q$ 的平方，等于视在功率 $S$

　　D. 有功功率 $P$ 的平方加上无功功率 $Q$ 的平方，再开根号，等于视在功率 $S$

1-14. 正弦交流电的最大值是有效值的（　　　）倍。

　　A. $1/\sqrt{2}$　　　　　　　B. $\sqrt{2}$　　　　　　C. $1/\sqrt{3}$　　　　　　D. $\sqrt{3}$

1-15. 电力电容器无功补偿不是补得越高越好，功率因数 $\cos\phi$ 最高补偿到（　　　）。

　　A. 0.85　　　　　　　B. 0.9　　　　　　　C. 0.95　　　　　　D. 1

1-16. 电感线圈流过直流电流时，线圈内（　　　）。

　　A. 有磁通，有自感电动势　　　　　　B. 有磁通，无自感电动势

　　C. 无磁通，有自感电动势　　　　　　D. 无磁通，无自感电动势

1-17. 变压器付方线圈匝数比原方越少，付方输出（　　　）。

　　A. 电压越高电流越大　　　　　　　　B. 电压越高电流越小

　　C. 电压越低电流越大　　　　　　　　D. 电压越低电流越小

1-18. 变压器是通过（　　　）将电能从原方线圈传递到付方线圈。

　　A. 线圈　　　　　　　B. 铁芯　　　　　　C. 磁场　　　　　　D. 电路

1-19. 星形三相四线制连接的电源（　　　）。

　　A. 只能向三相对称负荷供电

　　B. 只能向三相不对称负荷供电

　　C. 不能向三相对称负荷供电，只能向三相不对称负荷供电

　　D. 既能向三相对称负荷供电，也能向三相不对称负荷供电

1-20. 对于三相对称感性负荷的有功功率以下（　　　）是正确的。

　　A. $P = 3UI\cos\phi$，$U$ 为线电压，$I$ 为相电流

　　B. $P = \sqrt{3}UI\cos\phi$，$U$ 为线电压，$I$ 为相电流

　　C. $P = 3UI\cos\phi$，$U$ 为线电压，$I$ 为线电流

　　D. $P = \sqrt{3}UI\cos\phi$，$U$ 为线电压，$I$ 为线电流

### 三、填空题（每空1分，共30分）

1-21. 高压负荷的终端变压器的低压侧电压为_____V 或_____V，低压负荷的终端变压器的低压侧电压为_____V。

1-22. 电感线圈两端的电压大小与电感线圈的_____随时间的_____成正比。

1-23. 相量是用带箭头的线段表示正弦交流量，线段的长度表示正弦交流量的_____，线段与水平方向的角度表示正弦交流量_____。

1-24. 提高电网功率因数有_____和_____两种措施。

1-25. 为了提高电网的_____，所有的变电所和企事业单位必须在三相交流供电母线上与负荷并联接上三相_____。

1-26. 继电器和接触器都是用控制回路的电信号通过_____接通或断开被控回路，控制回路和被控回路是两个_____电气回路。

1-27. 自耦变压器的付方线圈是_____线圈的一部分，而且付方线圈的_____可以方便地进行调节，从而方便地调节付方_____。

1-28. 为保证发电机输出 $50\,Hz$ 的正弦交流电，在我国的同步发电机必须满足转速 $n$ 与磁极对数 $P$ 的乘积等于_____，这种转速称_____转速。

1-29. 同步发电机定子旋转磁场与转子旋转磁场_____相同、_____相同、_____相同，"同步"由此得名。

1-30. 三相异步电动机为了获得转子的电磁转动力矩，转子的转速 $n_2$ 必须_____于定子旋转磁场的转速 $n_1$，保持一定的_____，"异步"由此得名。

1-31. 两对磁极的三相异步电动机带额定负荷时的转速为_____ r/min，三对磁极的三相异步电动机带额定负荷时的转速为_____ r/min。

1-32. 三相异步电动机最大的缺点是启动电流是额定电流的_____倍，因此启动时对_____冲击较大。

1-33. 三相不对称负荷供电的零线上不得安装_____和_____，零线在任何情况下不得_____。

四、简答题（5题，共28分）

1-34. 感性负荷在交流电路中将电源提供的电能如何分配使用？（6分）

1-35. 负荷功率因数过低对电力生产的影响？（6分）

1-36. 什么是水电厂的调相运行？（6分）

1-37. 对三相电源来讲，哪些是对称负荷？哪些是不对称负荷？对于不对称负荷必须采用什么供电制？（4分）

1-38. 可控硅的触发脉冲与控制角与可控硅整流电路输出电压的关系？（6分）

# 第二章 电气一次设备

从发电机到电网之间所有直接进行电能生产、输送、升压、分配的设备，称为电气一次设备。大部分水电厂高压机组发电机的输出电压等级为 6.3kV 或 10.5kV，由主变压器升压为 35kV、110kV 或 220kV。世界上单机容量最大的白鹤滩水电站，16 台单机容量 100 万 kW 混流式机组，发电机机端电压为 24kV，由主变压器升压为 550kV。低压机组水电厂发电机的输出电压等级为 0.4kV，由主变压器升压为 10kV。因此电气一次设备属于高压设备，运行中对人身安全的影响较大，高压电气设备的造价高，瞬间过电压、过电流都有可能损坏设备，运行中采取了种种措施进行监视和保护。

## 第一节 同步发电机

水电厂的水轮机将水能转换成机械能，再由发电机将机械能转换成电能，水电厂发电机采用的是同步发电机，主要由转子、定子、风叶、测温装置、冷却装置组成。立式水轮发电机剖视图（半剖）如图 2-1 所示，发电机转子 6 的轴承由上机架 3 中的上导径向推力轴承 2 和下机架 8 中的下导径向轴承 9 构成。水轮机主轴与发电机主轴 10 刚性连接，水轮机带动发电机转子转动。发电机转子和定子 4 封闭在混凝土的发电机机坑内，转子上、下风叶 5 强迫机坑内的空气在规定的流道内循环流动，用空气冷却器冷却空气，再用空气冷却发电机转子和定子。在机组停机过程中，当转速下降到额定转速30％左右时，投入四个风闸 7 由下向上对转子轮辐进行刹车制动，防止发生轴瓦烧毁事故。

安装或检修时，将转子装入定子内称转子串心，立式水轮发电机转子吊装串心如图 2-2 所示。因为转子外径与定子内径之间的气隙很小（约 0.5mm 左右），要求转子串心时，转子磁极表面与定子铁芯内壁不能碰撞刮擦，所以吊装的技术难度较大。发电机主轴 1 上装配一个大轮辐，轮辐外柱面上均布铁芯和线圈构成的转子磁极 3，厚钢板制成的定子外壳 6 外柱面上开四个窗口，窗口上安装用水作为冷却剂的空气冷却器。当转子旋转时，上风叶 2 强迫空气向下流动，下风叶 4 强迫空气向上流动，冷空气不得不从定子铁芯 7 的风沟 8 中由内向外离心辐射状流过并冷却定子线圈 5 和定子铁芯 7，冷空气变成了热空气，从定子铁芯离心辐射状出来的热空气径向离心流过四个空气冷却器冷却后又成为冷空气，再由上、下风叶带动，进入下一次循环冷却。圆桶状轴令 11 与挡油桶 10 配合，巧妙解决了立式轴承的漏油问题。发电机主轴连轴法兰盘 9 与水轮机主轴连轴法兰盘用螺栓刚性连接。

卧式水轮发电机剖视图如图 2-3 所示，发电机转子 6 由前导轴承 1 和后导轴承 9 支撑安放在机座上。水轮机主轴通过发电机主轴 2 带动发电机转子转动，发电机转子、定子 5 封闭在前、后端盖 4、7 和发电机机坑构成的密闭空间内，在发电机机坑底部安装有空气冷却器，转子左风叶 3 强迫冷空气向右，右风叶 10 强迫冷空气向左，冷空气不得不在定子铁芯和线圈内规定的路径内流过，冷却定子铁芯和线圈，从定子铁芯由内向外离心辐射状流出来

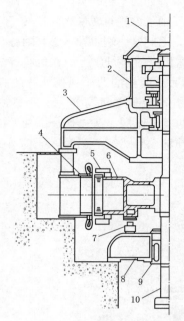

图 2-1　立式水轮发电机剖视图（半剖）

1—碳刷滑环；2—上导径向推力轴承；

3—上机架；4—定子；5—风叶；

6—转子；7—风闸；8—下机架；

9—下导径向轴承；10—发电机主轴

图 2-2　立式水轮发电机转子吊装串心

1—发电机主轴；2—上风叶；3—转子磁极；

4—下风叶；5—定子线圈；6—定子外壳；

7—定子铁芯；8—风沟；9—连轴法兰盘；

10—挡油桶；11—轴令

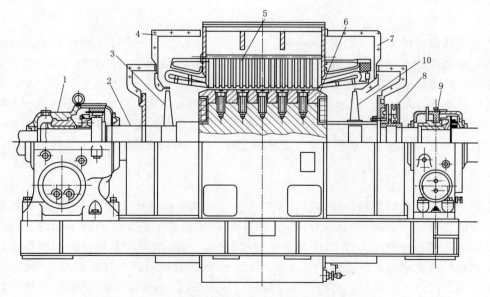

图 2-3　卧式水轮发电机剖视图

1—前导轴承；2—发电机主轴；3—左风叶；4—前端盖；5—定子；6—转子；7—后端盖；

8—碳刷滑环；9—后导轴承；10—右风叶

的热空气流经空气冷却器，用空气冷却器铜管内的水冷却铜管外的空气，再用空气冷却发电机定子铁芯和线圈。输送励磁电流的碳刷滑环机构 8 位于后导轴承内侧与转子之间，转子励磁电流通过碳刷滑环机构后用电缆沿着主轴表面到达转子线圈，因此这一端主轴不必开轴心孔。

　　BX 水电厂卧式水轮发电机如图 2-4 所示，整个发电机安放在机座上。在机组停机过程中，当转速下降到额定转速 30% 左右时，用位于飞轮 1 底部两侧的两个风闸水平方向相向而动夹紧飞轮进行制动刹车。因为碳刷滑环机构 5 与发电机转子之间隔着一个后导轴承 4，造成输送转子线圈的励磁电流电缆无法沿着主轴表面到达转子线圈。所以这一端的发电机主轴必须开轴心孔，励磁电流的电缆可以经轴心孔避开后导轴承到达转子线圈。

图 2-4　BX 水电厂卧式水轮发电机
1—飞轮；2—前导轴承；3—发电机；4—后导轴承；5—碳刷滑环机构

　　立式低压机组的发电机如图 2-5 所示，发电机 1 采用无刷励磁，不再需要碳刷滑环机构。水轮机径向推力轴承 6 上部的飞轮 5 为飞轮式法兰盘结构，与发电机采用弹性连轴器 4 弹性连接。转动调速手轮 3，经蜗轮蜗杆机构 2 可以调节厂房楼板下面泡在明槽引水室水中的导水机构，调节进入水轮机的水流量，从而调节机组转速或出力。这种机组停机刹车有两种方法：一种与高压立式机组一样，用 2~4 个风闸沿飞轮轴线方向由下向上顶飞轮外缘轮辐，进行制动刹车；另一种是两个水平放置的抱闸沿飞轮半径方向对飞轮外圆柱面进行刹车。

**一、发电机转子结构**

　　发电机转子主要由主轴、轮辐、转子铁芯、转子线圈和风叶组成。一个转子铁芯套上一个转子线圈就构成一个转子磁极。有 6 对 12 个磁极的立式水轮发电机转子如图 2-6 所示，其中励磁电缆的励磁电流流过 12 个串联的磁极线圈。相邻两个线圈的绕向必须相反，即左边这个磁极线圈是顺时针向绕制，那么右边这个磁极线圈必须逆时针向绕制，保证 12 个磁极按 N、S、N、S、…排列，水轮机带动发电机转子旋转，从而产生转子旋转磁场。立式发电机的碳刷滑环机构都是位于发电机主轴的最上面，因为在碳刷滑环机构与转子线圈之间安装有上导轴承，造成碳刷滑环机构到转子线圈的励磁电缆无法沿着主轴表面向下输送到转子线圈。所以立式发电机主轴的上半部分必须开轴心孔，励磁电缆可以经过轴心孔避开上导轴

承到达转子线圈。如果转子磁极较多的话，将转子分成
左右两组串联的转子线圈，励磁电缆分两路将励磁电流
分别送入左右两组串联的转子线圈。

立式水轮发电机转子上励磁电缆进出轴心孔如图 2-7
所示，由于该发电机的励磁电流较大，励磁电缆较粗，不
便于励磁电缆多次弯曲的布置固定，因此电缆进线 1 和电
缆出线 3 分别采用两根便于弯曲布置固定的较细电缆，
较大励磁电流的大中型发电机中常采用这种两根正极细
电缆，两根负极细电缆。

有 5 对磁极（10 个磁极）的卧式水轮发电机转子如
图 2-8 所示。每个转子磁极 3 表面布置了五根铜条称阻
尼条 4，所有阻尼条两端分别用两个铜环连接，这两个
铜环称短路环 2，发电机转速稳定运行时，转子旋转磁
场与定子旋转磁场没有相对运动，因此没有出现阻尼条
切割定子旋转磁力线的现象，阻尼条和短路环相当于不
存在。当发电机受负荷冲击发生震荡或发电机短路及三
相不平衡引发震荡时，转子相对定子磁场出现来回震荡
的相对运动，出现阻尼条切割定子旋转磁场磁力线的现
象，阻尼条会产生异步电动机的电动机效应，使震荡减

图 2-5　立式低压机组的发电机
1—发电机；2—蜗轮蜗杆机构；
3—调速手轮；4—弹性连轴器；
5—飞轮；6—径向推力轴承

弱，有利于机组稳定。转速越低越容易震荡，阻尼条和短路环也使得转子结构复杂，因此，
转速较高的发电机不设阻尼条和短路环。准备吊装穿心的大型立式发电机转子如图 2-9 所
示，图 2-9 中转子磁极与人差不多高，转子直径非常大，磁极很多（40 个，20 对），发电
机转速很低（150r/min）。

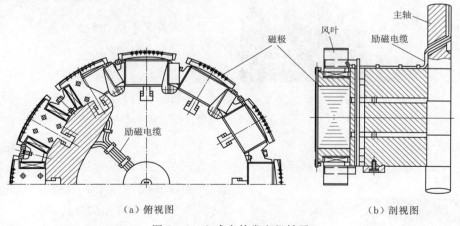

（a）俯视图　　　　　　　　　　（b）剖视图

图 2-6　立式水轮发电机转子

## 二、发电机定子结构

发电机定子主要由定子铁芯、定子线圈、风沟、测温片、空气冷却器和定子外壳等组
成。下面介绍主要组成及参数。

图 2-7 励磁电缆进出轴心孔

1—电缆进线；2—主轴；3—电缆出线

图 2-8 卧式水轮发电机转子

1—发电机主轴；2—短路环；3—转子磁极；4—阻尼条

### 1. 定子铁芯

发电机定子铁芯如图 2-10 所示。定子铁芯 3 由相互用绝缘漆绝缘的 0.35mm 厚的薄形硅钢片叠压而成，这样可以大大减小涡流损失。在垂直硅钢片平面方向由硅钢片叠压形成许多线槽 1，图中有 108 条线槽，能布置三相 108 个定子线圈。因为需要布置三相线圈，所以所有三相交流电机定子铁芯的线槽数肯定是三的整数倍。硅钢片每叠压一定厚度（约 10cm）就用径向条钢架空，在整个硅钢片平面上形成环状面通风道 2，通风道与线槽垂直，冷空气径向流过通风道时可以冷却定子铁芯和线圈，该定子铁芯有 10 条环状面通风道。

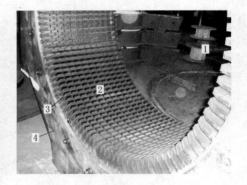

图 2-9 准备吊装穿心的大型立式
发电机转子

图 2-10 发电机定子铁芯

1—线槽；2—通风道；3—定子铁芯；4—定子外壳

### 2. 定子线圈

定子线圈又称定子绕组。A 相定子线圈 A-x（三相定子线圈全部一样）如图 2-11 所

图 2-11 A 相定子线圈

1—上线包；2—下线包

示，三根细导线相当于一根粗导线，采用三根细导线便于线圈制作中的弯曲成型，三根细导线一起包扎绝缘布后绕了两圈称两匝，绕 $n$ 圈称 $n$ 匝。下面以两匝线圈为例。匝与匝之间用绝缘材料绝缘，两匝整体再用绝缘材料包扎并热压定型成一个定子线圈。每个定子线圈的两边分别镶入铁芯两个不同的线槽内，上线包 1 布置在线槽顶

部，下线包 2 布置在另一个线槽的底部。每个线圈有露出外面一头一尾两个端子 A、x（B 相定子线圈为 B、y，C 相定子线圈为 C、z）。每个线包内都有两根承受转子旋转磁场切割产生感应电动势的有效切割边，用涂黑色绝缘漆表示有效切割边的长度 L。因此每个定子线圈有两匝四根有效长度为 L 的有效切割边。显然定子线圈在转子旋转磁场中的有效切割边 L 越长，每根有效切割边产生的感应电动势 $e = BLv$ 越大（$v$ 为转子旋转磁极的线速度），每个线圈输出的电压越高。A 相一个线圈端子 A、x 两端的电压由两匝四个感应电动势串联产生。

3. 定子三相端电压

发电机三相定子线圈布置示意图如图 2-12 所示。假设该发电机转子为一对磁极，定子有 18 个线槽，定子铁芯 18 个线槽可以布置 18 个定子线圈，A、B、C 三相每相有 6 个定子线圈。每个定子线圈两个线包，18 个定子线圈有 36 个线包。每个线槽内上下安放两个不同定子线圈的线包，18 个线槽正好可以安放 36 个线包。如果 A 相第 1 个线圈上线包 $A_1$ 安放在线槽 1 的顶部，那么下线包 $x_1$ 必须安放在相隔 180°线槽 10 的底部，只有这样才能保证上线包 $A_1$ 内的有效切割边承受转子旋转磁场 N 极切割时，正好下线包 $x_1$ 内的有效切割边承受转子旋转磁场 S 极切割，定子线圈两条有效切割边内的四个感应电动势是串联叠加的。同样道理，A 相第 2 个线圈上线包 $A_2$ 安放在线槽 2 的顶部，那么下线包 $x_2$ 必须安放在相隔 180°线槽 11 的底部；A 相第 3、4、5、6个线圈以此类推。同理，B 相第 1 个线圈上线包 $B_1$

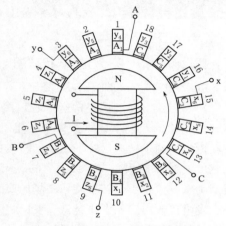

图 2-12　发电机三相定子线圈
布置示意图

安放在线槽 7 的顶部，下线包 $y_1$ 安放在相隔 180°线槽 16 的底部；B 相第 2 个线圈上线包 $B_2$ 安放在线槽 8 的顶部，下线包 $y_2$ 安放在相隔 180°线槽 17 的底部；B 相第 3、4、5、6 个线圈以此类推。同理，C 相第 1 个线圈上线包 $C_1$ 安放在线槽 13 的顶部，下线包 $z_1$ 安放在相隔 180°线槽 4 的底部；B 相第 2 个线圈上线包 $C_2$ 安放在线槽 14 的顶部，下线包 $z_2$ 安放在相隔 180°线槽 5 的底部；C 相第 3、4、5、6 个线圈以此类推。最后将定子线圈 $A_1 - x_1$、$A_2 - x_2$、$A_3 - x_3$、$A_4 - x_4$、$A_5 - x_5$、$A_6 - x_6$ 六个线圈头尾端子串联起来成为 A 相绕组，将定子线圈 $B_1 - y_1$、$B_2 - y_2$、$B_3 - y_3$、$B_4 - y_4$、$B_5 - y_5$、$B_6 - y_6$ 6 个线圈头尾端子串联起来成为 B 相绕组，将定子线圈 $C_1 - z_1$、$C_2 - z_2$、$C_3 - z_3$、$C_4 - z_4$、$C_5 - z_5$、$C_6 - z_6$ 6 个线圈头尾端子串联起来成为 C 相绕组。串联后的三相定子绕组有六个端子 A、x、B、y、C、z，对于转子一对磁极的发电机，由于 A 相定子绕组第一个线圈的线包 $A_1$ 布置在第 1 槽，B 相定子绕组第一个线圈的线包 $B_1$ 布置在第 7 槽，C 相定子绕组第一个线圈的线包 $C_1$ 布置在第 13 槽，三者互相相隔的机械角度为 120°，转子磁极 N 在切割 A 相绕组线包 $A_1$ 内的有效切割边后，必须转过机械角度 120°后才切割 B 相绕组线包 $B_1$ 内的有效切割边，再转过 120°后才切割 C 相绕组线包 $C_1$ 内的有效切割边。保证了三相交流电动势的相位差（电气角度）等于 120°，电气角度等于机械角度。对于转子磁极大于一对的发电机，机械角度不等于电气角度，三相定子线圈布置也比较复杂，在此不作介绍。

一对转子磁极的卧式发电机定子装配如图 2-13 所示，一共有 42 个定子线圈，那么每

图 2-13 卧式发电机定子装配

一相有 14 个定子线圈，将每一相的 14 个定子线圈如图 2-13 那样串联起来，就成为三相定子绕组的 6 个端子 A-x、B-y、C-z。对于图 2-10 中 108 线槽的定子，每一相有 36 个定子线圈，假如每一个定子线圈有 4 个有效切割边产生 4 个串联感应电动势，那么每一相有 $36 \times 4 = 144$ 个串联感应电动势，每一相串联感应电动势的电压就是发电机相电压。把三相定子绕组的三个端子 x、y、z（图 2-14）连接在一起成为发电机三相绕组的中性点，这种三相绕组的连接方式称 "Y" 连接，三相绕组另外三个端子 A、B、C 就是发电机出口三相线电压，也是常说的发电机机端电压。假设图 2-10 定子 108 线槽 "Y" 连接的发电机端电压为 6300V，由于其相电压是线电压 6300V 的 $1/\sqrt{3}$，即相电压为 3637V，那么每个有效切割边中串联感应电动势至少为 $e = 3637/144 = 25.3V$。在正常运行时，发电机转子额定转速（转子磁极旋转线速度 $v$）是恒定不允许变化的，发电机制造完毕，定子线圈的有效切割边长度 $L$ 也是不变的。因此发电机转子在恒定的额定转速（转子磁极旋转线速度 $v$）下，转子线圈励磁电流越大，转子旋转磁场的磁感应强度 $B$ 越大，定子线圈内的感应电动势 $e = BLv$ 越大，发电机输出三相电压越高。转子线圈励磁电流越小，转子旋转磁场的磁感应强度 $B$ 越小，定子线圈内的感应电动势 $e = BLv$ 越小，发电机输出三相电压越低。发电机并网前采用调节发电机转子线圈励磁电流的方法，来改变定子线圈切割转子旋转磁场磁力线的磁感应强度 $B$，从而调节发电机的机端电压。

立式发电机定子如图 2-14 所示，定子线圈安放在硅钢片叠压成的定子铁芯线槽内，发电机转子旋转时，上下风叶强迫冷风从环状通风道 [图 2-14（a）]离心式流过定子铁芯，冷却定子线圈和铁芯。从铁芯流出的热风经定子外壳四个窗口上的空气冷却器冷却成冷风，在此进入通风道，循环冷却定子铁芯和线圈。三相绕组六根主引出线引出定子外壳的外面，其中三相绕组尾端的 x、y、z [图 2-14（b）]短接在一起，称发电机的中性点，发电机三相绕组成为 "Y" 连接。

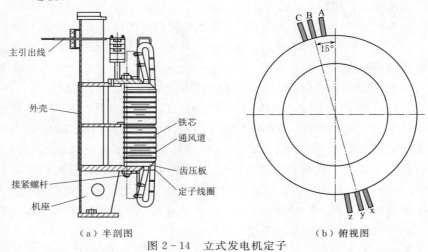

（a）半剖图　　　　　　　　　　（b）俯视图

图 2-14 立式发电机定子

**4. 定子输出电压波形的谐波分量**

任何非正弦波都可以用无穷个频率不断增加、幅度不断变小的标准正弦波叠加而成。例如图 2-15 中的方波，其中与方波同频率的标准正弦波 $e_1$ 称基波，其他是无穷个幅度不断减小、频率不断升高的标准正弦波三次波、五次波、七次波、九次波……统称为谐波，这就是非正弦波的谐波理论。以角频率为 $\omega$ 的非正弦波方波电动势 $e$ 为例，则根据谐波理论，方波由

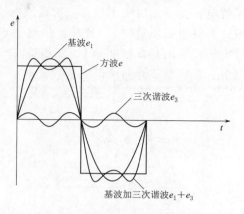

基波：$e_1 = E_{1m}\sin\omega t$

三次波：$e_3 = E_{3m}\sin 3\omega t$

五次波：$e_5 = E_{5m}\sin 5\omega t$

$\vdots$

等无穷个标准正弦波叠加而成。标准正弦波怎

图 2-15 非正弦波的基波和谐波

么可能叠加成方波呢？试看图中仅仅将基波 $e_1$ 和三次谐波 $e_3$ 叠加成合成波 $e_1 + e_3$ 的波形已经开始逼近像方波的波形了，如果继续叠加五次波、七次波、九次波……合成波就会越来越接近方波。除了基波和三次谐波以外的五次波、七次波、九次波……称为高次谐波。

由于发电机转子磁场的磁感应强度 $B$ 在定子铁芯内壁按正弦规律分布是靠人为修正转子磁极与定子内壁的气隙来实现的，因此磁感应强度 $B$ 在定子铁芯内壁分布其实是很不标准的正弦规律，由转子旋转磁场 $B$ 感应出来的发电机三相电动势也是很不标准的三相正弦波，含有相当多的谐波。根据非正弦波的谐波理论，发电机定子三相绕组内的三相电动势组成为

三相基波：$e_{1A} = E_{1m}\sin\omega t$，$e_{1B} = E_{1m}\sin(\omega t - 120°)$，$e_{1C} = E_{1m}\sin(\omega t - 240°)$，三相交流电相位差 120°；

三相三次谐波：$e_{3A} = E_{3m}\sin 3\omega t$，$e_{3B} = E_{3m}\sin(3\omega t - 360°)$，$e_{3C} = E_{3m}\sin(3\omega t - 720°)$，三相交流电相位差 $3 \times 120° = 360°$；

三相五次谐波：$e_{5A} = E_{5m}\sin 5\omega t$，$e_{5B} = E_{5m}\sin(5\omega t - 600°)$，$e_{5C} = E_{5m}\sin(5\omega t - 1200°)$，三相交流电相位差 $5 \times 120° = 600°$；

$\vdots$

谐波的幅度下降很快，频率上升很快，相位差增加很快。三相基波电压是希望发电机输出的三相正弦交流电压，其他三相谐波是不希望从发电机输出的。由于三相三次谐波的幅度还比较大，因此三相三次谐波对发电机的危害比较大。

（1）发电机三相定子绕组"△"连接的缺点：三相三次谐波电动势相位差为 $3 \times 120° = 360°$，相位差为 360°，就是同相位。说明发电机三相定子绕组中频率为 $3 \times 50 = 150\text{Hz}$ 的三相三次谐波交流电动势 $e_{3A}$、$e_{3B}$、$e_{3C}$ 每时每刻同相位。如果将发电机三相定子绕组接成"△"，对三个三次谐波电动势 $e_{3A}$、$e_{3B}$、$e_{3C}$ 来讲，每时每刻都是头尾串联连接（图 2-16），相当于三个电动势 $e_{3A}$、$e_{3B}$、$e_{3C}$ 每时每刻短路，三次谐波电动势在三相绕组中会产生较大的三次谐波交流短路电流，每秒钟交变 150 次，使定子线圈和铁芯发热，但不会烧毁。

（2）发电机定子绕组"Y"连接的优点：如果将发电机三相定子绕组接成"Y"（图

2-17)，在发电机三相输出端，对三个三次谐波电动势 $e_{3A}$、$e_{3B}$、$e_{3C}$ 来讲，每时每刻都是同极性、等电位，每秒钟交变 150 次。故发电机机端有三相三次谐波电动势 $e_{3A}$、$e_{3B}$、$e_{3C}$，但等电位使得无法输出三相三次谐波电流，因此为了限制三相三次谐波的输出，所有的发电机三相绕组必须是"Y"连接。虽然"Y"连接的发电机机端无法输出三相三次谐波，但是发电机在输出非常标准 50Hz 三相基波的同时，还是输出了不希望有的三相五次谐波、七次谐波、九次谐波等高次谐波。

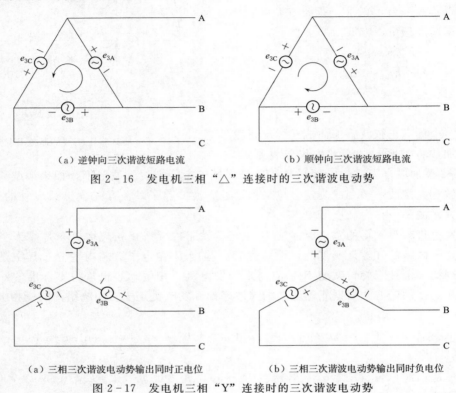

（a）逆钟向三次谐波短路电流　　　　　　　　　　（b）顺钟向三次谐波短路电流

图 2-16　发电机三相"△"连接时的三次谐波电动势

（a）三相三次谐波电动势输出同时正电位　　　　　（b）三相三次谐波电动势输出同时负电位

图 2-17　发电机三相"Y"连接时的三次谐波电动势

### 5. 定子线圈和铁芯温度测量

当三相定子绕组输出三相交流电流时，线圈导线的电阻会使得线圈发热，定子铁芯在交变磁场中也会发热，如果三相定子绕组线圈温度过高的话，会造成线圈绝缘下降加速老化，严重时会发生绝缘击穿事故，因此除了采取空气冷却器对运行中的定子线圈和铁芯冷却以外，还必须对定子线圈和铁芯实行实时监测。工业铂电阻是较好的温度敏感元件，在 60℃ 时，阻值 $R=123.24\Omega$；70℃ 时，阻值 $R=127.07\Omega$；80℃ 时，阻值 $R=130.89\Omega$；90℃ 时，阻值 $R=134.70\Omega$，利用铂电阻的电阻值与温度的变化关系，可以测量发电机定子铁芯和线圈的温度。定子铂电阻测温片布置图如图 2-18 所示，中小型发电机有 6 个铂电阻测温片，在相隔 120° 的三个线槽内，每个线槽内的上线包 3 与下线包 5 之间各放置一个铂电阻测温片 4［图 2-18（a）］，测量定子线圈温度。在另外三个相隔 120° 的定子线槽内，每个线槽内的下线包与定子铁芯之间各放置一个铂电阻测温片 6［图 2-18（b）］，测量定子铁芯温度。6 个铂电阻测温片的六对测温引出线从定子机壳外柱面的小窗口引出，分别接入 6 个惠斯登电桥（参见图 1-13），当发电机定子铁芯和线圈温度变化时，铂电阻将温度信号转换成铂电阻的阻值变化信号，惠斯登电桥再将铂电阻的阻值变化信号转换成电流变化信号并进行信号放大。铂电阻、惠斯登电桥和放大回路的合成称为温度传感器，其中铂电阻是将非电量温度转换成电量的敏感元件。大中型发电机铁芯槽数较多，测温片可能是九个或十二个。

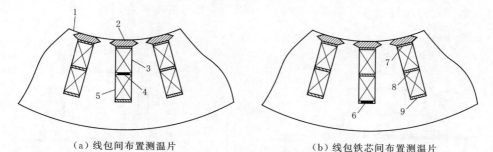

（a）线包间布置测温片　　　　　　　　（b）线包铁芯间布置测温片

图2-18　定子铂电阻测温片布置图

1—铁芯内壁；2—胶木槽楔；3—上线包；4—线圈测温片；5—下线包；
6—铁芯测温片；7、8、9—半导体布板

在上线包与下线包之间，下线包与铁芯之间，上线包与胶木槽楔2之间全用半导体布板7、8、9绝缘。在每个线槽安放好两个不同线圈的线包后，用木榔头将长胶木槽楔强行打入线槽口子上的燕尾槽内，将线圈的线包牢固地固定在线槽内，防止线圈的有效切割边在线槽内松动弹出。

### 三、发电机的冷却

发电机在运行过程中，由于定子线圈导体的电阻发热（铜损）和在交变磁场中的铁芯发热（铁损）都将威胁定子线圈绝缘安全，如果不及时将热量排走，会加速绝缘老化，严重时造成相间击穿短路或匝间击穿短路。中小型发电机采用的空气冷却有不循环空气冷却和循环空气冷却两种，大中型发电机采用循环空气冷却。

当发电机容量较小时，发热量也较小，可采用不循环空气冷却。不循环空气冷却的发电机如图2-19所示，发电机转子上的风叶强迫厂房室内的空气进入发电机定子风沟，空气流经并冷却定子线圈、铁芯后变成热风，热风从专用通道排出厂房外。不循环空气冷却简单方便，不需要空气冷却器，但发电机温度受夏季、冬季厂房内环境温度影响较大，特别是夏天室温高，冷却效果不好。

装机容量较大的发电机必须采用全封闭的循环空气冷却，用空气冷却器冷却空气，空气再冷却定子铁芯和线圈。如果将图2-19（a）发电机机坑与外界封闭隔离后，就成为循环空气冷却的立式发电机，在定子钢板围成的机壳上开有4~6个窗口，在每一个窗口上安装一个垂直布置的空气冷却器。转子转动时，转子上面的风叶强迫冷风向下流动，下面的风叶强迫冷风向上流动，冷风不得不由内向外离心辐射状流过径向风沟，冷却定子线圈和铁芯，从定子线圈和铁芯径向流出的热风穿过发电机机壳窗口上的空气冷却器，径向进入空气冷却器的是热风，径向流出空气冷却器的是冷风，冷风在风叶作用下进入再次循环冷却发电机。如果将图2-19（b）发电机机坑与外界封闭隔离后，就成为循环空气冷却的卧式发电机，采用两只较小的空气冷却器时，两只空气冷却器垂直放置在发电机底部机坑内的两侧循环空气流动的必经之路上，从发电机定子铁芯出来的热风在发电机底部机坑内向两侧水平方向分别流过两侧的空气冷却器，经空气冷却器冷却后的冷风在风叶作用下再次循环冷却发电机；如果卧式发电机采用一只较大的空气冷却器时，空气冷却器水平放置在发电机底部机坑内的中间循环空气流动的必经之路上，从发电机定子铁芯出来的热风在发电机底部机坑内在中间由上而下垂直方向流过空气冷却器，经空气冷却器冷却后的冷风在风叶作用下再次循环冷却发电机。

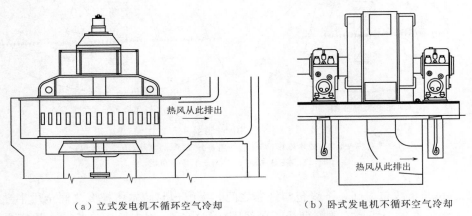

（a）立式发电机不循环空气冷却　　　　　　　（b）卧式发电机不循环空气冷却

图 2-19　不循环空气冷却的发电机

## 四、碳刷滑环机构

碳刷滑环的作用是将励磁电流送入正在不断旋转的发电机转子线圈中，碳刷滑环机构原理图如图 2-20 所示。与主轴一起旋转的滑环

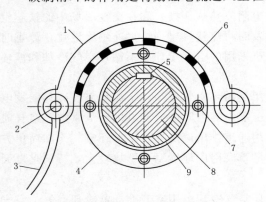

图 2-20　碳刷滑环机构原理图
1—刷架；2、7—螺栓；3—励磁电缆；4—滑环；
5—平键；6—碳刷；8—主轴；9—滑环套

套 9 经平键 5 与发电机主轴 8 为轴孔配合键连接，滑环套外柱面上 4 只耳片经 4 颗螺栓 7 固定了一起旋转的正、负两只滑环 4，由于旋转部件之间全部采用了胶木套和胶木垫，保证了两只滑环之间绝缘并一起与滑环套绝缘。与滑环一起旋转的发电机转子线圈的两根转动的励磁电缆分别与正、负两个滑环连接。用金属导电板制成的两片圆弧形的刷架 1 用螺栓 2 固定在机架上，由于固定部件之间采用了胶木套和胶木垫，保证了两片刷架之间绝缘并一起与机架绝缘。每片正负刷架上安装了 5～8 个碳刷 6，静止的碳刷在弹簧作用下始终紧

紧压在旋转的滑环外柱面上。来自励磁屏的正、负两根不动的励磁电缆 3 分别与正、负两片刷架连接，将励磁电流经刷架、碳刷、滑环、转动的励磁电缆送往转动的发电机转子线圈。

滑环组装如图 2-21 所示，有四只耳片 8 的滑环套 4 与发电机主轴轴孔配合键连接，四颗螺栓 3 将正滑环 6、负滑环 7 一起固定在耳片上，与滑环套成为一个整体，因为滑环与螺栓、滑环与耳片之间全部采用胶木套管 9、胶木垫片 5 进行绝缘，所以两个滑环之间绝缘，

两个滑环又同时与滑环套绝缘。正接线柱 1 经绝缘套管固定在正滑环上并与正滑环导通，负接线柱 2 经绝缘套管固定在负滑环上并与负滑环导通。滑环安装图如图 2-22 所示，从发电机主轴轴心孔穿出来的两根正励磁电缆（等于一根粗电缆）与两根正接线柱 1 连接后与正滑环 3 导通，两根负励磁电缆（等于一根粗电缆）与两根负接线柱 2 连接后与负滑环 4 导通。

图 2-21 滑环组装

1—正接线柱；2—负接线柱；3—螺栓；4—滑环套；
5—胶木垫片；6—正滑环；7—负滑环；8—耳片；
9—胶木套管

图 2-22 滑环安装图

1—正接线柱；2—负接线柱；3—正滑环；
4—负滑环

立式发电机的碳刷滑环机构如图 2-23 所示，滑环套 2 与发电机主轴 1 轴孔配合键连接，来自励磁屏不动的正励磁电缆与正刷架连接，5~6 个静止的正碳刷 3 用弹簧紧紧压在旋转的正滑环 6 上。来自励磁屏不动的负励磁电缆与负刷架连接，5~6 个静止的负碳刷 5 用弹簧紧紧压在旋转的负滑环 4 上。因为滑环位于发电机主轴的最上面，在滑环与转子之间的主轴表面布置了上导轴承，造成从滑环引出转动的励磁电缆无法沿着主轴表面直接向下到达转子线圈，所以从滑环引出转动的励磁电缆不得不先向上到主轴顶部，然后从主轴轴心孔向下到达转子的位置，再从主轴轴心孔、径向孔穿出主轴，分别与转子线圈的正负接线端连接，从而避开了主轴表面的上导轴承。

卧式发电机的碳刷滑环机构如图 2-24 所示，固定在后导轴承 6 上的正、负刷架 2、3 与后导轴承绝缘，同时正、负刷架之间也绝缘。正励磁电缆 4 与正刷架连接，负励磁电缆 5

图 2-23 立式发电机碳刷滑环机构

1—发电机主轴；2—滑环套；3—正碳刷；
4—负滑环；5—负碳刷；6—正滑环

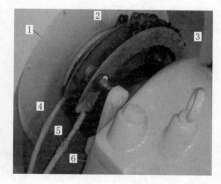

图 2-24 卧式发电机碳刷滑环机构

1—发电机；2—正刷架；3—负刷架；4—正励磁电缆；
5—负励磁电缆；6—后导轴承

与负刷架连接。导电钢板制成的刷架上均布5~6个碳刷，来自励磁屏的励磁电流经不动的正负励磁电缆、刷架、碳刷、滑环、转动的励磁电缆送入正在旋转的发电机转子线圈。因为碳刷滑环位于后导轴承与发电机1之间，从滑环引出转动的励磁电缆可以沿着主轴表面向左直接到达发电机转子线圈接线端，所以这一端主轴不必开轴心孔。

### 五、轴电流

发电机转子旋转磁场不但能在固定不动的定子线圈中产生感应电动势，还会在附近定子外壳、上机架和下机架等所有的固定不动的金属部件产生感应电动势。因为发电机主轴与转子旋转磁场一起旋转，发电机主轴相对转子旋转磁场的相对运动为零，主轴没有切割转子旋转磁场的磁力线，所以发电机主轴内没有感应电动势，且除定子线圈以外的固定不动的金属部件中的感应电动势会借道发电机主轴形成电流回路。

设立式发电机某瞬间转子旋转磁场在固定不动的金属部件中的感应电动势为上正下负，立式发电机轴电流的流动回路如图2-25所示，由于发电机固定部件与转动部件接触部位只有的上导径向瓦2、推力瓦3和下导径向瓦6三个部位，因此感应电流在这三个部位经发电机主轴5形成回路，故这种电流称为轴电流。轴电流的流通一方面消耗能量，使金属部件发热；另一方面由于轴瓦间隙处接触电阻大，发热比较大，加速润滑油的老化碳化，使油温上升。

要消除除定子线圈以外的固定不动金属部件中的感应电动势是不可能的，只有设法切断轴电流的回路。对于立式发电机，要求上、下导径向瓦的瓦衬与瓦托之间用胶木板绝缘，径向瓦上下与机架用胶木板绝缘，安放在推力瓦上的推力头与镜板之间用胶木板绝缘，保证不能形成轴电流的回路。对于卧式发电机，要求发电机两侧的轴承座与基座机架之间用垫胶木板绝缘，保证不能形成轴电流回路。

立式径向分块瓦胶木绝缘装置如图2-26所示，倒吊螺栓4将瓦衬1与条块瓦托5连为一体，由于瓦衬与条块瓦托之间用胶木板6绝缘，倒吊螺栓与条块瓦托之间用胶木垫片3绝缘，径向瓦的上下用胶木块2与机架绝缘。因此径向瓦的瓦衬与机架不能形成轴电流的回路。停机检修时应该用500V兆欧表测量立式发电机的推力瓦、径向瓦分别与机架之间的绝

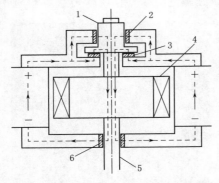

图2-25 立式发电机轴电流的流动回路

1—推力头；2—上导径向瓦；3—推力瓦；
4—转子；5—发电机主轴；6—下导径向瓦

图2-26 立式径向分块瓦胶木
绝缘装置

1—瓦衬；2—胶木块；3—胶木垫片；
4—倒吊螺栓；5—条块瓦托；6—胶木板

缘电阻或测量卧式发电机前后轴承座分别与基座机架之间的绝缘电阻，要求绝缘电阻值不小于 $0.3M\Omega$。

## 六、发电机的型号

水电厂发电机的型号有 TSN、TSWN、TS、TSW、SF、SWF 六种，"T"表示"同步"，"S"表示"水力"，"N"表示"农用"，"W"表示"卧式"，没有"W"表示立式，"F"表示"发电机"。例如：TSWN85/31—8 表示同步农用的卧式水轮发电机，定子铁芯外径 85cm，定子铁芯长度 31cm，8 对磁极。SFW160—6/590 表示卧式水轮发电机，功率为 160kW，6 对磁极，定子铁芯外径为 590mm。SF16000—8/2600 表示立式水轮发电机，功率为 16000kW，8 对磁极，定子铁芯外径为 2600mm。

# 第二节 主 变 压 器

通常，发电厂低压机组的主变压器低压侧电压为 0.4kV，高压侧电压为 10kV。高压机组的主变压器低压侧电压为 6.3kV 或 10.5kV，高压侧电压为 35kV、110kV 或 220kV。

## 一、主变压器结构

主变压器结构图如图 2-27 所示，主变压器主要由铁芯 17、绕组 15、油枕 6、呼吸器 8、防爆管 5、温度信号器 16、散热器 9、瓦斯信号器 4、净油器 18 和分接开关 2 等组成。

1. 铁芯

用 0.35mm 厚的硅钢片叠压成三柱铁芯，硅钢片之间用绝缘漆绝缘可以大大减小涡流损耗，减小铁芯损耗。

2. 绕组

铁芯 17 经接地螺栓 11 接地，规定每一相的低压绕组套在铁芯柱外面，高压绕组套在低压绕组外面，这样可以降低绕组对地的绝缘要求。高、低压绕组全部用裸铜条绕制，绕组的匝与匝之间、绕组在油箱 19 内的位置全部用绝缘胶木固定，然后绕组 15 和铁芯 17 全部浸泡在绝缘油里，绝缘油可以提高高低压绕组之间以及低压绕组与铁芯之间的绝缘强度，减小绝缘间距，缩小变压器体积，并且绝缘性能稳定，不受空气湿度的影响。绝缘油还可以带走绕组和铁芯的热量。

3. 油枕

图 2-28 中油枕 1 内下半部分是油，上半部分是空气，油枕经瓦斯信号器 6 与油箱 8 连接，油枕的作用是保证油箱中永远充满油，当油温变化时，油位在面积比较小的油枕内上下波动，使得油面与空气接触的面积减小，减缓绝缘油被空气的氧气速度。

4. 呼吸器

图 2-28 中，当停机或冬天油箱中油温下降时，油的体积缩小，油枕内油位下降，外界的大气经呼吸器 4 干燥后吸入。当运行或夏天油箱中油温上升时，油的体积膨胀，油枕内油位上升，油枕内的空气经呼吸器呼出。呼吸器是对吸入油枕的大气进行过滤、干燥，减少外部空气中的水分和杂质进入绝缘油中。

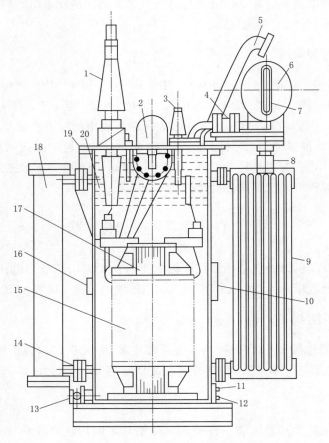

图 2 - 27　主变压器结构图

1—高压侧接线柱；2—分接开关；3—低压侧接线柱；4—瓦斯信号器；5—防爆管；6—油枕；7—油位计；
8—呼吸器；9—散热器；10—铭牌；11—接地螺栓；12—取油样阀门；13—放油阀门；14—法兰盘；
15—绕组；16—温度信号器；17—铁芯；18—净油器；19—油箱；20—绝缘油

　　呼吸器结构图如图 2 - 29 所示，呼吸器内装有变色硅胶 5，硅胶具有较强的吸潮作用，当绝缘油热胀冷缩造成空气进出油枕时，都必须经过呼吸器与硅胶接触，由硅胶对进入油枕的空气过滤、干燥。下端盖 9 中必须保持有一定量的绝缘油，当蒸发减少时，应及时添加油。当硅胶吸收水分达到饱和时就失去吸水作用，颜色也从蓝色慢慢变成淡红色，这时应更换硅胶。将更换下来的硅胶放在干燥器皿中加热蒸发去掉水分，硅胶又能重新使用。

　　5. 防爆管

　　图 2 - 28 中防爆管 2 又称喷油管，管口用划有刀痕 2～3mm 厚的薄玻璃 5 封住。当变压器内部发生绝缘击穿或短路等严重事故时，短路点油温急剧升高并分解产生大量的可燃气体，导致油枕和防爆管上部压力剧增，当压力大于 0.5 个大气压时，防爆管管口的玻璃爆破，气体和油从防爆管喷出。降低油箱内的压力，可以防止油箱爆炸或变形。

　　6. 温度信号器

　　图 2 - 27 中温度信号器 16，用来监视主变压器油箱的上层油温。主变压器温度信号器如图 2 - 30 所示，黑针指示绝缘油的实际油温，红针是运行人员人为设定的报警油温 85°，

运行中当黑针与红针重合时，表示油箱上层实际油温达到报警油温，温度信号器内的开关接点闭合，经公用 PLC 作用报警。

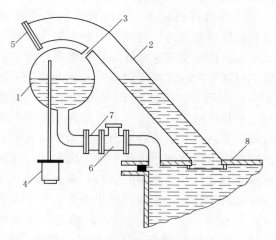

图 2-28 油枕与防爆管
1—油枕；2—防爆管；3—连通管；4—呼吸器；
5—薄玻璃；6—瓦斯信号器；
7—小蝶阀；8—油箱

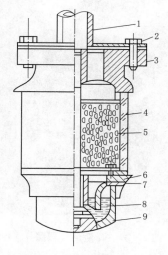

图 2-29 呼吸器结构图
1—连接管；2—螺栓；3—外壳；4—玻璃罩；
5—硅胶；6—座子；7—胶垫；
8—沉积油；9—下端盖

### 7. 散热器

中小型水电厂的主变压器普遍采用外循环自然空气冷却，例如图 2-27 中的散热器 9。散热器由许多并列的扁宽油管从油箱外部连接油箱的顶部和底部，扁宽油管增大了与空气的接触面积，可增加散热效果。当油箱内的油温升高时，热油的密度比较小会自动上升从油箱顶部流出油箱，散热器中被空气冷却后的冷油密度比较大会自动下降从底部流回油箱，在油温差产生密度差作用下进行外部循环空气冷却。大中型水电厂主变压器采用几十只排风扇排成一个面对主变压器箱体的方阵，对整个散热器和箱体强迫风冷。

### 8. 瓦斯信号器

当变压器内局部绝缘下降或短路时，发热产生可燃气体称"瓦斯"，图 2-27 中在油枕与油箱之间的连接管上安装瓦斯信号器 4，作为监视可燃气体的保护装置。

图 2-30 主变压器温度
信号器

瓦斯信号器照片如图 2-31 所示，瓦斯信号器结构图如图 2-32 所示，位于油枕和油箱之间的瓦斯信号内部充满了绝缘油。开口杯 5 和重锤 6 安装在同一根杠杆的两侧，杠杆的中间是一个铰支座，开口杯的重量减去油对开口杯的浮力，产生对杠杆逆时针方向的力矩，重锤的重量产生对杠杆顺时针方向的力矩。变压器正常运行时，逆时针方向的力矩小于顺时针方向的力矩，杠杆顺时针转动到极限位置，固定在开口杯上的轻瓦斯永久磁钢 4 位于轻瓦斯干簧管 15 的上方，轻瓦斯干簧管内接点可靠断开。挡板 10 在弹簧 9 的拉力下处于垂直位置，固定在挡板上的重瓦斯永久磁钢 11 远离重瓦斯干簧管 13，重瓦斯干簧管内接点可靠断

81

图 2-31 瓦斯信号器照片

开。当变压器内部发生绝缘轻微下降等故障时，故障点发热并分解产生少量的轻瓦斯，轻瓦斯慢慢聚集在瓦斯信号器罩 1 的下部，迫使信号器内的油面慢慢下降，油对开口杯的浮力逐渐减小，逆时针方向的力矩逐渐增大，当轻瓦斯积聚使得逆时针方向的力矩大于顺时针方向的力矩时，杠杆快速逆时针转动到极限位置，轻瓦斯永久磁钢快速靠近轻瓦斯干簧管，在磁力作用下轻瓦斯干簧管内接点闭合，向公用 PLC 开关量输入回路送出轻瓦斯信号作用报警。当变压器内部发生绝缘严重下降等事故时，事故点发热并分解产生大量的重瓦斯，重瓦斯气流经瓦斯信号器到达油枕上部。大量的气流冲击挡板，挡板克服弹簧拉力顺钟向摆动，重瓦斯永久磁钢快速靠近重瓦斯干簧管，在磁力作用下重瓦斯干簧管内接点闭合，向公用 PLC 开关量输入回路送出重瓦斯信号作用跳闸，将主变压器高、低两侧的断路器同时跳开。

采用两个重瓦斯干簧管串联后送出信号，可以减少重瓦斯信号误动作的机会。调整重锤偏移杠杆铰支座的距离，可以改变轻瓦斯报警信号动作时的轻瓦斯气体容积。转动调节螺杆 14，可以改变弹簧拉紧力，从而改变重瓦斯跳闸信号动作时的气流速度。

**9. 净油器**

图 2-27 中，桶状净油器 18 中充填几十公斤颗粒在 2.8～7mm 的硅胶作为吸附剂，净油器通过上、下部的细油管从油箱外部连接油箱的顶部和底部，当主变压器油箱内油温差产生的密度差在散热器内从上向下循环流动时，同样也会在净油器内从上向下循环流动，流经净油器的绝缘油经过硅胶过滤，油中的水分、游离酸等杂质被硅胶吸附，起到净化油、恢复油绝缘性能的作用。当硅胶的含水量超过自重的 30％时，硅胶会变色，这时应更换新的硅胶。用过的硅胶经加热脱水后可以重复使用，但再生后的硅胶吸附效果略有下降。

**10. 分接开关**

图 2-27 中分接开关 2 有有载调整分接开关和无载调整分接开关两种，两种分接开关都需要人工手动调整，有载调整分接开关应用在不方便停运的变电所主变压器上，但是带电调整的有载调整分接开关结构复杂，操作不便。发电厂的主变压器停运，只要调度同意，对电网不会产生很大影响，因此发电厂主变压器采用的是无载调整分接开关，无载调整分接开关必须在主变压器停电条件下人工手动进行调整。

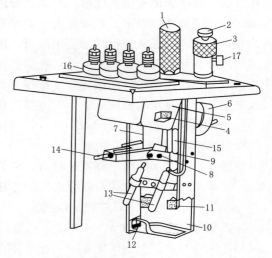

图 2-32 瓦斯信号器结构图

1—护罩；2—顶针；3—气塞；4—轻瓦斯永久磁钢；
5—开口杯；6—重锤；7—探针；8—开口销；
9—弹簧；10—挡板；11—重瓦斯永久磁钢；
12—螺杆；13—重瓦斯干簧管；14—调节螺杆；
15—轻瓦斯干簧管；16—套管；17—排气口

　　高压机组主变压器的分接开关为单相分体式，A、B、C 三相每相一个。以高压侧额定电压为基准有五级可调：＋5％、＋2.5％、0％、－2.5％、－5％，单相五极调整分接开关如图 2－33 所示，固定在上下两块绝缘胶木板 1 之间的 $A_1 \sim A_6$ 六根铜制空心管载流柱 3 互相之间绝缘，变压器高压侧 A 相线圈 A—x 六个绕组抽头 2 分别与六根空心管载流柱连接，手动转动绝缘操纵杆 6，使铜制动触管 5 分别短接相邻两根空心管载流柱，从而方便地调整 A 相高压侧的线圈匝数，调整时每相分接开关的级数应一样，否则三相电压会不一致。

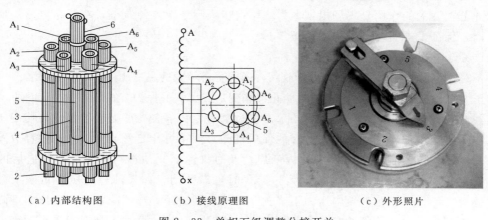

（a）内部结构图　　　　（b）接线原理图　　　　（c）外形照片

图 2－33　单相五级调整分接开关

1—绝缘胶木板；2—绕组抽头；3—空心管载流柱；4—曲柄轴；5—动触管；6—绝缘操纵杆

　　分接开关如因变压器工作需要而经常在一个位置工作时，为消除开关触头部分的氧化膜及油污等物，保持接触良好，不论变压器是否需要改变电压比，每年都要往返转动分接开关，使每个动静触头至少分合 10 次。转动分接开关后用惠斯顿电桥或万用表测量三相接触电阻平衡后方可投入运行。

　　低压机组主变压器的分接开关为三相整体式，有三级可调：＋5％、0％、－5％，低压机组主变压器的三相整体调整分接开关如图 2－34 所示。

　　把高压侧线圈匝数减少（或增加）与把低压侧线圈匝数增加（或减少）的结果是完全一样的，也就是说分接开关可以装在主变低压侧，也可以装在主变高压侧，但规定分接开关都装在变压器高压侧，这是因为高压侧电流较小，对开关接点容量要求较低，开关的接触电阻产生的热量较小，有利于降低变压器油温。导线细，可减小分接开关体积，

　　由于不同地区负荷的功率因数不同，线路电压有时会长

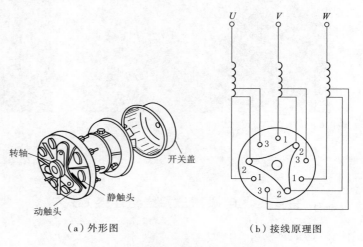

（a）外形图　　　　　　（b）接线原理图

图 2－34　三相整体调整分接开关

期运行在比额定电压偏高或偏低的情况。如果与发电机并网的电力线路电压长期偏高,势必使得发电机机端电压也偏高,发电机本来应该带无功功率的励磁电流现在用来建立机端电压了,这就会造成发电机无功功率带不上去,这时应该调整分接开关把高压侧线圈匝数调多一些,即级数调高一级。如果与发电机并网的电力线路电压长期偏低,势必使得发电机机端电压也偏低,发电机本来应该建立机端电压的励磁电流现在用来带无功功率了,这就会造成发电机无功功率减不下来,这时应该调整分接开关把高压侧线圈匝数调少一些,即级数调低一级。因此分接开关的作用是现场根据电力线路电压实际情况方便调整,在线路电压长期偏高或偏低时,保证发电机所带无功功率正常。

11. 压力释放阀

并不是每一台主变压器都有压力释放阀,一般容量较大的主变压器为了安全设置压力释放阀,用压力释放阀作为油箱压力过高时防止油箱变形或爆裂的保护装置,如图 2-35 所示。

当线圈或有载分接开关内部发生局部温度过高时,一部分变压器油被汽化,使变压器油箱内部压力迅速增加,如果不采取可靠的保护措施,油箱可能变形或爆裂。压力释放阀在油箱压力达到动作压力时,在 2ms 时间内开启,及时排油释放油箱内的压力,开启后的压力释放阀在油箱压力下降到动作压力 53%~55% 时可靠关闭。如果油箱内压力再次上升,压力释放阀再次动作,直到油箱内压力下降到允许值。因为压力释放阀在油箱内压力下降过程中能可靠关闭,所以油箱外的空气和水不会进入油箱内,变压器油不会因此受到污染。压力释放阀动作时可以经微动开关向公用 PLC 开关量输入回路送出开关量信号。CX 水电厂的主变压器如图 2-36 所示,低压侧 6.3kV,高压侧 35kV。主变压器必须安装在布满鹅卵石的事故油池 4 中央,在主变压器发生火灾时将绝缘油放入事故油池,防止油箱爆炸。

图 2-35 压力释放阀

图 2-36 CX 水电厂主变压器
1—油枕;2—净油器;3—呼吸器;
4—事故油池;5—油箱;6—冷却器

## 二、主变压器电源侧三相绕组连接方式

1. 谐波对电力系统的危害

(1) 电力线路中谐波的产生。尽管所有的发电机都是"Y"连接,使得发电机无法送出三次谐波,但是发电机还是会输出五次波、七次波、九次波等高次谐波。另外,电力系统的

线路在输送电能的路途上，大量工业高频电力设备和民用通信设备产生的电磁波会对电力线路感应产生谐波，大量工业电力电子整流装置和民用电子产品整流装置也会向电网反射谐波，这种现象严重的时候称电网的"谐波污染"。

（2）电力线路的分布电容和分布电感。母线、电缆和架空线等电力线路是导体，大地也是能导电的导体，母线、电缆和架空线等电力线路与大地之间不是电缆外层的绝缘包皮就是自然界的绝缘大气。因此母线、电缆和架空线等电力线路与大地之间具有电容效应，这种电容效应称架空线的分布电容 $C$。变化的交流电流流过母线、电缆和架空线等电力线路时，在导线周围会产生变化的磁场，变化磁场又会在母线、电缆和架空线中产生自感电动势，因此母线、电缆和架空线具有电感效应。这种电感效应称架空线的分布电感 $L$。

（3）谐波对电力线路的危害。母线、电缆和架空线的分布电容 $C$ 和分布电感 $L$ 随线路长度的变化而变化，在母线、电缆和架空线的谐波有不同频率（$\omega$）的谐波，完全有可能出现某一个频率为 $\omega_0$ 的谐波使得电力线路满足谐振条件 $\omega_0 L = 1/\omega_0 C$，这时电力线路就发生谐振，发生串联谐振时可能使电力线路上的电气设备过电压击穿。发生并联谐振时可能使电力线路上的电气设备过电流烧毁，因此电力系统在任何情况下不得发生谐振。

（4）对负荷的危害。在谐波污染比较严重的线路上运行的负荷，如果三相异步电动机是"△"连接的话，谐波中的三次谐波会在该电动机三相绕组中短路，电动机不一定会烧毁，但是该电动机线圈和铁芯的温度比正常高。

2. 发电厂主变压器电源侧三相绕组连接方式

为了减轻发电机输出的五次波、七次波、九次波等高次谐波送入电网危害电力系统和负荷，所有的发电厂都将主变压器低压电源侧的三相绕组全部接成"△"，由于极大部分三相高次谐波不像三相三次谐波那样三相每时每刻同相位，因此在发电厂主变压器低压侧"△"连接的三相绕组中大部分高次谐波只能被削弱，不能被完全消除，最后在主变压器高压侧送入电网的是含有少量谐波的比较标准的 50Hz 三相正弦波交流电。有的水电厂在发电机出口的主变压器低压侧母线上挂接专门用来吸收高次谐波的消谐器。

3. 主变压器电源侧三相绕组连接方式

对于升压变压器来讲，低压侧为电源侧，高压侧为负荷侧，对于降压变压器来讲，高压侧为电源侧，低压侧为负荷侧。为了消除或减轻电力线路沿途谐波的危害，规定所有变电所的主变压器电源侧三相绕组全部接成"△"，可以在输送电能的沿途处处设防，沿途将三次谐波短路，高次谐波削弱。

## 三、主变压器负荷侧三相绕组连接方式

规定所有主变压器负荷侧三相绕组全部采用"Y"连接，这是由于"Y"连接的供电系统运行方式灵活，可以中性点接地运行也可以中性点不接地运行，两者各有优缺点。

1. 中性点不接地系统

中性点不接地或经消弧线圈接地都属于中性点不接地系统。中性点不接地系统发生单相接地故障有两种情况：第一种是发生单相导体直接接地故障；第二种是由于绝缘下降或污物漏电引起的单相导体非直接接地故障。

（1）单相导体直接接地故障。单相导体直接接地故障原理图如图 2-37 所示，主变压器的电源侧为"△"连接，负荷侧为"Y"连接可以用符号"△/Y"表示。正常运行时由于三

相架空线有对地分布电容，因此只有少量的三相相间容性泄漏电流［图2-37（a）］。如果C相发生单相导体直接接地故障时，接地相C相对地分布电容被短接后消失，因为接地相C相对中性点不构成短路电流的回路，接地相C相只有通过非接地相A、B相对地分布电容很小的容性泄漏电流［图2-37（b）］，所以中性点不接地系统又称小电流接地系统。主变压器中性点不接地系统的优点是发生单相导体直接接地或非直接接地故障时，不构成短路电流的回路，可以继续运行不超过2h的时间，在这2h内应尽快设法排除故障，这就使得供电可靠性高。缺点是正常运行时每一相对地为相电压，发生单相导体直接接地故障时，接地相对地电压下降为零电压，非接地相对地电压从相电压上升为线电压。由于发生单相接地故障时，线路和设备还得继续运行，所有设备和线路的绝缘要求必须按照线电压的绝缘要求，线电压是相电压的$\sqrt{3}$倍，对绝缘要求也提高了$\sqrt{3}$倍，设备和线路投资增加。适用在35kV及以下的主变压器中。

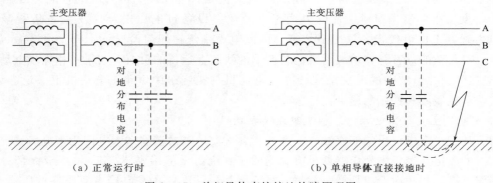

（a）正常运行时　　　　　　　　　　　（b）单相导体直接接地时

图2-37　单相导体直接接地故障原理图

（2）单相导体非直接接地故障。在"Y"连接中性点不接地的发电机或主变压器中，当母线、电缆和架空线等电力线路比较长时，对地分布电容会比较大，如果发生单相导体非直接接地故障，较大的非接地相对地分布电容电流会在非直接接地点出现电弧，由此转为单相导体电弧性接地。时断时续的电弧会引发线路电压震荡，容易造成线路和设备过电压，危及线路和设备的绝缘安全。因此在对地分布电容泄漏电流超过5A的场合，必须将发电机或主变压器三相"Y"绕组的中性点经消弧线圈接地，在发生单相导体非直接接地故障时能迅速熄灭电弧，防止线路和设备过电压。

中性点经消弧线圈接地原理图如图2-38所示。消弧线圈是一种带铁芯的电感线圈，接于发电机［图2-38（a）］或变压器［图2-38（b）］的中性点与接地金属之间。正常运行时，对三相电源来讲消弧线圈与三相对地分布电容为串联关系，总阻抗Z比较大，因此经对地分布电容流过消弧线圈的对地泄漏电流很小。当发生单相导体电弧性接地时，例如图2-39中C相接地，根据电工学迭加原理（参见图1-12），分析接地相C相电源对接地点的作用时，不起作用的A、B两相电源可以将其短路不起作用，由此得到图2-40（a），对于接地相C相，非接地相A、B两相对地分布电容一端与消弧线圈头头相连，另一端经与消弧线圈尾尾相连。因此，对于接地相电源，非接地相对地分布电容与消弧线圈为LC并联关系［图2-40（b）］。由并联谐振电路可知（参见图1-42），理想LC发生并联谐振时，总阻抗Z等于无穷大，当然电力线路是绝对不允许发生并联谐振的，但是只要将消弧线圈的电感量参数选择适当，完全可以使并联 $LC$ 不发生谐振但阻抗 $Z$ 比较大，使故障点的电弧性接地电流比较小，不足以维持电弧的燃烧，这样就可以迅速自行消除电弧，而不至于引起线路和设备过电压。"消弧线圈"的名称由此而得。

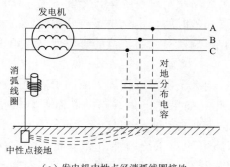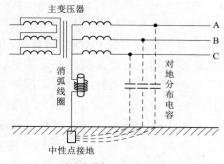

（a）发电机中性点经消弧线圈接地　　　　　（b）主变负荷侧经消弧线圈接地

图 2-38　中性点经消弧线圈接地原理图

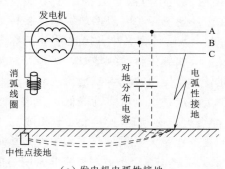

（a）发电机电弧性接地　　　　　　　（b）主变负荷侧电弧性接地

图 2-39　中性点经消弧线圈接地的单相电弧性接地故障原理图

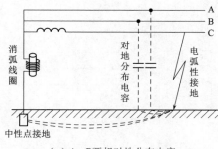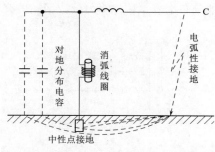

（a）A、B 两相对地分布电容　　　　（b）非接地相对地分布电容与消弧线圈并联关系

图 2-40　消弧线圈与对地分布电容的关系图

**2. 中性点接地系统**

（1）自动重合闸技术。电力线路 $80\%\sim90\%$ 的故障是瞬时性故障，这些瞬时性故障多数由雷电产生电力线路绝缘子表面闪络、线路对树枝放电、大风引起的线路碰线、鸟害和树枝等掉落物在导线上以及绝缘子表面污染等原因引起。这些故障被继电保护动作断路器跳闸后，故障点去游离，电弧熄灭，绝缘强度立即恢复，故障自行消失。此时如果把电力线路的

断路器立即自动重新合闸，就能立即恢复供电，这就是自动重合闸技术。

由电力系统实际运行经验可知，电力线路采用自动重合闸技术的成功概率相当高，这对提高供电可靠性，提高系统运行的稳定性相当有利，因此，自动重合闸技术在变电所中被广泛应用。因为水电厂装机容量相对系统较小，输出线路跳闸对系统运行影响不大，所以水电厂很少采用自动重合闸技术。自动重合闸只需零点几秒时间，也就是零点几秒时间的短暂停电，因此成功的自动重合闸对电动机负荷几乎没有影响，对照明负荷的影响就是雷雨季节大家都曾经遇到过的电灯眨眼睛灭一下的情况。

当然，电力线路也有少数由线路倒杆、断线、绝缘子击穿或损坏等原因引起的永久性故障，在线路断路器断开后，这些故障仍然存在，此时如果把电力线路的断路器自动重新合闸，线路还是要被继电保护再次动作跳开断路器。因此自动重合闸只允许重合一次。自动重合闸的再次合闸、跳闸，永久性故障点的再次短路电流对系统的冲击和对断路器损伤也不小。这是自动重合闸的不利之处。电力线路的自动重合闸有单相自动重合闸、三相自动重合闸和综合自动重合闸三种，线路发生单相接地时，可以采取单相自动重合闸。

(2) 主变压器中性点接地。主变压器中性点接地或经小电阻接地都属于中性点接地系统。中性点接地系统原理图如图 2-41 所示，中性点接地或经小电阻接地发生单相接地事故时，接地点和中性点之间的短路电流很大 [图 2-41 (b)]，故中性点接地系统又称大电流接地系统。正常运行时，每一相对地为相电压，发生单相导体直接接地时，接地相对地电压降为零电压，非接地相对地电压仍为相电压。因此，主变压器中性点接地系统对设备和线路的绝缘要求只需按相电压，设备和线路的投资减少。缺点是供电可靠性降低，无论出现单相导体直接接地还是非直接接地，接地相短路电流都很大，必须迅速切除接地相或三相。在 110kV 及以上的系统中，线路和设备在绝缘方面的投资比重大大增加，采用中性点接地虽然降低了供电可靠性，但是降低了对线路和设备绝缘水平要求，其经济效益还是非常明显的。因此在 110kV 及以上的主变压器中还是采用中性点接地。110kV 及以上的电压等级越高，架空线离地面越高，越不容易发生单相接地事故。中性点接地系统另一个缺点是正常运行时，长期有经对地分布电容、接地金属形成回路的容性泄漏电流 [图 2-41 (a)]。

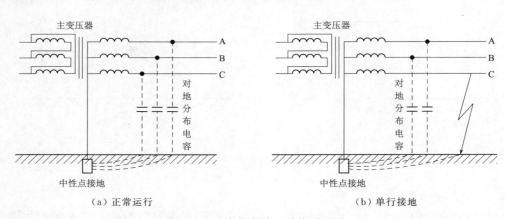

（a）正常运行　　　　　　　　　　　（b）单行接地

图 2-41　中性点接地系统原理图

在 110kV 及以上的主变压器中将中性点接地，可采用其他措施来提高供电可靠性。例如，线路三相断路器装设具有自动重合闸功能的分相操作机构，当发生瞬时性单相接地时，保护动作时跳开故障相线路的断路器，没有故障的两相不跳闸。单相跳闸后必须立即单相自动重合闸，否则会发生线路缺相运行，长时间缺相运行会造成三相电动机过电流烧毁。如果单相自动重合闸不成功的话，说明是永久性单相接地，应立即转为三相事故跳闸。

### 四、终端变压器负荷侧三相绕组连接方式

终端变压器负荷侧直接面对用电设备的负荷，设备与人身近距离密切接触，设备的绝缘破坏或绝缘下降造成的漏电以及人员的误操作或人体误触带电导体，都会对人身造成触电伤害，为了保证终端变压器低压侧用电设备和人身的安全，必须采取必要的安全保护措施。

1. 三相四线制的保护接零

（1）设备的保护接零。在有民用 220V 单相负荷的终端变压器负荷侧，三相绕组必须采用有零线的 220V/380V 三相四线制中性点接地的"$Y_0$"连接方式，所有设备外壳必须接零。前面介绍的主变压器中性点接地是为了节省投资。而终端变压器中性点接地完全是为了设备和人身安全，实现保护接零。

三相四线制供电系统的保护接零如图 2-42 所示。三相火线对地分布电容的容性泄露电流经大地、接地金属形成回路，对人体没有威胁。所有三相负荷（例如三相电动机）和单相负荷（例如家庭洗衣机）的外壳接零线。所有民用单相负荷的开关必须接在火线上，例如电灯开关接在火线上保证开关断开后灯头挂在零线上，安全没有电压。如果错误地把开关接在零线上，开关断开后灯头仍挂在火线上，电灯虽然没电流但有电压，在不用电期间，灯头始终带电，不安全。

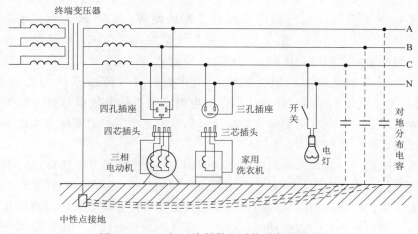

图 2-42　三相四线制供电系统的保护接零

（2）保护接零的保护原理。电气设备的保护接零原理图如图 2-43 所示。如果有一相火线与用电设备外壳之间的绝缘损坏，如图 2-43 中 C 相火线与用电设备外壳绝缘破损，其保护接零原理如下：

1）C 相电源的头尾两端被用电设备的接零线短路，强大的短路电流会使 C 相电源的保护装置动作，迅速切断电源。

2）即使 C 相电源保护没有或不动作，由于人体、用电设备外壳和设备的接零线三者等电位，C 相火线对人体没有危害。且由于 C 相对地分布电容消失，A、B 两相的对地容性泄

漏电流有一部分经人体形成回路，但人体电阻（800Ω 以上）远远大于中性点接地电阻（4Ω），只有极小部分对地容性泄露流过人体，不会危及人身安全。

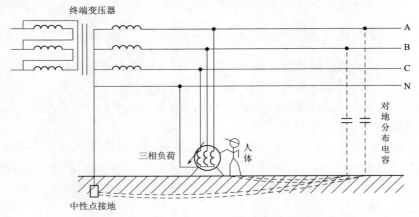

图 2-43　电气设备的保护接零原理图

（3）零线的电位。大地是导电的，人体接触到接地的零线时与大地等电位，没有电流流过人体，没有触电危险，这就是常说的"零线没有电"，其实"零线没有电"这种说法是不正确的，对单相负荷来讲，零线与火线的地位是完全一样的。不同的是，当正弦交流电为正半周时，火线电压比零线高，电流从火线流过单相负荷到达零线；当正弦交流电为负半周时，火线电压比零线低，电流从零线流过单相负荷到达火线。因此应该说零线也是有电的，只不过由于零线接地，使得大地与零线始终等电位，故人触摸零线不会触电。就像停在高压架空线上的小鸟，由于小鸟始终与该架空线等电位，小鸟没有触电危险。

用测电笔测电源的火线时，火线与大地之间经电笔氖灯泡、电笔限流电阻和人体电阻构成电流流通的回路，电笔灯亮。因为限流电阻很大，所以流过人体的电流很小（小于5mA），人体没有不舒适的感觉。因此用电笔测电时必须手摸电笔尾部的金属体，使火线经人体与大地构成回路，否则会得到错误的结论。用测电笔测零线时零线与大地等电位，电笔中没有电流流过，故电笔灯不亮。

（4）三线四线制供电系统的缺点。如果如同图 2-44 中的零线发生断线，中断点前面的所有负荷照样工作，中断点后面所有的三相负荷（例如三相电动机）照样工作，只是三相电动机外壳失去了保护接零。中断点后面所有单相负荷全部停止工作，但是在洗衣机的插头没有拔下来之前，洗衣机的外壳通过插头→插座→零线→插座→插头→电机绕组→插头→插座与 C 相火线接通，洗衣机虽然没有电流，但是有电压，洗衣机外壳带电，危及人身安全。因此为了绝对安全可靠，出现了三相五线制供电系统。

（5）三相五线制供电系统中设备的保护接零。三相五线制供电系统的保护接零如图2-45 所示。每一户民用电用户都有专门从电源中心点引来的两根零线，一根是作为电源的工作零线 N，另一根是供设备保护接零的保护零线 PE，也就是平时讲的民用供电系统中的"地线"。保护零线 PE 沿路应重复接地，使得保护零线万一中断，中断点前后的设备外壳仍是接地的。家用单相220V 的家用电器按理讲只需两芯插头即可，采用三芯插头就是给家用电器提供保护接地用的，家中三芯插头或插座上的"L"表示火线，"N"表示工作零线，

"⏚"表示保护零线（地线），不能自作聪明将三芯插头改成两芯插头，使家用电器失去了保护接零。三线五线制供电系统比三线四线制供电系统更完善，现在被广泛应用在民用电供电系统中。介绍一个日常生活中的诀窍，如果洗衣机、脱排油烟机等家用电器外壳用手触摸感觉微微麻，但家用电器仍能正常使用，说明接在家用电器上接电源火线的这根电线绝缘下降，最简单的处理方法是将家用电器的两芯插头拔出插座，转180°再插入插座，或拆开三芯插头，将火线 L 和零线 N（注意不是地线 PE）对换一下，使绝缘下降的这根电线变成零线即可。

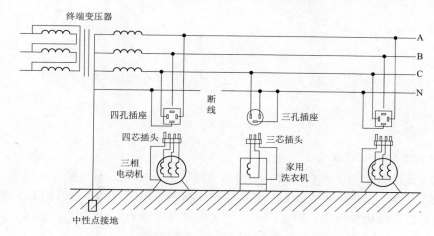

图 2-44　三相四线制零线断线

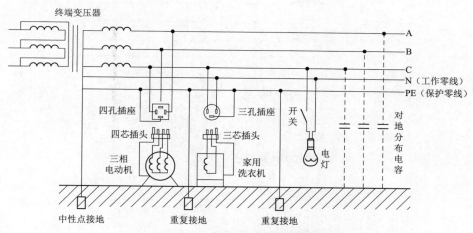

图 2-45　三相五线制供电系统的保护接零

**2. 三相三线制的保护接地**

设备的保护接地原理图如图 2-46 所示。在没有民用单相负荷的终端变压器负荷侧，例如火电、石油、化工等大型企业的 6kV 或 10kV 高压三相异步电动机供电系统，可以采用没有零线的三相三线制"Y"连接供电，中性点可以不接地，但设备必须保护接地，可以有效防止触电事故的发生。万一有一相火线与设备外壳之间的绝缘损坏，如图 2-46 中 C 相与设备外壳绝缘破损，C 相对地电容消失，A、B 两相的对地容性电流有一部分经人体形成回路，但由于人体电阻（800Ω 以上）远远大于设备自己的接地电阻（4Ω），只有极小部分容性电流流过人体，不会危及生命。如果设备没有接地，则所有容性电流全部流过人体，危及人身安全。

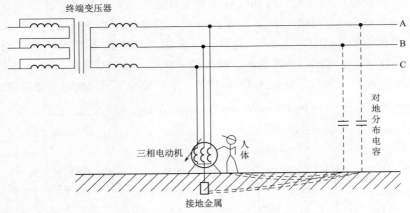

图 2-46 设备的保护接地原理图

### 3. 保护接零接地的错误接法

在终端变压器低压侧中性点接地的三相四线制供电系统中，不能将有的电气设备接零，有的电气设备接地，如图 2-47 所示。将电动机 1 接零，电动机 2 接自己的地。如果电动机 2 的 C 相绝缘破损与机壳碰壳，则电动机 2 外壳的对地电压为

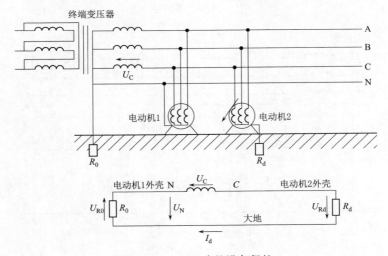

图 2-47 不正确的设备保护

$$U_{\mathrm{Rd}} = \frac{U_{\mathrm{c}}}{R_{\mathrm{d}} + R_0} \times R_{\mathrm{d}} = \frac{R_{\mathrm{d}}}{R_{\mathrm{d}} + R_0} U_{\mathrm{c}}$$

如果三相交流电的电压 $U_{\mathrm{C}} = 220\mathrm{V}$，接地电阻 $R_{\mathrm{d}} = R_0 = 4\Omega$，则电动机 2 外壳的对地电压为

$$U_{\mathrm{Rd}} = \frac{4}{4+4} \times 220 = \frac{1}{2} \times 220 = 110$$

而且所有接零线 N 的电气设备外壳对地电压为

$$U_N = -U_{R0} = -(U_C - U_{Rd}) = -(220 - 110) = -110$$

同样也是非常危险的。造成危险的根本原因是由于自己的接地电阻 $R_d$ 与电源中心点的接地电阻 $R_0$ 为串联关系，漏电相 C 相电源电压 $U_C$ 分别在两只接地电阻上各降 50%。

# 第三节　高压配电装置

高压机组水电厂位于发电机出口到电网之间的所有直接对电能输送、分配、切换、隔离和测量的设备统称为高压配电装置，主变低压侧高压配电装置电压等级与发电机等同，为 6.3kV 或 10.5kV。主变高压侧高压配电装置电压等级根据主变升压的不同有 35kV、110kV 和 220kV。对高压配电装置进行运行方式的切换称倒闸操作，由于设备众多、操作频繁，比较容易发生安全隐患。

## 一、隔离开关

隔离开关的作用是在检修或维护时，将带电设备与停电检修设备或备用设备进行隔离，有一个明显的、可见的及有足够安全间距的断开点，保证检修设备和检修人员的安全。隔离开关有户内投掷式和户外转动式两种。

隔离开关在任何情况下不得合、断负荷电流。隔离开关总是与断路器串联在一起，为防止误操作合、断负荷电流，规定每次断隔离开关时必须先断开断路器，再断开隔离开关。每次合断路器时必须先合上隔离开关，再合断路器。当断路器与隔离开关安装在同一只高压开关柜内时，为了防止误操作，常在隔离开关与断路器之间采用机械闭锁装置，保证在断路器没有断开之前，隔离开关无法断开；隔离开关没有合上之前，断路器无法合闸。

1. 户内投掷式隔离开关

GN19-10/1000 型闭合状态户内投掷式隔离开关如图 2-48 所示，断开状态户内投掷式隔离开关如图 2-49 所示，操作机构带动转轴 6 转动，转轴带动拐臂 8，通过拉杆瓷瓶 5 操作闸刀 4 转动，闸刀切入静触头 3，隔离开关为闭合状态。闸刀离开静触头，隔离开关为断开状态。因为合闸后闸刀带电，所以由拉杆瓷瓶将闸刀和拐臂之间进行绝缘隔离。室内采用手车式断路器的水电厂，断路器前或后不再需要串联隔离开关，室内室外采用固定式断路器的话，在断路器的前面或后面必须串联隔离开关。

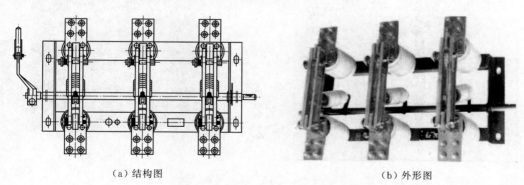

（a）结构图　　　　　　　　　　　（b）外形图

图 2-48　闭合状态户内投掷式隔离开关

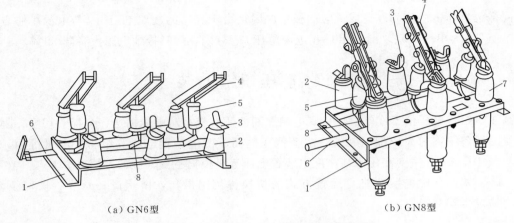

（a）GN6型　　　　　　　　　　　　　　（b）GN8型

图 2-49　断开状态户内投掷式隔离开关

1—底座；2—绝缘子；3—静触头；4—闸刀；5—拉杆瓷瓶；6—转轴；7—套管绝缘子；8—拐臂

### 2. 户外转动式隔离开关

户外转动式隔离开关采用两柱同时转动的方式进行闭合和断开操作。闭合状态的户外转动式隔离开关如图 2-50 所示。斜柱转动式隔离开关如图 2-50（a）所示，直柱转动式隔离开关如图 2-50（b）所示，两者工作原理相同。手动机械操作机构使转轴 9 转动，可以使刀杆 4、6 同时绕两柱各自的支柱瓷瓶 2 的轴线转动，例如刀杆 4 绕轴线顺钟向转的同时刀杆 6 绕轴线逆钟向转，隔离开关断开；刀杆 4 绕轴线逆钟向转的同时刀杆 6 绕轴线顺钟向转，隔离开关闭合。接地闸刀 8 与隔离开关有机械联动机构，在隔离开关断开的过程中，接地闸刀由下向上转动，当隔离开关到达断开极限位置时，接地下闸刀正好插入接地刀座 7 内，将刀杆 6 可靠接地；反过来在隔离开关闭合的过程中，接地闸刀由上向下转动，接地闸刀退出接地刀座，当隔离开关完全闭合时，接地闸刀如图示倾斜向下。因此对带接地闸刀的隔离开关有"主刀断地刀合，地刀断主刀合"的顺口溜。断开状态的斜柱转动式隔离开关如图 2-51 所示。

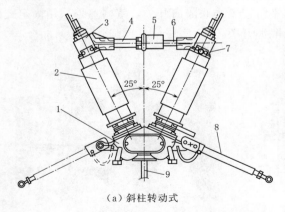

（a）斜柱转动式　　　　　　　　　　　　（b）直柱转动式

图 2-50　闭合状态的户外转动式隔离开关

1—底座；2—支柱瓷瓶；3—刀杆座；4、6—刀杆；5—保护罩；

7—接地刀座；8—接地闸刀；9—转轴

## 二、断路器

断路器的作用是在正常运行时作为能自动断合的开关，事故状态时可以用来切断或接通负荷电流，当发生短路时还可以自动切断强大的短路电流。现代水电厂广泛采用真空断路器和六氟化硫断路器。一般真空断路器安装在主变低压侧的高压开关室内，$SF_6$断路器安装在主变高压侧的室外升压站。少数场合中真空断路器用在主变高压侧 35kV 的断路器中，例如 BX 水电厂、DX 水电厂主变高压侧户外 35kV 断路器采用的是真空断路器。大中型水电厂主变低压侧 10.5kV 采用六氟化硫断路器。断路器按照是否可以移动分为手车式和固定式，按使用场地分户内式和户外式。水电厂户内采用手车式，户外采用固定式。大中型水电厂主变低压侧室内 10.5kV 断路器采用固定式 $SF_6$ 断路器。

### 1. 真空断路器

真空断路器的真空的绝缘强度高，使得操作机构行程短，操作功小，设备体积小、重量轻。真空断路器是一种新型断路器，广泛应用现代水电厂中。真空断路器主要用在发电机出口断路器和主变压器低压侧断路器中，安装在户内高压开关室的高压开关柜内。

主变低压侧高压开关柜如图 2-52 所示，图中手车式真空断路器 2 处在高压开关柜 1 外的手车 4 上，手车处在转运车 5 的托盘上，因为在屏柜外维护检修断路器比较方便，所以称断路器在"检修位"。

图 2-51　断开状态的斜柱转动式隔离开关
1—隔离开关刀头；2—隔离开关刀座；3—保护罩；
4—接地刀座；5—接地闸刀

图 2-52　主变低压侧高压开关柜
1—高压开关柜；2—手车式真空断路器；
3—屏柜门；4—手车；5—转运车

手车式真空断路器在高压开关柜内的位置示意图如图 2-53 所示，手车 8 下面四个手车滚轮 13 安放在高压开关柜内平台 15 的柜内轨道上，真空断路器 3 下面四个断路器滚轮 14 安放在手车上。断路器在手车上最内侧时，称断路器在"工作位"[图 2-53（a）]，因为这个时候断路器合闸的话，断路器真空包 11 内的内动触头 6 上移与内静触头 5 闭合，一次回路的上下铝排 7 接通；断路器在手车上最外侧时，称断路器在"隔离/试验位"[图 2-53（b）]，因为在这个位置时，外静触头 4 与外动触头 2 断开，一次回路有一个明显的断开隔离点，起到隔离开关的作用，所以手车式断路器的前面或者后面不需要串联隔离开关。在开关柜内真空断路器在手车上只有两个位置：要么在工作位，要么隔离/试验位。断路器在隔离/试验位时，因为断路器不带电，所以可以做人为的合闸分闸试验。

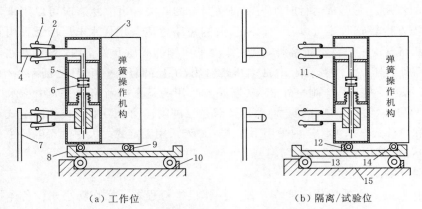

（a）工作位　　　　　　　　　（b）隔离/试验位

图 2-53　手车式真空断路器在高压开关柜内的位置示意图

1—箍紧弹簧；2—外动触头；3—真空断路器；4—外静触头；5—内静触头；6—内动触头；7—铝排；
8—手车；9—工作位锁定；10—手车锁定；11—真空包；12—隔离/试验位锁定；
13—手车滚轮；14—断路器滚轮；15—柜内平台

　　手车式断路器在工作位时，断路器上的外动触头在箍紧弹簧 1 作用下与屏柜壁面上的外静触头处于紧紧咬合接通状态。这时如果还没有合闸的话，真空包内的内动触头不能随便合闸，必须满足同期条件后才能合闸，否则会发生非同期并网的事故。如果已经合闸带负荷运行的话，真空包内的内动触头不能随便分闸，必须将负荷卸到零后才能分闸，否则会发生甩负荷事故。真空断路器必须在内动触头分闸后才能从工作位转移到隔离/试验位，否则可能发生外动触头带负荷分闸事故。真空断路器必须在内动触头分闸后才能从隔离/试验位转移到工作位，否则有可能发生外动触头带负荷合闸事故。在技术上采取如下措施：工作位锁定 9 只有在断路器分闸后才会自动解除，保证断路器从工作位转移到隔离/试验位时，不会发生外动触头带负荷分闸的事故发生。隔离/试验位锁定 12 只有在断路器分闸状态下才会自动解除，保证断路器从隔离/试验位转移到工作位时，不会发生外动触头带负荷合闸的事故发生。手车锁定 10 只有在断路器在隔离/试验位不带电时才会自动解除，允许柜门打开，保证运行人员不会误入带电区。

　　（1）6.3kV 手车式真空断路器。高压开关柜内处于工作位的 VSI-12 型真空断路器如图 2-54 所示。图中真空断路器 2 处在手车 3 上的工作位，手车式断路器只要在工作位，不管断路器是否合闸，都认为断路器已经带电，为了确保人身安全，机械闭锁将屏柜门锁住无法打开。手车式断路器只有在手车上靠外面的隔离/试验位时，屏柜门的机械闭锁才会自动解除，屏柜门才允许打开。因此一般是无法看到断路器在图示的工作位，该照片是编者在断路器现场安装调试时拍摄的。

　　真空断路器底部经 4 个断路器滚轮 5 安放在手车上，手车底部经 4 个滚轮安放在高压开关柜柜内平台的柜内轨道上。手车式断路器在工作位时，有的厂家生产的断路器外壳通过专门的铜排接地。在工作位与隔离/试验位的转移过程中，断路器外壳始终与铜排接触接地。有的手车式断路器外壳采用断路器底部的滚轮经柜体接地。在屏柜门关闭并且断路器分闸的条件下，在屏柜门外转动螺杆 4 可以将断路器从手车上的工作位转移到隔离/试验位或从隔离/试验位转移到工作位。只有在才隔离/试验位柜门才能打开。

VD4 型 6.3kV 手车式真空断路器如图 2-55 所示，断路器与外界联系的所有电源电缆和信号电缆全部通过航空插头 7 与高压开关柜内固定的航空插座连接，只有手车 2 上的断路器在隔离/试验位置时才能插上或拔出航空插头。在关闭屏柜门之前应检查航空插头是否已插入航空插座内。在将真空断路器手车从屏柜内拉出到屏柜外的转移车上前，必须先将航空插头从屏柜内的航空插座上拔下来放在真空断路器上部的插头盒里。手车经手车滚轮 1 安放在柜内轨道上，手车轨道分屏柜内平台上的柜内轨道和屏柜外转运车托盘上的柜外轨道。断路器经滚轮安放在手车上，手车再经滚轮安放在柜内轨道上。转动螺杆 3 可以将断路器从手车上的工作位转移到隔离/试验位或隔离/试验位转移到工位。手车移出屏柜时，完全靠运行人员双手拉手车两个手环 4，将手车从柜内轨道拉出到转移车上的柜外轨道上。断路器每一相有一个真空包 9，真空包内上面是内静触头，下面是内动触头。断路器跳闸时，内动触头下移，每一相的上下两个外动触头 8 之间断开。断路器合闸时，内动触头上移，每一相的上下两个外动触头之间连通。

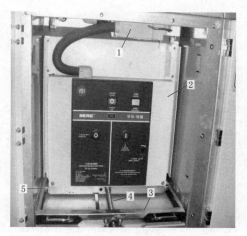

图 2-54 屏柜内工作位的 VSI-12 型
真空断路器
1—航空插头；2—真空断路器；3—手车
4—螺杆；5—断路器滚轮

图 2-55 VD4 型 6.3kV 手车式真空断路器
1—手车滚轮；2—手车；3—螺杆；
4—手环；5—手动孔；6—位置指示牌；
7—航空插头；8—外动触头；9—真空包

手车移出开关柜后的开关柜内壁如图 2-56 所示。内壁面上有三相上下共 6 个外静触头盒，每一个盒中心有一根水平固定的导电杆称为外静触头 2，柜内平台 4 两侧各有一根供手车进出屏柜时的柜内轨道 5。柜门正面下方两侧各有一个定位孔 6，正中有一个扣板孔 7，扣板孔为转运车上的托盘跟屏柜提供定位固定时用。因为手车式断路器的前面或后面不再需要串联隔离开关，手车式断路器移出屏柜后，柜内不是上面三个外静触头带电，就是下面三个外静触头带电，这对维护检修人员来说有触电危险，所以手车式真空断路器从高压屏柜内转移到屏柜外的转运车上时，柜内护板会自上而下自动落下，将外静触头封闭起来，保证维护人员不能触及屏柜壁面上带电的外静触头。也就是说，实际中移出手车式断路器后，是无法看到屏柜内壁上的六个外静触头的，该照片是编者用闲置的断路器手动储能杆 3 顶住护板机构时拍摄的。如果将该手动储能杆插入图 2-55 的手动孔 5 内上下摇动，就可以手动对操作弹簧进行储能。

　　手车式断路器的转运车和托盘如图 2-57 所示，当需要将断路器移出开关柜时，必须先将断路器分闸，然后在屏柜门外面用转动手柄 4 转动手车上的螺杆，将断路器从手车上内侧的"工作位"转移到外侧的"隔离/试验位"，然后打开屏柜门，取下航空插头，再将转运车 8 紧靠高压开关柜，转动四只调整螺母 7，使托盘 2 上的定位销 6 对准屏柜上的定位孔，摆动扣板柄 1 使扣板 5 勾住屏柜上的扣板孔，从而将转运车固定在屏柜边上，这时托盘上的柜外轨道 3 与屏柜内的柜内轨道正好对准。再将人体靠在转运车上，用双手拉住屏柜内手车上的两个手环，将手车及手车上的断路器拉出到转运车的托盘上。最后扳动扣板柄，将转运车与开关柜脱扣，将转运车推到远离高压开关柜的位置。将手车式真空断路器从转运车推进到高压开关柜内的操作与拉出时相反。特别需要注意的是在将手车拉出或推入柜内平台的过程中，绝对不能摆动扣板柄，否则可能会发生扣板脱扣，转运车后退离开开关柜，断路器坠落地面的事故。操作时人体靠在转运车上的目的就是防止转运车离开柜体。手车只有两个位置：要么在柜内轨道上，要么在柜外轨道上。

图 2-56　手车移出开关柜后的开关柜内壁
1—航空插座；2—外静触头；3—手动储能杆；
4—柜内平台；5—柜内轨道；
6—定位孔；7—扣板孔

图 2-57　手车式断路器的转运车和托盘
1—扣板柄；2—托盘；3—柜外轨道；
4—转动手柄；5—扣板；6—定位销；
7—调整螺母；8—转运车

　　真空断路器在屏柜外的转运车上如图 2-58 所示。转运车上的托盘 6 两侧有两条柜外轨道 5，轨道上有真空断路器和手车 3，看到的是真空断路器背面的三相 6 个外动触头 1，当真空包 2 内的内动触头上移时，断路器合闸，每一相的上下两个外动触头连通。当真空包内的内动触头下移时，断路器分闸，每一相的上下两个外动触头不通。当需要将断路器推进高压开关柜时，只需将转运车靠近屏柜，调整托盘的高度，使定位销插入屏柜上的定位孔，使扣板勾住屏柜上的扣板孔，转运车固定在屏柜边上，柜外轨道与屏柜内的柜内轨道对准，然后双手推动手车，使得手车滚轮 4 沿着柜外轨道进入开关柜内的柜内轨道。

　　手车式真空断路器外动触头如图 2-59 所示，用厚铜板制成的 12 片导电爪 1 就像钥匙串一样串在同一个钢筋圈上，4 根箍紧弹簧 2 和一根开口抱箍 3 将 12 片导电爪紧紧抱紧，形成一个可张开、闭合的爪形外动触头。当断路器在推入工作位时，外动触头 12 片导电爪死死咬紧外静触头。

图 2-58 真空断路器在屏柜外的转运车上

1—外动触头；2—真空包；3—手车；

4—手车滚轮；5—柜外轨道；6—托盘

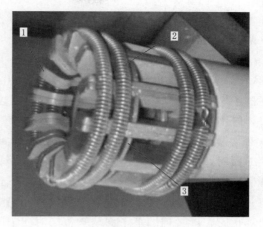

图 2-59 手车式真空断路器外动触头

1—导电爪；2—箍紧弹簧；3—开口抱箍

手车式真空断路器的航空插座和航空插头如图 2-60 所示。航空插座 [图 2-60（a）]固定在柜内平台的顶部，航空插头 [图 2-60（b）]用软管与手车式断路器连接。手车式断路器所有与外界的电源电缆和信号电缆全部经航空插座、插头连通。

（a）航空插座

（b）航空插头

图 2-60 手车式真空断路器的航空插座和航空插头

手车式真空断路器弹簧操作机构如图 2-61 所示。弹簧储能操作机构由储能机构、电磁系统和机械系统组成。每次断路器跳闸后，储能电动机立即转动，经齿轮减速装置 5 减速后拉长垂直布置的合闸弹簧 4，使合闸弹簧储存弹簧能。同时合闸弹簧锁扣机构将合闸弹簧锁扣，储能电动机停转，合闸弹簧保持在储能状态，为下一次合闸做好准备。

当断路器收到合闸信号时，合闸电磁铁线圈得电，合闸电磁铁铁芯瞬间向下撞击连杆机构，通过连杆机构传动将合闸弹簧闭锁机构脱扣，合闸弹簧瞬间释放的弹簧能带动合闸转轴 6 转动，合闸转轴再带动三相真空包内的动触头同时瞬间向上运动，实现断路器合闸操作；与此同时，通过传动机构拉长分闸弹簧 1，将合闸弹簧的一部分弹簧能转移给分闸弹簧，为分闸做好准备。在合闸弹簧释放后，储能电动机立即接通电源，储能电动机转动重新将合闸弹簧拉长储能，为下一次合闸做好准备。将图 2-56 中手摇储能杆 3 插入图 2-61 的手动储能杆插孔 7 中，上下摇动储能杆就能对合闸弹簧进行手动储能。

分闸弹簧被拉长储能后，立即被分闸弹簧锁扣机构闭锁，将分闸弹簧保持在储能状态。当断路器收到分闸信号时，分闸电磁铁线圈得电，分闸电磁铁铁芯瞬间向下撞击连杆机构，通过连杆机构传动将分闸弹簧锁扣机构脱扣，分闸弹簧瞬间释放弹簧能，在动触头下面的压力弹簧和分闸弹簧的共同作用下，带动三相真空包内的动触头同时瞬间向下运动，实现断路器分闸时。

（2）35kV 手车式真空断路器。移出屏柜外面的 35kV 户内手车式真空断路器如图 2-62 所示，35kV 手车式真空断路器常用在主变高压侧户内高压开关室内，与 6.3kV 手车式真空断路器不同之处是，因为 35kV 真空断路器高度较大，所以 35kV 真空断路器进出高压开关柜时，既不需要专门的手车也不需要专门的转运车，整个断路器就是一个手车，在屏柜内时，断路器底部四个滚轮直接安放在固定在地面上的柜内轨道上，当需要将断路器移出高压屏柜外面时，先将断路器分闸，然后在柜门外转动螺杆，将断路器从最内侧的工作位转移到最外侧的隔离/试验位，再打开屏柜门，拔下航空插头，然后将活动的柜外轨道直接放在地面上并与柜内轨道对准，就可以用双手将断路器拉出高压开关柜。35kV 手车式真空断路器拉出屏柜时，屏柜内壁上下两扇护板同时向中间闭合，将外静触头封闭起来，保证维护人员不能触及屏柜壁面上带电的外静触头。

图 2-61　手车式真空断路器弹簧操作机构
1—分闸弹簧；2—卡口；3—复位弹簧；4—合闸弹簧；
5—齿轮减速装置；6—合闸转轴；7—手动储能杆插孔

图 2-62　35kV 户内手车式
真空断路器

图 2-63　DX 水电厂 6.3kV
固定式真空断路器
1—隔离开关；2—真空断路器；
3—横梁

（3）固定式真空断路器。虽然手车式真空断路器可移到高压开关柜外面，检修维护方便，但是断路器所有的操作电源电缆和信号电缆需要经航空插头、插座连接，每次进行断路器的移出或推进屏柜时，都需要将航空插头从插座中拔出或插入，对有几十头的插头、插座来讲，难免会出现接触不良，为此出现了固定式真空断路器。DX 水电厂固定式真空断路器如图 2-63 所示，此种形式断路器在实际中很少见。真空断路器 2 固定安装在横梁 3 上，不再需要航空插头、插座，提高了设备运行的可靠性，但是在断路器的前面必须安装隔离开关 1。

（4）真空包。一个大气压力等于 98100Pa，当压力小于一个大气压力时称出现了真空。真空断路器的真空包内部结构图如图 2-64 所示。真空断路器的灭弧室为不可拆卸的整体，内动静触头 8 分别焊在静跑弧面 7 和动跑弧面 9 上，静导电杆 2 焊接在上端盖板 3 上，下端与静跑弧面连接。动导电杆 15 上端与动跑弧面连接，中部焊一波纹管 13，波纹管与下端盖板 14 焊接，动导电杆可以在导向套内上下移动。由上下端盖板、上下过渡环 4、玻璃罩 10 和波纹管形成了一个密闭空间，对该空间抽真空，使气压降到 $1.31 \times 10^{-2}$ Pa。由瓷柱 5 支撑的金属屏蔽筒 6 套在内动静触头外面，当合闸分闸操作时，动导电杆上下移动，带动内动触头上下移动，使断路器合闸或分闸。导电杆上下移动时波纹管被压缩或拉伸，保证外界空气无法进入真空包内，使真空灭弧室维持高度的真空。在真空中由于极少的气体分子平均自由行程很大，气体不容易产生游离，故真空的绝缘强度比大气的绝缘强度要高得多。当断路器分闸时，触头间产生电弧，触头表面在高温下挥发出金属蒸汽，由于触头设计为特殊形状，在电流通过时产生磁场，电弧在此磁场力的作用下，沿触头表面切线方向快速运动，在金属圆筒（即屏蔽罩）上凝结了部分金属蒸汽，电弧在电流自然过零时就熄灭了，触头间的介质强度又迅速恢复原状。

2. 六氟化硫断路器

六氟化硫作为一种绝缘气体，常用 $SF_6$ 表示。具有无色、无味、无毒、不可燃的优点，有优异的冷却电弧特性，$SF_6$ 绝缘性远远高于绝缘油和空气，将断路器的动、静触头处于充满 $SF_6$ 气体的密闭空间中，动、静触头的开距可以大大减小，这对减小触头间距，缩小体积，提高绝缘可靠性具有明显的效果。六氟化硫断路器气包的气体在环境温度 20℃ 下额定气压力为 0.4MPa，当低于 0.35MPa 时应进行补充六氟化硫气体。

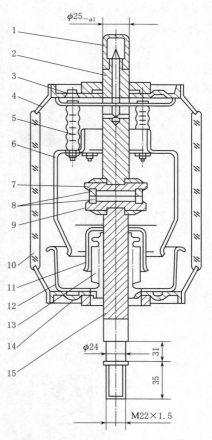

图 2-64 真空包内部结构图
1—外保护帽；2—静导电杆；3—上端盖板；
4—过渡环；5—瓷柱；6—屏蔽筒；
7—静跑弧面；8—内动静触头；
9—动跑弧面；10—玻璃罩；11—保护罩；
12—屏蔽罩；13—波纹管；
14—下端盖板；15—动导电杆

$SF_6$ 断路器是一种新型断路器，已被广泛应用在现代水电厂中。$SF_6$ 断路器在水电厂常用在户外升压站主变压器高压侧 35kV 及以上的断路器中，大中型水电厂主变低压侧室内 10.5kV 断路器也采用 $SF_6$ 断路器。$SF_6$ 气体在电弧放电时会分解成低氟化合物，有毒性，可采用氧化铝和活性炭等吸附剂进行吸附。因为 $SF_6$ 断路器只有固定式没有手车式，所以在 $SF_6$ 断路器的前面或者后面必须装设隔离开关。户外露天升压站安装的 $SF_6$ 断路器有箱式和瓷柱式器两种形式。

（1）箱式 $SF_6$ 断路器。为了减少风雨侵袭，将室外 $SF_6$ 断路器用金属铁皮做的箱体保护起来。AX 水电厂 35kV 系统户外箱式 $SF_6$ 断路器如图 2-65 所示，$SF_6$ 气包和弹簧储能操作机构全部安装在金属封闭式的箱体内。

箱式 $SF_6$ 断路器气包体和操作箱如图 2-66 所示，如果将它换成 10.5kV 的工作电压，安装在图 2-105 的高压开关室小单间内，就成为 10.5kV 户内式 SF$_6$ 断路器。SF$_6$ 气包 2 内充满了高绝缘性能的 SF$_6$ 气体，气包内上面是固定不动的静触头，下面是可以上下运动的动触头。上接线座 1 与气包内的静触头连通，下接线座 4 与气包内的动触头连通，3 个气包安装在同一个金属架 5 上。三相动触头的上下运动由弹簧储能操作箱 3 内的机构操作。采用指针对储能状态和开关位置进行显示。

（a）箱体外形 　　　　　　　　　　（b）箱体内部

图 2-65　AX 水电厂 35kV 系统户外箱式 SF$_6$ 断路器

（a）正面图 　　　　　　　　　　（b）背面图

图 2-66　箱式 SF$_6$ 断路器气包体和操作箱

1—上接线座；2—SF$_6$ 气包；3—弹簧储能操作箱；4—下接线座；5—金属架

（2）瓷柱式 SF$_6$ 断路器。如果将 3 个 SF$_6$ 气包分别经绝缘瓷柱安装在金属架上，就成为瓷柱式 SF$_6$ 断路器，EX 水电厂升压站主变高压侧 110kV 瓷柱式 SF$_6$ 断路器如图 2-67 所示，3 个 SF$_6$ 气包的动触头由同一个弹簧储能机构操作。

SF$_6$ 气包立体剖视图如图 2-68 所示。环氧树脂绝缘外壳 2 内充满了具有一定压力的六氟化硫气体，当气压低于 0.35MPa 时，可通过充气阀 12 进行充气。上接线座 1 与气包内的静主触头 3 连通，静主触头内有静弧触头 4。下接线座 10 与气包内的动触头 8 连通，动触头内有动触头杆 9，外有动主触头 7，动触头杆顶部装有动弧触头 6。断路器合闸时，外部机械操作结构在弹簧力作用下，经绝缘拉杆 11 带动动触头杆向上移动，动触头杆带动动弧触头与静弧触头先闭合，动主触头与静主触头后闭合。断路器分闸时，外部机械操作结构在弹簧力作用下，经绝缘拉杆带动动触头杆向下移动，动触头杆带动动弧触头与静弧触头先分离，动主触头与静主触头后分离。这种分次分、合方式保证了电弧只出现在灭弧喷口 5 内的动弧触头与静弧触头之间，灭弧喷口形成的 $SF_6$ 气流能迅速吹断电弧。

图 2-67 EX 水电厂升压站主变高压侧
110kV 瓷柱分体式 $SF_6$ 断路器
1—$SF_6$ 断路器；2—瓷柱式绝缘柱；
3—操作箱

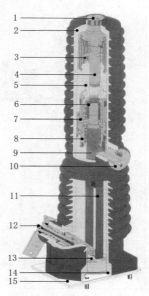

图 2-68 $SF_6$ 气包立体剖视图
1—上接线座；2—环氧树脂绝缘外壳；3—静主触头；
4—静弧触头；5—灭弧喷口；6—动弧触头；
7—动主触头；8—动触头；9—动触头杆；
10—下接线座；11—绝缘拉杆；12—充气阀；
13—吸附器；14—安全阀；15—金属架

（3）$SF_6$ 断路器操作机构。$SF_6$ 断路器的操作机构有液压操作机构和弹簧储能操作机构两种。$SF_6$ 断路器弹簧操作机构如图 2-69 所示，储能弹簧采用水平布置，减速装置采用链条和棘轮机构。每次合闸后，储能电动机立即启动，电动机带动小棘轮 2（与自行车后轮的小棘轮完全一样）逆钟向转动，经传动链条 1（与自行车的链条完全一样）带动大棘轮 3（与自行车中间的大棘轮完全一样）逆时针减速转动。拉杆 4 一端与大棘轮用圆柱销铰连接，另一端与短链条 5 用圆柱销铰连接，小链条另一端绕过滑轮 6 与合闸弹簧 7 用圆柱销铰连接。当大棘轮逆钟向缓慢逆时针转动时，带动连杆、短链条和顺时针向转动的滑轮，从右向左拉长合闸弹簧，使合闸弹簧储存弹簧能。合闸弹簧储能完毕后，通过合闸弹簧锁扣机构将合闸弹簧保持在储能状态，并由限位开关切断储能电动机电源。与图 2-61 中垂直布置的合闸弹簧一样，每次合闸弹簧瞬间释放实现合闸操作的同时拉长分闸弹簧，将合闸弹簧的一部分弹簧能转移给分闸弹簧，为分闸做好准备。

每次合闸操作后，随即在 15s 内重新对合闸弹簧进行储能，在合闸弹簧储能过程中机械闭锁保证不执行合闸指令，只有合闸弹簧储能完成后，机械闭锁才解除，允许再次合闸。弹簧操作机构具有电动储能和手动储能两种方式。当操作电源消失后可以手动弹簧储能，并进行手动合闸、分闸。

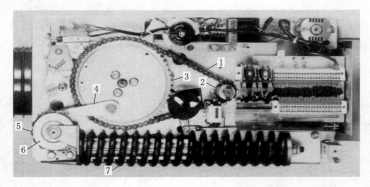

图 2-69 SF₆ 断路器弹簧操作机构
1—传动链条；2—小棘轮；3—大棘轮；4—拉杆；5—短链条；6—滑轮；7—合闸弹簧

## 三、高压熔断器

当通过熔断器的电流大于规定值时，熔断器自动熔断切断电流回路，从而保护电源或设备不被过电流烧毁。高压熔断器按使用场合分有户内、户外两种类型；按装置方式分有插座式、固定式、跌落式和手车式四种类型。

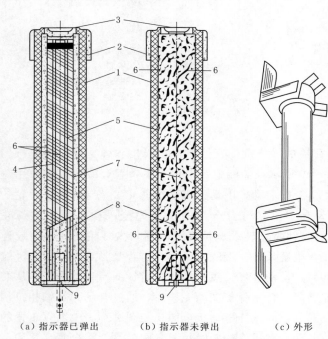

（a）指示器已弹出　　（b）指示器未弹出　　（c）外形

图 2-70 RN1 型户内插座式高压熔断器
1—瓷管；2—管罩；3—管盖；4—瓷芯；5—溶体；6—锡球；
7—石英砂；8—钢指示溶体；9—指示器

1. 户内式高压熔断器

（1）插座式高压熔断器。RN1 型户内插座式高压熔断器如图 2-70 所示，用作厂用变压器、励磁变压器高压侧的过流和短路保护。熔断器一旦熔断，熔断指示器 9 会自动弹出，指示该熔断器熔断。RN2 型户内插座式高压熔断器如图 2-71 所示，用作为 6.3kV 电压互感器的短路保护，额定工作电流为 0.5A。这种熔断器的缺点是没有熔断指示器，熔断器熔断后只能根据电压表的读数来判断。

插座式熔断器两端的管罩插在专用的插座内，熔断器熔断后更换方便。RN1 型户内式高压熔断器保护变压器，工作电流较大，更换时必须拉开隔离开关后才能更换。RN2 型户内式高压熔断器保护电压互感器，工作电流较小，更换时可以带电操作，但更换的操作人员必须手持绝缘钳，戴绝缘手套，穿绝缘靴及站在绝缘垫上。

（2）手车式高压熔断器。水电厂的工作厂用变压器高压侧电源取自于高压开关柜的

104

6.3kV 或 10.5kV 母线，工作厂用变压器高压侧常设负荷开关或高压熔断器作为工作厂用变的主保护。采用手车式高压熔断器（图 2-72）作为工作厂用变压器的主保护使得维护检修方便，当熔断器熔断需要更换时，只需跳开工作厂用变压器低压侧断路器，然后直接从高压屏柜中将手车式高压熔断器拉出到转运车上即可更换。

图 2-71　RN2 型户内插座式高压熔断器　　　图 2-72　户内手车式高压熔断器

### 2. 35kV 户外固定式高压熔断器

RW10-35 型户外固定式高压熔断器如图 2-73 所示，限流 0.5A，可以用作为 35kV 母线电压互感器的短路保护。电流水平方向流过装配在瓷套管 2 中的 RN 型熔管 1，当电流大于熔断器熔断电流时，熔断器熔断，切断电流，保护设备。整个瓷套管安装在支柱绝缘子 4 上面。

### 3. 10kV 户外跌落式高压熔断器

户外跌落式高压熔断器常用作为水电厂户外备用厂用变压器的过流和短路保护。在低压机组的水电厂中，发电机发出的 0.4kV 电压经主变压器升压成 10kV，就近上网接入路径厂区的 10kV 农用或民用供电线路（这种与就近供电线路的直接连接称"T"接），跌落式熔断器作为主变压器过流、短路的主保护。在小区乡镇街道路边水泥杆上常见有 10kV 供电线路的终端变压器，在水泥杆的顶部可见跌落式高压熔断器，作为终端变压器的主保护。

RW3 型户外跌落式熔断器如图 2-74 所示，瓷柱绝缘子 11 给熔管 5 下部提供一个销轴铰支座 $O_3$，正常运行时，熔管上部的上动触头 2 被鸭嘴罩 3 内的抵舌 3' 勾住，10kV 线路引下线经上接线端 13、熔管和下接线端 10 连通。上下回路通。一旦熔断器熔断，上动触头绕销轴 $O_2$ 逆钟向转动，脱离鸭嘴罩内的抵舌，熔管在自重作用下绕销轴 $O_3$ 顺钟向转动，断开回路。

## 四、避雷器

避雷器的作用是当线路或户外电气设备遭到雷击时，将雷击电流引入大地，保护电气设备和运行人员的安全。避雷器按使用场合不同分有户内、户外两种形式。现在用得最广泛的是金属氧化物避雷器，如图 2-75 所示。金属氧化物避雷器具有优越的非线性伏安特性，响应特性好，无续流，通流容量大，残压低，抑制过电压能力强。在正常工作电压下呈现高阻状态，仅有微安级泄漏电流，在雷击高电压冲击下呈现低电阻，从而有效限制了雷击过电压。因此雷击后能继续使用。强大的雷电波是绝对不允许进入厂内的，为此从升压站的主变高压侧到高压开关室内的 6.3kV 或 10.5kV 母线，道道布置避雷器，对雷电进行层层拦截。

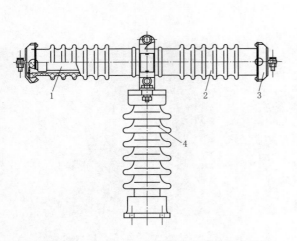

图 2-73　RW10-35 型户外固定式高压熔断器
1—熔管；2—瓷套管；3—接线端帽；4—支柱绝缘子

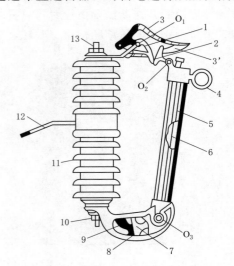

图 2-74　RW3 型户外跌落式高压熔断器
1—上静触头；2—上动触头；3—鸭嘴罩；
3'—抵舌；4—操作环；5—熔管；6—容丝；
7—下动触头；8—抵架；9—下静触头；
10—下接线端；11—瓷柱绝缘子；
12—固定板；13—上接线端

装在主变压器高压侧的户外式避雷器如图 2-76 所示，当线路遭到雷击后，由避雷器 1 将雷电波引入大地，将雷电波阻挡在主变压器高压侧以外，避免对主变压器的破坏。放电计数器 2 是一种用来记录避雷器遭雷击次数的计数装置。放电计数器的阀片串联在避雷器底部，计数器和电气回路装在避雷器边上，放电计数器电气原理图如图 2-77 所示，取样阀片串接在避雷器与"地"之间，当避雷器遭雷击流过放电电流时，在阀片上产生电压，经二极管桥式整流成直流电后向电容器 $C$ 充电，就有一次电容器向计数线圈 $L$ 放电，计数线圈吸动计数机构，带动计数器表面指针走动一格，显示雷击次数。

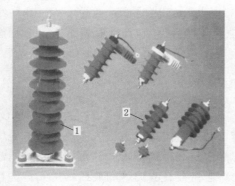

图 2-75　HY5WS3 型金属氧化物避雷器
1—户外式避雷器；2—户内式避雷器

图 2-76　装在主变压器高压侧的户外式避雷器
1—绝缘子；2—户外式避雷器；3—放电计数器

放电计数器投入运行前和运行 1～2 年后，应进行一次计数动作检测，检测方法如下：准备 500V 的兆欧表一只，耐压 600V、容量 10μF 的电容器一只。拆下放电计数器，将放电计数器的一个端子与电容器的一个端子可靠连接，迅速转动兆欧表手柄向电容器充电，当电容器充电稳定后，用电容器向放电计数器放电，计数器表面指针应走动一格，连续试验 10 次，均应计数准确，否则表明计数器损坏或灵敏度下降，应更换。

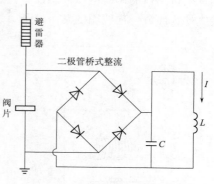

图 2-77 放电计数器电气原理图

## 五、电压互感器

### 1. 电压互感器的作用

电压互感器的作用是利用变压器的变压原理，将危险的高电压降低成 0～100V 安全的低电压，供测量、显示、保护、控制和同期用。因为是利用变压器的变压原理，所以电压互感器也称"压变"，只有付方线圈匝数远少于原方线圈匝数才能达到大幅度降低电压的目的。根据付方的低电压和电压互感器原付方线圈匝数比，就可以知道原方的高电压。不管原方电压有多高，付方电压全是 0～100V 的低电压，而且规定付方回路所有表计指示值全部按原方高电压值指示。

### 2. 电压互感器的接线原理

按付方线圈的个数不同，电压互感器有一个原方线圈一个付方线圈和一个原方线圈多个付方线圈两种形式。为了分析问题方便，下面以单相电压互感器一个原方线圈一个付方线圈的接线原理为例进行分析（图 2-78），原方线圈 1 和 2 在电气一次回路中，与被测一次回路的负载 $Z$ 是并联关系。付方线圈 3 和 4 在电气二次回路中，与二次回路电压表 V、电能表 Wh 的电压线圈是并联关系。付方线圈匝数远远少于原方线圈匝数，付方线圈电压在 0～100V 范围内。因为原方线圈与一次回路负载 $Z$ 并联一起接在电源 $e$ 上，所以原方线圈流过的是电源电流。电能表 Wh 不但需要获取电压信号，而且还需要从电流互感器获取电流信号。运行中的电压互感器绝对不允许短路，无论原方还是付方短路，电源都会提供强大的短路电流，造成电源跳闸及负载停电的事故。故电压互感器的高压侧或低压侧必须安装熔断器进行短路保护。

电压互感器是变压器在测量领域的应用，但又不同于变压器，由于电压互感器付方线圈接的电压表、电能表和监控模块等负载输入阻抗很大，使得原方线圈的电流很小，原方线圈的接入对被测电压或负载电压几乎没有影响，从而保证电压测量的精确度。电压互感器主要目的是获取原方电压信号，因此付方电压由原方电压决定。

### 3. 电压互感器类型

电压互感器按使用场地不同分户内式、户外式两种。按相数不同分单相分体式、三相整体式，按绝缘介质不同可分为干式、浇注式和油浸式三种。按是否可以移动分固定式、手车式两种。大部分电压互感器为单相分体固定式。

（1）户内干式电压互感器。采用普通漆包线的绕制方法，不做特殊的绝缘处理。用于 6kV 及以下空气干燥的户内配电装置中。

（2）户内浇注式电压互感器。采用环氧树脂将原付方线圈浇注密封，使绝缘性能大大提高。应用在 3～35kV 户内配电装置中，普遍应用在 6.3kV 或 10.5kV 的发电机机端电压互感器和发电机出口的母线电压互感器中。户内浇注式电压互感器如图 2-79 所示。上部两根羊角形接线柱为原方一次线圈的两个端子 A、x（B 相两个端子为 B、y，C 相两个端子为 C、z）。

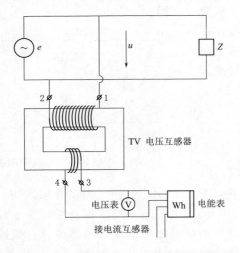

图 2-78　单相电压互感器接线原理图　　　图 2-79　户内浇注式电压互感器

　　固定式发电机机端电压互感器 1TV 如图 2-80 所示，安装在高压开关室发电机开关柜的底部，三相一次侧原方线圈的三个端子 A、B、C 分别经高压熔断器 1 与发电机出口铝排连接，把三相一次侧原方线圈的三个尾部端子 x、y、z 用铝排 2 连接起来，三相成为"Y"连接的中性点，为了安全必须将中性点铝排和三相铁芯接地，防止高压危及二次低压侧。付方线圈出线 3 输出 0～100V 电压信号经二次电缆送二次屏柜，每一相的付方有两个线圈四个输出端子，一个付方线圈为"Y"星形连接，另一个付方线圈为开口三角形连接。

　　手车式母线电压互感器 3TV 如图 2-81 所示，安装在高压开关室母线电压互感器柜内。采用环氧树脂浇注密封，三个浇注式电压互感器 3、三个高压熔断器 2 装在一个手车上，电压互感器经高压熔断器与动触头 1 连接。因为电压互感器是并联在发电机出口母线上的，所以每一相电压互感器只需一个动触头与母线连接。三相的付方线圈输出的电压信号经航空插

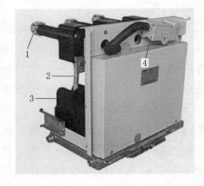

图 2-80　固定式发电机机端电压互感器 1TV　　　图 2-81　手车式母线电压互感器 3TV
1—熔断器；2—中性点铝排；3—付方线圈出线　　　1—动触头；2—熔断器；3—电压互感器；
　　　　　　　　　　　　　　　　　　　　　　　　　　　　　　　　4—航空插头

头、航空插座送二次回路。且因为电压互感器原方线圈获取的电流很小，所以可以带电从"工作位"转移到"隔离位"，也可以从"隔离位"直接转移到"工作位"，手车进出开关柜的其他操作步骤与手车式真空断路器相同。

（3）户外油浸式电压互感器。当工作电压高于10kV时，必须采用油浸式电压互感器，JDJ2-35型户外油浸式电压互感器如图2-82所示，工作电压为35kV，作为室外升压站主变压器高压侧的35kV母线电压互感器4TV。单相分体式的原付方线圈和铁芯像主变压器一样全部浸泡在正方形油箱的绝缘油中，露出油箱外面的两根羊角形接线柱为原方线圈的两个端子A、x（或B、y，或C、z）。

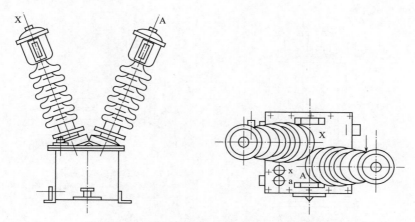

图2-82　JDJ2-35型户外油浸式电压互感器

JCC2-110型户外单相分体油浸式电压互感器如图2-83所示，工作电压为110kV。作为室外升压站主变压器高压侧的110kV母线电压互感器4TV。单相分体式的原付方线圈和铁芯像主变压器一样全部浸泡在圆柱形油箱的绝缘油中。

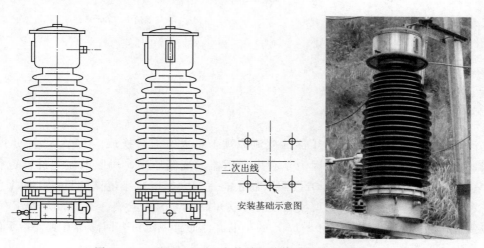

图2-83　JCC2-110型户外单相分体油浸式电压互感器

（4）户外三相整体油浸式电压互感器。电压互感器原方线圈电流很小，线圈导线较细。JSJW-10型户外三相整体油浸式电压互感器如图2-84所示，铁芯有五根柱子，又称三相五柱式电压互感器，三相绕组共用一个三相五柱铁芯，三相五柱铁芯和三相原付方线圈全部泡在一只油箱里。应用在户外 10kV 或 20kV 城市和农村的供电线路上（平时注意道路边水泥杆顶部能看到）。设备外形图如图 2-84（a）所示，电压互感器为一个原方线圈，两个付方线圈，原方线圈为"Y"连接，付方线圈一个为"Y"连接，一个为开口三角形连接，电气二次接线图中电压互感器表示方法如图 2-84（b）所示，电气一次接线图中电压互感器表示方法如图 2-84（d）所示。电压互感器内部接线图如图 2-84（c）所示。为了防止绝缘损坏时一次侧电压伤及二次侧的设备和人员，必须将一次侧、二次侧中性点接地，铁芯也接地。

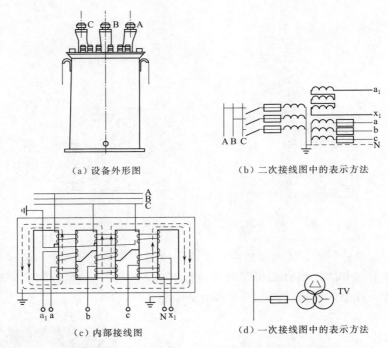

（a）设备外形图　　　　　　　　（b）二次接线图中的表示方法

（c）内部接线图　　　　　　　　（d）一次接线图中的表示方法

图 2-84　JSJW-10 型户外三相整体油浸式电压互感器

## 六、电流互感器

**1. 电流互感器的作用**

电流互感器的作用是利用变压器的变流原理，将大电流转换成 0～5A 安全的小电流，供测量、显示、保护和控制用。因为是利用变压器的变流原理，所以电流互感器也称"流变"，只有付方线圈匝数远多于原方线圈匝数才能达到大幅度减小电流的目的，根据付方的小电流和电流互感器原付方线圈匝数比，就可以知道原方的大电流。不管原方电流有多大，付方电流通常为 0～5A（少数为 0～1A）的小电流，而且规定付方回路所有表计指示值全部按原方大电流值指示。

**2. 电流互感器的接线原理**

按付方线圈的个数不同，电流互感器有一个原方线圈一个付方线圈和一个原方线圈多个付方线圈两种形式。为了分析问题方便，选择以单相电流压互感器一个原方线圈与一个付方线圈的接线原理为例进行分析（图 2-85），原方线圈 1 和 2 在电气一次回路中，与被测一次回路的负载 Z 是串联关系。付方线圈 3 和 4 在电气二次回路中，与二次回路的电流表 A、电能表 Wh 电流线圈是串联关系。付方线圈匝数远远多于原方线圈匝数，付方线圈电流在 0～5A 范围内。因为原方线圈与一次回路的负载 Z 串联一起，所以原方线圈流过的是负载电流。电能表不但需要获取电流信号，而且还需要从电压互感器获取电压信号。运行中的电流互感器付方回路绝对不允许开路，一旦付方回路开路，付方电流为零，但由于原方电流完全由负载决定，原方线圈的电流不会因付方回路的开路而减少。原方线圈很大的负载电流产生的很大磁通在这么多匝数的付方线圈中会产生很高的电压，危及付方回路的设备和人

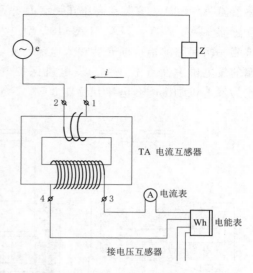

图 2-85 单相电流互感器接线原理图

身安全。故电流互感器的低压侧二次回路不得安装熔断器和开关。

电流互感器是变压器在测量领域的应用，但又不同于变压器，电流互感器付方线圈接的电流表、电能表和监控模块等负载输入阻抗很小，使得原方线圈的电压很小，原方线圈的接入对被测回路几乎没有影响，从而保证电流测量的精度。电流互感器主要目的是获取原方电流信号，因此付方电流由原方电流决定。

3. 电流互感器类型

电流互感器按使用场地不同分户内式、户外式两种。按绝缘介质不同可分为干式、浇注式和油浸式三种。按有无原方一次线圈分有原方一次线圈和无原方一次线圈两种。电流互感器没有三相整体式，全部都是单相分体式。

（1）户内干式电流互感器。采用普通漆包线的绕制方法，不做特殊的绝缘处理。用于6kV 及以下的空气干燥的户内低压配电装置中。例如，厂用电电流的测量、励磁交流侧电流的测量。无原方线圈的户内干式电流互感器如图 2-86 所示，这种电流互感器自身没有原方一次线圈，只有付方二次线圈，使用时不需要断开被测一次回路的电缆，只需将被测一次回路的单相电缆或铝排穿过电流互感器的孔内，该电缆或铝排就是 1 匝原方一次线圈，比较软的电缆可以穿过去再绕一下，穿一次就是 2 匝原方一次线圈。图 2-86 左上方两个接线柱表明该电流互感器只有一个付方线圈。

图 2-86 户内干式电流互感器

（2）户内浇注式电流互感器。采用环氧树脂将原付方线圈浇注密封，使得绝缘性能大大提高。应用在 3～35kV 户内配电装置中。LQJ-10 型户内浇注式电流互感器如图 2-87 所示，电流互感器自身带有原方一次线圈 $L_1$、$L_2$，需要将被测一次回路的铝排断开后接入电流互感器。最高工作电压为10kV。安装在 6.3kV 或 10.5kV 高压开关室发电机开关柜底部，作为发电机测量、保护电流互

感器 4TA、5TA。安装在高压开关室主变低压侧开关柜底部，作为主变低压侧测量、保护电流互感器 6TA、7TA、8TA。LA-10Q 型户内穿墙浇注式电流互感器如图 2-88 所示，也需要将被测一次回路的铝排断开后接入电流互感器。最高工作电压为 10kV。安装在发电机机坑穿墙的发电机中性点上，作为发电机保护电流互感器 1TA、2TA。穿墙的发电机输出端上，作为发电机励磁配套电流互感器 3TA。

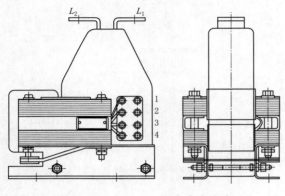

图 2-87 LQJ-10 型户内浇注式
电流互感器

图 2-88 LA-10Q 型户内穿墙浇注式
电流互感器

无原方线圈的 LMZ-10 型户内浇注式电流互感器如图 2-89 所示，应用在 10kV 及以下的场合。与户内干式电流互感器一样，这种电流互感器自身没有原方一次线圈，只有付方二次线圈，使用时在孔内穿入被测回路的单相电缆或铝排，不需要断开被测回路的电缆或铝排。中左下方 4 个接线柱表明每一相电流互感器有两个付方线圈。应用在 35kV 及以下 LCZ-35 型户内浇注式电流互感器如图 2-90 所示，需要将被测一次回路的铝排断开后接入电流互感器。安装在主变高压侧户内 35kV 高压开关室高压开关柜底部，作为测量、保护电流互感器。

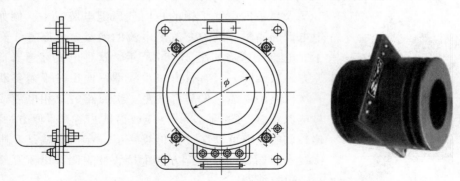

图 2-89 LMZ-10 型户内浇注式电流互感器

（3）户外油浸式电流互感器。当工作电压更高时，将原付方线圈全部浸泡在油箱的绝缘油中，称为油浸式电流互感器。应用在 35kV 及以上的主变高压侧。LCW-35 型户外油浸式电流互感器如图 2-91 所示，需要将被测一次回路的铝排断开后，将电流互感器的 $L_1$、$L_2$ 两端接入一次回路。内部结构图如图 2-91（a）所示，一次绕组图如图 2-91（b）所示，工作电压为 35kV。付方线圈 5 的匝数远远多于原方线圈 3，利用变压器变流原理把原方大电流变换成付方 0～5A 小电流。原付方线圈和铁芯 4 全部泡在陶瓷制成的瓷箱 1 内的绝缘油 2 中。安装在主变高压侧户外升压站上网线路上，作为主变高压侧和线路测量、保护电流互感器。110kV 户外油浸式电流互感器在升压站的安装图如图 2-92 所示，请注意，110kV 的油浸式电流互感器与 110kV 油浸式电压互感器外形很像，区别是回路经过电流互感器时有一进一出的断开点，回路经过电压互感器时没有断开点。

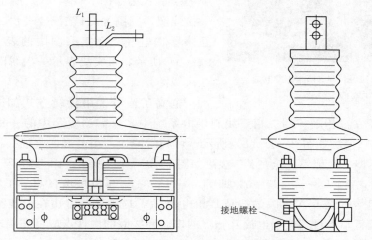

图 2-90 LCZ-35 型户内浇注式电流互感器

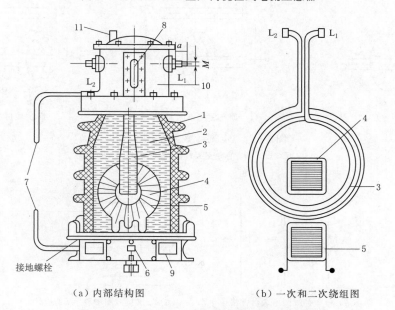

（a）内部结构图　　　　　（b）一次和二次绕组图

图 2-91 LCW-35 型户外油浸式电流互感器

1—瓷箱；2—绝缘油；3—原方线圈；4—铁芯；5—付方线圈；6—付方线圈接线盒；7—保护电极；8—油位表；9—底座；10—储油柜；11—安全气道

电流互感器结构原理图如图 2-93 所示，当一次电缆或铝排穿过电流互感器 [图 2-93（a）]，这个电流互感器原方线圈是一匝，付方线圈很多匝。当一次电缆穿过电流互感器后

图 2-92 110kV 户外油浸式电流
互感器安装图

再回过头穿一次 [图 2-93 (b)]，这个电流互感器原方线圈是两匝，付方线圈很多匝。电流互感器一个原方线圈，付方线圈可以两只 [图 2-93 (c)]，也可以三只、四只等。

三相电流互感器在电气原理图中的表示方式如图 2-94 所示，电流互感器在电气一次接线图中的表示方法如图 2-94 (a) 所示，粗实线表示一次线圈，圆圈加 "‡" 符号表示二次线圈；电流互感器在电气二次接线图中的表示方法如图 2-94 (b) 所示，粗实线表示一次线圈，波浪线表示二次线圈。

电流互感器常用接线方式如图 2-95 所示，图 2-95 (a) 用在三相平衡的三相三线制供电系统中，只需测量其中的一相电流。电流互感器二次侧 "Y" 接法如图 2-95 (b) 所示，可同时测量三相电流，监视三相电流不对称的情况。电流互感器二次侧不完全 "Y" 接法如图 2-95 (c) 所示，因为对于三相平衡负荷来讲，"Y" 接法的三相 $I_a + I_b + I_c = 0$，即 $I_b = -I_a - I_c$，所以虽然只测量了 A 相电流 $I_a$ 和 C 相电流 $I_c$，但是电流表 A 反映的却是 B 相电流 $I_b$，这种接法常用在电能测量、功率测量的场合。为了设备和人身安全，电流互感器的铁芯和线圈的中性点应可靠接地。

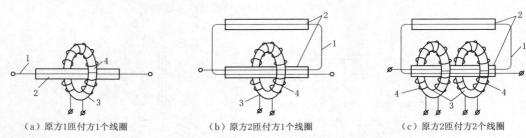

（a）原方1匝付方1个线圈　　　　（b）原方2匝付方1个线圈　　　　（c）原方2匝付方2个线圈

图 2-93 电流互感器结构原理图
1—原方线圈；2—绝缘支架；3—铁芯；4—付方线圈

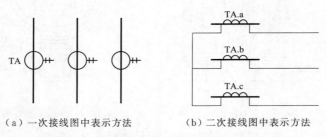

（a）一次接线图中表示方法　　　　（b）二次接线图中表示方法

图 2-94 三相电流互感器在电气原理图中的表示方式

**4. 电流互感器的付方开路电压**

为防止电流互感器付方回路开路出现高电压，规定运行中的电流互感器在任何情况下不得开路。电流互感器付方回路不得安装熔断器和开关。运行中如果需要拆除付方回路的电流

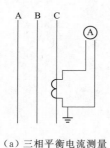
（a）三相平衡电流测量

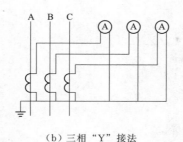
（b）三相"Y"接法

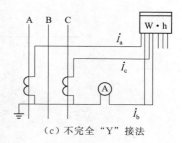
（c）不完全"Y"接法

图 2-95 电流互感器常用接线方式

表或继电器时，必须先用电线将两个端子短路，才允许拆下电流表或继电器。运行中暂时不用的备用电流互感器，应将付方线圈的端子短路。由于电流互感器付方电流是由原方电流决定的，因此将付方线圈短路时，不会产生短路电流，付方线圈短路时其内流动的是由原付方线圈匝数比决定的 0～5A 的正常付方电流。正常运行时由于付方回路接的电流表和继电器阻抗很小，近似短路，故付方电压很低。互感器测量单相电能接线如图 2-96 所示，图中 B 可以是电能表、有功功率表、无功功率表和功率因数表，这些表计测量时，既需要提供电压信号，还需要提供电流信号。

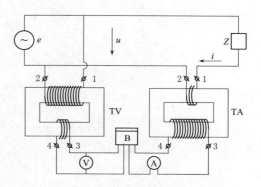

图 2-96 互感器测量单相电能接线

# 第四节 电气一次主接线

水电厂从发电到电能送上网，发电机、主变压器、断路器、隔离开关、避雷器、熔断器、电压互感器和电流互感器等电气一次设备相互之间是一个有机的结合体，共同完成发电、输电、配电、测量、保护等任务。电气一次主接线是表示所有电气一次设备之间的关系，电气一次主接线图是用规定符号和连线表示电气一次设备之间的关系图，是运行操作、维护检修的重要依据。一般情况下，装机容量较小的水电厂，发电机机端电压为 6.3kV，主变低压侧母线电压为 6.3kV，主变高压侧母线电压为 35kV。装机容量较大的水电厂，发电机机端电压为 10.5kV；主变低压侧母线电压为 10.5kV，主变高压侧母线电压为 110kV 或 220kV。

## 一、高压机组电气一次主接线

AX 水电厂高压机组电气一次主接线图如图 2-97 所示，布置电流互感器的部位用三线表示三相导线，其余全部用单线表示三相导线，这种图称单线图。该水电厂有两台 5000kW 立式混流式水轮发电机组，发电机机端电压为 6.3kV，主变高压侧电压为 35kV，由于 2 号机的设备配置与 1 号机完全一样，因此图中只画出 1 号机的电气一次接线。下面对 AX 水电厂高压机组电气一次主接线图进行展开介绍。

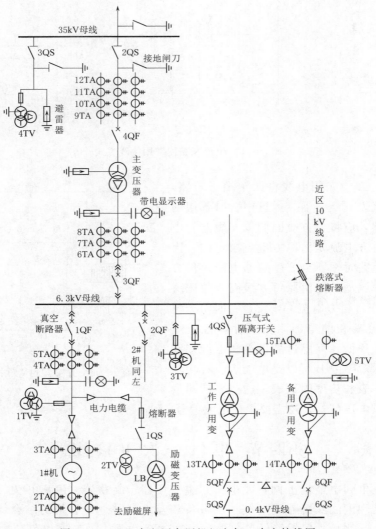

图 2-97　AX 水电厂高压机组电气一次主接线图

**1. 发电机一次接线**

安装在立式发电机机坑内的三相绕组尾端 x、y、z 的三根铝排穿过发电机机坑的壁面到达机坑外面（图 2-98），一是为了在三根铝排上串联接入电流互感器 1TA、2TA，二是将三根铝排短接，使发电机三相绕组成为"Y"连接，短接点就是发电机中性点。在机坑中性点相隔 90°或 180°的方向，三相绕组的首端 A、B、C 三相铝排也穿过发电机机坑的壁面到达机坑外面（图 2-99），在三根输出铝排上串联接入电流互感器 3TA，然后发电机输出三相电流通过三根铝排或电缆直达高压开关室的发电机开关柜的底部。

**2. 励磁变压器一次接线**

励磁变压器高压侧交流电源取自发电机机端，如果在现场励磁变压器室与高压开关室是左右不同的两个方向，那么三相绕组首端 A、B、C 穿过发电机机坑后，三相铝排或电缆马上分兵两路，一路向左（或向右）到高压开关室，一路向右（或向左）到励磁变压器室。如果励磁变压器室与高压开关室是同一个方向，那么三相绕组首端 A、B、C 穿过发电机机坑后，三相铝排或电缆先到高压开关室发电机开关柜的底部，在开关柜底部分兵两路，一路由下而上进入发电机开关柜，一路到励磁变压器室。发电机开关柜和机坑发电机出口都属于发电机机端。

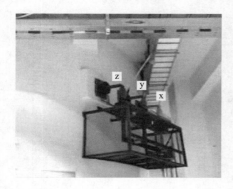
图 2-98　发电机机坑中性点

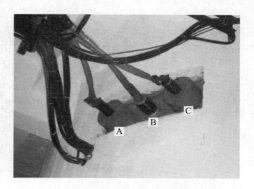
图 2-99　发电机机坑输出三相电流

来自发电机机端的三相铝排或高压电缆经高压熔断器、隔离开关 1QS 送到励磁变压器 LCB 高压侧。励磁变压器将 6.3kV 的交流电降压成 150V 左右的交流电，再用低压电缆送至发电机旁的励磁屏。电压互感器 2TV 大部分场合安装在励磁变压器旁的高压侧（参见图 3-38 中 5）。

**3. 室内 6.3kV 高压配电装置**

发电机与主变低压侧之间的所有高压配电装置全部布置在高压开关室内。AX 水电厂 6.3kV 高压开关室内的高压开关柜如图 2-100 所示，两机一变的发电厂起码得采用 5 只高压开关柜，从左到右依次为 1 号发电机开关柜、2 号发电机开关柜、主变低压侧开关柜、母线电压互感器柜、工作厂用电开关柜。每只开关柜有上、中、下三扇柜门。图 2-100 的高压开关柜接线图如图 2-101 所示，三根作为 6.3kV 母线的铝排贯通 5 只开关柜的上门后侧。由于全部采用了手车式一次电气设备，故不再需要隔离开关。

（1）发电机开关柜。1 号发电机开关柜上门内靠后面布置了 6.3kV 母线的三根铝排，靠前面布置了断路器操作二次回路，柜面布置现地手动操作装置和带电显示器。中门内布置了手车式真空断路器（参见图 2-54），下门内布置了机端电压互感器 1TV（参见图 2-80）、高压熔断器、避雷器和电流互感器 4TA、5TA。因为该电厂高压开关室与励磁变压器室处于同

图 2-100　AX 水电厂 6.3kV
高压开关柜

一个方向，因此发电机出口三相铝排或电缆先到高压开关室发电机开关柜的底部，在开关柜底部再分兵两路，一路由下而上进入发电机开关柜，一路到励磁变压器室。来自发电机机端的三相电流自下而上依次经过电流互感器 4TA、5TA、手车式真空断路器 1QF，送到上门后侧的 6.3kV 母线。将柜内断路器转移到"隔离/试验"位，再将上门柜面的切换开关切换

到"现地",运行人员可以在现地进行手动操作合闸按钮或分闸按钮,就可以试验断路器合闸或分闸。将柜内断路器转移到"工作"位,再将切换开关切换到"远方",由远方机组 PLC 自动操作断路器合闸、分闸。2号发电机开关柜内布置与1号发电机开关柜内完全相同。

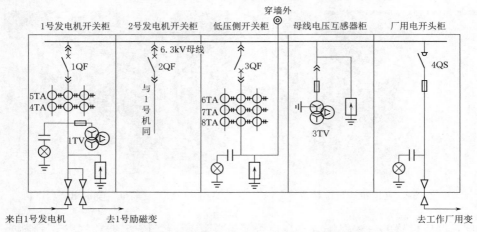

图 2-101　AX 水电厂 6.3kV 高压开关柜接线图

带电显示器从铝排上通过电容器降压后向低压指示灯供电,指示灯亮表示开关柜有电,提醒运行人员注意安全。带电显示器的缺点是指示灯灭,开关柜不一定没电,原因是有可能是指示灯损坏导致其不亮,这点在运行中应足够重视。

(2) 主变低压侧断路器开关柜。主变低压侧断路器开关柜上门内靠后面布置了 6.3kV母线的三根铝排,柜面布置了断路器现地操作装置和带电显示器。中门内布置了主变低压侧断路器 3QF,下门内布置了避雷器和电流互感器 6TA、7TA、8TA。汇集全厂发电机的总电流从开关柜顶部的 6.3kV 母线通过三根铝排自上而下依次通过手车式真空断路器 3QF、电流互感器 6TA、7TA、8TA 到达屏柜底部,然后三根铝排水平向后,再自下而上到达高压开关室房间的顶部,最后水平向后通过穿墙套管到达室外升压站,与室外主变低压侧接线柱连接。因为在下门的三根铝排需要水平向后,所以主变低压侧开关柜 (2.3m 高 1.2m 深)比其他四只开关柜 (2.3m 高 0.8m 深) 要深一点。

(3) 母线电压互感器柜。6.3kV 母线电压互感器柜上门内靠后面布置了 6.3kV 母线的三根铝排,中门内布置了带熔断器的手车式母线电压互感器 3TV (参见图 2-81),固定式避雷器也布置在中门内,屏柜下门内是空的。

(4) 工作厂用电开关柜。工作厂用电开关柜上门内靠后面布置了 6.3kV 母线的三根铝排,柜面布置带电显示器。中门内布置了可以带负荷自动分闸的压气式负荷开关 4QS,下门内仅仅是三根垂直布置的铝排。压气式负荷开关可以手动合、分闸,当工作厂用变过电流时能带负荷自动跳闸,作为工作厂用变的过电流保护。在手动合闸过程中,对已经吸入气缸的空气进行压缩 (如同自行车的打气筒),自动跳闸时压缩空气自动喷出吹断电弧。取自6.3kV 母线的工作厂用电流自上而下流过压气式负荷开关 4QS 和熔断器,从开关柜底部用电缆送工作厂用变压器高压侧。

4. 室外高压配电装置

大部分水电厂主变高压侧高压配电装置布置在室外升压站,除了主变压器安装在地面上，其他所有配电装置全部安装在离地面起码 1.9m 以上的水泥柱或水泥杆上。室外升压站布置方便，设备相间和对地的绝缘间距容易保证。但是升压站占地面积大，日晒雨淋、严冬酷暑，设备锈蚀严重，使用寿命短。暴雨大雾期间设备工作环境差。

　　AX 水电厂 35kV 升压站布置图一如图 2-102 所示，建议与图 2-97 两张图对照起来观看。6.3kV 高压开关室内的主变低压侧开关柜汇集全厂发电机的输出电流，通过铝排（硬线）经穿墙套管与室外升压站主变压器低压侧连接。主变压器安放在地面上铺满鹅卵石的事故油池中央（参见图 2-36），主变压器高压侧与 SF₆ 断路器 4QF 连接。SF₆ 断路器 4QF 安装在离地面 1.9m 的水泥墩上（参见图 2-67）。SF₆ 断路器 4QF 与电流互感器 9TA～12TA（1 个原方线圈 4 个付方线圈）连接，电流互感器安装在离地 2.7m 的水泥杆上（参见图 2-92）。电流互感器与隔离开关 2QS 连接，带接地闸刀的隔离开关 2QS 安装在离地 3m 的水泥杆上（参见图 2-51）。隔离开关 2QS 经引上线向上与悬挂在 7.3m 高的水泥杆金属横梁下的三根 35kV 母线连接。因为 7.3m 高水泥杆悬挂的 35kV 母线已经比较容易遭到雷击，为此引下线在 2.7m 高的水泥杆上配置了 35kV 母线避雷器（参见图 2-76）。从主变高压侧到隔离开关 2QS 的连接线可以是铝排（硬线）也可以是铝绞线（软线），从隔离开关 2QS 到 35kV 母线的上引线和从 35kV 到母线避雷器的下引线必须是铝绞线（软线），是由于 35kV 母线是悬挂在金属横梁下的铝绞线（软线）。

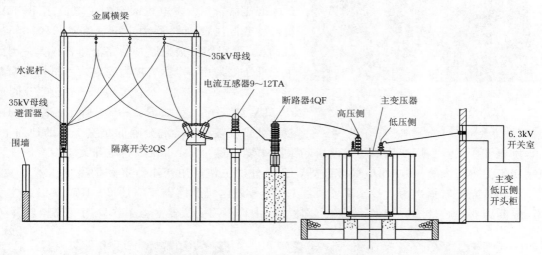

图 2-102　AX 水电厂 35kV 升压站布置图一

　　从 35kV 母线继续向左接去变电所的架空线，称升压站正向出线。AX 水电厂是转向 90°侧向出线，转向 90°后 AX 水电厂升压站布置图二如图 2-103 所示。图 2-102 和图 2-103 是有联系的，图 2-102 中 35kV 母线避雷器只能看到一只（因为 3 只重叠在一起了），转过 90°后在图 2-103 中同样的 35kV 母线避雷器就能看到三相 3 只。从 35kV 母线经下垂悬挂的引流线连接去变电所的架空线。用电压互感器 4TV 对 35kV 母线进行监测和保护，从 35kV 引下线接隔离开关 3QS，隔离开关安装在离地 3m 高的水泥杆上。隔离开关同时与高压熔断器和避雷器连接，高压熔断器安装在离地 4.5m 高的水泥墩上。高压熔断器与最后的电压互感器 4TV 连接，为电压互感器配置的避雷器与电压互感器 4TV 一起安装在离地 2.6m 的水泥墩上。35kV 母线电压互感器 4TV、高压熔断器和避雷器安装图如图 2-104 所示。

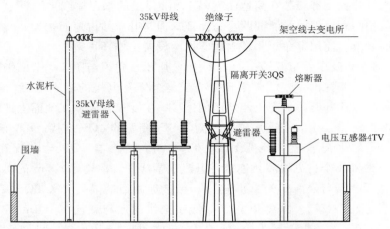

图 2-103 AX 水电厂 35kV 升压站布置图二

图 2-104 35kV 母线电压互感器
4TV 安装图

1—电压互感器 4TV；2—高压熔断器；3—避雷器

大中型水电厂的发电机输出电流很大，例如 FX 水电厂 4 台单机 5 万 kW10.5kV 发电机，主接线采用两个独立的两机一变，即 4 台发电机配两台主变压器。每台发电机额定输出电流达 3055A，每台主变低压侧断路器额定电流高达 $2 \times 3055 = 6110A$，使得铝排很宽厚，断路器体积很大，因此主变低压侧采用 10.5kV 户内固定式六氟化硫断路器（参见图 2-66），FX 水电厂主变低压侧的 10.5kV 高压开关室如图 2-105 所示，高压配电装置分别安装在用砖墙分隔的小室 1 内的地面上，由于励磁变压器和厂用变压器与发电机断路器安装在同一个 10.5kV 高压开关室内，因此两机一变不但得与图 2-100 对应的配置外，还得外加工作厂用变压器室和励磁变压器室共 8 个小室，从左向右依次为 1 号励磁变压器室、1 号发电机断路器室（图 2-106 中 2）、主变低压侧断路器室、10.5kV 母线电压互感器室、工作厂用变压器室、工作厂用变高压侧开关

图 2-105 FX 水电厂室内 10.5kV 高压开关室
1—小室；2—断路器操作箱；3—10.5kV 母线；
4—隔离开关

图 2-106 FX 水电厂 10.5kV 隔离开关
1—隔离开关；2—发电机断路器室；
3—断路器操作箱

室、2 号发电机断路器室和 2 号励磁变压器室。每个小室用网格状金属卷帘关闭，防止人员误入高压带电危险区。SF$_6$ 断路器操作箱 2 安装在卷帘门外的地面上。因为是固定式断路器，所以每台断路器与走道头顶的主变低压侧 10.5kV 母线 3 之间必须设置隔离开关（图 2-106 中 1），主变低压侧 10.5kV 母用金属网罩住以免误碰触电。FX 水电厂两机一变的 12.5 万 kVA110kV 主变压器如图 2-107 所示，110kV 主变负荷侧中性点 3 必须接地。FX 水电厂室外 110kV 升压站高压配电装置如图 2-108 所示。

图 2-107　FX 水电厂两机一变 12.5 万 kVA
110kV 主变压器
1—油枕；2—110kV 接线柱；3—中性点；4—散热器

图 2-108　FX 水电厂室外 110kV 升压站
高压配电装置
1—SF$_6$ 断路器；2—电流互感器；3—隔离开关

有的水电厂将主变高压侧 35kV 配电装置布置在室内高压开关室内，免去了设备的风吹雨打，日晒雨淋，设备运行环境良好。这类水电厂既有主变低压侧 6.3kV 高压开关室又有主变高压侧 35kV 高压开关室。35kV 高压开关柜将近 3m 高，体积已经很庞大了。对于 110kV 的主变高压侧，室内高压开关柜根本无法满足设备相间和对地的绝缘间距要求，为此将所有高压配电装置设备全部安装在充满六氟化硫气体的管道中，从而可以大大减小设备相间和对地的绝缘间距，减小高压开关室面积，节省用地面积和土建投资。这种的高压配电装置称 GIS（封闭组合电器），GX 水电厂 110kV 高压开关室 GIS 装置如图 2-109 所示。其充满六氟化硫气体作为绝缘材料和灭弧介质，具有良好的电气绝缘性能和灭弧性能。对城市周边的火电厂主变高压侧常采用 GIS 系统。对峡谷型山区水电厂，没有大块

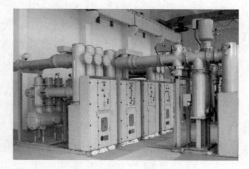

图 2-109　GX 水电厂 110kV 高压
开关室 GIS 装置

面积的平地作为室外升压站，主变高压侧也采用 GIS 封闭组合电器。

5. 交流厂用电接线

回看图 2-97，交流厂用电有工作厂用电和备用厂用电两路，工作厂用电取自 6.3kV 母线，水轮机层的工作厂用变将 6.3kV 母线的高电压降压成三相四线制的 400/230V 的低电压，因为厂内有单相民用负荷，所以厂用变低压侧的三相"Y"绕组的中心点必须接地以便引出零线。工作厂用变低压侧经电缆送至交流厂用电室内的受电屏底部（参见图 3-18 最左边受电屏），再经受电屏内的低压断路器 5QF、隔离开关 5QS 由下而上送至屏柜顶部的 0.4kV

厂用电母线，低压受电屏下门内还布置了电流互感器 13TA，当过电流时作用 5QF 跳闸。

两机一变水电厂备用厂用电取自户外近区 10kV 农用或民用供电线路，备用厂用变压器安装在室外水泥杆上，如同马路上和小区口看到的终端变压器一样。采用跌落式熔断器作为备用厂用变压器过电流保护，水泥杆上的配电箱内还有电压互感器 5TV、电流互感器 15TA 和避雷器。因为备用厂用电取自电网，需要计量付钱，所以配电箱内有电能表，计量使用电网的电能。备用厂用变将 10kV 电压降压成三相四线制的 0.4kV 低压电，与工作厂用变一样，备用厂用变低压侧的三相星形绕组的中心点必须接地以便引出零线。备用厂用变低压侧经电缆送至交流厂用电室内的受电屏底部，再经受电屏内的低压断路器 6QF、隔离开关 6QS 由下而上送至屏柜顶部的 0.4kV 厂用电母线，低压受电屏下门内还布置了电流互感器 14TA，当过电流时作用 6QF 跳闸。目前越来越多的河流中下游低水头大流量水电厂多采用四机两变形式，相当于有两个两机一变，有两条 6.3kV 母线。因为下游河流不可能断流，起码有一台机组在发电，所以可以从两条 6.3kV 母线上各接一台厂用变压器，互为备用，厂用电可以完全自给，安全可靠，经济实惠。从而可以取消近区 10kV 供电线路获取备用厂用电。

**6. 同期点**

当发电机开机启动达到额定转速、额定电压附近时，必须调整发电机的电压、频率和相位，使发电机的电压、频率和相位与电网相同或接近时，才允许合闸并网，否则电网会对发电机产生强的冲击电流。进行这种操作称同期并网操作，当满足同期三条件后并网合闸的断路器称同期点。对于两台机组、一台变压器（两机一变）的水电厂同期点有三个：

（1）1 号发电机断路器 1QF 同期点。每次发电前把主变压器低压侧断路器 3QF、高压侧断路器 4QF 直接合闸（不用同期操作），这时电网的电压经主变压器倒送到主变低压侧的 6.3kV 母线，6.3kV 母线电压代表电网电压，然后将 1 号发电机开机启动达到额定转速、额定电压附近时，可以由自动准同期装置自动调节 1 号发电机的电压、频率和相位，自动准同期合 1QF 并网，也可以手动调节 1 号发电机的电压、频率和相位，人工观察组合同期表，手动准同期合 1QF 并网。

（2）2 号发电机断路器 2QF 同期点。同期操作方法与 1 号发电机相同。

（3）主变压器高压侧断路器 4QF 同期点。主变高压侧断路器 4QF 又称线路断路器，只有在正常运行时突然出现线路短暂事故，继电保护作用 4QF 跳闸，发电机甩负荷到零但处于空载没有停机状态，线路短暂事故消失后，运行人员可以用发电机带着主变在 4QF 处进行手动准同期并网，有利于快速恢复送电，稳定电网运行。当然这种同期操作是非常少见的，对发电机是非常不利的，要想发电机甩负荷后不过转速、不过电压是很难做到的。为此大部分电厂在主变高压侧断路器跳闸后，所有发电机断路器跟着跳闸，机组进入事故停机流程。故主变高压侧断路器的手动准同期装置每个发电厂都有，但是用到的机会极少。

**7. 电气一次回路的电参数采集**

因为电气一次回路都是高电压、大电流，进行电参数采集必须通过各种互感器，而每个互感器的原方线圈在一次回路，付方线圈在二次回路，因此有必要在一次接线图上反映电气二次信号的采集元件和用途，反映电气二次信号在一次主接线图上的采集元件和用途的图称为互感器二次侧系统原理图。AX 水电厂互感器二次侧系统原理图如图 2-110 所示。

（1）电流互感器 1TA 和 5TA 二次侧向发电机微机保护模块提供信号，构成发电机主保

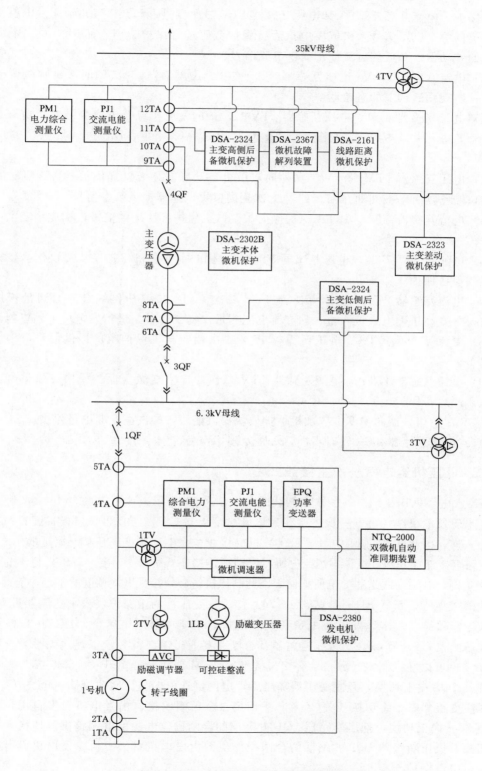

图 2－110 AX 水电厂互感器二次侧系统原理图

护差动保护。电流互感器 1TA 和电压互感器 1TV 二次侧星形和开口三角形向发电机微机保护模块提供两个电压信号，构成发电机后备保护低压过流保护。1TA 同时向同一个微机保护模块的差动保护和低压过流保护提供电流信号。

（2）电流互感器 3TA、电压互感器 2TV 称"励磁配套"，二次侧向微机励磁调节器提供信号，实现励磁调节的有差调节。

（3）电流互感器 4TA、电压互感器 1TV 二次侧向发电机综合电力测量仪、功率变送器提供信号，进行发电机电参数测量。向交流电能测量仪提供信号，进行发电机输出电能计量。

（4）电压互感器 1TV、3TV 二次侧向双微机自动准同期装置提供信号，开机时实现发电机出口断路器自动准同期并网。1TV 二次侧向微机调速器提供频率信号。

（5）电流互感器 6TA、12TA 二次侧向主变微机保护模块提供信号，构成主变主保护差动保护。

（6）电流互感器 7TA、电压互感器 3TV 二次侧向主变微机保护模块提供信号，构成主变低压侧后备保护。

（7）电流互感器 9TA、电压互感器 4TV 二次侧向主变高压侧综合电力测量仪提供信号，进行主变高压侧电参数测量。向交流电能测量仪提供信号，进行发电厂上网电能计量。

（8）电流互感器 10TA、电压互感器 4TV 二次侧向微机保护模块提供信号，构成线路距离保护。

（9）电流互感器 11TA、电压互感器 4TV 二次侧向主变微机保护模块提供信号，构成主变高压侧后备保护。

（10）瓦斯信号器向主变本体微机保护模块提供信号，构成主变非电量保护。

（11）电流互感器 8TA 暂时不用，短路处理，作为备用。

## 二、低压机组电气一次主接线

HX 水电厂低压机组电气一次主接线图如图 2-111 所示。该厂有两台 400kW 卧式低压斜击式水轮发电机组，电气一次主接线为单母线接线方式，由于 2 号机组设备配置与 1 号机组完全一样，因此图 2-111 中只显示 1 号机的接线。水电厂主变高压侧与附近的 10kV 农用供电线路直接连接并网，这种不经变电所与电网的连接方式称"T"接。高压机组不允许就近"T"接上网，必须专线送往变电所上网，因此高压机组必须接受电网调度的指令才能运行。

跌落式高压熔断器 FU（参见图 2-74）作为主变压器的主保护，当主变压器过电流时，跌落式熔断器熔断跌落，发电机甩负荷紧急停机，主变压器退出运行。1FU～3FU 为低压插座式熔断器，FS 为 0.4kV 母线避雷器。合断路器前必须在机旁盘上现地先手动合隔离开关 1QS，也可以在控制室远方自动合交流接触器 2KM 取代合隔离开关。全厂不发电时，将切换开关 2QS 向上切换，经主变压器降压后，电网倒送电向全厂照明检修供电。10kV 线路检修或主变检修时，将切换开关 2QS 向下切换，全厂照明检修由发电机自发自用供电。切换开关 3QS 向上切换，低压断路器 1QF 并网前的合闸操作电源由电网提供。切换开关 3QS 向下切换，低压断路器 1QF 并网前的合闸操作电源由发电机自己提供。发电机设有过电压保护、过电流保护。

发电机并网之前，电网电压经主变压器倒送电到 0.4kV 母线，此时的 0.4kV 母线代表电网电压，发电机机端代表待并电压，两个电压直接送手动准同期装置，人工手动调节发电机频率和电压，当频率、电压、相位满足并网合闸要求时，手动果断合上低压断路器 1QF，将机组并入电网。两个电压都是 380V 的三相交流电压，不需要电压互感器，可以直接取来送入手动准同期装置。发电机三相绕组"$Y_0$"连接，将发电机中性点接地并引出零线，在不发电时操作跌落式熔断器断开，主变压器脱离电网，再启动机组，由发电机能实现对自己电厂的三相四线制供电。低压机组水电厂主变压器低压侧也是"$Y_0$"接法，主变压器低压侧三相绕组星形连接的中心点引出零线并接地，优点是在全厂不发电时，升压的主变压器变成降压的厂用变压器，电网经主变压器倒送电，零线接地可实现三相四线制供电，保证发电厂厂用电的供电。缺点是发电时不负责任地把发电机输出的除三次谐波以外的高次谐波全部送上了电网。

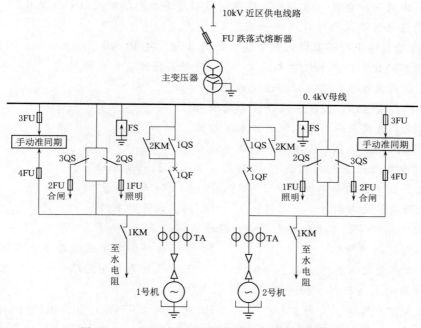

图 2-111 HX 水电厂低压机组电气一次主接线图

KX 低压机组水电厂三相水电阻如图 2-112 所示，在水泥池上方从右向左插入水中 A、B、C、A 四根电极。在 A、B 电极之间有一只用水作为导体的水电阻；在 B、C 电极之间有一只用水作为导体的水电阻，在 C、A 电极之间有一只用水作为导体的水电阻。当机组因为事故需要紧急停机时，低压断路器 1QF 甩负荷跳闸的同时交流接触器 1KM 合闸，将发电机带上水电阻负荷，水电阻作为发电机甩负荷后的顶替负荷，首先防止由于突然甩负荷引起发电机过速、过压。然后按正常停机流程减小励磁电流和关小导叶，最后直到完成停机。

图 2-112 KX 低压机组水电厂
三相水电阻

# 习 题

**一、判断题**（在括号中打√或×，每题 2 分，共 10 分）

2-1. 变压器的分接开关装在低压侧和装在高压侧的效果是完全一样的，但规定都装在变压器低压侧。 （ ）

2-2. 如果发现发电机无功功率带不上去，应该调整分接开关把高压侧的线圈匝数调少一些。 （ ）

2-3. 在终端变压器低压侧中性点接地的三相四线制的供电系统中，可以将有的电气设备接零，有的电气设备接地。 （ ）

2-4. 户内式保护电压互感器的高压熔断器熔断需要更换时可以带电操作。 （ ）

2-5. 高压电压互感器原方线圈一般是 1～2 匝。 （ ）

**二、选择题**（将正确答案填入括号内，每题 2 分，共 30 分）

2-6. 所有的发电机三相绕组都采用"Y"连接，保证发电机机端（ ）。

A. 有三次谐波电压，有三次谐波电流输出

B. 有三次谐波电压，没有三次谐波电流输出

C. 没有三次谐波电压，有三次谐波电流输出

D. 没有三次谐波电压，没有三次谐波电流输出

2-7. 发电机三相绕组采用了"Y"连接，发电机机端能输出三相（ ）。

A. 基波、三次谐波和高次谐波      B. 基波和三次谐波

C. 三次谐波和高次谐波      D. 高次谐波和基波

2-8. 由于采用了胶木套和胶木垫进行绝缘，保证了（ ）。

A. 两只滑环之间绝缘      B. 两只滑环套之间绝缘并与滑环套绝缘

C. 两只滑环套之间绝缘并与主轴绝缘      D. 两只滑环套之间绝缘并与机架绝缘

2-9. 所有的主变压器三相绕组接线都是（ ）。

A. 电源侧"△"形，负荷侧"△"形      B. 电源侧"Y"形，负荷侧"△"形

C. 电源侧"△"形，负荷侧"Y"形      D. 电源侧"Y"形，负荷侧"Y"形

2-10. 手车式断路器只有在（ ）时，屏柜门的机械闭锁才会自动解除，屏柜门才允许打开。

A. 工作位      B. 分闸位      C. 检修位      D. 隔离/试验位

2-11. 在屏柜门关闭并且断路器分闸的条件下，在屏柜门外转动螺杆可以将断路器从手车上的（ ）。

A. 检修位转移到隔离/试验位

B. 隔离/试验位转移到检修位

C. 工作位转移到隔离/试验位或隔离/试验位转移到工作位

D. 检修位转移到隔离/试验位或隔离/试验位转移到检修位

2-12. 对于电流互感器以下（ ）述说是正确的。

A. 原方线圈中流动的是电源电流      B. 原方线圈中流动的是负载电流

C. 付方线圈中流动的是电源电流      D. 付方线圈中流动的是负载电流

2-13. 以下（　　）述说是正确的。

A. 电压互感器必须安装熔断器，电流互感器必须安装熔断器

B. 电压互感器不得安装熔断器，电流互感器必须安装熔断器

C. 电压互感器必须安装熔断器，电流互感器不得安装熔断器

D. 电压互感器不得安装熔断器，电流互感器不得安装熔断器

2-14. 电流互感器 4TA、5TA 布置在（　　）。

A. 发电机机坑的发电机三相中性点上　　B. 发电机机坑的发电机三相铝排出口处

C. 高压开关室的发电机开关柜底部　　D. 高压开关室主变低压侧开关柜底部

2-15. 电流互感器 6TA、7TA、8TA 布置在（　　）。

A. 发电机机坑的发电机三相铝排出口处　B. 高压开关室的发电机开关柜底部

C. 高压开关室主变低压侧开关柜底部　　D. 升压站主变高压侧与线路断路器之间

2-16. 电压互感器 1TV 布置在（　　）。

A. 高压开关室的发电机开关柜底部

B. 励磁变压器高压侧旁

C. 高压开关室主变低压侧母线电压互感器柜中部

D. 升压站主变高压侧母线下面

2-17. 电压互感器 3TV 布置在（　　）。

A. 高压开关室的发电机开关柜底部

B. 励磁变压器高压侧旁

C. 高压开关室主变低压侧母线电压互感器柜中部

D. 升压站主变高压侧母线下面

2-18. 电流互感器（　　）二次侧向发电机微机保护模块提供信号，构成发电机主保护差动保护。

A.1TA 和 2TA　　B.1TA 和 3TA　　　C.1TA 和 4TA　　D.1TA 和 5TA

2-19. 互感器（　　）称"励磁配套"，二次侧向微机励磁调节器提供信号，实现励磁调节的有差调节。

A.3TA、1TV　　B.3TA、2TV　　　C.4TA、1TV　　　D.4TA、2TV

2-20. 电流互感器（　　）二次侧向主变微机保护模块提供信号，构成主变主保护差动保护。

A.6TA、11TA　　B.6TA、12TA　　　C.7TA、11TA　　D.7TA、12TA

### 三、填空题（每空 1 分，共 30 分）

2-21. 如果是定子铁芯线槽为 108 槽的三相交流发电机，则每一相有＿＿＿个两匝的定子线圈，有＿＿＿个串联感应电动势。每一相串联感应电动势的电压就是发电机三相＿＿＿电压。三个端子 A、B、C 就是发电机出口三相＿＿＿电压，也是发电机机端电压。

2-22. 对于立式发电机，要求上、下导径向瓦的＿＿＿＿与＿＿＿＿之间用胶木板绝缘，径向瓦上下与＿＿＿＿用胶木板绝缘，安放在推力瓦上的推力头与＿＿＿＿之间用胶木板绝缘，保证不能形成轴电流的回路。

2-23. 对于卧式发电机，要求发电机两侧的＿＿＿＿＿与基座机架之间用垫胶木板绝缘，保证不能形成轴电流回路。

2-24. 停机检修时应该用 500V 兆欧表测量立式发电机的_____瓦、_____瓦分别与机架之间的绝缘电阻或测量卧式发电机前后_____分别与基座机架之间的绝缘电阻，要求绝缘电阻值不小于_____MΩ。

2-25. 主变压器中性点不接地系统的供电_____提高，但_____增加，适用在_____kV 及以下的主变压器中。

2-26. 中性点不接地的系统中，在对地分布电容泄漏电流超过_____的场合，必须将发电机或主变压器三相"Y"绕组的中性点经_____接地。

2-27. 终端变压器三相四线制供电系统中，所有设备外壳必须接_____，终端变压器三相三线制供电系统中，所有设备外壳必须接_____。

2-28. 在柜内时断路器在手车上只有两个位置：要么在_____位，要么在_____位。手车在轨道上只有两个位置：要么在_____轨道上，要么在_____轨道上。

2-29. 工作位机械闭锁只有在断路器分闸后才会自动解除，保证断路器从工作位转移到隔离/试验位时，不会发生外动触头_____的事故发生。隔离/试验位机械闭锁只有在断路器分闸状态下才会自动解除，保证断路器从隔离/试验位转移到工作位时，不会发生外动触头_____的事故发生。

2-30. 合闸弹簧的弹簧能来自_____，分闸弹簧的弹簧能来自_____。

2-31. 电压互感器与负载是_____联关系，电流互感器与负载是_____联关系。

## 四、简答题 (5题，共23分)

2-32. 轴电流产生的原因及危害？（6分）

2-33. 分接开关的作用？（4分）

2-34. 电力线路中谐波产生的原因及危害？（5分）

2-35. 两机一变水电厂有哪几个同期点？其中哪一个是基本不用的？（4分）

2-36. 低压机组发电机中性点为什么必须接地？（4分）

# 第三章 生 产 用 电

尽管水电厂是生产电能的能量转换工厂，但为了生产正常运行，水电厂自己也需要用电。凡是为水电厂生产电能需要提供的用电称生产用电。水电厂生产用电包括交流厂用电、直流厂用电和微机励磁系统三大部分。

## 第一节 交 流 厂 用 电

交流厂用电包括所有的异步电动机用电、检修维护用电、空调照明用电和直流厂用电的交流电源。三相异步电动机有油泵电动机、空压机电动机、水泵电动机等。根据功能不同，交流厂用电的主回路称交流厂用电一次回路，对交流厂用电主回路进行监测、显示、保护、控制的回路称交流厂用电二次回路，交流厂用电二次回路放在第四章介绍，本节只介绍交流厂用电一次回路。

为了保证交流厂用电的供电可靠性，交流厂用电采取两路独立的电源供电。一路从主变低压侧 6.3kV 或 10.5kV 母线上引出，经工作厂用变压器降压成 0.4kV，作为工作厂用电。另一路从电厂附近 10kV 农用或民用供电线路引来，经备用厂用变压器降压成 0.4kV，作为备用交流厂用电。

### 一、厂用变压器

由于厂用变压器是单独向厂用电负荷供电的，属于终端变压器。与主变压器相反，厂用变压器原方高压电源侧电流的大小完全由付方低压侧负荷电流决定。厂用变压器有油浸式变压器和干式变压器两种，油浸式变压器价格便宜，但运行、维护麻烦，需要定期更换变压器油。干式变压器价格较贵，但终身免维护，过载能力强。

1. 油浸式厂用变压器

油浸式厂用变压器内部结构图如图 3-1 所示，低压线圈在高压线圈 1 与铁芯 2 之间，分接开关 7 装在高压侧。由于交流厂用电中有大量的照明、空调等单相负荷，因此交流厂用电变压器的低压侧三相绕组

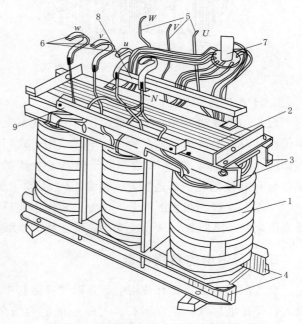

图 3-1 油浸式厂用变压器内部结构图
1—高压线圈；2—铁芯；3—上夹件；4—下夹件；
5—高压侧引线；6—低压侧引线；7—分接开关；
8—高压引线架；9—低压引线架

必须接成"Y<sub>0</sub>"型三相四线制，以便从三相绕组中性点引出零线 N 并接地，实现 220V/380V 三相四线制供电。

　　油浸式厂用变压器外形图如图 3-2 所示。高压侧输入三相电源接在高压侧三根接线柱 A、B、C，低压三相绕组为"Y<sub>0</sub>"三相四线制连接，低压侧输出有输出四根接线柱，其中一根零线必须接地。油箱顶部设分接开关、加油阀和油温测量孔，油枕上设呼吸器和油位计。厂用变压器一般容量较小，不设瓦斯信号器，用熔断器作为短路保护。油浸式厂用变压器进出接线如图 3-3 所示，右边为高压侧三根铝排来自高压开关室工作厂用电开关柜顶部的 6.3kV 或 10.5kV 母线，左边低压侧一根四芯电缆送往交流厂用电受电屏。

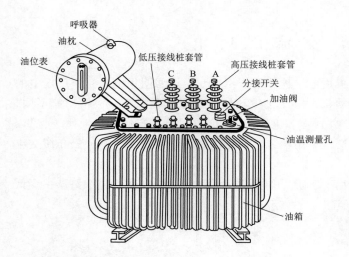

图 3-2　油浸式厂用变压器外形图

图 3-3　油浸式厂用变压器进出接线

2. 干式厂用变压器

　　近几年随着油浸式变压器维护检修人工成本上升，干式变压器终身免维护和过载能力强的优点日益突出，越来越多的新建电厂采用干式厂用变压器。环氧树脂浇注的干式厂用变压器如图 3-4 所示，图 3-4 表明高压侧 A 相绕组的尾部与 B 相绕组的头部连接，B 相绕组的尾部与 C 相绕组的头部连接，C 相绕组的尾部与 A 相绕组的头部连接，这就是变压器电源侧的"△"连接。调整压板上下位置，相当于调整油浸变压器的分接开关，可以改变变压器高压侧的线圈匝数，从而改变高、低压线圈匝数比，调整低压侧的电压。

## 二、厂用电的备用电源

　　交流厂用电必须要有备用电源，以便在运行中工作厂用电故障消失时，备用厂用电及时投入，保证电厂继续正常运行。另外在机组检修全厂不发电时，由备用厂用电供电维持检修、照明用电。规定工作厂用交流电源和备用厂用交流电源必须是两个相互独立的电源，这样才能保证当出现一个厂用电源消失时，另一个能及时投入。有时主变没有并入电网，发电机发电供厂用电自发自用。而备用厂用电源是电网的 10kV 近区供电，如果在这种情况下误操作合上备用厂用电断路器的话，就会发生非同期合闸的严重事故，尽管这种概率极小，还是要求只有一个厂用交流电源退出后才能手动或自动投入另一个厂用交流电源，防止可能出现的非同期合闸事故。采取机械闭锁或电气闭锁的方法可以有效防止厂用电非同期合闸事故发生。由于高压机组水电厂有直流装置，所有控制系统的电源全部采用直流电，因此厂用交流电源短时间消失不会影响机组控制系统正常运行。

### 三、交流厂用电电气屏柜

CX 水电厂交流厂用电屏柜布置示意图如图 3-5 所示，交流厂用电的电气屏柜起码有两只：受电屏和馈电屏。当交流用电设备较多时，可以采用两只或更多的馈电屏。四根 0.4kV（400V）母线铝排贯通交流厂用电受电屏和所有馈电屏的顶部，其中三根铝排为 A、B、C 三相火线，一根铝排为零线。

图 3-4 环氧树脂干式厂用变压器

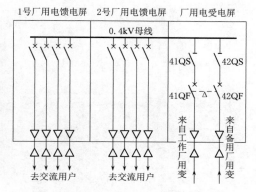

图 3-5 CX 水电厂交流厂用电屏柜
布置示意图

#### 1. 受电屏

受电屏顶部水平布置四根铝排作为 0.4kV 母线，41QF、42QF 为三触头低压断路器（参见图 3-19），来自工作厂用变压器低压侧和备用厂用变压器低压侧的两路四根电缆分别进入受电屏底部后，由于零线任何情况下不得中断，因此两路厂用变压器低压侧中性点的零线分别不经过低压断路器，直接与受电屏顶部零线铝排连接。工作厂用电 A、B、C 三相铝排自下而上经过低压断路器 41QF、隔离开关 41QS 到达屏柜顶部的 0.4kV 母线 A、B、C 三根母线铝排；备用厂用电 A、B、C 三相铝排自下而上经过低压断路器 42QF、隔离开关 42QS 到达屏柜顶部的 0.4kV 母线 A、B、C 三根母线铝排。

受电屏的低压断路器有固定式和手车式两种，两路固定式电磁操作低压断路器如图 3-6 所示，又称 DW15 电磁空气开关，合闸线圈 1 通电时自动合闸，跳闸线圈 2 通电时自动跳闸。还有过电流保护、失压保护功能。操作手柄 3 可以现地手动合闸和手动跳闸，两只低压断路器之间实行电气闭锁。两路固定式电动操作低压断路器如图 3-7 所示，拨动手电动切换开关 2 可以选择现地手动操作还是远方电动操作，手动按一下手动按钮 1，手动合闸，再按一下手动跳闸。两只低压断路器之间实行电气闭锁。固定式低压断路器与 0.4kV 母线之间必须串联隔离开关。现代水电厂受电屏大多采用手车式低压断路器，新型弹簧储能手车式低压断路器如图 3-8 所示，检修时可以将整个断路器拉出屏柜外面，因此手车式低压断路器不再需要串联隔离开关，拉出柜体外面使得断路器的检修、维护方便。

图 3-6　固定式电磁操作低压断路器

1—合闸线圈；2—跳闸线圈；3—操作手柄

图 3-7　固定式电动操作低压断路器

1—手动按钮；2—手电动切换开关

**2. 馈电屏**

规程规定所有供电线路要求线路压降不得大于 5% 额定电压，故对于负荷侧要求保证不低于 220V/380V 的电源侧电压必须为 230V/400V。馈电屏通过电力电缆向各交流用电设备送出 230V/400V 三相四线制的交流电，其中一路送往直流厂用电。每一路用电设备在馈电屏上都有一个馈电开关，交流厂用电馈电屏上的固定式馈电开关如图 3-9 所示，可以手动上下拨动开关合闸、跳闸，当用电设备的回路发生过电流时能自动跳闸。抽屉式馈电开关如图 3-10 所示，是目前使用最广泛的一种馈电开关，抽屉面板上有反映用电设备回路的三相电流表和一个手动合闸、跳闸的旋钮式转动开关，当用电设备的回路发生过电流、低电压等事故时能自动跳闸。当开关故障时，可以将抽屉拉出馈电屏检修，既不影响其他回路工作，又使得检修、维护方便。每一个抽屉背后有一进一出两个三芯插座，对应的屏柜壁

图 3-8　手车式低压断路器

面上有一进一出两个三芯插头，当抽屉推进馈电屏时，抽屉背后的两个三芯插座正好插入馈电屏内壁面上对应的两个三芯插头，电源进线通过馈电开关后从出线送往交流用户。

## 四、交流厂用电的测量

由于交流厂用电为 220V/380V 电压等级，交流电压表、综合电力测量仪或电能测量仪需要的电压信号可以直接从 0.4kV 母线上获取。但是交流厂用电的电流往往很大，必须采用电流互感器变流成 0～5A 的小电流，再接入交流电流表、综合电力测量仪或电能测量仪。

## 五、交流电力稳压器

工作厂用电取自主变压器低压侧和发电机出口之间的 6.3kV 或 10.5kV 母线，在机组

并网或停机过程中，母线电压波动比较大，对重要的交流用电用户工作不利。为此，有的新建水电厂对所有控制、保护屏的交流电源全通过交流电力稳压器稳压后供电，提高这些交流厂用电供电电压的稳定性。

图 3-9　固定式馈电开关

图 3-10　抽屉式馈电开关

交流稳压器与直流稳压器两者的工作原理是完全不同的两个概念，交流电力稳压器是一个机电一体化的机电装置，电气部分主要由补偿电路、控制电路、检测电路和操作电路组成，机械部分由传动链条，棘轮和动触头等组成。三相交流电力稳压器工作原理图如图 3-11 所示，其中：补偿电路串联在供电回路中；检测电路从稳压器输出端取得电压变化信号；控制电路对补偿电路进行控制，使补偿电路的补偿电压 $\Delta u$ 大小和极性变化来补偿输出端的电压变化，维持输出端电压 $u_{sc}$ 不变或基本不变；操作电路是人工干预的窗口，可对动态参数和静态参数进行人工干预。因为靠串联在供电回路中的补偿电路起调节作用，所以这种稳压器又称补偿式交流电力稳压器。

为分析问题方便，三相交流电力稳压器自动补偿原理按单相回路分析。补偿式交流电力稳压器单相原理图如图 3-12 所示。BT 为补偿变压器，"⊕"表示原付方线圈的同名端。AT 为调节变压器，调节变压器的结构为直柱式自耦变压器。补偿变压器的付方线圈串联在负荷 $Z$ 的供电回路中，原方线圈的输入电压取自调节变压器。当由于交流电源电压 $u_{sr}$ 下降

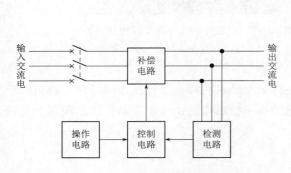

图 3-11　三相交流电力稳压器工作原理图

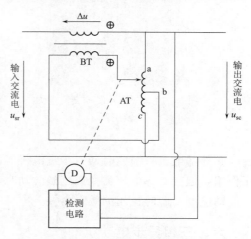

图 3-12　补偿式交流电力稳压器单相原理图

或负载电流增大造成负载端电压 $u_{sc}$ 下降时，检测电路根据检测到负载端电压下降值，通过步进电机 D 和链条等控制机构，使调节变压器 AT 的动触头向上移动，补偿变压器付方补偿电压 $\Delta u$ 为正，使得负载端电压上升

$$u_{sc} = u_{sr} + \Delta u \qquad\qquad (3-1)$$

当由于电源电压 $u_{sr}$ 上升或负载电流减小造成负载端电压 $u_{sc}$ 上升时，检测电路根据检测到负载电压上升值，通过步进电机 D 和链条等控制机构，使调节变压器 AT 的动触头向下移动，补偿变压器付方补偿电压 $\Delta u$ 为负，使得负载端电压下降，即

$$u_{sc} = u_{sr} - \Delta u \qquad\qquad (3-2)$$

当调节变压器 AT 的动触头在 b 点时，有

$$\begin{cases} \Delta u = 0 \\ u_{sc} = u_{sr} \end{cases} \qquad\qquad (3-3)$$

因为串联在负载与电源之间的补偿变压器付方补偿电压的大小和极性都可以调节，所以能维持负载电压不变或在规定的范围内变化。三相补偿式交流电力稳压器如图 3-13 所示，三相交流电力稳压器内部结构如图 3-14 所示，调节变压器 3 是一个直柱式三相自耦变压器。三相补偿变压器 5 的原方线圈的输入电压取自调节变压器的三相动触头 4，当检测电路检测到稳压器输出电压变化时，控制电路通过步进电机 1、传动链条 2 自动调节三相动触头上下移动，改变输入补偿变压器原方线圈电压的大小和极性，维持稳压器输出电压稳定。

图 3-13　三相补偿式交流电力
稳压器

图 3-14　三相交流电力稳压器内部结构
1—步进电机；2—传动链条；3—调节变压器；
4—动触头；5—补偿变压器

在外部电压有渐变时通过步进电机、链条传动和动触头移动等机械机构可以有适当的稳压作用，但当外部电压突变或剧烈波动时，电动机机械机构的惯性使得动作远远跟不上电压的波动速度，此时稳压的效果会差一点。

## 六、三相异步电动机

三相异步电动机是交流厂用电中数量最多、负荷最大、操作最频繁的用电对象。

**1. 三相绕组的连接方法**

鼠笼式三相异步电动机的外形图如图 3 - 15（a）所示，打开接线盒能见到六个接线柱，如图 3 - 15（b）所示，其中 $U_1$、$V_1$、$W_1$ 分别是三相定子绕组的头，$U_2$、$V_2$、$W_2$ 分别是三相定子绕组的尾，用户可根据需要将三相定子绕组接成"Y"［图 3 - 15（c)]或"△"［图 3 - 15（d）]。

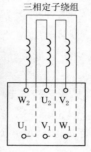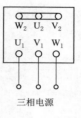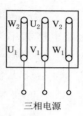

（a）电动机外形　　　（b）接线盒中的接线柱　　（c）"Y"接法　　（d）"△"接法

图 3 - 15　三相异步电动机及三相定子绕组连接方法

**2. 三相异步电动机的铭牌**

某型号三相异步电动机铭牌如图 3 - 16 所示。

| 三 相 异 步 电 动 机 | | |
|---|---|---|
| 型　号　Y132S-4 | 功　率　3.6 kW | 频　率　50Hz |
| 电　压　380V | 电　流　7.2A | 连　接　Y |
| 转　速　1450r/min | 功率因数　0.76 | 绝缘等级　B |
| 生产日期　2024年5月 | | |
| 浙 江 林 海 电 机 厂 | | |

图 3 - 16　某型号三相异步电动机铭牌

（1）型号：Y 代表"鼠笼式异步"（表 3 - 1）。

132 代表转子轴中心离机座底高度（mm）。

S 代表机座长度，S 表示短机座；M 表示中机座；L 表示长机座。

4 代表定子磁场磁极数（4 极 2 对）。

（2）额定功率 $P_N$。额定功率是电动机在额定工况运行时，转子轴上输出的机械功率。根据功率公式

表 3 - 1　　　三相异步电动机型号

| 产 品 名 称 | 型　号 |
|---|---|
| 鼠笼式异步电动机 | Y |
| 绕线式异步电动机 | YR |
| 防爆型异步电动机 | YB |
| 多速异步电动机 | YD |

$$P = M\omega \tag{3-4}$$

$$\omega = \frac{2\pi n_2}{60} = \frac{\pi n_2}{30}$$

式中　$\omega$——转子旋转的机械角速度；

可以得到转子的机械转矩 $M$。

（3）额定电压 $U_N$。额定电压是异步电动机正常运行时输入电动机的三相电源线电压 380V。一般功率小于或等于 3kW 时三相定子绕组采用"Y"连接；大于或等于 4kW 时三相定子绕组采用"△"连接。

（4）额定定子电流 $I_N$。额定定子电流是异步电动机正常运行时电动机允许长期运行的定子电流。如果定子绕组有"Y""△"两种连接方式，铭牌上应分别标明两种连接方式的额定电流。

（5）额定频率 $f_N$。额定频率是电动机正常运行时，定子三相绕组所加电压的频率，我国交流电压频率为 50Hz。

（6）额定转速 $n_N$。额定转速是异步电动机带额定机械负荷正常运行时的转子转速。常用的三相异步电动机额定转速为两种：1450r/min（定子与转子的转差为 50r/min）和 960r/min（定子与转子的转差为 40r/min），其中转速为 1450r/min 的三相异步电动机使用最广泛。

特别提醒，异步电动机转子拖动的机械功率不同时，转速也不同，例如额定功率为 4kW、转速为 1450r/min 的异步电动机，只有在拖动 4kW 的机械负荷时，转速才是 1450r/min，当拖动的机械负荷小于额定机械功率时，转速会高于 1450r/min，转差小于 50r/min。拖动的机械负荷大于额定机械功率时，转速会低于 1450r/min，转差大于 50r/min。当异步电动机拖动的机械负荷远大于额定功率时（电动机过载），转速会远低于 1450r/min，转差远大于 50r/min，转差越大，定子电流越大，异步电动机过载最严重的后果是定子线圈发热甚至烧毁。因此在为机械设备选择异步电动机功率时，应考虑异步电动机功率稍大于机械负荷，留有一定的功率安全裕度。

（7）额定功率因数。额定功率因数是异步电动机带额定机械负荷时的功率因数。异步电动机额定机械负荷运行时的功率因数在 0.75 左右，较低的功率因数对电网的无功功率需求较大，这是异步电动机的一个缺点。异步电动机在空载或轻载工况时，需要有功功率较小，但是用来建立定子旋转磁场的无功功率几乎不变，势必会造成异步电动机的功率因数进一步降低。因此应尽量避免异步电动机长时间空转或大功率异步电动机带小功率机械负荷。

（8）绝缘等级。绝缘等级是电动机正常运行时的电动机绝缘材料的耐热等级，由电动机定子线圈允许的最高工作温度决定。E 级绝缘，定子线圈最高工作温度为 120°；B 级绝缘，定子线圈最高工作温度为 130°。

3. 减小启动电流的方法

三相异步电动机价格低廉，运行使用方便，被广泛应用在工农业生产中。三相异步电动机最大的缺点是功率因数低、启动电流较大，当电动机功率大于 4kW 时必须采取措施限制启动电流，减小电动机启动对供电线路电压的冲击。三相异步电动机限制启动电流的方法有多种，水电厂常用 Y—△降压启动法和软启动限流启动法。

（1）Y—△降压启动法。启动开始时三相绕组为"Y"连接，每一相绕组承受相电压，因为相电压是线电压的 $1/\sqrt{3}$，所以启动电流较小。当电动机转速上升到一定值时，用 Y/△切换开关将三相绕组切换成"△"连接，每一相绕组承受线电压，电动机进入正常工作状态。

（2）软启动限流启动法。现代水电厂大功率三相异步电动机启动常采用软启动来限制启动电流。MX 水电厂电动机软启动电路示意图及起动柜如图 3-17 所示。在电动机主接触器合闸后，双向可控硅立即进入软启动程序，可控硅控制角 α 从大到小变化，导通角 β 从小到大变化，电动机的启动电流也被限制在从小到大的过程，从而限制了启动电流。随着电动机转速的上升，可控硅控制角 α 逐步减小到 0°，可控硅导通角 β 逐步开大到 180°，双向可控硅全开通，每一相双向可控硅相当于两只正反并联的二极管，三相交流电流畅通无阻，此时将旁路接触器合闸，可控硅退出，可控硅导通角 β 重新回到零，可控硅重新关闭，为下次软启动做好准备。由于采用了软启动技术，软启动时间极短，仅持续几个周波，冲击电流很小，因此可以选用容量较小的双向可控硅。

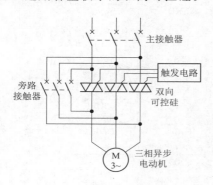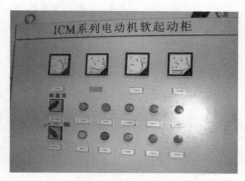

图 3-17　MX 水电厂电动机软启动电路示意图及起动柜

## 七、交流厂用电系统

NX 交流厂用电屏柜如图 3-18 所示，共四只屏柜，左边第一只屏柜为受电屏，工作厂用电和备用厂用电两路进入受电屏，受电屏上部为工作厂用电手车式低压断路器，下部为备用厂用电手车式低压断路器，两只断路器相互电气闭锁。其余三只为馈电屏，馈电屏上每一个送往交流用电用户的电缆在这里都有一只抽屉式馈电空气开关。

CX 水电厂交流厂用电一次系统如图 3-19 所示。具体对系统图的分析分受电部分、交流稳压器、馈电部分和信息采集四个方面展开。

**1. 受电部分**

交流厂用电的电源一路取自本电厂 6.3kV 母线，经工作厂用变压器 41B 降压成 230V/400V 三相四线制供电，来自工作厂用变压器 41B 中性点的接地零线绕过低压断路器 41QF 和隔离开关 41QS，直接接在屏柜顶部的零线铝排上；另一路取自近区 10kV 农用电供电线路，

图 3-18　NX 交流厂用电屏柜

经备用厂用变压器 42B 降压成 400V/220V 三相四线制供电，来自备用厂用变压器 42B 中性点的接地零线绕过低压断路器 42QF 和 42QS，直接接在柜顶部的零线铝排上。正常工作时，两路隔离开关 41QS、42QS 同时合上，如果主变高压

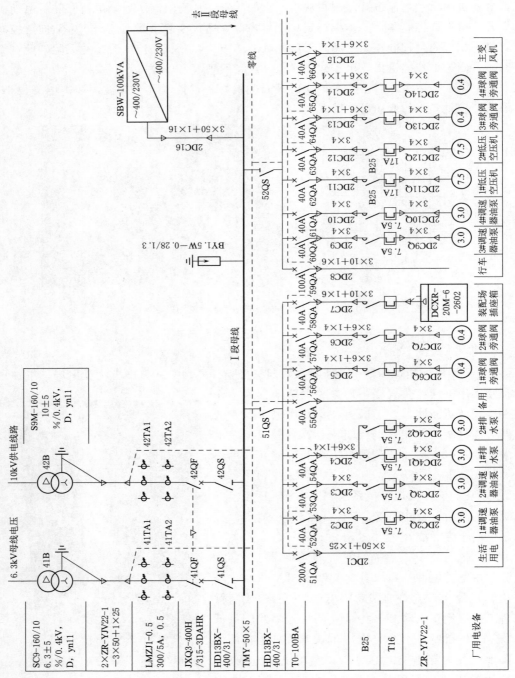

图 3 - 19 (一) CX 水电厂用电一次系统图

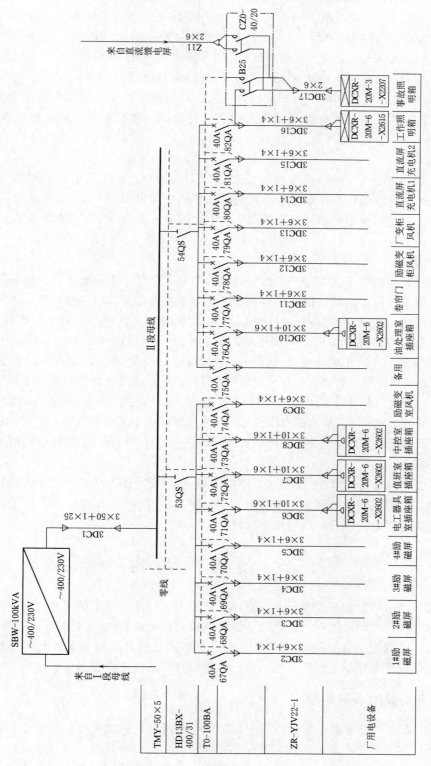

图 3－19（二） CX 水电厂交流厂用电一次系统图

侧断路器断开，发电机脱离电网自发自用经 41QS 向全厂提供厂用电（这种概率极小），此时误操作合闸 42QS 接入代表电网的近区 10kV 农用电线路，那就发生非同期合闸的严重事故，因此必须对低压断路器 41QS、42QS 的自动控制回路实行电气闭锁。电气闭锁原理如下：反映低压断路器 42QF 合闸位置的辅助接点串联在低压断路器 41QF 的合闸回路中，只要低压断路器 42QF 没分闸，辅助接点一直断开，保证 41QF 无法合闸；同样，反映低压断路器 41QF 位置的辅助接点串联在低压断路器 42QF 的合闸回路中，只要低压断路器 41QF 没断开，辅助接点一直断开，保证 42QF 无法合闸。保证一路电源投入前，另一路必须断开，保证只有一路电源投入。

2. 交流稳压器

交流稳压器 SBW-100kVA 将取自Ⅰ段母线的交流电经过稳压后向Ⅱ段母线供电，使得Ⅱ段母线上的电压波动较小比较稳定。交流稳压器的容量为 100kVA，经交流稳压器后的电压比较稳定，对电压稳定要求较高交流用户供电。因为大部分是单相负荷，所以必须采用三相四线制供电。

3. 馈电部分

馈电部分也就是向各个交流用户送出交流电的部分。全厂交流用电用户分为一般用户和重要用户，一般用户由Ⅰ段母线供电，对电压波动要求较高的重要用户由稳压后Ⅱ段母线供电。Ⅰ段母线经低压断路器 51QS、52QS 向以下负荷供电：生活用电、调速器油泵电动机、水泵电动机、球阀旁通阀电动机、装配场插座箱、空压机电动机和主变压器冷却风机电动机。交流稳压器稳压后的Ⅱ段母线经低压断路器 53QS、54QS 向以下负荷供电：励磁屏交流电源、电工器具室插座箱、值班室插座箱、中控室插座箱、励磁变压器冷却风机电动机、油处理室插座箱、厂房大门卷帘门电动机、工作厂用变压器冷却风机电动机、两路供直流屏的交流电源、工作照明和事故照明。当交流电源消失时，事故照明由直流电源提供，因此，自动控制必须保证在开关 B52 断开后才能合直流电源开关 CZ0，否则交流电源与直流电源连通了。

4. 信息采集

电流互感器 41TA1、42TA1 分别向工作厂用电、备用厂用电的智能交流电参数测量仪提供电流信号，进行电参数的测量。电流互感器 41TA2、42TA2 分别向工作厂用电、备用厂用电的电度表提供电流信号，进行电能计量。

# 第二节 直 流 厂 用 电

产生直流厂用电的装置称直流装置或直流系统，直流厂用电的电源来自交流厂用电，直流厂用电的用户有二次回路的保护、控制、测量和监视用电及事故照明用电。由于直流装置内有蓄电池组，使得直流装置的供电可靠性相当高，在交流电源消失短时间内仍能正常供电，因此，对供电可靠性要求相当高的二次回路中必须采用直流装置供电。

## 一、直流装置的系统组成

AX 水电厂直流厂用电屏柜布置示意图如图 3-20 所示，由微机控制及整流屏、直流馈电屏和蓄电池屏三只屏柜组成。直流装置采用三相桥式二极管整流器，将从交流厂用电送来的三相交流电由二极管转换成直流电。正常运行时，二极管整流器一边向二次回路的直流用户提供直流电，一边向蓄电池组充电。当交流厂用电消失时，由蓄电池组向二次回路中的直流用户供电，同时投入用直流电的事故照明，大大提高了二次回路的供电可靠性。交流照明消失后立即投入直流事故照明，可避免夜间交流电源消失，厂内一片漆黑。整流器输出的电压等级有直流110V和直流220V两种，整流器通过合闸母线HM、控制母线KM向所有直流用户供电。每一路出线都有一只馈电开关。现代水电厂普遍采用微机控制直流系统。

　　二极管整流器原理框图如图3-21所示。整流器的作用是将交流电转换成平直、稳定的直流电。一只性能良好的整流器由二极管整流部分、滤波部分和稳压部分组成，现代水电厂的整流器普遍采用高频开关电源。

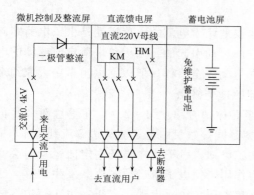

图3-20　AX水电厂直流厂用电屏柜布置示意图

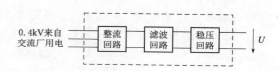

图3-21　二极管整流器原理框图

## 二、直流电的测量方法

　　直流系统和励磁系统整流后得到的都是直流电，电压互感器和电流互感是不能测量直流电的。直流系统和励磁系统的直流电压为200V左右的低电压，可以用直流电压表和仪器直接测量。但是直流系统和励磁系统的电流达几百甚至上千安培，无法用直流电流表和仪器直接测量，可采用不同于电流互感器原理的电阻器或霍尔电流变送器进行测量。

　　（1）电阻器测量。电阻器测量直流电流如图3-22所示，左边照片与右边原理图完全对应。电阻器1是一只用铸钢浇注的已知精确阻值 $R$ 的电阻，电阻器串联在直流电流流过的铝排3的回路中，直流电流 $I_L$ 流过电阻器时，在电阻器两端产生电压降 $U_Z$，根据欧姆定律可得 $U_Z = I_L R$ 或 $I_L = U_Z / R$。用并联在电阻器两端的直流电压表6用来测量电压 $U_Z$。

（a）实物照片

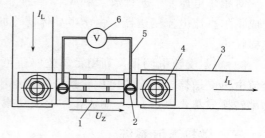

（b）原理图

图3-22　电阻器测量直流电流
1—电阻器；2—螺钉；3—铝排；4—连接螺栓；5—导线；6—直流电压表

141

电阻器测量法的优点是装置简单易行。缺点是电阻器阻值 $R$ 取值小的话，直流电流在电阻器上的热损耗小，但电阻器两端的电压小，表计显示精度低；电阻器阻值 $R$ 取值大的话，直流电流在电阻器上的热损耗大，但电阻器两端的电压大，表计精度高。实际取电阻器电阻 $R=0.00015\Omega$，假设被测直流电流最大值为 500A，则电压表电压最大值 $U_z=500\times0.00015=75mV$。当被测直流电流 $I_L$ 在 0～500A 范围内变化时，电压表电压 $U_z$ 在 0～75mV 范围内变化，但是电压表表面刻度人为刻制成 0～500A，因此直流屏上的直流电流表和励磁屏上的励磁电流表其实是一只直流电压表。一只理想的电压表阻抗应该是无穷大，对被测对象没有分流。很多场合称电阻器为分流器并用"FL"字母表示，由工作原理可知，FL 没有分流功能，因此编者称其为电阻器。

（2）霍尔电流变送器测量法。历史上人们曾错误地认为电流的电荷运动是由正电荷定向运动引起的，实际电荷运动是带负电的自由电子定向运动引起的。因为负电荷定向运动的电特性、定律、公式与同样数量反方向的正电荷定向运动完全一样，所以在电工学中大家约定继续沿用电流的电荷运动是由正电荷定向运动引起的这个概念。

1）霍尔效应。一块有四条边 1、2、3、4 的半导体薄片（图 3-23），在垂直薄片平面方向加磁场 $B$，直流电流 $I_L$ 从边 1 流到边 2，其实是同等数量的电子流从边 2 流到边 1。根

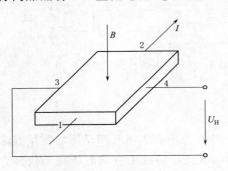

图 3-23 霍尔效应

据物理学知识可知，电子流在磁场中定向运动时会受到洛仑磁力作用，使电子流运动向边 3 发生偏移，于是边 3 出现负电压，边 4 出现正电压。边 4 与边 3 之间的直流电压称霍尔电压 $U_H$，显然，霍尔电压 $U_H$ 正比于磁感应强度 $B$ 和电子流。电子流的反方向是电流，霍尔电压 $U_H$ 正比于磁感应强度 $B$ 和电流 $I_L$，即

$$U_H = K_H B I_L \tag{3-5}$$

式中　$K_H$——霍尔常数。

该半导体薄片称霍尔元件，该现象称霍尔效应。

2）霍尔直流电流变送器。霍尔直流电流变送器中的磁感应强度 $B$ 是永久磁钢产生的恒定磁场，则霍尔直流电流变送器的霍尔电压 $U_H$ 正比于被测电流 $I_L$，即

$$U_H = K_I I_L \tag{3-6}$$

式中　$K_I$——电流计整定系数。

对霍尔电压 $U_H$ 进行放大和 $V/I$ 转换（电压/电流转换）成 4～20mA 标准电模拟量，制成霍尔直流电流变送器。由于半导体薄片的电阻较小，因此直流电流流过半导体薄片时的热损耗小。

3）霍尔交流电测量。利用霍尔效应还可以把交流电流转换成霍尔电压 $U_H$，制成霍尔交流电流变送器。把交流电压转换成霍尔电压 $U_H$，制成霍尔交流电压变送器。把三相交流功率转换成霍尔电压 $U_H$，制成霍尔交流功率变送器。

### 三、微机直流系统

PZG6 型高频开关模块式微机控制直流系统图如图 3-24 所示。下面按功能分别介绍工作原理。

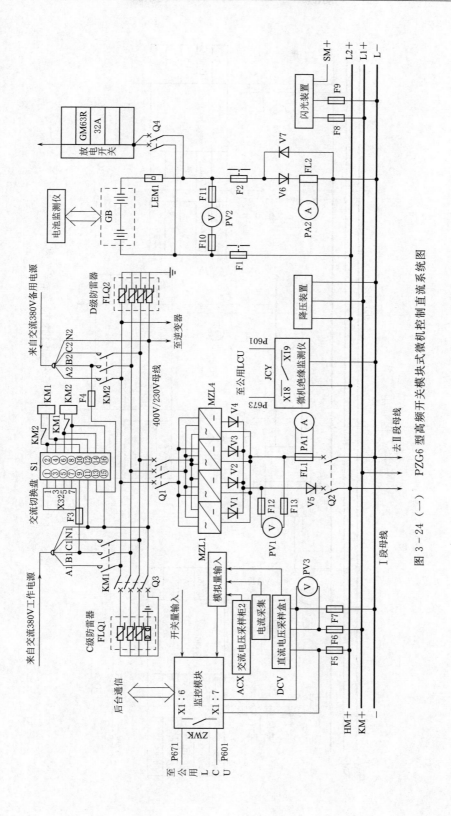

图 3-24 （一）　PZG6 型高频开关模块式微机控直流系统图

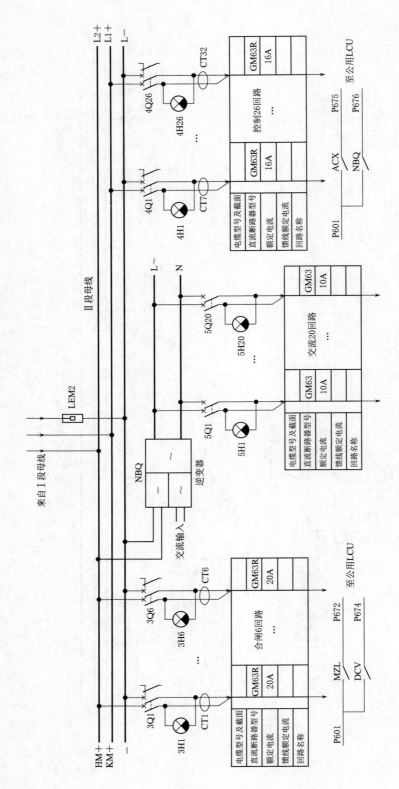

图 3 - 24（二）　PZG6 型高频开关模块式微机控制直流系统图

### 1. 微机监控模块

微机监控模块通过 RS485 通信接口对整流模块、电池监测仪、绝缘监测仪、降压装置等下级智能装置通信联系，实施数据采集并加以显示，根据系统的各种设置数据进行报警处理、历史数据管理等，同时能对这些处理的结果加以判断，根据不同的情况实行电池管理、输出控制和故障回叫等操作。监控模块还可以通过 RS232 和 RS485/RS422 实现与公用 LCU 的通信联系。PZG6 型微机直流系统监控模块的面板布置图如图 3-25 所示，操作键有 17 个包括 1 个确认键、1 个复归键、1 个逗号键、10 个数码键、4 个上下左右鼠标移动键。功能键有 4 个包括 F1（"上页"）、F2（"返回"）、F3（"帮助"）、F4（"下页"）。一个显示屏。

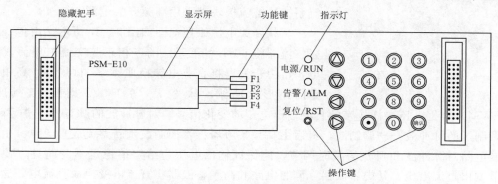

图 3-25  PZG6 型微机直流系统监控模块的面板布置图

微机监控模块采集整流前的交流电压、电流和整流后的直流电压、电流等模拟量，采集反映系统状态的各种开关控制以及对整流模块的限流点和输出电压进行调整。微机监控模块采用的是集开关量输入、输出，模拟量输入、输出和 CPU 为一体的一体化 PLC 专用模块。微机监控模块 CPU 输入、输出接口的信息处理工作原理放在第五章一起介绍。

### 2. 交流切换盒

一路三相四芯电缆来自 380V 工作交流厂用电，另一路三相四芯电缆来自 380V 备用交流厂用电，由交流切换盒对两路交流电源 A1、B1、C1 和 A2、B2、C2 通过自动空气开关 KM1、KM2 进行自动切换，当工作交流厂用电异常（交流失压、过压、欠压、缺相）时，立即自动切换到备用交流厂用电。一旦工作交流厂用电恢复正常，自动切回工作交流厂用电。三相四芯电缆中的零线 N1（或 N2）在此仅仅为交流切换盒和逆变器两个单相交流用户提供相电压的零线。因为交流厂用电已经有两个可以切换、互为备用的交流电源，直流系统的 380V 工作电源和备用电源两根电缆取自同一个交流厂用电 0.4kV 母线，所以交流切换盒在这里不起作用。

### 3. 防雷装置

在交流 230V/400V 母线的两端各设置 C 级防雷器 FLQ1 和 D 级防雷器 FLQ2 用于防雷和过电压保护，能有效地保护充电模块内部的电路不至于因为交流输入回路受感应雷击或线路过电压的涌浪而受到损害，提高直流系统的可靠性。应定期对防雷器进行检查，尤其在雷雨多发季节。防雷器如图 3-26 所示。

C 级防雷器 FLQ1 属于二级防雷器，由氧化锌（电）压敏电阻、气体放电管和空气开关 Q3 组成，三个气体放电管和零线经压敏电阻接地。正常运行时，空气开关 Q3 置于开的位置。

图 3-26 防雷器

压敏电阻窗口绿色为正常，红色为故障，应立即更换。D级防雷器FLQ2属于三级防雷器，应用于重要设备的前端，直接接在230V/400V交流母线上，对设备进行精细保护。当发现LED指示灯有任意一只不亮时，应停电更换整个防雷器。

### 4.整流模块

整流模块在直流系统中一边向直流用户供电，一边向蓄电池充电，故整流模块又称为充电模块，现代水电厂直流系统的整流模块都采用高频开关电源。

高频开关电源原理框图如图3-27所示。由传统的工频整流器将50Hz（工频）的三相正弦交流电整流成直流电，再由斩波器将直流电转换成频率300kHz（高频）恒定的矩形脉冲波，脉宽$T_m$等于1/2周期$T$。调制电路（PWM）根据电压取样送来的直流输出电压的变化信号，对脉冲波的脉宽$T_m$进行调节，输出调制过的脉冲波——调制波，最后由高频整流器再将调制波重新整流成直流电。由于有了调制电路对脉冲波D脉宽的及时调节，能保证输出电压为给定值稳定不变而且方便地人为调节输出直流电压。其中斩波器、调制电路和高频整流器将直流电变换成直流电，这三个电路的组合称DC/DC（直流/直流）高频变换电路。

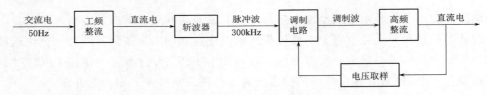

图 3-27 高频开关电源原理框图

当交流电源电压下降或直流负荷电流增大使得整流模块输出电压下降时，电压取样送给调制电路的信号减小，调制脉宽$T_m$增大［图3-28（a）］，高频整流输出直流电压上升，使输出直流电压保持给定值稳定不变；当交流电源电压上升或直流负荷电流减小使得整流模块输出电压上升时，电压取样送给调制电路的信号增大，调制脉宽$T_m$减小［图3-28（c）］，高频整流输出直流电压下降，使输出直流电压保持给定值稳定不变。由此可见，无论是交流电源电压变化还是直流负荷变化，高频开关电源输出直流电压都能保持稳定不变。

220V的高频开关电源，调制电路能保证输出电压在198～286V范围内任意给定值保持不变，连续可调，常规的直流稳压电路输出电压不能调整，高频开关电源输出直流电压方便可调。

整流模块组由M1～M4四个整流模块并联后组成，将交流电整流成直流正、负电压后送到正负母线L2＋、L－两根铝排上，L2＋向蓄电池充电的同时经降压装置将直流电压再送到母线L1＋铝排上。因为所有断路器合闸回路的电源全部由母线L2＋提供，所以母线L2＋又称为合闸母线HM；且因为所有控制回路的直流电源全部由母线L1＋提供，所以母线L1＋又称为控制母线KM。

二极管V1～V4可以防止4个整流模块输出电压不一致时相互之间电流倒灌。二极管

V5 防止整流模块组失电后蓄电池向整流模块组电流倒灌。直流电压表 PV1 测量整流模块组输出电压，也就是测量合闸母线电压 HM＋，PV3 测量控制母线电压 KM＋，直流电流表 PA1（其实是毫伏电压表）经电阻器 FL1 测量整流模块组的输出电流。每一个整流模块的输出电压可以用面板上的电位器手动调节，也可以切换成自动调节。每一个整流模块有交流输入过压、欠压、过温、缺相保护和直流输出过压、欠压保护。整流模块如图 3－29 所示。

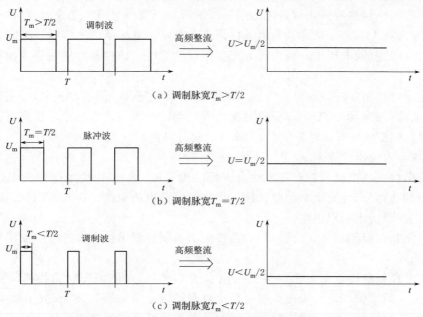

图 3－28　脉宽调制对输出直流电压影响示意图

5. 蓄电池组

任何直流装置中必定有蓄电池组 GB，$n$ 个蓄电池串联构成蓄电池组，串联的蓄电池个数越多，直流装置输出电压越高，并联的蓄电池组越多，直流装置输出电流越大。在交流电源和整流模块正常时，蓄电池组处于浮充电蓄能状态。当交流电源消失或整流模块故障时，由蓄电池组向直流用户供电和逆变器向重要的交流用户供电，确保二次回路的直流、交流用电安全。

（1）蓄电池组回路。蓄电池组接在 I 段母线的 L2＋、L－上，电压表 PV2 测量蓄电池组的电压。因为当整流模块向蓄电池组充电时，二极管 V6 导通、V7 截止，蓄电池组向外供电时，二极管 V7 导通、V6 截止，所以电阻器 FL2 和电流表 PA2 反映的是蓄电池组的充电电流，供显示用。霍尔传感器 LEM2 构成的直流电流计对蓄电池组充电、放电电流测量。

（2）蓄电池组的终止电压。电池组向外放电供电时蓄电池组电压逐渐下降，终止电压是指蓄电池组的最低允许工作电压，蓄电池组电压下降不得低于终止电压。一方面直流用户不允许，另一方面低于终止电压后蓄电池组电压下降较快，对用户不安全。

图 3－29　整流模块

（3）蓄电池组的额定容量。蓄电池组的额定容量是指 10h 恒流放电至终止电压时的恒流放电电流。例如，GF-120 型蓄电池组，额定容量 $C=120\text{Ah}$，表示若以 10h 恒流放电至终止电压，则恒流放电电流为 $C_{10}=12\text{A}$。

（4）蓄电池组运行。在直流装置中由监控模块对蓄电池组的运行进行控制，监控模块控制下的蓄电池组运行如下：

1）监控模块控制整流模块对蓄电池组进行恒流限压充电（稳流均充电），是以设定的均充电流（一般为 $0.1C_{10}\text{A}$）对蓄电池组进行恒流充电，蓄电池组端电压随着时间的增大而逐渐上升。当蓄电池组端电压上升到稳流均充电压设定值时，监控模块控制整流模块转入恒压限流充电。

2）监控模块控制整流模块对蓄电池组进行恒压限流充电（稳压均充电），是以设定的均充电压对蓄电池组进行恒压充电，充电电流随着时间的增大而逐渐减小。当充电电流减小到 $0.01C_{10}\text{A}$ 时，监控模块开始计时，计时 3h（时间可以自己设定，一般为 3h）后，监控模块控制整流模块转入恒压浮充电。

3）监控模块控制整流模块对蓄电池组进行恒压浮充电，是以设定的浮充电压对蓄电池组进行恒压充电。浮充电是蓄电池组长期工作状态，蓄电池组处于浮充蓄能状态时随时可向直流用户和逆变器交流用户供电。

4）恒压浮充运行 720h（30 天）后，监控模块控制整流模块再次转入恒流限压充电，开始新的充电循环。

5）在正常浮充期间，如果出现浮充电流大于 $0.06C_{10}\text{A}$ 的情况，监控模块控制整流模块转入均充电。监控模块设有均充保护时间（可自己设定，一般为 900min），在均充转浮充时，如果不能正常转换，超过设定的保护时间，监控模块会强制整流模块运行于浮充状态。

6. 电池监测仪

电池监测仪安装在蓄电池屏柜的顶部，监测连线直接连接到单个电池的端子上，用来监控单个电池的运行参数，通过与微机监控模块中的信息进行比较，对单个电池的异常情况进行告警。

7. 降压装置

控制母线 KM 上的直流电压是由合闸母线 HM 经降压装置降压后得到的，降压装置由单向导通的降压硅堆（链）、电压调整继电器和手动降压调整旋钮组成。降压硅链（堆）造成控制母线 KM 的电压肯定比合闸母线 HM 的电压低，控制母线 KM 的电压可调。

手动降压调整旋钮如图 3-30 所示。电压装置的调整方法有自动和手动两种，降压装置工作原理图如图 3-31 所示，G1～G6 为 6 只降压硅堆，每一只硅堆由 10 个结面积很大的 PN 结串联而成，因此降压硅堆的正向导通特性与二极管相同，正向导通的 PN 结电压为 0.5～0.7V。每一只降压硅堆 10 个 PN 结，正向导通时的硅堆压降为 5～7V。

（1）自动调整。将每只硅堆正向导通时的压降处于

图 3-30　手动降压调整旋钮

5～7V 的中间值 6V。手动降压调整旋钮 S3 转到"自动"位置，当微机监控模块开关量输出
继电器 KA1～KA6 全失电时，对应的常开接点 KA1～KA6 全断开，HM＋电压经 G6、G5、
G4、G3、G2、G1 六个硅堆送到 KM＋，KM＋电压比 HM＋电压低 36V。

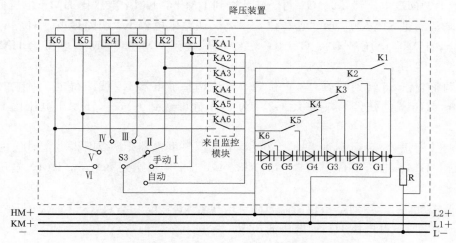

图 3-31 降压装置工作原理图

当微机监控模块开关量输出继电器 KA6 线圈得电时，对应的常开接点 KA6 闭合，电压
调整继电器 K6 线圈得电，对应的常开节点 K6 闭合，HM＋电压经 G5、G4、G3、G2、G1
五个硅堆送到 KM＋，KM＋电压比 HM＋电压低 30V。

当微机监控模块开关量输出继电器 KA5 线圈得电时，对应的常开接点 KA5 闭合，电压
调整继电器 K5 线圈得电，对应的常开节点 K5 闭合，HM＋电压经 G4、G3、G2、G1 四个
硅堆送到 KM＋，KM＋电压比 HM＋电压低 24V。

当微机监控模块开关量输出继电器 KA4 线圈得电时，对应的常开接点 KA4 闭合，电压
调整继电器 K4 线圈得电，对应的常开节点 K4 闭合，HM＋电压经 G3、G2、G1 三个硅堆
送到 KM＋，KM＋电压比 HM＋电压低 18V。

当微机监控模块开关量输出继电器 KA3 线圈得电时，对应的常开接点 KA3 闭合，电压
调整继电器 K3 线圈得电，对应的常开节点 K3 闭合，HM＋电压经 G2、G1 两个硅堆送到
KM＋，KM＋电压比 HM＋电压低 12V。

当微机监控模块开关量输出继电器 KA2 线圈得电时，对应的常开接点 KA2 闭合，电压调
整继电器 K2 线圈得电，对应的常开节点 K2 闭合，HM＋电压经 G1 一个硅堆送到 KM＋，
KM＋电压比 HM＋电压低 6V。

当微机监控模块开关量输出继电器 KA1 线圈得电时，对应的常开接点 KA1 闭合，电压
调整继电器 K1 线圈得电，对应的常开节点 K1 闭合，HM＋电压直接送到 KM＋，KM＋电
压与 HM＋电压相同。

微机监控模块会根据 KM＋的电压变化，自动控制不同的开关量输出继电器 KA1～
KA6 动作，阶梯式调整控制母线 KM＋的电压，使 KM＋电压在允许范围内。

（2）手动调整。降压调整旋钮 S3 转到手动"I"位置，电压调整继电器 K1 线圈得电，
对应的常开接点 K1 闭合，HM＋电压直接送到 KM＋，KM＋电压与 HM＋相同。

降压调整旋钮 S3 转到手动"Ⅱ"位置，电压调整继电器 K2 线圈得电，对应的常开接点 K2 闭合，HM＋电压经 G1 一个硅堆送到 KM＋，KM＋电压比 HM＋电压低 6V。

降压调整旋钮 S3 转到手动"Ⅲ"位置，电压调整继电器 K3 线圈得电，对应的常开接点 K3 闭合，HM＋电压经 G2、G1 两个硅堆送到 KM＋，KM＋电压比 HM＋电压低 12V。

降压调整旋钮 S3 转到手动"Ⅳ"位置，电压调整继电器 K4 线圈得电，对应的常开接点 K4 闭合，HM＋电压经 G3、G2、G1 三个硅堆送到 KM＋，KM＋电压比 HM＋电压低 18V。

降压调整旋钮 S3 转到手动"Ⅴ"位置，电压调整继电器 K5 线圈得电，对应的常开接点 K5 闭合，HM＋电压经 G4、G3、G2、G1 四个硅堆送到 KM＋，KM＋电压比 HM＋电压低 24V。

降压调整旋钮 S3 转到手动"Ⅵ"位置，电压调整继电器 K6 线圈得电，对应的常开接点 K6 闭合，HM＋电压经 G5、G4、G3、G2、G1 五个硅堆送到 KM＋，KM＋电压比 HM＋电压低 30V。

降压调整旋钮 S3 转到空挡位置，HM＋电压经 G6、G5、G4、G3、G2、G1 六个硅堆送到 KM＋，KM＋电压比 HM＋电压低 36V。

运行人员可根据控制母线 KM＋的实际电压情况，手动阶梯式调整 KM＋的电压，使 KM＋电压在允许范围内。例如，CX 水电厂的合闸母线（HM）电压为 250V，控制母线（KM）电压为 220V。因为断路器合闸电磁铁用电的特点是短时间、大电流，会引起合闸母线 HM 电压瞬间下降；球阀直流电动机启动也会引起合闸母线 HM 电压瞬间下降，严重时会危及控制母线上的直流用户用电安全，所以采取降压硅堆将控制母线 KM 与合闸母线 HM 进行隔离。已知每一个硅堆正向电压在 5～7V 范围内波动都处于导通状态，即每一个硅堆正向电压在 2V 范围内波动时都处于导通状态，6 个硅堆正向电压在 12V 范围内波动时都处于导通状态。为此利用硅堆的正向导通特性，保证在合闸母线 HM 电压瞬间波动 ±6V 时，波动部分电压全部消化在硅堆上，控制母线 KM 电压几乎不变，保证控制母线直流用户安全稳定运行。

8. 绝缘检测

直流系统的绝缘检测有绝缘继电器和在线绝缘监测仪两种，PZG6 型高频开关模块式微机控制直流系统采用的是在线绝缘监测仪。

（1）绝缘继电器。绝缘继电器用于监测正、负母线对地的绝缘情况，当母线对地的绝缘电阻低于设定值时（一般直流 220V 系统为 25kΩ，直流 110V 系统为 12.5kΩ），绝缘检测继电器就动作报警，同时在监控模块液晶显示屏上显示报警信息，从绝缘监测继电器上可以确认是正母线（红灯亮）对地绝缘下降还是负母线（绿灯亮）对地绝缘下降。

（2）在线绝缘监测仪。在线绝缘监测仪用于监测正、负母线及各馈电支路的绝缘情况。在正常运行情况下，绝缘监测仪对母线电压进行监测，通过监测母线电压，计算母线对地的绝缘电阻，当母线绝缘电阻低于设定的告警值时，绝缘监测仪转而进入支路巡检状态，测量出有绝缘下降的支路和绝缘电阻，并通过面板上的 LED 指示灯发出告警，同时将此信息上送到监控模块显示。

CT1～CT32 利用电磁原理测量各个支路的绝缘状况。支路绝缘正常时，每个支路的两根导线中一出一回的两个电流方向相反、大小相等，一出一回的两个电流产生的合成磁场为零，当支路发生绝缘下降时，两根导线中一出一回的两个电流方向相反、大小不等，一出一回的两个电流产生的合成磁场不为零。因此合成磁场可以反映支路的绝缘情况。

**9. 逆变器**

对重要的二次屏柜，要求向屏柜提供的单相交流电源必须绝对可靠，保证在交流厂用电消失后单相交流电源不得中断。

在直流系统中设置了逆变器，可以对一些重要的交流用户实行双电源供电，如图 3-32 所示。在交流电源正常时，取自 230V/400V 母线的 A—N 单相交流电源经转换开关直接向单相交流用户供电。当交流电源消失时，转换

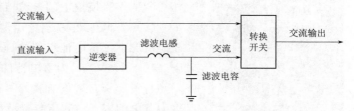

图 3-32　双电源供电中的逆变器供电原理

开关自动切换到直流电源上，逆变器将蓄电池的直流电逆变成单相交流电向交流用户供电。转换时间不大于 5ms，对单体电池电压为 12V 的蓄电池，蓄电池组的电压低于 $10.5nV$ 时（$n$ 为电池组的只数），逆变器自动关闭，关闭前有声光告警。因为直流装置已经能保证大部分重要用户的可靠、安全供电，所以很多水电厂的直流系统中不设逆变器。

**10. 直流用户**

所有直流用户全都从 II 段母线上引出，霍尔传感器 LEM2 构成的直流电流计测量的是 II 段母线上所有负荷的总电流。

（1）合闸回路。电源取自 HM＋，有空气开关 3Q1～3Q6，每一个空气开关带一个信号接点，向监控模块送出开关位置的开关量信号。共 6 回路：1～4 号发电机断路器，主变高压侧断路器，备用 1 回路。CT1～CT6 测量各支路绝缘。该水电厂主变低压侧为隔离开关，不需要提供合闸电源。

（2）控制回路。电源取自 KM＋，有空气开关 4Q1～4Q26，每一个空气开关带一个信号接点，向监控模块送出开关位置的开关量信号。共 26 回路：主变线路保护屏、公用 LCU、1～4 号机组 LCU、计算机台、载波通信、1～4 号调速器和机组测温制动屏、2 号交流厂用电馈电屏、1～2 号发电机保护屏、3～4 号发电机保护屏、1～4 号机励磁屏、长明灯、备用 6 路。CT7～CT32 测量各支路绝缘。

**11. 交流用户**

有的控制屏柜不但需要提供直流电源，还需要提供交流电源。重要的交流用户有主变线路保护屏、公用 LCU 屏、1～4 号机组 LCU 屏、计算机台、载波通信、1～4 号调速器、1～4 号机组测温制动屏、厂变开关柜、6.3kV 断路器、备用 2 路共 20 回路。对应的空气开关为 5Q1～5Q20。当交流厂用电源正常时，由交流厂用电源供电，当交流厂用电源消失时，由逆变器将蓄电池的直流电逆变成交流电供电。

**12. 容量检测试验**

蓄电池组应定期进行容量检测试验，试验时在放电开关 Q4 后面接一只电阻性负载，保证放电电流不大于 $0.1C_{10}A$，然后，在微机监控模块上启动"电池测试"，监控模块会自动控制蓄电池组放电，当蓄电池组的电压低于终止电压或测试时间大于测试终止时间时，蓄电池组立即自动转为充电状态。在微机监控模块的显示屏上可以看到放电容量，一般只需放出

电池容量的 30%～40%，即可从单个电池电压的高低看出电池的好坏。容量检测要求蓄电池放出容量的 40% 时，单个电池电压不低于 11.88V。

图 3-33 直流屏柜布置图
1—直流电流表；2—直流电压表；
3—整流模块；4—触摸屏；
5—馈电开关；6—蓄电池组

13. 使用中的注意事项

（1）微机监控模块内的参数不能随意修改，如果确需修改，必须得到厂家认可。

（2）整流模块上的电位器严禁随意调整。

（3）蓄电池组做容量试验时，不得将蓄电池组的电放尽。任何情况下，蓄电池组的电压不得低于整个蓄电池组的终止电压（10.5$n$）V（$n$ 为蓄电池的个数）。

直流屏柜布置图如图 3-33 所示，左边为微机控制屏，右边为蓄电池屏。该直流装置没设逆变器。微机控制屏最上面右边一只是直流电压表（参见图 3-24 中 PV1），也就是合闸母线 HM＋的电压。左边一只是直流电流表（参见图 3-24 中 PA1），两只表计下面是三只整流模块，最下面是送往各个用户的馈电开关（空气开关），馈电开关上面是人机对话的窗口触摸屏。

# 第三节 微 机 励 磁 系 统

同步发电机发电的必备条件是必须有转子旋转磁场，同步发电机转子旋转磁场是由转子线圈通入直流电后产生的，转子通电线圈中的电流称发电机转子励磁电流，提供励磁电流的电气回路称励磁系统，励磁系统主要由可控硅整流回路和控制回路组成。可控硅整流回路也可以称为励磁系统的一次回路，控制回路也可以称为励磁系统的二次回路，本节主要介绍可控硅励磁系统的一次回路。

## 一、励磁电流的作用

励磁电流的作用是在机组并网之前建立机端电压，并网以后新增加的励磁电流用来带无功功率。发电机转子励磁电流作用示意图如图 3-34 所示。并网前励磁电流从零增大到空载励磁电流 $I_0$，发电机机端电压从零增大到额定电压 $U_r$［图 3-34（a）］；并网后励磁电流从空载励磁电流 $I_0$ 增大到额定励磁电流 $I_r$，发电机无功功率从零增大到额定无功功率 $Q_r$。

当发电机断路器甩负荷跳闸时，无功功率 $Q_r$ 瞬间消失，如果励磁电流不立即减小的话，则本来用来带无功功率的励磁电流 $I_r-I_0$ 立即转用为建立新增的机端电压 $U_g-U_r$，造成发电机过电压［图 3-34（b）］。

例如，FX 水电厂 50000kW 立式机组，额定转速 $n_r=250$r/min，转子空载励磁电流 $I_0=598$A 时，机端

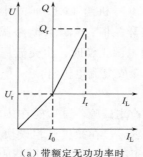

（a）带额定无功功率时

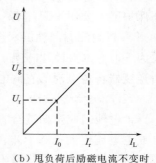

（b）甩负荷后励磁电流不变时

图 3-34 转子励磁电流作用示意图

电压为额定电压 $U_r=10500$V。转子额定励磁电流 $I_L=1100$A 时（此时额定励磁电压 $U_L=140$V），带额定无功功率 $Q_r=37500$kvar。也就是说，转子励磁电流 1100A 中 598A 用来建立机端电压，502A 用来带无功功率，如果断路器甩负荷跳闸后转子励磁电流保持不变，则 1100A 励磁电流全用来建立机端电压，发电机必定过电压。

例如，CX 水电厂 1800kW 卧式机组，额定转速 $n_r=750$r/min，转子空载励磁电流 $I_0=194$A 时（此时的励磁电压 $U_L=22$V），机端电压为空载额定电压 $U_r=6300$V。转子励磁电流 $I_L=363$A 时（此时的励磁电压 $U_L=58$V），带额定无功功率 $Q_r=1350$kvar。也就是说，转子励磁电流 363A 中 194A 用来建立机端电压，169A 用来带无功功率，如果断路器甩负荷跳闸后转子励磁电流保持不变，则 363A 电流全用来建立机端电压，发电机必定过电压。

励磁电流要求能在额定电流 20%～160% 大范围连续调节，只有可控硅整流才能满足这个要求。励磁整流回路的交流电源来自发电机机端，经励磁变压器降压后送入可控硅整流屏。可控硅整流后的励磁电流经励磁电缆送往发电机碳刷滑环机构。水电厂励磁屏布置示意图如图 3-35 所示，起码采用两只屏柜，其中一只为可控硅功率屏，安装可控硅整流装置、灭磁电阻和灭磁开关。另一只为励磁调节屏，安装双微机励磁调节器等控制装置。水电厂励磁系统原理简图如图 3-36 所示。励磁变压器将发电机机端 6.3kV 或 10.5kV 的交流高电压降压成 150V 左右的交流低电压，经可控硅整流后成为 100V 左右的励磁直流电压。当机组正常运行时，灭磁开关 MK 两个常开触头闭合，可控硅整流输出的励磁电流经灭磁开关、励磁电缆、碳刷、滑环送入旋转的发电机转子线圈，

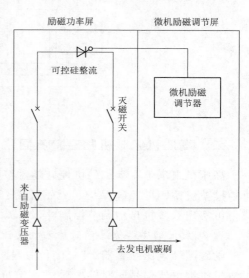

图 3-35 励磁屏布置示意图

与此同时，MK 的常闭触头断开，灭磁电阻退出转子线圈回路。当机组发生事故甩负荷紧急停机时，需要立即切断励磁电流，防止发电机过电压，因此灭磁开关必须在发电机断路器跳闸后立即跟着跳闸，MK 的两个常开触头断开，转子回路的励磁电流中断，与此同时，MK 的常闭触头闭合将灭磁电阻接入转子线圈回路，转子线圈强大的自感电动势通过灭磁电阻放电，防止电弧烧毁灭磁开关的常开触头。可控硅控制极的触发脉冲由微机励磁调节器通过触发回路进行调节控制，可以根据需要调节转子励磁电流的大小。励磁配套电压互感器 2TV 和电流互感器 3TA 向微机励磁调节器调差回路提供发电机电压、电流信号，实现对发电机无功功率的有差调节（与微机调速器对发电机有功功率的有差调节原理相同），发电机并网之前必须向微机励磁调节器提供由电压互感器 3TV 提供的电网电压信号，由发电机机端电压互感器 1TV 提供的机组电压信号，微机励磁调节器自动调节发电机电压跟踪电网电压。正常停机时灭磁开关不跳闸，每次开机励磁投入后首先由起励电源提供起励电流，帮助起励时间超过 10s 后，转为可控硅自主升压，这样可以缩短建立机端电压的时间。大中型水电厂对励磁系统安全可靠要求较高，FX 水电厂 50000kW 机组，不但调节部分采用一主一备的双微机励磁调节器，而且整流部分采用了两路可控硅整流同时工作的方式，一路故障的话，

剩下一路能单独承担整流任务。

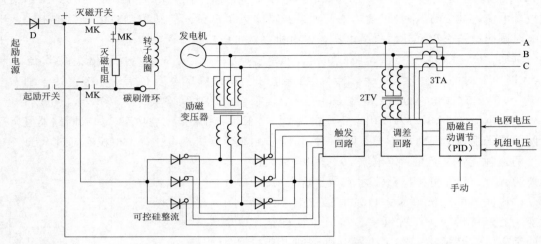

图 3-36 水电厂励磁系统原理简图

## 二、高压机组微机励磁整流回路

高压机组水电厂常用的可控硅励磁整流电气原理图如图 3-37 所示。其主要由三相桥式可控硅整流桥、可控硅保护、灭磁开关、灭磁电阻和励磁配套电压互感器、电流互感器组成，可实现双微机自动调节控制。

1. 双微机励磁调节器同时输入的交流模拟量信号

励磁配套电压互感器 2TV 的付方线圈 U601、V601、W601 和中性线 N601 四个端子将发电机机端电压信号同时输入励磁调节屏内的两个微机励磁调节器。励磁配套电流互感器 3TA 的付方线圈 W431、N431 两个端子将发电机定子电流信号同时输入两个微机励磁调节器。励磁配套 2TV、3TA 为励磁调节器在机组运行中实现有差调节提供电压、电流信号。发电机断路器合闸并网前，母线电压互感器 3TV 测量的是电网电压，3TV 付方线圈 U641、V641、W641 三个端子将电网电压信号同时输入两个微机励磁调节器，在发电机断路器没有合闸前，微机励磁调节器能使机组电压自动跟踪电网电压，为缩短并网时间提供条件。励磁变压器低压侧电流互感器 TA 测量励磁交流电流，同时送入两个微机励磁调节器，在励磁电流过大时进行过励保护。在励磁变压器交流低压侧直接引出三相电压信号，同时输入两个微机励磁调节器，作为控制极触发脉冲的同步信号。

2. 励磁变压器及高压侧

图 3-37 中励磁变压器 LB、高压熔断器 RD 和隔离开关 1QS、电压互感器 2TV 都是励磁变压器及高压侧设备，励磁变压器高压侧布置如图 3-38 所示。来自发电机机端高压电缆 1 由下而上到顶部，然后向下与隔离开关 2（1QS）上桩头连接，隔离开关向下经高压熔断器 3（RD）、高压铝排 4 与励磁变压器（LB）高压侧连接。给励磁配套的电压互感器 5（2TV）接在励磁变压器的高压侧，测量的还是发电机机端电压。环氧树脂浇注的干式励磁变压器如图 3-39 所示，来自发电机机端的高压电缆 1 经隔离开关、高压熔断器、高压铝排 2 与干式励磁变压器 4（LB）高压侧连接，励磁变压器将发电机机端的 6.3kV（或 10.5kV）

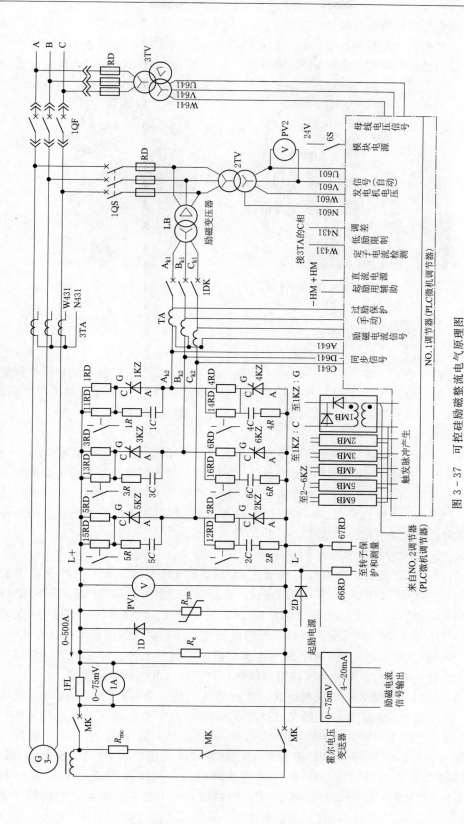

图 3 - 37 可控硅励磁整流电气原理图

155

高压三相交流电经励磁变压器降压成100～150V左右的低压三相交流电，经三根低压电缆3送往发电机层机组边上的可控硅整流屏，由可控硅整流屏内的三相可控硅整流成100V左右的直流电，最后通过发电机上的碳刷滑环机构送入正在转动的发电机转子线圈。

图3-38 励磁变压器高压侧布置
1—高压电缆；2—隔离开关1QS；
3—高压熔断器RD；4—高压铝排；
5—电压互感器2TV

图3-39 干式励磁变压器
1—高压电缆；2—高压铝排；
3—低压电缆；4—干式励磁变压器LB

　　励磁变压器安装在水轮机层的励磁变压器室，由于励磁变压器单独向三相可控硅整流回路负荷供电，因此励磁变压器原方高压电源侧的电流大小完全由付方低压侧负荷电流决定。励磁变压器也有干式和油浸式两种，现在大部分采用干式励磁变压器。

　　3. 励磁变压器交流低压侧

　　图3-37中1DK、TA为励磁变压器交流低压侧，励磁交流低压侧布置如图3-40所示，来自水轮机层的励磁变压器低压侧的电缆4由下而上进入发电机层机组旁励磁整流屏的底部，低压电缆经过三触头的手动刀闸3（1DK）后转为铝排1，铝排穿过电流互感器2（TA）向上送入三相桥式可控硅整流回路。手动刀闸1DK必须在可控硅整流回路停止工作时才能拉闸、合闸，否则会出现较大电弧。

　　4. 三相桥式可控硅整流

　　图3-37中1KZ～6KZ6个可控硅构成三相桥式可控硅整流，输入三相交流电的铝排AK2同时与可控硅1KZ阳极和4KZ阴极连接，铝排BK2同时与可控硅3KZ阳极和6KZ阴极连接，铝排CK2同时与可控硅5KZ阳极和2KZ阴极连接。六只可控硅整流管布置图如图3-41所示。每根输入进线输入交流铝排3经桥臂铝排2连接对应的两只可控硅整流管1，经可控硅整流后的直流电从两根水平布置的直流输出铝排4（L+）和直流输出铝排5（L−）经灭磁开关和励磁电缆送往发电机的碳刷滑环机构，最后送入发电机转子线圈。

　　图3-37中1KZ～6KZ构成三相桥式可控硅整流，每一个可控硅有阳极A、阴极C和控制极G。PLC微机励磁调节器经触发脉冲变压器1MB两个输出端分别接在1KZ的C极和G极；触发脉冲变压器2MB两个输出端分别接在2KZ的C极和G极；触发脉冲变压器3MB两个输出端分别接在3KZ的C极和G极；触发脉冲变压器4MB两个输出端分别接在4KZ的C极和G极；触发脉冲变压器5MB两个输出端分别接在5KZ的C极和G极；触发脉冲变压器6MB两个输出端分别接在6KZ的C极和G极。6个可控硅触发脉冲变压器

如图 3-42 所示，微机励磁调节器能调节触发脉冲的控制角，三相桥式可控硅全波整流的控制角 α 在 0°~180°范围内可调，可方便地调节可控硅整流回路输出端 L＋、L－的励磁电压。

图 3-40 励磁交流低压侧布置
1—铝排；2—电流互感器 TA；
3—手动刀闸 1DK；4—电缆

图 3-41 可控硅整流管布置图
1—可控硅整流管；2—桥臂铝排；3—进线交流铝排；
4—直流输出铝排 L＋；5—直流输出铝排 L－

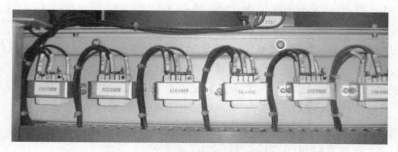

图 3-42 可控硅触发脉冲变压器

#### 5. 可控硅保护措施

（1）熔断器过电流保护。图 3-37 中每一个可控硅串联了两个并联的熔断器作为可控硅的过电流保护，其中 1RD、2RD、3RD、4RD、5RD、6RD 为熔断器，与熔断器并联的 11RD、12RD、13RD、14RD、15RD、16RD 称快熔发信器。熔断器和快熔发信器如图 3-43 所示，将熔断器 2 与快熔发信器 1 并联后与可控硅串联，对可控硅进行过电流保护。当流过可控硅的电流大于允许值时，两只并联熔断器中总有一个熔断，那么快熔发信器就肯定熔断，快熔发信器内部的弹簧弹出撞击微动开关，发出开关量信号送机组 LCU，作用机组事故停机。

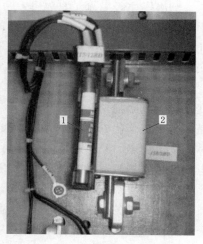

图 3-43 熔断器与快熔发信器
1—快熔发信器；2—熔断器

（2）阻容吸收过电压保护。图 3-37 中可控硅 1KZ 边上并联了串联电容 1C 和电阻 1R；2KZ 边上并联了串联电容 2C 和电阻 2R；3KZ 边上并联了串联电容 3C 和电阻 3R；4KZ 边上并联了串联电容 4C 和电阻 4R；5KZ 边上并联了串联电容 5C 和电阻 5R；6KZ 边上并联了串联电容 6C 和电阻 6R。可控硅在从导通转为截止或从截止转为导通的换相过程中，由于转子线圈巨大的电感量，转子线圈产生的自感电动势会对可控硅产生过电压威胁。将电容 C 与电阻 R 串联后并联在可控硅 KZ 边上，利用电容器 C 两端电压不能突变的特性，对可控硅两端可能出现的瞬间过电压进行吸收缓冲，进行过电压保护。

（3）压敏电阻过电压保护。图 3-37 中在可控硅整流输出端 L＋、L－之间接一只压敏电阻 $R_{ym}$，可以对可控硅进行过电压保护。用金属氧化物制成的压敏电阻 $R_{ym}$ 具有电阻非线性系数大、电压过高时阻值下降快、允许通过电流的能力大、电压正常时阻值大、功耗小等优点。因此，抑制过电压能力强。当压敏电阻两端 L＋、L－ 的电压过高时，压敏电阻的阻值迅速变小，从而限制了可控硅整流输出端 L＋、L－ 之间电压上升。与压敏电阻 $R_{ym}$ 并联的直流电压表 1V 测量励磁电压，安装在励磁控制屏屏柜面上，称励磁电压表。

（4）外接电阻过电压保护。发电机在欠励情况下运行发生失步或线路故障时，转子线圈会产生较高的自感电动势，对可控硅产生过电压威胁。转子线圈自感电动势的上升速度不快，但能量较大，此时吸收瞬间过电压的 RC 阻容过电压保护已起不了多大作用。图 3-37 中在可控硅整流输出端 L＋、L－ 之间再接一只与压敏电阻并联的外接电阻 $R_e$，取 $R_e$ 的阻值为转子线圈阻值的 100 倍，正常工作中 $R_e$ 消耗的电能是转子线圈消耗电能的 1%，但失步或线路故障时可以吸收线圈部分自感电动势的能量。减小过电压威胁。

（5）续流二极管。从三相桥式可控硅整流原理中可知，6 个可控硅是有规律地两只一对串联轮流导通或关闭，如果可控硅该关闭时不关闭，另外两只可控硅却导通，其后果是发生交流电源两相线电压短路。图 3-37 中跨接在 L＋、L－ 之间的续流二极管 1D 能在可控硅控制角 $\alpha > 60°$ 后（参见图 1-94），在可控硅整流输出电压断续时段作为转子线圈自感电动势放电电流的续流通道，不让自感电动势的电流从应该关闭的可控硅流通，保证应该关闭的可控硅可靠关闭，防止发生两相线电压在相邻两个可控硅之间发生短路。

**6. 励磁电压电流测量方法**

励磁电压、电流是直流电，与直流系统的电压、电流测量一样，不能用互感器测量。由于励磁电压比较低，一般为 100～200V，可以用直流电压表直接测量。因为励磁电流一般为几百甚至上千安培的大电流，所以不能用直流电流表直接测量，必须用电阻器或霍尔直流电流变送器测量。

图 3-37 中采用电阻器 1FL 测量可控硅输出的励磁电流，当励磁电流在 0～500A 之间变化时，电阻器两端会产生 0～75mV 的直流电压，并联在电阻器边上的电流表 1A 实际上是一只直流毫伏电压表，只不过表面刻度为电流。电流表 1A 安装在励磁控制屏屏柜面上，称励磁电流表。霍尔电压变送器再将 0～75mV 的直流电压模拟量转换成 4～20mA 的标准电模拟量送机组 PLC 模拟量输入回路，供上位机数据显示用。

**7. 转子一点接地保护**

不断旋转的发电机转子正负两端经滑环、碳刷、灭磁开关 MK 与可控硅整流的正负极 L＋、L－ 连接。如果正负两端中有一端绝缘破坏，就称发生转子一点接地故障，发生转子一点接地故障时不需要停机，只要报警即可，运行人员必须尽快检查并排除故障，如果不及时排除故障，再发生另一端接地，那就转为励磁系统短路事故。图 3-37 中转子保护和测量装置经熔断器 66RD、67RD 监测可控硅整流输出的正负极 L＋、L－对地绝缘，也就是转子对地绝缘。

8. 灭磁方法

发电机跳闸停机时，必须立即断开灭磁开关，切断转子励磁电流，防止发电机定子过电压。但是突然切断励磁电流，转子线圈强大的电感会产生很高的自感电动势，将转子线圈中的磁场能转换成电能，在灭磁开关动、静触头之间出现强烈的电弧，烧毁灭磁开关的触头，为此停机后必须采取灭磁措施，将转子线圈内的磁场能进行合理释放。根据不同的停机方式，发电机灭磁有事故停机电阻灭磁和正常停机逆变灭磁两种方法。

（1）事故停机电阻灭磁。发电机断路器甩负荷事故跳闸停机时，要求灭磁开关跟着紧急跳闸，否则本来用来带无功负荷的转子励磁电流现在用来建立定子机端电压，造成发电机定子过电压绝缘击穿事故。灭磁开关紧急跳闸时要求同时对转子进行快速灭磁，否则转子线圈产生的强大自感电动势放电，会烧坏灭磁开关的触头。发电机事故停机时的快速灭磁有灭磁电阻灭磁和非线性电阻灭磁两种方法。

1）灭磁电阻灭磁。灭磁开关如图 3－44 所示，可控硅整流输出铝排 L＋、L－两路经过的灭磁开关只需两个开关触头，但是灭磁开关采用了 3 个开关触头，中间没有灭弧罩的触头为常闭触头，左右两个灭弧罩罩住的触头为常开触头。灭磁开关可以手动合闸，手动分闸，也可以自动合闸，自动分闸。

采用硅钢片制成的灭磁电阻（图 3－45）进行灭磁耗能。图 3－37 中灭磁开关 MK 正常运行时在合闸位置，两个常开触头闭合，转子线圈经碳刷滑环机构接入可控硅整流的输出励磁电流，一个常闭触头断开，灭磁电阻 $R_{mc}$ 退出转子回路。

图 3－44 灭磁开关 　　　　　　　　　图 3－45 灭磁电阻

在机组事故停机，发电机断路器紧急跳闸后，灭磁开关 MK 跟着紧急跳闸，两个常开触头断开，转子线圈退出可控硅整流回路，励磁电流中断，一个常闭触头闭合，转子线圈经碳刷滑环机构紧急接入灭磁电阻 $R_{mc}$ 回路。自感电动势对灭磁电阻放电，将转子线圈的磁场能转换成灭磁电阻的热能。

灭磁开关跳开后，从转子线圈中的自感电动势对灭磁电阻放电的角度来看，转子线圈经灭磁开关常闭触头与灭磁电阻为并联关系。灭磁电阻灭磁的优点是简单可靠、快速灭磁；缺点是由于灭磁电阻阻值恒定，转子自感电动势刚开始向灭磁电阻放电时，放电电流比较大，造成在灭磁电阻上的电压比较高，此时已经与灭磁电阻成为并联关系的转子线圈可能遭受过电压的威胁。

2）非线性电阻灭磁。PX 水电厂的非线性电阻灭磁电气原理图（非常少见）如图 3-46 所示，虚线框内为非线性灭磁组件。采用阻值随外加电压变化的氧化锌非线性电阻灭磁，可以避免转子线圈可能遭受过电压的威胁。这种灭磁方式是利用非线性电阻的压（电压）敏特性，使转子励磁电流快速衰减。其缺点是转子线圈快速灭磁的可靠性完全取决于非线性灭磁组件电子元件工作的可靠性。

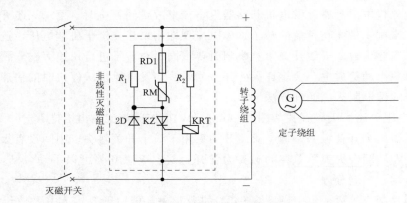

图 3-46  PX 水电厂非线性电阻灭磁电气原理图

图中显示非线性灭磁组件与转子线圈为并联关系，非线性电阻灭磁可分为：建压、换流、耗能三个阶段。正常运行时转子线圈的两端电压维持在正常水平，远没有达到非线性电阻 RM 的导通电压值，因此非线性电阻的阻值很大，可近似认为开路，非线性灭磁组件不影响转子线圈的正常工作。当事故停机灭磁开关跳闸时，转子线圈产生的自感电动势使得非线性电阻两端的电压升高，进入"建压"阶段。当电压达到非线性电阻的导通电压时，非线性电阻的阻值迅速下降到很小值，流过非线性电阻的电流迅速增大，经电弧流过灭磁开关触头的电流迅速减小，当流过非线性电阻的电流等于转子线圈自感电动势的放电电流时，灭磁开关触头处的电弧熄灭，整个回路完成"换流"。此后，转子线圈中所有的磁场能以自感电动势放电的形式全部消耗在非线性电阻上，完成"耗能"。由于非线性电阻 RM 导通后的阻值比较小，尽管流过非线性电阻的电流比较大，但电流在非线性电阻上产生的电压还是比较低，从而保证了转子线圈不过电压。KRT 为非线性电阻灭磁的可控硅触发脉冲发生器，改变可控硅 KZ 的导通角，可以控制流过非线性电阻的电流，熔断器 RD1 作为可控硅过电流保护，二极管 2D 作为可控硅反向过电压保护。

比较可知灭磁电阻灭磁和非线性电阻灭磁两者回路上主要不同之处是灭磁电阻在灭磁开关合闸时退出转子回路，灭磁开关跳闸后接入转子回路。非线性电阻无论灭磁开关合闸还是跳闸，永远与转子线圈并联在一起。因此，灭磁电阻灭磁的灭磁开关有三个触头，非线性电阻灭磁的灭磁开关只需两个触头。

（2）正常停机逆变灭磁。正常停机时是先手动或自动关小水轮机导叶，减小有功负荷为零；手动或自动降低转子励磁电流，减小无功负荷为零，再跳开发电机断路器。由此可见，正常停机发电机断路器跳闸后，转子线圈已经是比较小的空载励磁电流，定子为空载额定电压，不会出现发电机定子过电压，也就不必对转子线圈进行快速灭磁，因此也不必跳开灭磁开关，而是采用逆变灭磁。

正常运行时，灭磁开关和发电机断路器都在合闸位置，发电机一方面向电网供电，另一方面经励磁变压器由可控硅整流后向转子线圈提供励磁电流，可控硅控制角 $\alpha < 180°$，导通角 $\beta > 0°$，可控硅整流时电流方向如图 3-47 （a）所示。正常停机时，先增大可控硅的控制角，导通角跟着减小，励磁电流减小，将发电机的无功功率卸到零。然后跳开发电机断路器，但不跳灭磁开关。再将可控硅的控制角 $\alpha = 180°$。当励磁电流从空载励磁电流减小到零后，将可控硅的控制角继续增大到 $\alpha > 180°$，使可控硅从整流工作区进入逆变工作区。由于转子磁场随着励磁电流的消失而消失，变化磁通在转子线圈中会产生自感电动势，自感电动势产生的电流经可控硅逆变成交流电 ［图 3-47 （b）］，反向经励磁变压器到发电机三相定子线圈，使三相定子线圈发热，从而将转子线圈磁场能转换成发电机定子线圈的热能（不会烧毁定子线圈），实现逆变灭磁，此时的发电机三相定子线圈的作用相当于灭磁电阻的耗能作用。关于有的书中提到的逆变灭磁将转子的磁场能转换成电能送上电网的说法是错误的，原因是逆变灭磁时，发电机断路器已经跳闸脱离电网了。

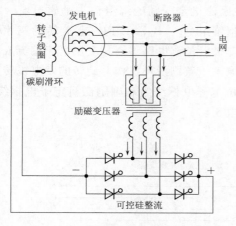

（a）可控硅整流时电流方向　　　　　　　　　　（b）可控硅逆变时电流方向

图 3-47　可控硅整流和逆变时的电流方向

双微机励磁屏柜布置图如图 3-48 所示，左边这只屏柜为可控硅整流屏，有时称功率屏，柜内安装可控硅、灭磁开关和灭磁电阻。右边这只屏柜为励磁控制屏，柜内安装双微机调节器、励磁二次回路。因为发电机没有并网之前，调节励磁电流可以调节发电机机端电压，所以励磁控制屏柜上不但有励磁电压表、励磁电流表，还有发电机机端电压表。

## 三、低压机组发电机励磁系统

低压机组发电机转子励磁有静止可控硅励磁、无刷励磁和电抗分流励磁三种方式，其中静止可控硅励磁与高压机组发电机励磁基本相同，在此只介绍无刷励磁和电抗分流励磁。

### 1. 无刷励磁

首先约定，发电机输出电流的绕组称电枢绕组，产生磁场的绕组称励磁绕组。低压机组常见的无刷励磁系统原理图如图 3-49 所示，无刷励磁发电机由主发电机、主励磁机和副励

图 3-48　双微机励磁屏柜布置图

磁机三台发电机组成，其中发电机定子电枢绕组和副励磁机定子电枢绕组一起布置在发电机定子铁芯的线槽内，共用一个发电机转子旋转磁场，因此称其为"双绕组发电机"。发电机定子电枢绕组 $A_1$、$B_1$、$C_1$ 向电网输出三相交流电流，副励磁机定子电枢绕组 $A_2$、$B_2$、$C_2$ 向三相桥式可控硅半控整流输出三相交流电流。因为作为低压机组的发电机定子三相电枢绕组需要直接向单相民用负荷供电，所以三相定子电枢绕组接成"$Y_0$"连接，引出零线 N 并接地，构成三相四线制供电。

常规的发电机由固定不转的定子电枢绕组输出电流，旋转的转子励磁绕组产生旋转磁场。但是主励磁机正好相反，定子励磁绕组产生不旋转磁场，旋转的转子电枢绕组输出三相交流电流。三相桥式可控硅半控整流将副励磁机定子电枢绕组输出的三相交流电流整流为直流电流，向主励磁机定子励磁绕组输入励磁电流。在不旋转的定子磁场切割下，旋转的主励磁机转子电枢绕组 $A_3$、$B_3$、$C_3$ 向一起旋转的三相桥式二极管整流输出三相交流电流，旋转的三相桥式二极管整流电路将三相交流电流整流成直流电流输入一起旋转的发电机转子励磁绕组，因此取消了碳刷滑环机构。旋转的发电机转子励磁绕组产生的旋转磁场同时切割固定不转的发电机定子电枢绕组和副励磁机定子电枢绕组，在发电机机端和副励磁机机端分别输出三相交流电压。

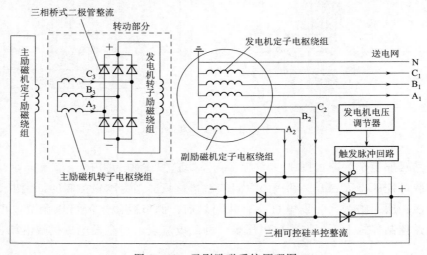

图 3-49　无刷励磁系统原理图

调节半控三只可控硅触发脉冲，可以调节主励磁机定子励磁绕组的磁场，改变旋转的主励磁机转子电枢绕组输出给旋转二极管整流回路的三相交流电流，调节了输入发电机转子励磁绕组的励磁电流，从而并网之前可以调节发电机定子电枢绕组的机端输出电压，并网以后可以调节发电机所带的无功功率。

发电机启动达到额定转速后，靠发电机转子励磁绕组铁芯的剩磁在副励磁机定子电枢绕组中产生的微弱三相交流电流，三相桥式可控硅半控整流将微弱的三相交流电流整流成微弱的励磁电流，微弱的励磁电流在主励磁机定子励磁绕组中产生微弱的定子磁场。主励磁机转子电枢绕组在微弱的定子磁场切割下产生微弱的三相交流电流，经旋转的三相桥式二极管整流后输出微弱的励磁电流给旋转的发电机转子励磁绕组，使发电机转子励磁绕组的磁场开始增大，经过这么一次一次正向轮回，很快就建立了发电机机端额定电压。用剩磁建立机端电压的过程称"自励"。如果停机时间较长，发电机转子励磁绕组的铁芯剩磁太小无法自励的话，可以用大号干电池的正负两极对主励磁机定子励磁绕组的"＋"、"－"两极进行充电起励，注意充电的极性不能弄反。

无刷励磁的主励磁机和旋转二极管如图3-50所示，不转的三相桥式可控硅半控整流输出励磁电流给不转的主励磁机定子励磁绕组2（磁极N、S、N、S间隔排列），主励磁机定子励磁绕组产生的磁场使旋转的主励磁机转子电枢绕组1输出三相交流电流，经与主励磁机转子电枢绕组一起旋转的6只三相桥式二极管3整流成励磁电流，励磁电流送入与6只三相桥式二极管一起旋转的发电机转子励磁线圈。由于火电厂的汽轮发电机转速普遍为3000r/min（只有核电厂的汽轮发电机为1500r/min），碳刷的磨损结碳成了最头疼的问题，因此越来越多的汽轮发电机也采用无刷励磁。

图3-50 无刷励磁的主励磁机和旋转二极管
1—主励磁机转子电枢绕组；2—主励磁机定子励磁绕组；
3—旋转三相桥式二极管

**2. 电抗分流励磁**

低压发电机常用的双绕组电抗分流励磁系统原理图如图3-51所示，跟高压机组一样需要碳刷滑环机构。同时又与无刷励磁的发电机定子一样，定子铁芯线槽内也布置了发电机定子绕组和励磁机定子绕组，故也称双绕组发电机。两组定子绕组共用一个发电机转子旋转磁场。其中发电机定子绕组向电网输出三相交流电流，励磁机定子绕组向三相桥式二极管整流回路输出三相交流电流。三相桥式二极管整流回路将交流电转为直流电后，经碳刷滑环机构向发电机转子励磁绕组送入励磁电流。

（1）电位器的作用。电位器支路与转子绕组为并联关系，对转子绕组的电流进行分流，从而可以调节转子励磁电流。例如，调小电位器阻值，电位器支路分流电流增大，转子绕组电流减小，发电机机端电压下降；调大电位器阻值，电位器支路分流电流减小，转子绕组电流增大，发电机机端电压上升。由于电位器的调节范围很小，因此只能对发电机在额定电压附近进行小范围的调整。

（2）电抗器的作用。发电机的机端电压调整主要靠调整电抗器的气隙和移动电抗器的动触头来实现的。为了使问题分析简单，将三相电抗调节励磁系统原理图简化成A相电抗调节励磁系统原理图（B相、C相原理相同）。A相电抗分流励磁系统原理图如图3-52所示，由图3-52可知，发电机A相定子绕组经A相电抗器绕组的线圈匝数为 $W_1$，励磁机a相定子绕组经A相电抗器绕组的线圈匝数为 $W_1+W_2$。A相电抗器线圈匝数 $W_1$ 是发电机定子绕组回路和励磁机定子绕组回路的公用电抗线圈，$W_2$ 是励磁机定子绕组回路单独的电抗线圈。发电机 A 相绕组输出的负荷电流 $I_A$ 流过负荷、电抗器线圈匝数 $W_1$。励磁机 a 相绕组输出的励磁电流 $I_a$ 流过二极管整流回路、电抗器线圈匝数 $W_1 + W_2$。

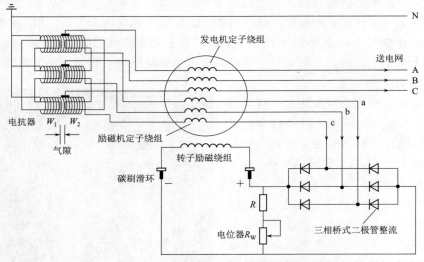

图 3-51　双绕组电抗分流励磁系统原理图

1）发电机空载电压调整。发电机空载时 A 相电抗分流励磁系统原理图如图 3-53 所示。

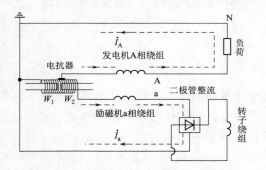

图 3-52　A 相电抗分流励磁系统原理图

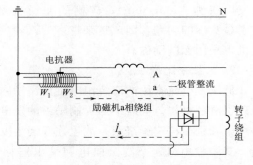

图 3-53　发电机空载时 A 相电抗分流励磁系统原理图

a. 调整电抗器铁芯气隙

发电机在空载额定转速时，减小电抗器铁芯气隙，电感线圈 $W_1$ 和 $W_2$ 的电感量 $L$ 同时增大，励磁机绕组回路的阻抗 $Z$ 增大，励磁机绕组输出给二极管整流的交流电流 $I_a$ 减小，整流后的发电机转子绕组的励磁电流减小，发电机空载电压下降；增大电抗器铁芯气隙，电感线圈 $W_1$ 和 $W_2$ 的电感量 $L$ 同时减小，励磁机绕组回路的阻抗 $Z$ 减小，励磁机绕组输出给二极管整流的交流电流 $I_a$ 增大，整流后的发电机转子绕组的励磁电流增大，发电机空载电压上升。

b. 移动电抗器动触头

发电机在空载额定转速时，定子绕组电流 $I_A$ 为零，移动电抗器动触头，对励磁机绕组回路没有任何影响，因此发电机空载电压不变。

2）自动恒压功能。一般的发电机带的负荷增大，输出电流增大，负载电流中的感性无功电流对转子磁场的去磁作用增大及定子电流在发电机绕组导线内阻上的电压降增大，都会造成发电机机端电压下降；发电机带的负荷减小，输出电流减小，负载电流中的感性无功电流对转子磁场的去磁作用减小及定子电流在发电机内阻上的电压降减小，都会造成发电机机端电压上升。这种发电机电压随负荷大小变化而变化的波动对负荷是很不利的，因此在一般的发电机运行中要根据机端电压的变化，不断及时调节励磁电流，维持机端电压不变或在规定范围内变。采用的电抗分流技术，可以使得发电机输出电流变化时，机端电压不变或变化较小，这就是电抗分流具有的自动恒压功能。

根据电工学叠加原理（参见图 1-12）可以认为在多个电源作用同一个回路时，如果只讨论其中一个电源对回路起的作用，只需将不起作用的其他电源短路。根据这个原理，为了分析问题简单，在分析负荷电流 $I_A$ 被电抗分流对发电机自动恒压所起的作用时，可以将不起作用的励磁机 a 相绕组短路，电抗分流自动恒压功能原理图如图 3-54 所示。

由图 3-54 可知，只要发电机带负荷运行，发电机定子 A 相绕组就有输出负荷电流 $I_A$，负荷电流 $I_A$ 流过负荷回到电抗器时，被线圈 $W_1$ 分成两路 $I'_A$ 和 $I''_A$，其中部分负荷电流 $I''_A$ 流过二极管整流回路时被整流成励磁电流流过发电机转子绕组。当发电机输出负荷电流 $I_A$ 增大时，本来会造成发电机机端电压下降，但电抗分流电流 $I''_A$ 也增大，经二极管整流后的转子励磁电流跟着增大，发电机机端电压上升；当发电机输出负荷电流 $I_A$ 减小时，本来会造成发电机机端电

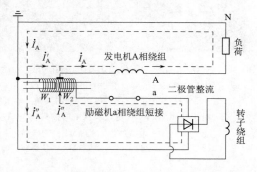

图 3-54 电抗分流自动恒压功能原理图

压上升，但电抗分流电流 $I''_A$ 也减小，经二极管整流后的转子励磁电流跟着减小，发电机机端电压下降，起到了很好的自动恒压功能。因此，电抗分流励磁又称自励恒压装置。

（3）发电机带负荷运行时的电压调整。只要发电机带负荷运行，定子就有输出负荷电流 $I_A$，移动电抗器动触头都可以调整发电机机端电压。

1）带负荷运行时移动电抗器动触头对发电机电压的影响。左右移动电抗器动触头，励磁机定子绕组经电抗器绕组的线圈匝数 $W_1+W_2$ 丝毫没变。但是改变了发电机定子绕组经电抗器绕组的线圈匝数 $W_1$，从而对发电机输出电压有影响。

左移电抗器动触头，线圈匝数 $W_1$ 减少，电抗分流的电流 $I'_A$ 增大；线圈匝数 $W_2$ 增大，电抗分流的电流 $I''_A$ 减小，电流 $I''_A$ 流过二极管整流回路时被整流成的励磁电流减小，发电机机端电压下降。右移电抗器动触头，线圈匝数 $W_1$ 增大，电抗分流的电流 $I'_A$ 减小，线圈匝数 $W_2$ 减小，电抗分流的电流 $I''_A$ 增大，电流 $I''_A$ 流过二极管整流回路时被整流成的励磁电流增大，发电机机端电压上升。

2）带负荷运行时调整电抗器铁芯气隙对发电机电压的影响。发电机带负荷运行时，增大电抗器铁芯气隙，电感线圈 $W_1$ 和 $W_2$ 的阻抗 $Z$ 同时减小，流过二极管整流回路的交流电流增大，被整流成的励磁电流增大，发电机机端电压上升。发电机带负荷运行时，减小电抗器铁芯气隙，电感线圈 $W_1$ 和 $W_2$ 的阻抗 $Z$ 同时增大，流过二极管整流回路的交流电流减小，被整流成的励磁电流减小，发电机机端电压下降。

（4）电抗分流调整方法。由前面分析可知，调整电抗器铁芯气隙，既可以调整发电机空载电压，也可以调整发电机带负荷运行时的电压；移动电抗器动触头，只能调整发电机带负荷运行时的电压，对发电机空载电压毫无影响，因此规定用调整电抗器铁芯的气隙来调整发电机的空载电压，用移动电抗器动触头来调整发电机运行时的电压。

图 3-55 没有动触头的电抗分流励磁装置

1—三相桥式整流二极管；2—中性点接地电缆；3—中性点连接片；
4—发电机绕组电缆；5—电流互感器；6—电抗线圈末端；
7—电抗线圈 $W_1$；8—电抗线圈中间抽头；9—电抗线圈 $W_2$；
10—电抗线圈首端；11—气隙垫片；
12—调压可控硅；13—电抗器铁芯

没有动触头的电抗分流励磁装置如图 3-55 所示，只能通过调整电抗器铁芯 13 的气隙垫片 11 来调整发电机空载机端电压。6 只三相桥式整流二极管 1 将励磁机输出的三相交流电流整流成直流励磁电流，经碳刷滑环机构送入发电机转子线圈。用调压可控硅 12 取代电位器，调整运行中的发电机机端电压效果更好。中性点连接片 3 将电抗器末端 6 连接在一起并经中性点接地电缆 2 接地，成为三相"Y"连接中性点接地的三相四线制供电。电抗线圈中间抽头 8 经发电机绕组电缆 4 与发电机三相绕组连接，电抗线圈首端 10 与励磁机三相绕组连接。电抗线圈 7 的匝数 $W_1$ 固定不能调整，电抗线圈 9 的匝数 $W_2$ 也不能调整。

（5）常见故障分析与处理：

1）发电机较长时间停机，开机后电压无法建立。原因：发电机转子刚开始转动时，转子绕组中的励磁电流为零，初始的机端电压是靠转子铁芯的剩磁来建立的，当停机时间较长时，剩磁很小甚至消失，故无法建立开机后的机端电压。

处理：用大号干电池对碳刷滑环机构的"+"、"−"两端进行充电助励，注意充电时的极性不能弄反。

2）发电机在空载额定转速时，机端电压达不到额定电压。原因 1：电位器支路与转子绕组是并联关系，当电位器阻值变小或短路时，对转子支路的分流太大，造成转子电流偏小。

处理：更换阻值稳定、耐磨性好的高品质电位器。

原因 2：电抗器气隙太小，$W_1$ 和 $W_2$ 的电感量太大，造成励磁机绕组回路的阻抗增大，在额定转速下，励磁机绕组输出电流减小。

处理：调整电抗器气隙，使气隙符合要求，调整完毕应将电抗器铁芯固定，防止松动。

原因 3：个别整流二极管烧毁，造成缺相整流，使得整流后的励磁电流减小。

处理：用万用表测量每一只二极管的管压降，如果是 0.7V 左右，表明该二极管正常，如果远高于 0.7V，表明该二极管已经烧毁开路，立即更换二极管。

3）在电网电压波动比较大的地区，发电机并网时，由于发电机电压调整范围不够大，造成无法并网。原因：电位器支路总阻值等于限流电阻阻值 $R$ 和电位器阻值 $R_w$ 之和，当电位器阻值 $R_w$ 占支路总阻值 $R+R_w$ 的比重较小时，电位器的调整作用不明显，造成并网前的发电机机端电压调整不明显。

处理：在保证 $R+R_w$ 不变的条件下，增大 $R_w$，减小 $R$，使电位器阻值 $R_w$ 占支路总阻值 $R+R_w$ 的比重增大。

4）发电机满负荷运行时，机端电压达不到额定电压。原因：在空载机端电压调整到位的前提下，满负荷运行时机端电压达不到额定电压，这是电抗线圈 $W_1$ 的分流作用不够大引起，导致分流电流 $I''_A$ 不够大，转子励磁电流不够大。

处理：右移电抗器动触头，使线圈匝数 $W_1$ 增加，分流交流电流 $I''_A$ 增大，经二极管整流后的转子直流励磁电流也增大，发电机机端电压上升。

## 四、电网电压调整

我国电力系统规定电压允许波动范围为 $-10\%\sim5\%$ 的额定电压，相对电力系统对电网频率波动范围的规定要求（$\pm0.2Hz$）要容易实现得多。因为要求不同，所以电网电压调整方法与电网频率调整方法有很大不同。

### 1. 无功负荷对电网电压的影响

大多数用电负荷在工作过程中需要通过线圈建立磁场。例如，在电动机中需要利用定子旋转磁场将有功功率的电能转换成机械能，在变压器中需要利用磁场将电能从原方线圈传递到付方线圈。负荷建立磁场所需要的功率就是负荷的感性无功负荷。由于电网中需要电网提供的感性无功负荷远远多于需要提供的容性无功负荷，因此平时讲的电网无功负荷就是感性无功负荷。

由于电动机、变压器等许多负荷在有功功率的消耗或转换过程中尽管无功功率没有被负荷消耗掉，但无功功率在负荷与电源之间的电能—磁场能的转换，对电网的电压有直接影响。

（1）由于电网感性无功电流对发电机转子磁场具有去磁减压作用（参见图1-66），因此，当负荷的无功功率需求小于电力系统能够提供无功功率时，无功电流对发电机转子磁场的去磁减压作用减小，发电机和电网电压就上升；当负荷的无功功率需求大于电力系统能够提供的无功功率时，无功电流对发电机转子磁场的去磁减压作用增大，发电机和电网电压就下降。故要保证电力系统的电压质量，就必须保证电网的发电无功功率与负荷无功功率的平衡。

（2）电源和负荷之间的无功电流流动会在输电线路和变压器的电抗与电阻上产生有功功率损耗和电压下降，从而造成网损增大和用户受电端电压下降。由于输电线路和变压器的感抗远大于电阻，因此，输电线路长距离、跨越多级变压器输送无功功率时，这种无功功率造成的有功功率损耗和电压下降相当明显。

### 2. 电网的无功功率平衡原则

电网各级电压的调整、控制和管理由各网调和各地区调度按调度管辖范围分级负责。电网的无功功率实行分层分区就地平衡的原则，避免经长距离跨越多级变压器传送无功功率，以免在线路和变压器上产生过大的有功功率损耗和电压下降。

### 3. 电网电压无功管理方法

电网电压无功管理由电网企业、发电企业和电力用户三方面分别承担相应的职责。

（1）电网企业的电压无功管理。变电所是电网企业的实体，执行有关规定和调度命令，负责做好本地区无功补偿装置的合理配置、安全运行和调压工作，保证电网无功分层分区就地平衡和各节点的母线电压合格。

变电所的无功补偿装置有并联电容器组（可提升线路电压）、并联电抗器组（可降低线路电压）和调相机（空转运行的同步电动机），当电网控制点的母线电压超出规定值时，调度应采取调整发电机、调相机无功出力，增减并联电容器或并联电抗器容量等措施解决。无功补偿装置应能根据各节点母线电压变化情况或调度要求的电压变化曲线自动投入或退出。

在无功就地平衡前提下，当主变压器二次侧母线电压仍偏高或偏低，而主变的分接开关为有载调压分接开关时，可以带负荷调整主变分接开关运行位置。

（2）发电企业的电压无功管理。发电厂按调度的无功出力要求或电压曲线，保证发电企业主变高压侧母线的电压符合规定值。担任电网电压调整的发电机应同时具有无功出力（可提升主变高压侧母线电压）及进相（可降低主变高压侧母线电压）运行能力，满负荷运行时具有功率因数在 $-0.95\sim0.85$（进相）的运行能力，以保证系统具有足够的事故备用无功容量和调压能力。

发电机励磁系统的强励倍数、低励限制等参数应满足电网安全运行的需要。发电机的励磁系统应具有调差环节和合理的调差率（有差特性），保证发电机对无功负荷的承担量明确及合适的电网电压调节能力，能及时方便和自动调节主变高压侧母线电压。

（3）电力用户的电压无功管理。大负荷的电力用户应根据其负荷的无功需求，安装无功补偿装置，电力用户常见无功补偿装置有并联电容器组。对配有调相机的特大型电力用户，应具备防止向电网反送无功的措施。

100kVA 及以上 10kV 供电的电力用户，其功率因数应在 0.95 以上（不能补偿到功率因数为 1，避免发生并联谐振）。其他电力用户的功率因数应在 0.9 以上，否则电力用户自己应进行无功补偿。

# 习　题

**一、判断题**（在括号中打√或×，每题 2 分，共 10 分）

3-1. 交流厂用电测量，必须采用电压互感器降压后再接入交流电压表或交流厂用电综合电力测量仪、交流电能测量仪的电压输入端。　　　　　　　　　　　　　　（　　）

3-2. 直流系统和励磁系统的电压、电流可以用电压互感器、电流互感器进行测量。

（　　）

3-3. 合闸母线 HM 的直流负荷较大，在负荷工作时，合闸母线电压波动下降较大，控制母线 KM 电压跟着波动下降。　　　　　　　　　　　　　　　　　　　（　　）

3-4. 可控硅整流输出铝排 L+、L- 两路经过灭磁开关，灭磁开关应该两触头。　（　　）

3-5. 双绕组电抗分流励磁系统跟高压机组一样，需要碳刷滑环机构。　　　（　　）

**二、选择题**（将正确答案填入括号内，每题 2 分，共 30 分）

3-6. 厂用变压器一般容量较小，（　　）。

A. 不设瓦斯信号器，用熔断器作为短路保护

B. 不设熔断器，用瓦斯信号器作为短路保护

C. 设瓦斯信号器和熔断器作为短路保护

D. 不设瓦斯信号器和熔断器作为短路保护

3-7. 以下（    ）述说是正确的。

A. 与主变不一样，厂用变压器付方低压侧电流的大小完全由原方高压侧电流决定的

B. 与主变一样，厂用变压器付方低压侧电流的大小完全由原方高压侧电流决定的

C. 与主变不一样，厂用变压器原方高压侧电流的大小完全由付方低压侧电流决定的

D. 与主变一样，厂用变压器原方高压侧电流的大小完全由付方低压侧电流决定的

3-8. 交流电力稳压器在电压突变或剧烈波动时，（    ）使得动作远远跟不上电压的波动速度，此时稳压的效果会差一点。

A. 机械机构的惯性                  B. 电感 L 和电容 C 惯性电气元件

C. 补偿变压器的滞后                D. 调节变压器的滞后

3-9. 工作厂用电切换成备用交流厂用电时，要求（    ），防止可能出现的非同期合闸事故。

A. 备用厂用电先投入；工作厂用电后退出

B. 工作厂用电先退出；备用厂用电后投入

C. 备用厂用电先退出；工作厂用电后投入

D. 工作厂用电先投入；备用厂用电后退出

3-10. 交流电力稳压器串联在负载与电源之间的补偿变压器付方补偿电压的（        ），所以能维持负载电压不变或在规定的范围内变化。

A. 大小可自动调节                  B. 极性可自动调节

C. 大小和极性都可以自动调节        D. 大小和极性都不可以自动调节

3-11. 软启动的双向可控硅全开通后，将（    ），为下次软启动做好准备。

A. 旁路接触器分闸，可控硅导通角 $\beta$ 回到 $0°$

B. 旁路接触器分闸，可控硅导通角 $\beta$ 回到 $180°$

C. 旁路接触器合闸，可控硅导通角 $\beta$ 回到 $0°$

D. 旁路接触器合闸，可控硅导通角 $\beta$ 回到 $180°$

3-12. 交流厂用电一次系统图中工作厂用变压器 41B 中性点的接地零线（        ），直接接在柜顶部的零线铝排上。

A. 经过低压断路器

B. 经过低压断路器和隔离开关

C. 绕过低压断路器

D. 绕过低压断路器和隔离开关

3-13. GF-120 型蓄电池组，额定容量 $C=120Ah$，表示若以（        ）。

A. 6h 恒流放电至终止电压，则恒流放电电流为 $C_{10}=20A$

B. 8h 恒流放电至终止电压，则恒流放电电流为 $C_{10}=15A$

C. 10h 恒流放电至终止电压，则恒流放电电流为 $C_{10}=12A$

D. 12h 恒流放电至终止电压，则恒流放电电流为 $C_{10}=10A$

3-14. 高频开关电源经历了（    ）。

A. 工频两次整流                    B. 高频两次整流

C. 工频、高频两次整流        D. 工频两次整流、高频两次整流

3-15. 发电机转子励磁电流的作用是（    ）。

A. 并网之前建立机端电压，并网以后新增加的励磁电流用来带无功功率

B. 并网之前带无功功率，并网以后新增加的励磁电流用来建立机端电压

C. 并网之前建立机组转速，并网以后新增加的励磁电流用来带有功功率

D. 并网之前带有功功率，并网以后新增加的励磁电流用来建立机组转速

3-16. 发电机停机灭磁方法是（    ）。

A. 事故停机时采用逆变灭磁，正常停机时采用逆变灭磁

B. 事故停机时采用逆变灭磁，正常停机时采用灭磁电阻灭磁

C. 事故停机时采用灭磁电阻灭磁，正常停机时采用逆变灭磁

D. 事故停机时采用灭磁电阻灭磁，正常停机时采用灭磁电阻灭磁

3-17. 事故停机灭磁开关 MK 跳闸后，（    ）。

A. 转子线圈退出可控硅整流回路转子后立即退出灭磁电阻 $R_{mc}$ 回路

B. 转子线圈退出可控硅整流回路转子后立即接入灭磁电阻 $R_{mc}$ 回路

C. 转子线圈接入可控硅整流回路转子后立即退出灭磁电阻 $R_{mc}$ 回路

D. 转子线圈接入可控硅整流回路转子后立即接入灭磁电阻 $R_{mc}$ 回路

3-18. 正常停机逆变灭磁将转子线圈的磁场能转换成（    ）。

A. 灭磁电阻的热能        B. 发电机转子线圈的热能

C. 发电机定子线圈的热能        D. 送上电网的电能

3-19. 无刷励磁发电机内布置了（    ）。

A. 发电机和主励磁机两台发电机       B. 主励磁机和副励磁机两台发电机

C. 发电机和副励磁机两台发电机       D. 发电机、主励磁机和副励磁机三台发电机

3-20. 电抗分流发电机内布置了（    ）。

A. 发电机和励磁机两台发电机       B. 发电机和主励磁机两台发电机

C. 发电机和副励磁机两台发电机       D. 发电机、主励磁机和副励磁机三台发电机

### 三、填空题 （每空 1 分，共 30 分）

3-21. 交流厂用电的主要负荷包括所有的 ＿＿＿＿＿＿ 用电、＿＿＿＿＿＿ 用电、＿＿＿＿＿＿ 用电和 ＿＿＿＿＿＿ 的交流电源四大部分。

3-22. 交流厂用电变压器的低压侧三相绕组必须接成 ＿＿＿＿ 形连接，中性点必须引出零线并且接 ＿＿＿＿ 。

3-23. 直流厂用电的用户有二次回路的 ＿＿＿＿＿ 、＿＿＿＿＿ 、＿＿＿＿＿ 和 ＿＿＿＿ 用电及 ＿＿＿＿＿ 用电。

3-24. 直流装置中的直流电流表和励磁装置中的励磁电流表其实是直流 ＿＿＿＿＿ 表。

3-25. PZG6 型高频开关模块式微机直流系统的监控模块通过 RS485 通信接口对 ＿＿＿＿ 、＿＿＿＿ 、＿＿＿＿ 、＿＿＿＿＿ 等下级智能装置通信联系。

3-26. 蓄电池组电压下降不得低于 ＿＿＿＿ 电压。

3-27. 直流装置充电时，首先监控模块控制整流模块对蓄电池组进行 ＿＿＿＿＿ 充电，然后转为 ＿＿＿＿＿ 充电，最后转为 ＿＿＿＿＿ 充电，运行 ＿＿＿＿ h 后，监控模块控制整流模块再次转入 ＿＿＿＿＿ 充电，开始新的充电循环。

3-28. 励磁控制屏柜上有_____表、_____表和发电机_____表三只表。

3-29. 电网的无功功率实行分层分区_____平衡的原则，避免经长距离跨越多级传送无功功率。

3-30. 发电机的励磁系统应具有_____环节和合理的_____，保证发电机对无功负荷的承担量_____及合适的电网电压调节能力。

**四、简答题（5题，共25分）**

3-31. PZG6型高频开关模块式微机直流系统整流模块组的组成？如何送上母线L1＋、L2＋、L－铝排？（5分）

3-32. PZG6型高频开关模块式微机直流系统使用中的三点重要的注意事项？（6分）

3-33. 低压机组发电机转子励磁有哪几种方式？其中哪种方式与高压机组发电机励磁基本相同？（4分）

3-34. 异步电动机过载有什么后果？轻载有什么后果？如何避免异步电动机长时间轻载运行？（6分）

3-35. 直流系统中的硅堆是如何保证控制母线KM电压安全稳定的？（4分）

# 第四章 电气二次回路

由于电气二次设备功能主要靠有专门单一功能的继电器、信号器等电气元件按一定逻辑关系连接成的电气回路来实现特定的逻辑功能，因此电气二次设备又称电气二次回路。水电厂电气二次回路分继电保护和自动装置两大部分。继电保护包括发电机保护、主变压器保护和线路保护，自动装置包括同期装置、机组自动化和辅助设备自动化。为了将所有的二次回路放在一起系统性介绍，特意把交流厂用电的二次控制检测回路和励磁系统的二次控制检测回路放在本章介绍。现代水电厂的继电保护和自动同期装置都采用有专门单一功能的单片机为核心的微机装置，而机组及辅助设备自动化都采用可编程控制器模块为核心的 PLC 控制，由计算机软件编程取代了大量本来由继电器、信号器和回路接线来实现的逻辑功能，使二次回路大为简化。本章所有二次图纸全部是 CX 水电厂实际的电气二次图纸，有统一的元件编号和回路编号，不同电气原理图之间有联系，利于读者建立二次回路的系统概念。

## 第一节 自 动 化 元 件

在现代计算机监控中，尽管大量的逻辑判断处理功能由计算机软件编程完成，但对被控对象的信息采集、状态显示及对被控对象的控制执行还是离不开相应的自动化元件。根据需要实现的功能不同，常用的自动化元件有开关元件、信息采集元件和智能仪表三大类。

在自动控制中将连续变化的物理量称为模拟量，模拟量又有电模拟量和非电模拟量两大部分。电模拟量有连续变化的电压、电流、功率等；非电模拟量有连续变化的压力、液位等。在自动控制中将突然变化的物理量称为开关量，开关量又有电开关量和非电开关量两大部分。电开关量有电压、电流的有或无等；非电开关量有压力高低，液位高低，行程到否等。

### 一、开关元件

在自动控制流程中的许多重要关键节点还是需要运行人员人工判别，通过开关元件手动发令或操作，水电厂常见的开关元件有按钮、组合开关、空气开关和接触器四大类。开关元件的作用是对电源回路或控制回路进行通断或切换，按钮、组合开关、空气开关只能现地手动操作，接触器能远方手动或自动操作。

1. 按钮

按钮外形和内部结构图如图 4-1 所示。图 4-1（b）上面一对接点没有按下按钮时，左右一对静触片被中间动触片接通，按下按钮时左右静触片断开，故称动断接点或常闭接点，在电气原理图中用图 4-1（c）接点 1 与 2 表示。图 4-1（b）下面一对接点没有按下按钮时，左右一对静触片是断开的，按下按钮时左右静触片被中间动触片接通，称为动闭接点或常开接点，在电气原理图中用图 4-1（c）接点 3 与 4 表示。

接点的闭合、断开动作的结果是被控回路的通断或电流的有无或电压的高低，都表现为电信号突变的开关量，因此，按钮是切换二次回路的现地手动操作开关，输出开关量。

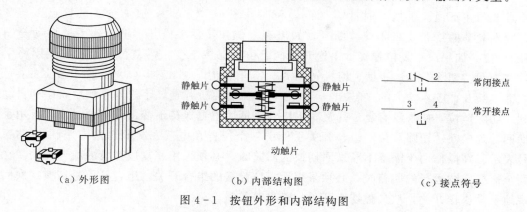

（a）外形图　　　　　　　（b）内部结构图　　　　　　（c）接点符号

图 4-1　按钮外形和内部结构图

手动按下钮帽，常闭接点断开，常开接点闭合；手松开钮帽后在恢复弹簧作用下，常闭接点闭合，常开接点断开，这种现象称开关复归。图 4-1（c）中显示的是一个常开接点、一个常闭接点，而实际中同时动作的常开接点或常闭接点可以是数个。按钮触点允许通过的电流比较小，接点额定电流不超过 5A，常用在现地手动接通或断开二次控制回路的场合。有复位弹簧的按钮，在手松开钮帽后按钮会自动复归，适用在开关接点状态只需短暂点动操作的场合。无复位弹簧和锁扣的按钮，在手松开钮帽后按钮被锁扣不复归，必须再按一下才脱扣复归，适用开关接点状态需要维持一段时间的长动操作场合，输出开关量。

### 2. 组合开关

组合开关有复位弹簧和无复位弹簧两种形式，有复位弹簧的组合开关结构图如图 4-2 所示，每个胶木盒内壁上有一对相隔 180°的静触片，每个静触片分别与胶木盒外面的接线柱连接。每个胶木盒中间导电的动触片与正方形断面的绝缘杆紧配合，使得绝缘杆转动时不同胶木盒内的所有动触片一起转动但相互之间绝缘，绝缘杆顶部与旋钮紧配合。向外凸轮两侧胶木盒内弧面上设有两片向内凸形弹簧片，操作人员转动手柄时，凸轮顶住弹簧片迫使弹簧片受压变形，一旦凸轮转过弹簧片，弹簧片迅速恢复原形，动触片快速转动新的位置，本来断开的接点快速闭合，本来闭合的接点快速断开，可以减小接点之间出现的电弧。有复位弹簧的组合开关，当手松开手柄后，转轴上的复位弹簧将转轴转回到原来位置，适用在开关接点状态只需短暂点动操作的场合。无复位弹簧的组合开关，当手松开手柄后转轴保持位置不变，必须再次回转手柄，才能回到原来位置，适用开关接点状态需要维持一段时间长动操作的场合。

有两个胶木盒的三位组合开关接点切换及符号如图

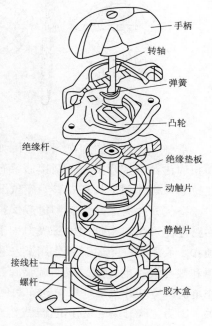

图 4-2　有复位弹簧的组合
开关结构图

4-3 所示，可以切换两个回路，常用在对一个设备进行两个相反运行状况的操作切换控制，组合开关手柄在中间"切除"位时［图4-3（b）］，胶木盒1的接点1与2不通，胶木盒2的接点3与4不通。手柄顺时针转"45°"位时［图4-3（c）］，胶木盒1的接点1与2闭合，胶木盒2的接点3与4继续断开，如果有复位弹簧，手松开手柄后，手柄自动复归到"切除"位。如果没有复位弹簧，手松开手柄后位置保持不变，需复位时，非得用手将手柄回转到中间"切除"位。手柄逆时针转到"-45°"位时［图4-3（a）］，胶木盒1的接点1与2继续断开，胶木盒2的接点3与4闭合，如果有复位弹簧，手松开手柄后，手柄自动复归到"切除"位，如果没有复位弹簧，手松开手柄后位置保持不变，需复位时，非得用手将手柄回转到中间"切除"位。组合开关手柄的三个位置在电气二次原理图中用图4-3（d）符号表示。在操作两个需要不断来回切换的回路时，必须采用有复位弹簧的组合开关。在操作两个需要连续运行的回路时，必须采用无复位弹簧的组合开关。组合开关是切换二次回路的现地手动操作开关，故又称切换开关，输出开关量。

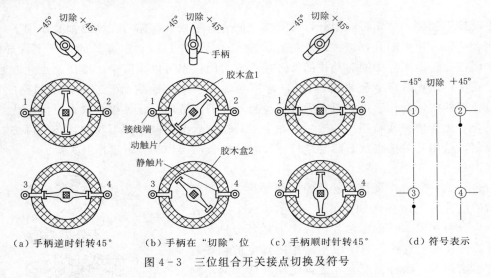

（a）手柄逆时针转45°　　　（b）手柄在"切除"位　　　（c）手柄顺时针转45°　　　（d）符号表示

图4-3　三位组合开关接点切换及符号

### 3. 空气开关

空气开关外形图和电气原理图如图4-4所示。手动向上拨动开关钮，胶木杆右移并被锁扣钩住，空气开关为合闸接通状态；手动向下拨动开关钮，锁扣顺钟向转，胶木杆脱钩，在拉紧弹簧作用下拉杆左移，空气开关为跳闸断开状态。

空气开关有短路保护和过载保护功能，当回路电流大于整定值时，流过电磁铁线圈的主回路电流产生对衔铁的电磁吸力大于脱扣弹簧的拉力，衔铁绕绞支座顺钟向转动，向上顶开锁扣，胶木杆在拉紧弹簧作用下左移，空气开关自动跳闸，断开主回路，起到保护主回路电源和被控设备的作用。人为调整脱扣弹簧对衔铁的拉力，可以调整空气开关保护跳闸时的动作电流。空气开关一旦保护动作跳闸，必须仔细检明事故原因，消除隐患后才能再次合上开关。因为空气开关的工作电流比组合开关大，所以把三对主回路接点处于灭弧罩内，当接点断开时用空气灭弧。空气开关是接通或断开交流380V三相一次主回路的现地手动操作开关。

### 4. 接触器

按钮、组合开关和空气开关都必须在现场手动操作，要想远方手动或自动接通或断开380V主回路，必须采用由电磁力操作的接触器。接触器的吸合线圈可以用直流电流，称直流接触器，也可以用交流电流，称交流接触器。因为吸合线圈使用交流电不但方便而且容易获得，所以在实际应用中，大部分是交流接触器。由于主回路的三对主触点处于灭弧罩内，因此能够接通或切断较大的电流。如果需要切换更大电流的380V回路，必须采用灭弧功能更强的低压断路器（参见图3-8）。

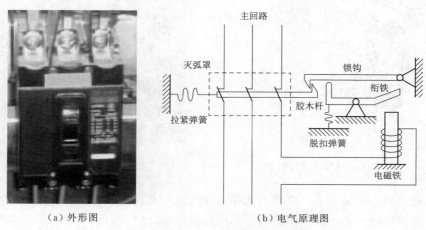

（a）外形图  （b）电气原理图

图4-4 空气开关外形图和电气原理图

交流接触器内部结构图如图4-5所示，每个接触器都有三个相互独立的回路，吸合线圈所在的回路称控制回路（二次回路），三对主触点所在回路称被控主回路（一次回路），信号接点所在的回路称信号回路（二次回路）。当二次回路给控制回路送来电信号时，吸合线圈得电，线圈产生的电磁力吸引可动衔铁快速下移，复归弹簧受压，被控一次回路的三对在灭弧罩内的主触点下移，使得被控A、B、C三相主回路接通。与此同时，二次回路的信号接点闭合，发出开关量信号告知控制系统被控的一次回路已经接通。当二次回路给控制回路的电信号消失时，吸合线圈失电，线圈电磁力消失，受压的复归弹簧释放，弹簧力使可动衔铁上移，主触点和信号接点断开复归。三个主触点接在一次回路中用来直接控制三相异步电动机等一次设备的启停。因此主回路断开时需要切换的电流比较大，将主触点置于灭弧罩内，为的是在主触点断开时能快速灭弧。交流接触器外形图如图4-6所示。

## 二、信息采集元件

模拟量反映被控对象的参数，开关量反映被控对象的状态。在自动控制中需要用自动化元件对被控对象的参数或状态等信息进行采集。信息采集的自动化元件有继电器、信号器、变送器和传感器四大类。

### 1. 继电器

每个继电器都有两个相互独立的回路，两个回路都是二次回路。继电器是用一个二次回路的信号控制被控回路的接点闭合或断开，继电器的"继"由此得名。继电器按使被控回路接点动作的力不同分为电磁力动作的继电器和热应变力动作的继电器两种形式，电磁力动作的继电器简称继电器，热应变力动作的继电器称热继电器。在水电厂电气二次回路中，除了电动机控制回路中的热继电器是热应变力动作的继电器以外，其他全部都是电磁力动作的继电器。

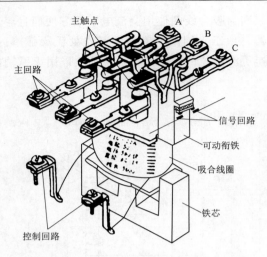

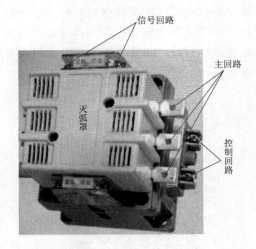

图 4-5 交流接触器内部结构图　　　　　图 4-6 交流接触器外形图

　　（1）电磁力动作的继电器。电磁力动作的继电器是利用控制回路吸合线圈的电信号，在线圈铁芯中产生电磁力，使被控回路的接点闭合或断开。电磁力动作继电器基本结构形式如图 4-7 所示。

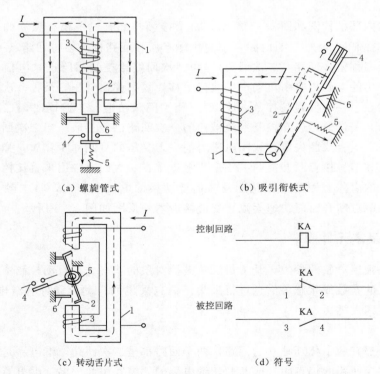

图 4-7　电磁力动作继电器基本结构形式
1—电磁铁铁芯；2—可动衔铁；3—吸合线圈；4—被控回路接点；5—回复弹簧；6—限位止挡

　　螺旋管式继电器如图 4-7（a）所示，当控制回路的吸合线圈 3 得电时，线圈产生向上的电磁力大于回复弹簧 5 向下的弹簧力，吸引可动衔铁 2 上移，被控回路接点 4 闭合（如果有常闭接点的话，则常闭接点断开），当吸合线圈失电时，线圈产生的电磁力消失，可动衔铁在回复螺旋弹簧和自重作用下下移，复归到原来位置，常开接点断开（如果有常闭接点的话，则常闭接点闭合）。复归时限位止挡 6 的作用是保证接点复归的前提下，可动衔铁位移最小。吸引衔铁式继电器如图 4-7（b）所示，当控制回路的吸合线圈得电时，可动衔铁逆时针转动，吸合线圈失电时，可动衔铁顺时针转动，复归到原来位置，其他原理与螺旋管式继电器相同。转动舌片式继电器如图 4-7（c）所示，回复弹簧为平面蜗卷弹簧，又称游丝弹簧。当控制回路的吸合线圈得电时，可动衔铁顺时针转动，吸合线圈失电时，可动衔铁逆时针转动，复归到原来位置。上面的限位止挡是限制吸合线圈失电时，可动衔铁的极限位置，下面的限位止挡是限制吸合线圈得电时可动衔铁的极限位置。其他原理与螺旋管式继电器相同。

吸合线圈得电有两种情况：一种是输入继电器控制回路吸合线圈的电信号是连续变化的电压、电流模拟量电信号，当电压或电流信号增大（或减小）到一定程度，在线圈中产生的电磁力增大（或减小）到一定程度，电磁力大于（或小于）回复弹簧后，被控回路的接点闭合或断开，例如过电压（或欠电压）继电器和过电流（或欠电流）继电器；第二种是输入继电器控制回路吸合线圈的电信号是突然出现或消失的电压、电流开关量信号，而且保证突然变化的电压、电流信号在线圈中产生的电磁力肯定大于或小于回复弹簧的弹簧力，被控回路的接点肯定突然闭合或断开。由此可见，继电器的作用是将电模拟量或电开关量转换成电开关量。

图中显示的每一个继电器输出是一个常开接点或常闭接点，而实际中继电器同时动作输出的常开接点或常闭接点可以是数个。电磁力动作继电器在电气二次原理图中的符号如图 4-7（d）所示，方框图形 KA 表示继电器控制回路的线圈，接点 1 与 2 表示被控回路的常闭接点，接点 3 与 4 表示被控回路的常开接点。

由于现代控制技术大量采用了可编程控制器（PLC），大多数继电器的功能完全可以用软件的程序编写来实现，这使得大多数传统继电器已经没有用武之地。因此现代水电厂只能看到计算机开关量输出专用的中间继电器和同期装置专用的同期检查继电器，少数真空断路器操作回路中还能看到双线圈继电器。同期检查继电器放在同期装置中介绍，这里只介绍中间继电器和双线圈继电器。

1）中间继电器。中间继电器是一种开关量信号传递过程中的继电器，因此中间继器控制回路的线圈输入是一个开关量信号，输出一个或数个被控回路的开关量信号。在计算机监控中的可编程控制器（PLC）开关量输出模块的出口必须用中间继电器将 PLC 模块输出的高电位、低电位的逻辑信号（开关量）转换成被控回路接点闭合或断开的开关量信号，因此在计算机监控中，中间继电器又称为输出继电器。

计算机监控中常用的中间继电器如图 4-8 所示，属于吸引衔铁式继电器。当 PLC 开关量输出回路送来的开关量控制信号使控制回路的吸合线圈 2 得电后，吸合线圈产生的电磁力克服回复弹簧的弹簧力，吸引可动衔铁 1 顺时针摆动，中间继电器所有的被控接点 3 一起动作，所有的常闭接点断开，所有的常开接点闭合。当吸合线圈失电后，吸合线圈的电磁力消失，回复弹簧的弹簧力作用可动衔铁复归，中间继电器所有的常闭接点闭合，所有的常开接点断开。由图 4-8 中的继电器可知，中间继电器吸合线圈和开关接点是组装在一起的，但是输入给吸合线圈开关量的控制回路和输出开关量接点所在的被控回路在各自不同的回路中，这是初学者学习二次原理图时必须特别注意的。

2）双线圈继电器。DZB、ZJ3、YZJ1 型双线圈继电器的控制回路都有两个吸合线圈（图 4-9）。线圈匝数较少的线圈称电流线圈，线圈匝数较多的线圈称电压线圈。二次回路送来开关量控制信号输入给电流线圈，继电器吸合，所有的常开接点闭合、常闭接点断开。其中一个输出的开关量将自己另一个控制回路电压线圈回路接通，电压线圈得电，保证电流线圈失电后，继电器继续保持吸合，实现继电器的自保持。因此电流线圈又称启动线圈，电压线圈又称自保持线圈。双线圈继电器输入的是二次回路送来的开关量，输出的一个开关量是给自己控制回路的电压线圈，其余是给另外二次回路的一个或数个开关量，双线圈继电器仅应用在断路器操作回路中。

图 4-8　计算机监控中常用的中间继电器
1—可动衔铁；2—吸合线圈；3—被控接点

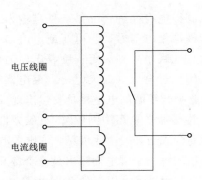

图 4-9　双线圈继电器

比较接触器和继电器可知，接触器和继电器控制回路相同，都是用二次控制回路的电流或电压信号切换被控回路。接触器和继电器的被控回路类别不同，接触器有被控一次主回路和被控二次回路，继电器路只有被控二次回路。

（2）热应变力动作继电器。将两种不同膨胀系数的金属片粘贴在一起，放在同一热源下受热膨胀，利用双金属片受澎热胀量不同产生的热应变力，使继电器的接点闭合或断开，这种利用热应变力动作的继电器称热继电器。

当三相电动机过载超过一定时间时，能自动切断主回路，停止电动机运行。防止长时间过载引起电动机线圈发热，加速绝缘老化，甚至绝缘击穿。由于热继电器的动作热量需要一定时间积累，因此瞬间过电流或启动过程中短时间过电流，热继电器不会动作。热继电器的外形和内部结构图如图 4-10 所示。三根双金属片外面分别紧紧缠绕着三相有绝缘套管的导线，三相导线分别串联在三相电动机的三相主回路中，当电动机运行有三相电流流动时，导线发热，故这三根导线又称发热元件。表面上看缠绕在双金属片上的导线也像线圈，但是这种线圈在这里不是产生电磁力而是产生热量的。由于每一根双金属片的左边金属片的热膨胀系数比右边金属片的热膨胀系数小，因此，双金属片发热膨胀变形后凹性向左，双金属片的最下端产生向左的位移，推动导板向左移动，导板经杠杆给弹簧片一个作用力使弹簧片变形储能。当电动机电流过载并达到一定时间后，发热元件的发热量达到一定程度，双金属片最下端向左的位移量也达到一定程度，导板带动杠杆使弹簧片变形足够大，动触点发生跳变动作，使常闭接点断开，电动机的交流接触器吸合线圈失电，交流接触器分闸，使电动机停止运行，从而保护电动机不会过电流烧毁。转动偏心凸轮可以改变杠杆的原始位置，从而调整热继电器的动作电流。当热继电器动作作用电动机停机后，必须对电动机和电动机拖动的机械负载认真检查处理，然后手按复归按钮，常闭接点重新闭合，就可以重新启动电动机。

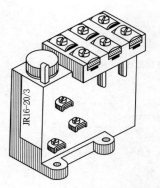
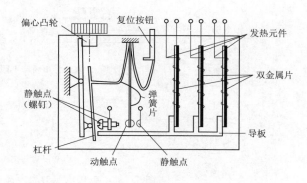

图 4 - 10　热继电器外形和内部结构图

热继电器是唯一没有线圈的继电器。虽然热继电器内没有线圈，但是热继电器是利用缠绕在双金属片上的通电导线电流产生的热量，使双金属片发生变形作用被控回路的接点闭合或断开，输入热继电器的是电动机一次回路电流的电模拟量，输出的是给二次回路的电开关量。从这点讲，它还是有继电器"继"的成分。

2. 信号器

自动控制中有时不需要检测压力、温度、液位、转速、位移等非电模拟量，而是需要检测判断这些非电量相对规定值的差异，例如，检测判断实际压力相对规定值是高了还是低了的压力信号器（或电接点压力表），检测判断实际温度相对规定值是高了还是低了的温度信号器，检测判断实际液位相对规定值是高了还是低了的液位（水位或油位）信号器，检测判断实际转速相对规定值是高了还是低了的转速信号器，检测判断运动件的行程相对规定位置是到了还是没到的行程开关，检测判断剪断销是剪断了还是没有剪断的剪断销信号器等。由此可见，信号器是将非电模拟量（压力、温度、液位）或非电开关量（行程、剪断销）转换成电开关量的自动化元件。

（1）电接点压力表的两种形式。电接点压力表常用来监测储能器（或压力油箱）的油压或储气罐的气压等非电模拟量，送出电开关量。电接点压力表如图 4 - 11 所示，表面有指针和刻度，在发信号的同时还能观测具体压力值。表面黑针位于绿针和红针之间，黑针指示被测实际压力，红针是人为设定的上限压力，绿针是人为设定的下限压力。

图 4 - 11　电接点压力表

电接点压力表内部接线图如图 4 - 12 所示，"?"形空心弹簧管内充满被测介质，当被测介质的压力变化时，"?"形弹簧管末端的自由端发生形变位移，位移通过转动机构带动表面黑针指示实际压力，同时带动与黑针一体的内部导电桥 1 转动，导电桥尾部始终与固定导电板 4 接触。当人为在表面调上限压力红针位置时，其实是在调表内上限导电板 2 在圆弧线上的位置；当人为在表面调下限压力绿针位置时，其实是在调表内下限导电板 3 在圆弧线上的位置。

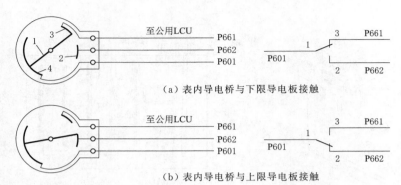

(a) 表内导电桥与下限导电板接触

(b) 表内导电桥与上限导电板接触

图 4-12　电接点压力表内部接线图

1—导电桥；2—上限导电板；3—下限导电板；4—固定导电板

以空压机自动向储气罐打气为例，介绍电接点压力表的工作原理：当运行中储气罐的实际压力下降到下限压力时，表面黑针逆时针转动与绿针重合，表内导电桥与下限导电板接触[图 4-12（a）]，回路 P601 与 P661 接通，向公用 PLC 开关量输入回路送出储气罐压力下降到下限压力的开关量信号，公用 PLC 开关量输出回路再送出开关量作用空压机启动打气；随着储气罐的压力上升，表示实际压力的黑针顺时针转动，带动导电桥向上限导电板靠拢；当储气罐的压力上升到上限压力时，表面黑针与红针重合，表内导电桥与上限导电板接触[图 4-12（b）]，回路 P601 与 P662 接通，向公用 PLC 开关量输入回路送出储气罐压力上升到上限压力的开关量信号，公用 PLC 开关量输出回路再送出开关量作用空压机停机。由此可见，电接点压力表即可输出电接点开关量，又可像压力表那样表面指示实际压力，故称为电接点压力表，现在有被数字显示压力的数显式压力变送器取代的趋势。

（2）压力信号器。压力信号器如图 4-13 所示，其为封闭式铁盒子，没有指针显示压力，只能发开关量信号。由于不需要带动表面指针和表内导电桥转动，内部机构大为简化。压力变化引起的空心弹簧管形变只需带动装有导电水银的玻璃管发生顺时针倾斜或逆时针倾斜，使玻璃管内的导电水银左或右流动，使接点闭合或断开。

图 4-13　压力信号器

（3）液位信号器。根据使用场合不同液位信号器分油位信号器和水位信号器两种。油位信号器用在轴承油槽（盆）的油位监视，当轴承油位过低时，送出开关量信号报警，告知运行人员处理。水位信号器用在集水井中监视集水井水位，送出开关量信号控制集水井排水泵的抽水和停止。

筒状浮子油位信号器结构图如图 4-14 所示，底部托盘的中心孔与油箱用"U"管连通，托盘上面安装了一个有机玻璃筒，根据连通管原理，有机玻璃筒内油位就是油箱油位。浮在油面上的筒状浮子1上固定一块环状永久磁钢4，两者一起套在导向管2上，在导向管内不同的位置高度固定几个封闭的玻璃管——干簧管，干簧管内有常开或常闭的金属接点。当油箱油位上下变化使得浮子上下浮动时，永久磁钢靠近不同油位的干簧管，在永久磁钢磁力作用下，对应干簧管内的接点闭合或断开，从而发出对应油位的开关量信号。图4-15为球状浮子油位信号器照片，浮子为球状但原理相同。

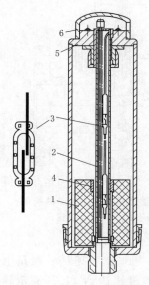

图4-14 筒状浮子油位信号器结构图
1—筒状浮子；2—导向管；3—干簧接点；
4—永久磁钢；5—接线板；6—保护罩

图4-15 球状浮子油位信号器
外形图

集水井水位信号器如图4-16所示，原理与油位信号器相同。导向管2内不同的位置高度布置几个干簧管，当集水井水位高低变化时，浮在水面上的球状浮子3带着永久磁钢上下移动，当永久磁钢靠近干簧管时，在磁力作用下，对应的干簧管接点闭合或断开，发出对应水位的开关量信号。

（4）示流信号器。示流信号器装在油冷却器或空气冷却器的出水管上用来监视冷却水流的流动，一旦水流中断，送出开关量信号报警。SX-50型浮筒式示流信号器结构图如图4-17所示，其发信号的原理与油位信号器有相似之处。浮桶4上固定永久磁钢3，浮桶和永久磁钢一起套在导向管上，当水流自左向右流动时前后产生压差，在压差作用下水流向上托起浮桶，使得永久磁钢接近干簧管1，在永久磁钢的磁力作用下，干簧管内的常闭接点断开。当水流减小或中断时，水流对浮桶的托力小于浮桶和永久磁钢的自重，浮桶下降，永久磁钢远离干簧管，干簧管内的常闭接点闭合，发出水流减小或中断的开关量信号。

挡板式示流信号器如图4-18所示，其发信号的原理与瓦斯信号器发重瓦斯信号原理相似。处于水流中的挡板在水流流动时会发生倾斜，倾斜的挡板上部的永久磁钢远离干簧管，干簧管内的常开接点断开。当水流减小或中断时，挡板向垂直位置靠近，挡板上部的永久磁钢接近干簧管，干簧管内的常开接点闭合，发出水流减小或中断的开关量信号。

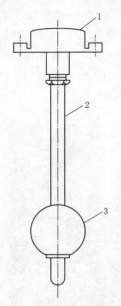

图 4-16　集水井水位信号器
1—接线盒；2—导向管；3—球状浮子

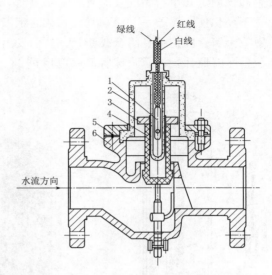

图 4-17　SX-50 型浮筒式示流信号器结构图
1—干簧管；2—透明罩；3—永久磁钢；
4—浮桶；5—压盖；6—壳体

图 4-18　挡板式示流
信号器

（5）机械式转速信号器。机械式转速信号器是电气转速信号器的后备保护，当机组转速过速达到 140% 额定转速，电气转速信号器故障拒动时，机组转速继续上升达到 150% 额定转速，此时机械式转速信号器动作送开关量信号，作用关主阀使机组紧急停机。机械转速信号器根据机组布置形式不同有立式转速信号器和卧式转速信号器两种。

应用在立式机组的立式机械式转速信号器如图 4-19 所示，发电机主轴轴端通过弹性连接带动转轴 5、转盘 11 和偏心轮 4 一起转动，弹性连接大大降低了转速信号器安装时对主轴同心度的技术要求。机组转速正常时，弹簧 10 的弹簧力大于偏心轮转动时的径向离心力，偏心轮无法触及撞杆 2。当转速上升到 150% 额定转速时，偏心轮的径向离心力大于弹簧力，偏心轮沿半径方向被甩出，推动撞杆，撞杆推动微动开关闭合，发出开关量信号。转动调节螺栓 9，可以改变弹簧的预压紧力，从而改变转速信号器发过速信号的转速。特别提醒，机械式转速信号器 150% 额定转速过速信号厂家已经整定，不允许自己调整，如果需要检测整定，也必须送回厂家，在专门的过速试验台上检测整定。

卧式机组机械式转速信号器如图 4-20 所示，图示是打开检修时的照片。在转轴 5 两侧分别用两片连接片 3 "X" 形地将离心摆 4 连接在一起，每两片连接片分别与转轴用圆柱销

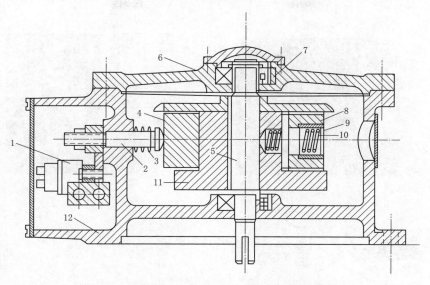

图 4-19　应用在立式机组的立式机械式转速信号器

1—端子板；2—撞杆；3、10—弹簧；4—偏心轮；5—转轴；6—端盖；7—滚珠轴承；

8—平衡盘；9—调节螺栓；10—弹簧；11—转盘；12—壳体

2 铰连接。跟发电机主轴一起旋转的转轴经连接片带动四个离心摆一起转动。转速升高，离心摆的离心力增大，回复弹簧被拉长，单侧两个离心摆相互的轴向位移靠近；转速下降，离心摆的离心力减小，回复弹簧回复收缩，单侧两个离心摆相互的轴向位移远离。从而将转速信号转换成离心摆的轴向位移，当机组转速达到规定的转速上限时，轴向位移触碰微动开关，发出机组过速信号，作用机组紧急停机。

（6）行程开关。行程开关的作用是将机械位移的位置信号转换成开关量信号。水电厂的行程开关如图 4-21 所示，有转动式、拨动式和触动式三种，

图 4-20　卧式机组机械式转速信号器

1—回复弹簧；2—圆柱销；3—连接片；

4—离心摆；5—转轴

行程开关的接点在电气二次回路图中的符号如图 4-21（d）所示。

1）转动式行程开关。转动式行程开关应用在反应导叶开度的机械位移中。当调速器输出机械位移调节信号时，带动调速轴转角位移，由于调速轴转角 0°～60°转动就可以带动水轮机导水机构调节导叶开度从全关位置到达全开位置，从而调节进入水轮机转轮的水流量，因此调速轴的转角位移反映了导叶开度。

转动式行程开关如图 4-21（a）所示，又称主令开关。转动式行程开关由数个偏心圆盘组装而成，安装在调速轴顶部轴端的偏心圆盘与调速轴同轴转动，每个一起转动的偏心圆盘外柱面上压着固定位置的接点，调速轴转动到不同的角度时，不同的偏心圆盘会顶住不同位置的接点，从而发出调速轴对应转角位移的开关量信号。主令开关送出导叶全关位置、导叶空载位置和导叶全开位置三个导叶开度开关量信号。

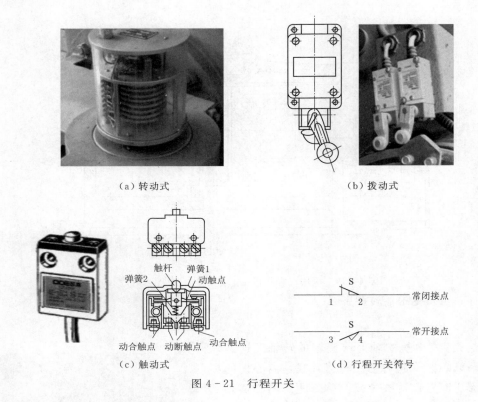

（a）转动式 （b）拨动式

（c）触动式 （d）行程开关符号

图 4-21 行程开关

2）拨动式行程开关。拨动式行程开关用来反应主阀全开和全关两个位置。拨动式行程开关如图 4-21（b），跟着主阀活门转轴一起转动的三角形钢板两侧圆弧相隔 90°的固定位置上各安装两个拨动式行程开关，当主阀活门顺时针转到全开位置时，跟着活门一起转动的三角形钢板顺时针转动到全开位置的行程开关并拨动全开位置的行程开关，送出开关量作用主阀活门停止开大。当主阀活门逆时针转到全关位置时，跟着活门一起转动的三角形钢板逆时针转动到全关位置的行程开关并拨动全关位置的行程开关，送出开关量作用主阀活门停止关小。图中在全开或全关位置分别安装了两个拨动式行程开关是为了安全，万一前面一个行程开关失灵，后面的行程开关作为后备，防止主阀活门开过头或关过头，损坏活门转动机构。

3）触动式行程开关。在断路器、隔离开关和接地刀闸的操作中，用两个行程开关来监视开关的合闸位置和分闸位置。触动式行程开关如图 4-21（c）所示，露出外面的是触杆，内有恢复弹簧、常开接点和常闭接点，恢复弹簧作用动触点在触动消失后回到原来位置。当开关操作机构到达合闸或分闸位置时，机械机构会触动对应位置行程开关的触杆，使动触点发生位移，则常开接点闭合，常闭接点断开，送出反映被监控断路器、隔离开关和接地刀闸位置的开关量。

3. 变送器

变送器是将电模拟量转换成标准电模拟的自动化元件。因为大部分需要传送的电模拟量有强有弱、有大有小，是不标准的电模拟量，所以需要用变送器将不标准的电模拟量转换成统一的标准电模拟量。现代计算机监控中，所有输入计算机监控的电模拟量必须是统一的标准电模拟量 4～20mA 或 0～5V。由于 0～5V 的标准电模拟量在输送的信号电缆上有电压降，会造成传输信号衰减，因此工程中较多采用4～20mA的标准电模拟量。

（1）直流电流变送器。用电阻器测量的直流电流变送器原理框图如图4－22所示。假设被测量的直流电流为0～500A，电阻器（参见图3－22）将0～500A的直流电流转换成0～75mV的直流电压信号，变送器将0～75mV电模拟量信号转换成4～20mA的标准电模拟量信号送入计算机模拟量输入模块，供控制或保护的测量或供显示屏的数据显示。当被测直流电流$I_L$＝500mA时，被测励磁电流为最大，变送器输出电流最大，即

$$I = 4 + K \times 500 = 20 \quad (mA)$$

式中　$K$——变送器的转换系数。

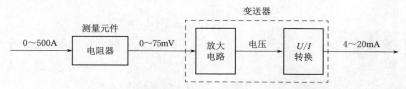

图4-22　用电阻器测量的直流电流变送器原理框图

经计算可得变送器转换系数

$$K = (20 - 4)/500 = 0.032$$

当励磁电流$I_L$＝0时，变送器输出$I=4+0.032\times0=4$（mA）；

当励磁电流$I_L$＝100A时，变送器输出$I=4+0.032\times100=7.2$（mA）；

当励磁电流$I_L$＝200A时，变送器输出$I=4+0.032\times200=10.4$（mA）；

当励磁电流$I_L$＝300A时，变送器输出$I=4+0.032\times300=13.6$（mA）；

当励磁电流$I_L$＝400A时，变送器输出$I=4+0.032\times400=16.8$（mA）；

当励磁电流$I_L$＝500A时，变送器输出$I=4+0.032\times500=20$（mA）。

被测励磁电流与输出电流有一一对应的线性关系，如果将测量元件更换成霍尔元件，就成为用霍尔元件测量的直流电流变送器（参见图4－23），简称霍尔直流电流变送器。

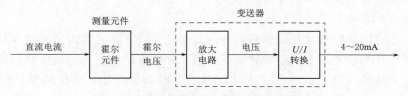

图4-23　霍尔直流电流变送器原理框图

（2）功率变送器。功率变送器原理框图如图4－24所示，来自发电机电流互感器0～5A的三相交流电流和电压互感器0～100V的三相交流电压一起送入霍尔测量元件，功率变送器的测量元件是由三片霍尔元件组成，三片霍尔元件将输入的三相六个交流量转换成一个正比于三相交流功率的霍尔直流电压，再由变送器转换成4～20mA的标准电模拟量。

FX水电厂功率变送器如图4－25所示。被测三相有功功率范围$P=0\sim50000$kW，$P=50000$kW时被测三相有功功率为最大，变送器输出电流最大，即

$$I = 4 + K \times 50000 = 20(mA)$$

式中　$K$——变送器的转换系数。

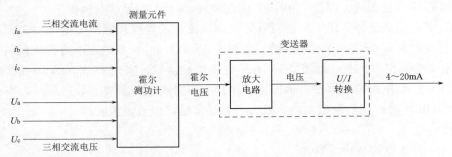

图 4-24　功率变送器原理框图

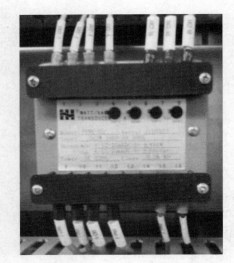

图 4-25　功率变送器照片

经计算可得变送器转换系数

$$K = (20-4)/50000 = 0.00032$$

当有功功率 $P = 0$ 时，变送器输出 $I = 4 + 0.00032 \times 0 = 4$（mA）；

当有功功率 $P = 12500 \mathrm{kW}$ 时，变送器输出 $I = 4 + 0.00032 \times 12500 = 8$（mA）；

当有功功率 $P = 25000 \mathrm{kW}$ 时，变送器输出 $I = 4 + 0.00032 \times 25000 = 12$（mA）；

当有功功率 $P = 37500 \mathrm{kW}$ 时，变送器输出 $I = 4 + 0.00032 \times 37500 = 16$（mA）；

当有功功率 $P = 50000 \mathrm{kW}$ 时，变送器输出 $I = 4 + 0.00032 \times 50000 = 20$（mA）。

被测功率与输出电流有一一对应的线性关系。水电厂利用霍尔元件的常见变送器有直流电流变送器、直流电压变送器、交流电流变送器、交流电压变送器、有功功率变送器和无功功率变送器等。

4. 传感器

传感器是将非电模拟量转换成电模拟量的自动化元件。传感器由测量元件与测量电路组成，测量元件将被测量的非电模拟量转换成测量元件的电阻或电容等电参数的变化，再由测量电路把测量元件的电阻或电容参数变化转换成电模拟量变化。常见的测量元件有压敏元件、热敏元件、光敏元件等，常见的测量电路是惠斯登电桥（参见图 1-13）。水电厂应用最多的是压力传感器、液位传感器和温度传感器。由于测量元件的种类和性能不同，将非电模拟量转换成电模拟量有强有弱有大有小，非常不利于自动化元件的标准化和互换性。为此现代传感器内都有将非标准电模拟量转换成 4～20mA 标准电模拟量的变送器。

（1）压力传感器。测量元件有压阻式和电容式两大类型。压阻式有硅压阻式（精度 0.15%）和陶瓷压阻式（精度 0.35%）两种；容式有陶瓷电容式（精度 0.25%）和差动电容式（精度 0.25%）两种。其中硅压阻式应用最广泛。装有压敏元件的压力探头如图 4-26 所示，压敏元件通过导线连接在惠斯登电桥四个臂的其中一个臂上，当被测压力作用在探头不锈钢膜片上时，通过不锈钢膜片与压敏元件之间灌充的硅油，把压力传递到压敏元件上，使压敏元件的电阻值或电容量发生变化，惠斯登电桥输出的电流信号也发生变化，而且输出电流信号与作用压力有着良好的线性关系，故可以实现对压力的准确测量。

压阻式压力传感器利用压敏元件的电阻值与压力之间的压阻效应，压容式压力传感器利用压敏元件的电容量与压力之间的压容效应。作为测量压力的压敏元件，成功实现了压力与电阻值或压力与电容量的转换。

压力传感器原理框图如图 4-27 所示，由测量器件和变送器组成，测量器件将压力信号转换成很微弱并且不标准的电模拟量信号，变送器将不标准的微弱电模拟量信号转换成 4～20mA 的标准电模拟量信号。现在的压力传感器内都有变送器，故输出 4～20mA 的压力传感器也可称压力变送器。

压力变送器外形图如图 4-28 所示，直径 20mm 的螺纹可以直接旋紧在储能器油罐或油管上测量油压；或直接旋紧在储气罐的气罐或气管上测量气压；也可直接旋紧在主阀前的压力钢管上和水轮机进口断面的蜗壳上

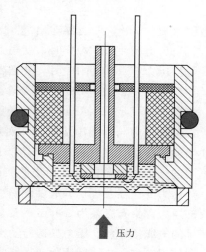

图 4-26 装有压敏元件的压力探头

测量水压。尾部接线盒式压力变送器如图 4-28（a）所示，尾部电缆式压力变送器如图 4-28（b）所示。有的压力变送器带数字显示，称数显式压力变送器。假设被测压力范围 $P=0\sim0.8\text{MPa}$，$P=0.8\text{MPa}$ 时被测压力最高，压力变送器输出电流最大，即

$$I=4+K\times0.8=20(\text{mA})$$

式中 $K$——变送器的转换系数。

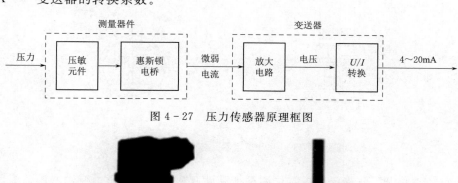

图 4-27 压力传感器原理框图

（a）尾部接线盒式压力变送器    （b）尾部电缆式压力变送器

图 4-28 压力变送器外形图

经计算可得变送器转换系数

$$K = (20 - 4)/0.8 = 20$$

当压力 $P=0$ 时，变送器输出 $I=4+20×0=4$ （mA）；

当压力 $P=0.2$MPa 时，变送器输出 $I=4+20×0.2=8$ （mA）；

当压力 $P=0.4$MPa 时，变送器输出 $I=4+20×0.4=12$ （mA）；

当压力 $P=0.6$MPa 时，变送器输出 $I=4+20×0.6=16$ （mA）；

当压力 $P=0.8$MPa 时，变送器输出 $I=4+20×0.8=20$ （mA）。

被测压力与输出电流有一一对应的线性关系。压力变送器用来采集调速器储能器或压力油箱的油压、储气罐的气压、主阀前的水压和水轮机进口断面的水压等。不同的使用场合有不同的压力测量范围，使用中的实际压力不要超出厂家规定的最高压力。

压力变送器及零位和满度调整如图 4-29 所示，下面头部为压力传感器，中部是变送器。头部压力探头有直径为 20mm 的螺纹（M20×1.5），尾部是压力变送器输出 4~20mA 模拟量信号的电缆接线盒。压力变送器输出信号电缆有二线制和三线制两大类型。其中二线制压力变送器使用最多，二线制压力变送器的电源工作电压为直流 15~30V，输出信号为 4~20mA。

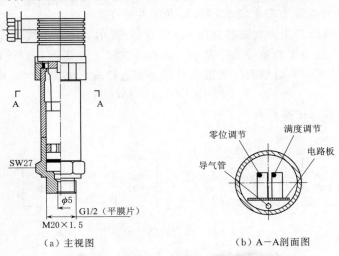

（a）主视图　　　　　（b）A—A剖面图

图 4-29　压力变送器及零位和满度调整

所有变送器在出厂前都要进行零位调整和满度调整。下面以压力变送器调整为例进行简要介绍，假设被测压力范围 $P=0~0.8$MPa，当作用探头上的压力 $P=0$ 时，变送器输出电流应该是 $I=4$mA，如果大于或小于 4mA，可以对变送器上的零位调整旋钮（见 A—A 剖面）进行调整。当作用探头上的压力 $P=0.8$MPa 时，变送器输出电流应该是 20mA，如果大于或小于 20mA，可以对变送器上的满度调整旋钮进行调整。

（2）温度传感器。热敏元件康铜丝或铂金属丝在温度发生变化时，电阻值会发生显著变化，因此是良好的热敏元件。温度传感器探头如图 4-30 所示。图中将装有热敏元件的探头插入轴瓦背面的瓦衬内，热敏元件通过尾部导线连接在惠斯登电桥四个臂的其中一个臂上，当轴瓦的温度发生变化时，热敏元件的电阻值也发生变化，惠斯登电桥输出的电流信号也发生变化，而且输出电信号与被测温度有着良好的线性关系，因此可以实现对温度的准确测量。如果将探头悬挂在发电机空气冷却器的进口和出口处，可以测量空气冷却器的进风温度

和出风温度。如果将测量定子铁芯或线圈的测温片
（参见图2-18）导线引出外面接入惠斯顿电桥的一
个臂上，可以测量发电机铁芯温度或线圈温度。

温度传感器原理框图如图4-31所示，温度传
感器由测量器件和变送器组成，测量器件将温度信
号转换成很微弱并且不标准的电模拟量，变送器将
不标准的微弱电模拟量转换成4～20mA的标准电
模拟量信号。现在的温度传感器内都有变送器，因
此输出4～20mA的温度传感器也可以称为温度变
送器。

插杆式温度变送器如图4-32所示，将右边探
头直接插入轴瓦体内或泡入油中，可以测量瓦温或
油温。左边接线盒送出的就是4～20mA的标准电
模拟量信号。假设被测温度范围$t=0～80℃$，$t=$
80℃时被测温度最高，变送器输出电流最大，即

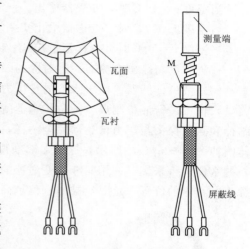

图4-30 温度传感器探头

图4-31 温度传感器原理框图

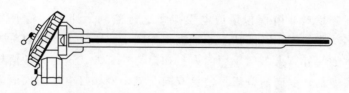

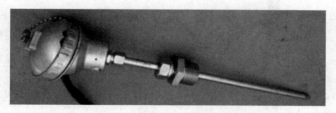

图4-32 插杆式温度变送器

$$I = 4 + K \times 80 = 20 (\text{mA})$$

式中 $K$——变送器的转换系数。

则变送器转换系数

$$K = (20 - 4)/80 = 0.2 (\text{mA})$$

当温度$t=0$时，变送器输出$I=4+0.2\times0=4$（mA）；

当温度$t=20℃$时，变送器输出$I=4+0.2\times20=8$（mA）；

当温度 $t=40℃$ 时，变送器输出 $I=4+0.2×40=12$ （mA）；

当温度 $t=60℃$ 时，变送器输出 $I=4+0.2×60=16$ （mA）；

当温度 $t=80℃$ 时，变送器输出 $I=4+20×80=20$ （mA）。

被测温度与输出电流有一一对应的线性关系。

（3）液位传感器。由于水下的水压力与水位成正比，因此压力传感器不但可以进行压力测量，也可进行液位测量，液位传感器就是压力传感器在测量水位中的应用，液位传感器的结构和测量探头与压力传感器完全一样，因此液位传感器又称液位变送器。液位变送器的整体图如图 4-33（a）所示，探头端部剖视图如图 4-33（b）所示。液位变送器用来对集水井的水位进行采集，使用时液位变送器的传感器探头应垂直向下自由悬挂在水中，当传感器探头在水中的位置一定时，被测水位越高，探头测得的水压力越大。

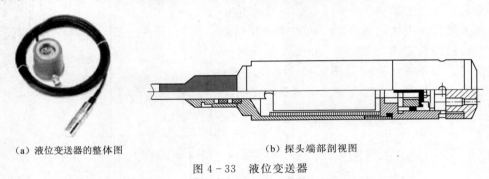

（a）液位变送器的整体图　　　　　　　（b）探头端部剖视图

图 4-33　液位变送器

## 三、智能仪表

智能仪表的任务是对非电模拟量或电模拟量进行监测、计量、显示、报警和经 RS485 通信接口上传的多功能仪表。智能仪表原理框图如图 4-34 所示，图中单向箭头表示信号传递的单一方向，例如门外有人敲门，门内人只知道门外有人，这是一种信号，但不知道门外是谁，用单向箭头表示；双向箭头表示信息双向交流，例如打电话两人语言双向交流，双向箭头表示。

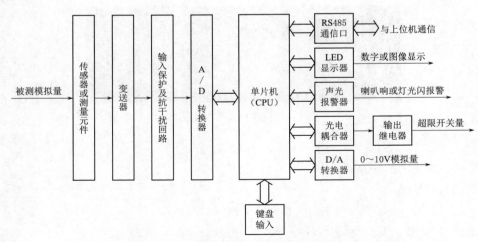

图 4-34　智能仪表原理框图

被测非电模拟量或电模拟量经传感器或测量元件转换后成为不标准的电模拟量，不标准的电模拟量经变送器转换成 4～20mA 的标准电模拟量，标准电模拟量经输入保护及抗干扰回路后，由 A/D（模/数）转换器转换成数字量送入单片机。单片机中的 CPU 按特定的软件程序对输入信号和信息进行数据分析处理，然后经 D/A（数/模）转换器输出 0～10V 模拟量信号对被控对象进行连续性操作控制（基本用不到），或经光电耦合器和输出继电器输出超限开关量信号对被控对象进行开关式操作控制，或经声光报警器进行喇叭响灯光闪的超限报警，或经 LED 显示器显示数据或图像。有的智能仪表还经 RS485 通信接口与上位机通信或传递数据。运行人员通过键盘输入指令或查看数据。智能仪表的工作流程和工作方式全部由预先编制好的程序决定的。水电厂常见的智能仪表有电气式转速信号装置、温度巡检仪、综合电力测量仪和交流电能测量仪等。

1. 电气式转速信号测控装置

发电机转子线圈只要通过一次励磁电流，尽管切断励磁电流，转子铁芯还是有微弱的剩磁，发电机转子转动时，在没有投入励磁电流条件下，转子铁芯的剩磁也能产生 0.2V 左右微弱的发电机机端电压（残压）。电气式转速信号装置在发电机机端电压 0.2～120V 都能测频。TDS-4338 型电气式转速信号测控装置（图 4-35）由单片机 89C52 及相应的外围芯片构成，用于发电机的转速、转速百分比、频率测量。有七个设定转速及相应的七路继电器接点开关量输出，继电器的状态分别由仪表面板七个发光管指示，可直接设置、查看发电机的转速、转速百分比、频率和最大值。设定参数由 EEPROM 保存，具有停电保护、继电器自锁功能。

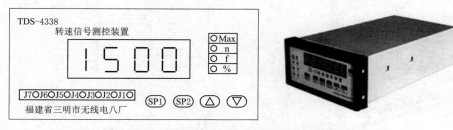

图 4-35 TDS-4338 型电气式转速信号测控装置

数据由 LED 数码管显示，能连续数字显示所测参数值，可切换显示转速、转速百分比、频率，通信接口 RS485。仪表采用开关电源，工作电源 DC220V±20%。电气式转速信号器输出继电器出厂标准见表 4-1。

表 4-1　　　　　　　　　　电气式转速信号器输出继电器出厂标准

| | 机组已停机 | 机械制动 | 电器制动 | 调速器测频投入 | 励磁投入 | 机组过速 | 飞逸转速 |
|---|---|---|---|---|---|---|---|
| 继电器 | J1 | J2 | J3 | J4 | J5 | J6 | J7 |
| 出厂标准 | 0 | 35% | 50% | 80% | 95 | 115% | 140% |
| 可调范围 | 0%～5% | 25%～40% | 40%～80% | 75%～90% | 85%～100% | 100%～125% | 130%～175% |

2. 数字式温度仪

数字式温度仪分为数字式温度巡检仪和数字式温度控制仪两种。数字式温度巡检仪如图 4-36 所示，是一种以单片机为核心的智能仪表。可同时对发电机定子线圈温度、铁芯温度，

图 4-36 数字式温度巡检仪

空冷器风温、导轴承瓦温、变压器油温等十几个通道巡回检测监控。监测在 $-10 \sim 150℃$ 温度范围内，具有自动判别、混合接收 $Cu_{50}$（铜电阻）、$Pt_{100}$（铂电阻）两种传感器信号的功能。不同的巡检通道可以设置成相同或不同的报警值，共用三个三位式报警继电器。LED 循环显示被测量值、设定参数、巡检路数，循环显示已报警的通道，看门狗监控技术防死机，数字滤波技术增强抗干扰能力。EEPROM 数据保护，所有设定参数断电时不会丢失。每路巡检显示时间 2.0～10.0s 之间任意调整。RS485 通信接口可与上位机通信联系。数字温度控制仪只能接收一路温度传感器，对测量点的温度超限输出一个开关量信号。

3. 综合电力测量仪

PM130E 综合电力测量仪如图 4-37 所示，是具有单片机的智能仪表，能测量三相交流电压、三相交流电流、频率、功率、功率因数和电能，同时具有输出继电器供用户选用作为报警输出或远方控制的功能。三排发光 LED 数字显示测量数据，条形发光 LED 显示负荷百分比，LED 显示更新数据的频率，可根据用户需要方便调整。标准 RS485 通信接口支持 MODBUS 和 DNP3.0 通信协议。

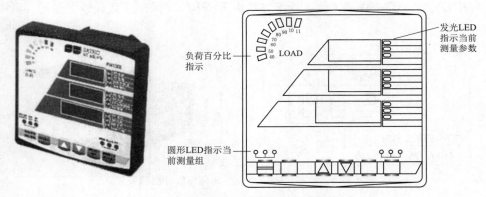

图 4-37 PM130E 综合电力测量仪

## 四、自动化元件应用举例

手动控制电动机的控制元件立体接线图如图 4-38 所示，由控制回路和被控回路两大部分组成。图中细实线表示控制回路，粗实线表示被控回路。

1. 启动操作

手动按下启动按钮 $AN_Q$，启动按钮的常开接点闭合，控制回路电源 C 相电流经停机按钮 $AN_T$ 的常闭接点、启动按钮已经闭合的常开接点、交流接触器吸合线圈 KM、热继电器 FR 常闭接点 3 与 4（$FR_1$），到达控制回路电源 B 相，交流接触器吸合线圈得电吸合，被控回路（主回路）三对主触点 $KM_1$ 闭合，三相异步电动机启动。同时交流接触器辅助常开接点 1 与 2（$KM_2$）闭合，此时尽管操作人员的手已经松开启动按钮，启动按钮的常开接点复归断开，但是交流接触器吸合线圈经已经闭合的信号常开接点 1 与 2 继续得电吸合，主触点继续闭合，电动机继续转动，故信号常开接点 1 与 2 是启动按钮常开接点的自保持接点。

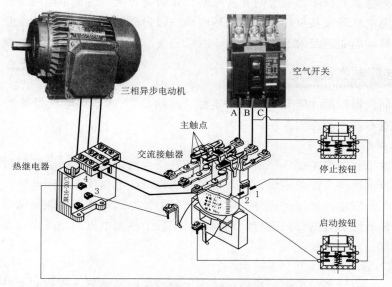

图 4 - 38　手动控制电动机的控制元件立体接线图

**2. 停止操作**

手动按下停止按钮，停止按钮的常闭接点断开，控制回路电流中断，交流接触器吸合线圈失电释放，交流接触器复归，主触点断开，电动机停机。同时交流接触器信号常开接点断开。此时尽管操作人员的手已经松开停止按钮，停止按钮的常闭接点复归闭合，但是交流接触器的信号常开接点 1 与 2 处于复归断开状态，故交流接触器吸合线圈继续失电。

**3. 电动机过流保护**

当电动机过载时，主回路电流过大，热继电器常闭接点 3 与 4 之间断开，交流接触器吸合线圈失电，交流接触器复归，主触点断开，电动机停机。

工程中将各种电气元件和接点用国家统一规定的符号和字母表示，再用线段将电气元件有机地连接成电路图，这种图称电气接线原理图。手动控制电动机电气接线原理图如图 4 - 39 所示。图 4 - 39 是与图 4 - 38 完全对应的手动启停电动机电气接线原理图。图左边为被控主回路，又称一次回路，NM 表示空气开关，图右边为控制回路，又称二次回路，图 4 - 39 与图 4 - 38 两个图对照起来看，有助于初学者识读电气原理图。

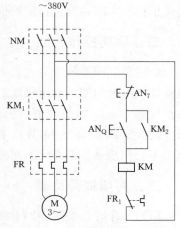

图 4 - 39　手动控制电动机电气
接线原理图

# 第二节　微机同期装置

如果断路器两侧是两个独立的交流电源，合闸前必须进行同期操作。发电厂同期操作的任务是调整发电机的电压、频率和相位，使发电机的电压、频率和相位与电网的电压、频率和相位一致，再将发电机断路器合闸并入电网。非同期合闸的后果是电网对发电机强大的冲击电流，造成发电机等设备损坏及电网剧烈波动。因为高压机组水电厂的主变压器高压侧都是通过专用线路将电能送到附近变电所的，所以主变压器高压侧断路器又称线路断路器。

## 一、水电厂电气设备的同期点

需要进行同期操作后才能合闸的断路器称"同期点"，水电厂电气设备的同期点有发电机断路器同期点和线路断路器同期点两类。

1. 发电机断路器同期点

正常开机时都是先将主变压器高、低压侧断路器合闸，此时电网电压通过变电所、专用线路、主变压器倒送到主变低压侧母线，主变低压侧母线电压代表电网电压。然后启动机组并将发电机升压，发电机电压代表待并电压。此时的发电机断路器两侧是两个独立的交流电源，因此发电机断路器合闸必须进行同期操作，工程中称发电机同期操作。发电厂大部分是发电机同期操作。

2. 线路断路器同期点

机组正常运行时线路发生短暂故障，造成主变高压侧断路器（线路断路器）跳闸，发电机甩负荷但发电机断路器没有跳闸（很少出现），发电机和主变都有电压。线路短暂故障消失后，为了稳定电网，必须迅速恢复发电机向电网供电，这时只有在主变高压侧断路器处进行手动准同期并网操作。主变压器高压侧电压代表待并电压，主变高压侧母线代表电网电压，线路断路器两侧是两个独立的交流电源，此时线路断路器合闸前必须进行同期操作。其实极少在线路断路器进行同期操作。

## 二、同期操作方式

水电厂的同期操作方式有手动准同期和自动准同期两种，现代水电厂的自动准同期都采用微机自动准同期。发电机断路器的同期操作既有手动准同期装置又有自动准同期装置，安装在机组 LCU（机组现地控制单元）屏柜内。因为只有特殊情况下才在线路断路器进行同期并网，所以线路断路器只有手动准同期装置，不设自动准同期装置，安装在公用LCU（公用现地控制单元）屏柜内。

## 三、同期信号比较

同期操作时需要对同期点断路器两侧的电压、频率和相位进行比较，比较所需要的信号采集断路器两侧对应 A、B 两相之间的单相线电压信号 $U_{AB}$ 即可，没有必要采集三相线电压信号。

## 四、发电机同期操作

发电机同期操作又称机组同期操作，安装在机组 LCU 屏柜内的发电机同期操作装置主要由隔离变压器、微机自动准同期装置、手动准同期装置（组合同期表）和同步检查继电器组成。规定发电机同期操作元件和回路用编号为"6"开头，机组 LCU 的 PLC 元件和回路编号为"4"开头。

1. 发电机同期信号采集

发电机同期装置模拟量输入回路如图 4-40 所示，1QF 为需要同期并网操作的同期点发电机断路器。发电机机端电压互感器 1TV 代表待并侧电压，付方单相线电压经隔离变压器 GLB2 变比 1：1 隔离后，在隔离变压器 GLB2 付方得到的发电机单相线电压信号 $U_{AB}$ 送到发电机同期母线 TQMa、TQMb。主变低压侧母线电压互感器 3TV 代表电网电压，付方单相线电压经隔离变压器 GLB1 变比 1：1 隔离后，在隔离变压器 GLB1 付方得到的电网单相线电压信号 $U_{AB}$ 送到发电机同期母线 TQMa'、TQMb'。当 1TV 与 3TV 付方电压、频率和相位相等时，发电机断路器两侧肯定相等。

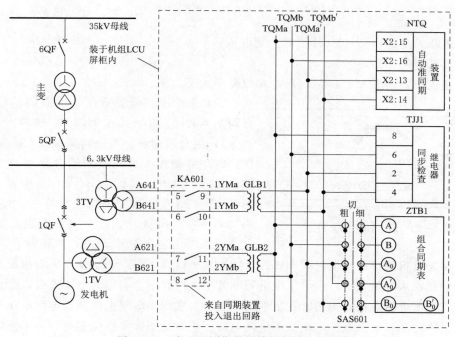

图 4-40　发电机同期装置模拟量输入回路

（1）隔离变压器。同期隔离变压器 GLB1、GLB2 为变比 1：1 的单相变压器，隔离变压器的作用是将电压互感器回路与同期回路进行隔离，以便可以采用各自的接地，防止电压互感器高压侧的强电对低压侧的同期回路弱电的干扰和威胁。

（2）自动准同期装置。NTQ-2023 双微机自动准同期装置如图 4-41 所示，其具有可靠、准确、快速自动准同期并网的优点。其可实时地监测待并两侧的频率、电压、相位，正确地计算预合闸提前角；可以自动调节待并发电机的频率和电压，使其可以很快地进入设定的区域，减少并网时间。

采用两个微机同时捕捉同期点，科学的计算方法以及尽量少的元件和各种隔离技术，保证了装置的高可靠性。所有的参数采用数字式整定，参数设置按键少，操作简单，采用液晶屏显示参数和测量结果。相位差用电子式同期表实时显示，电子式同期表与传统的机械式同期表形式非常相似，观看相位差非常方便。装置能自动调节发电机的转速和电压，使得同期速度更快；具有保护功能，如果电网侧的电压或频率超出合格范围，装置将拒绝同期并告警。

整定频率差范围：±0.5Hz。

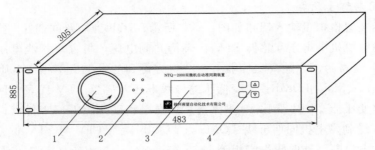

图 4-41　NTQ-2023 双微机自动准同期装置
1—电子同期表；2—状态指示灯；3—液晶显示屏；4—键盘

整定电压差范围：±10V（PT 二次侧电压）。

同期导前时间：20～900ms。

合闸精度：频差不大于 0.3Hz 时，相位差不大于 1.5°。

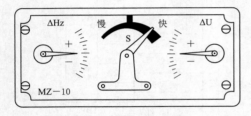

图 4-42　组合同期表 ZTB1

（3）手动准同期装置。手动准同期装置由组合同期表和同期检查继电器两部分组成。

1）组合同期表。组合同期表是在手动准同期操作时，给操作人员观看同期参数用的。组合同期表 ZTB1 如图 4-42 所示，又称整步表，该表内部其实是三个完全独立的仪表组装在一起，"组合表"名字由此而得。左边为频率差表，指针指示发电机频率与电网频率差值，当指针在水平线以上时，表示发电机频率高于电网频率；当指针在水平线以下时，表示发电机频率低于电网频率。当指针指在水平位置时，表示发电机频率等于电网频率。右边为电压差表，指针指示发电机电压与电网电压差值，当指针在水平线以上时，表示发电机电压高于电网电压；当指针在水平线以下时，表示发电机电压低于电网电压。当指针指在水平位置时，表示发电机电压等于电网电压。中间为相位差表 S，指针转动表示发电机相位与电网相位存在相位差，转动越快表示发电机相位与电网相位差越大。

将图 4-40 中粗细调切换开关 SAS601 在中间"切除"位置时，五对接点全部断开，组合同期表退出。SAS601 逆钟向转 45°在"粗调"位置时，接点 1 与 2、接点 3 与 4、接点 5 与 6、接点 7 与 8 四对闭合，组合同期表中的频率差表和电压差表投入，相位差表不投入。只有在频率、相位调整到比较小的误差范围时，再将 SAS601 顺时针方向转 45°在"细调"位置，接点 1 与 2、接点 3 与 4、接点 5 与 6、接点 7 与 8、接点 15 与 16 等五对全部闭合。组合同期表中的频率差表、电压差表和相位差表同时投入。如果不经历粗调，直接将 SAS601 切到"细调"位置，由于相位差值太大，指针 S 会飞速转动，损坏组合同期表。

2）同期检查继电器。同期检查继电器是手动准同期时防止非同期合闸的保护元件，同期检查继电器 TJJ1 的结构原理图如图 4-43 所示。铁芯 4 上有两个匝数相同的线圈 $W_1$、$W_2$，两个线圈绕向相反。线圈 $W_1$ 的接线端 2、4 经发电机同期母线 TQMa′、TQMb′接代表电网的电压互感器 3TV，线圈 $W_2$ 的接线端 6、8 经发电机同期母线 TQMa、TQMb 接代表发电机的电压互感器 1TV。两个线圈产生的磁通极性相反，因此两个线圈在铁芯中产生的磁通相互削弱。

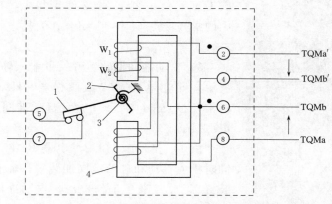

图 4-43　同期检查继电器 TJJ1 的结构原理图
1—导电板；2—转动衔铁；3—游丝弹簧；4—铁芯

当断路器两侧电压相位差小于 20° 时，$W_1$、$W_2$ 在铁芯中相互削弱后的合成磁通较小，合成磁通对转动衔铁 2 产生的顺时针力矩小于游丝弹簧 3 对转动衔铁产生的逆时针力矩，转动衔铁逆时针转动到极限位，导电板 1 将接点 5 与 7 闭合，断路器合闸回路接通，允许同期合闸。当断路器两侧电压相位差大于 20° 时，$W_1$、$W_2$ 在铁芯中相互削弱后的合成磁通较大，合成磁通对转动衔铁 2 产生的顺时针力矩大于游丝弹簧 3 对转动衔铁产生的逆时针力矩，转动衔铁顺时针转动到极限位，接点 5 与 7 断开，将断路器合闸操作回路断开，保证无法合闸，防止误操作非同期合闸。

2. 发电机同期装置投入和退出回路

机组控制屏又称机组现地控制单元，简称机组 LCU。机组 PLC 模块安装在机组 LCU 屏柜内。CX 水电厂机组 LCU 屏柜柜面布置图如图 4-44 所示，不同的水电厂机组 LCU 柜面布置和元件不完全一样，但图中柜面这几个元件必不可少。发电机同期装置投入和退出回路如图 4-45 所示，发电机同期装置投入和退出分手动和自动两种方法。

（1）发电机同期装置手动投入。需要手动准同期并网时，运行人员在图 4-44 机组 LCU 屏柜柜面上用手按下手动同期投入按钮 2（即图 4-45 中的 SB601），由此同时引发如下动作：

1）图 4-45 中的继电器 KA601 线圈得电，KA601 在图 4-40 同期装置模拟量输入回路中的四对常开接点 5 与 9、接点 6 与 10、接点 7 与 11、接点 8 与 12 同时闭合，发电机同期母线 TQMa、TQMb、TQMa′、TQMb′ 经隔离变压器接入 1TV、3TV 两路单相线电压信号，自动准同期装置 NTQ 和手动准同期装置 TJJ1、ZTB1 同时投入并同时输入 1TV、3TV 两路单相线电压模拟量信号。

2）图 4-45 中的继电器 KA602 线圈得电，KA602 的常开接点 34 与 31 闭合，继电器 KA602 自保持。此时手松开按钮 SB601 没有关系，原因是自保持使得继电器 KA601、KA602 线圈继续有电。

3）继电器 KA602 线圈得电，KA602 的常开接点 24 与 21 闭合，向机组 LCU 中的 PLC

开关量输入回路 P440 输入"同期投入"开关量信号。

4）机组 LCU 柜内的发电机断路器合闸回路如图 4-46 所示。继电器 KA602 线圈得电，KA602 在图 4-46 中的常开接点 14 与 11 闭合，为发电机断路器合闸做好准备。

5）自动准同期装置开关量输入输出回路如图 4-47 所示。继电器 KA602 线圈得电，KA602 在图 4-47 中的常开接点 44 与 41 闭合，自动准同期装置 NTQ 工作电源接通。

由 1）和 5）可知，继电器 KA602 动作的结果不但同时投入手动和自动准同期装置，而且使得自动准同期装置 NTQ 接通了工作电源，自动准同期装置在没有得到指令的情况下就擅自自动将机组并入电网，这显然是不允许的。为此专门增加了一个机组 LCU 的 PLC 开关量输出继电器 KA429，将继电器 KA429 的常开接点接入自动准同期装置回路 T611 中（参见图 4-47），只要回路 T611 上的常开接点 KA429 不闭合，自动准同期装置 NTQ 哪怕已经接通电源也不工作，从而使得自动准同期装置 NTQ 是否执行自动准同期操作听从机组 LCU 的 PLC 的 KA429 指令。

（2）发电机同期装置自动投入。每次自动开机时，计算机按开机流程一步一步操作机组，当机组转速上升到 95％额定转速时，机组 LCU 中的 PLC 开关量输出继电器 KA423 线圈得电，图 4-45 中 KA423 的常开接点 14 与 11 闭合，产生的结果与 KA602 常开接点 31 与 34 闭合一样，同期装置自动投入。

图 4-44　机组 LCU 屏柜柜面布置图
1—自动准同期装置；2—同期投入按钮；
3—同期退出按钮；4—综合电力测量仪；
5—粗细调开关；6—组合同期表；
7—旁路开关；8—紧急停机按钮；
9—触摸屏；10、11—指示灯；
12—转速调整开关；13—断路器操作开关；
14—电压调整开关

（3）发电机同期装置手动退出。手动准同期并网后，运行人员在图 4-44 机组 LCU 屏柜前手动按下同期退出按钮 3（就是图 4-45 中的 SB602），继电器 KA603 线圈得电，KA603 的常闭接点 12 与 11 断开，继电器 KA601 线圈和继电器 KA602 线圈同时失电，KA601、KA602 所有接点复归，同期装置退出。

（4）发电机同期装置自动退出。每次发电机自同期并网后，机组 LCU 的 PLC 开关量输出继电器 KA424 线圈得电，图 4-45 中 KA424 的常开接点 14 与 11 闭合，产生的结果与 SB602 接点 13 与 14 闭合一样，同期装置自动退出。

**3. 发电机手动准同期并网操作**

机组安装或检修完毕首次开机，为了安全必须采用手动准同期并网，以便观察、检查设备安装或检修的质量，一旦发现问题，可以立即人工手动转为停机。

（1）手动准同期调整开关。图 4-44 机组 LCU 柜面的 14 为电压调整开关 2KK，手动顺时针转 45°为"升压"，微机励磁调节器操作回路中 2KK（参见图 4-83）作用励磁电流增大，并网前的发电机电压上升；手动逆时针转 45°为"降压"，微机励磁调节器操作回路中

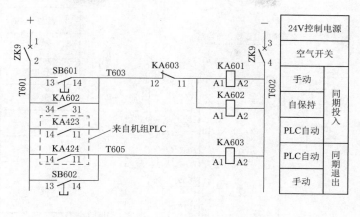

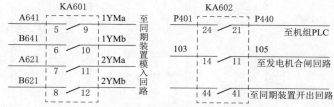

图 4 - 45 发电机同期装置投入和退出回路

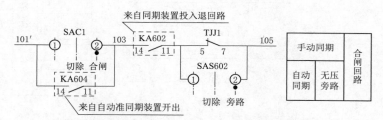

图 4 - 46 机组 LCU 柜内的发电机断路器合闸回路

2KK 作用励磁电流减小，并网前的发电机电压下降。手松开电压调整开关 2KK 后，2KK 自己回复到中间"切除"位置，因此可以顺转、逆转点动操作。

图 4 - 44 机组 LCU 柜面的 12 为转速调整开关 3KK，手动顺时针转 45°为"增速"，微机调速器操作回路 3KK❶ 作用水轮机导叶开大，机组转速上升，并网前的发电机频率上升；手动逆时针转 45°为"减速"，微机调速器操作回路 3KK 作用水轮机导叶关小，机组转速下降，并网前的发电机频率下降。手松开转速调整开关 3KK 后，3KK 自己回复到中间"切除"位置，因此可以顺转、逆转点动操作。

（2）手动准同期操作步骤。在图 4 - 44 机组 LCU 柜面上手动转速调整开关顺时针转 45°，通过微机调速器手动开导叶启动机组，水轮机导叶开大，机组转速从零开始上升，当机组转速上升到额定发转速的 95％时，微机励磁调节器自动起励，发电机电压从零开始上升。同时在机组 LCU 柜面上按下手动同期投入按钮，再将粗细调开关 5 逆时针转 45°到"粗调"位置，操作人员看着组合同期表 6 的频率偏差表和电压偏差表的指针，左手不断顺、

---

❶ 参见彭学虎、方勇耕主编的《水电厂动力设备》中的图 5 - 43。

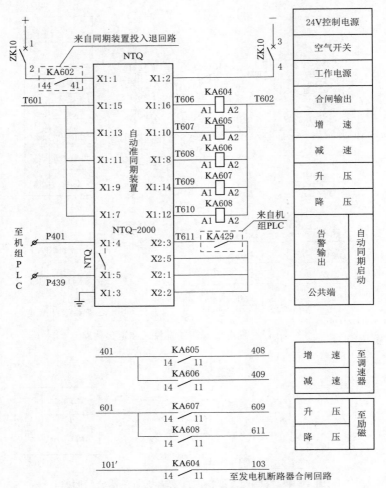

图 4-47 自动准同期装置开关量输入输出回路

逆时针点动转速调整开关 3KK，水轮机不断升速、减速、升速、减速……手动调整发电机频率；右手不断顺、逆时针点动电压调整开关 2KK，发电机不断升压、减压、升压、减压……手动调整发电机电压，使组合同期表左边的频率差表和右边的电压差表的两个指针趋向于水平。再将粗细调切换开关顺时针转 45°到"细调"位置，此刻组合同期表中间的相位差表才投入，相位差表的指针开始转动，相位差是无法调节的，只能在频率调节过程中快速捕捉。也就是说，操作人员同时看着组合同期表三个指针，继续微调发电机频率和电压，使相位差表的指针顺时针转动，当频率差表和电压差表的两个指针水平，相位差表的指针顺时针转动越来越慢，当指针缓慢转到快要接近向上垂直（12 点钟）位置时，提前 0.25s 果断将断路器操作开关 13（就是图 4-46 中的 SAC1）顺时针转合闸位置，图 4-46 中的断路器操作开关 SAC1 接点 1 与 2 闭合，作用断路器合闸，将发电机并入电网。机组 LCU 柜面合闸指示灯 11 红灯亮。手松开手柄后，断路器操作开关自动回复中间"切除"位置。再将粗细调开关转回到"切除"位，按下手动同期退出按钮，将同期装置退出。

4. 发电机自动准同期操作

机组自动开机时，发电机按自动开机流程，发电机执行自动准同期并网。机组 LCU 的

PLC 开关量输出继电器 KA423 线圈得电，图 4-45 中的 KA423 接点闭合，自动投入同期装置。当机组转速上升到额定转速 95％时，机组 LCU 的 PLC 开关量输出继电器 KA429 线圈得电，KA429 在图 4-47 自动准同期装置开关量输入回路 T611 常开接点闭合，指令自动准同期装置可以进行进入自动准同期操作。

自动同期装置 NTQ 启动进入自动准同期调节后，NTQ 的 CPU 指令开关量输出回路 T607、T608 轮流输出高电位，开关量输出继电器 KA605、KA606 的线圈轮流得电，开关量输出继电器在微机调速器操作回路 408 中 KA605 的常开接点和回路 409 中 KA606 的常开接点轮流点动闭合❶，水轮机轮流增速、减速，自动同期装置通过微机调速器按 PID 规律自动调节发电机频率等于电网频率；与此同时，NTQ 的 CPU 指令开关量输出回路 T609、T610 轮流输出高电位，开关量输出继电器 KA607、KA608 的线圈轮流得电，开关量输出继电器在微机励磁调节器操作回路 609 中 KA607 的常开接点和回路 611 中 KA608 的常开接点轮流点动闭合（参见图 4-83），发电机轮流升压、降压，自动同期装置通过微机励磁调节器按 PID 规律自动调节发电机电压等于电网电压。

当发电机频率、电压和相位与电网一致时，自动同期装置 NTQ 的 CPU 指令开关量输出回路 T606 输出高电位，输出继电器 KA604 的线圈得电，KA604 在图 4-46 中的常开接点 14 与 11 闭合，作用断路器并网合闸。如果自动准同期装置同期合闸失败时，自动准同期装置 NTQ 在机组 LCU 的 PLC 开关量输入回路 P439 的常开接点闭合，向机组 LCU 的 PLC 送出自动同期合闸失败开关量信号。

5. 发电机无压合闸

新安装主变或主变检修完毕，需要在主变高压侧断路器分闸情况下，由发电机额定电压对主变压器充电试验，此时由于发电机有电压，而主变低压侧母线却没电压，图 4-46 中的同期检查继电器 TJJ1 常闭接点 5 与 7 始终断开，造成无法进行断路器合闸充电试验，在发电机有电压，主变低压侧母线没有电压的条件下合上发电机断路器的操作称发电机无压合闸。

发电机无压合闸操作时，首先将图 4-44 机组 LCU 柜面上的旁路开关 7（就是图 4-46 中的 SAS602）打到"旁路"位置，此时图 4-46 中的旁路开关 SAS602 的接点 1 与 2 闭合，将同期检查继电器 TJJ1 接点 5 与 7 旁路不再起同期检查的保护作用，然后转动发电机断路器操作开关 SAC1 到"合闸"位置，SAC1 经 SAS602 将断路器手动无压合闸。特别提醒：无压合闸结束后必须在机组 LCU 柜面上复归旁路开关 SAS602 到中间"切除"位置，否则同期检查继电器的保护作用被切除，手动准同期时不再起同期检查保护作用了。

6. 发电机断路器分闸回路

发电机断路器的分闸回路如图 4-48 所示，发电机断路器分闸有四种方式：

（1）机组 LCU 自动分闸。当执行自动停机流程时，发电机自动减负荷到零，机组 LCU 中的 PLC 开关量输出继电器 KA409 线圈得电，KA409 中的常开接点 14 与 11 闭合，作用发电机断路器分闸，发电机退出电网。

（2）柜面手动分闸。当执行手动停机时，首先在机组 LCU 柜面上转动转速调整开关 3KK 和电压调整开关 2KK，手动将发电机有功负荷、无功负荷减到零，然后在机组 LCU

---

❶　参见彭学虎、方勇耕主编的《水电厂动力设备》中的图 5-43。

柜面上手动将断路器操作开关逆时针转 45°，最后 SAC1 的接点 3 与 4 闭合，作用断路器分闸。

（3）柜面紧急停机按钮分闸。当运行人员发现紧急情况需要人工发指令紧急停机时，在图 4-44 机组 LCU 屏柜柜面上紧急拍打紧停按钮 8，图 4-48 中 JSB 的常开接点 13 与 14 闭合，作用断路器甩负荷紧急分闸。同时接点 3 与 5 闭合，向机组的 PLC 开关量输入回路 P418 输入开关量，告知机组 PLC 机组已经手动紧急停机。

（4）发电机保护动作分闸。当发电机发生事故使得继电保护动作时，发电机保护模块输出开关量 TJ1 不经分闸回路直接送入发电机断路器操作回路，作用发电机断路器事故分闸。

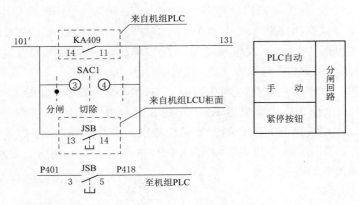

图 4-48　发电机断路器的分闸回路

## 五、线路同期操作

在线路断路器（主变高压侧断路器）进行手动准同期操作时，发电机断路器和主变低压侧断路器都处于合闸位置，发电机没有停机，处于空载额定电压，发电机空载电压经主变后，主变高压侧为主变空载电压。

1. 线路同期信号采集

线路同期信号模拟量输入回路如图 4-49 所示，主变低压侧母线电压互感器 3TV 代表待并侧电压，付方单相线电压经移相隔离变压器 TTA 变比 1∶1 隔离后，在移相隔离变压器 TTA 付方得到的主变低压侧单相线电压信号 $U_{AB}$ 送到线路同期母线 TQMa、TQMb。主变高压侧母线电压互感器 4TV 代表电网电压，付方单相线电压经隔离变压器 GLB11 变比 1∶1 隔离后，在隔离变压器 GLB11 付方得到的电网单相线电压信号 $U_{AB}$ 送到线路同期母线 TQMa′、TQMb′。

安装在公用 LCU 屏柜内的线路同期操作装置由母线隔离变压器 GLB11、手动准同期装置（组合同期表）ZTB11 和同步检查继电器 TJJ11 组成，其作用和工作原理与发电机同期操作装置完全一样，在此不再介绍。只介绍为什么主变低压测母线移相隔离变压器 TTA 不但需要进行电气隔离，而且还需要进行移相。

（1）主变压器原付方电压的相位差。为了消除发电机输出电压中的高次谐波，所有发电厂主变压器低压侧三相原方绕组全部采用"△"连接，高压侧三相付方绕组全部采用"Y"连接。原付方三相绕组是"△"连接原付方三相绕组接法不同的相位关系如图 4-50 所示，

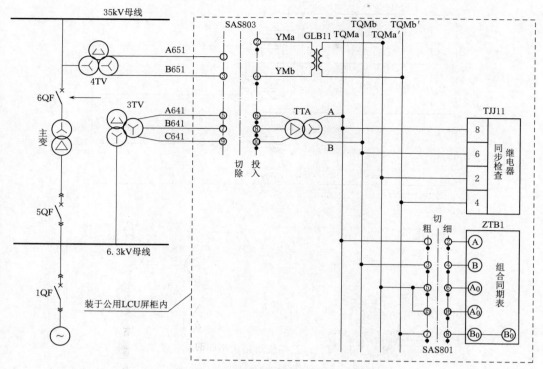

图 4 - 49　线路同期信号模拟量输入回路

付方三相绕组是"Y"连接的变压器接线图，比较两个相量图可知原、付方相电压之间有：

"Y"连接的付方相电压相量 $\dot{U}_\mathrm{A}$ 与"△"连接的原方对应相电压相量 $\dot{U}_\mathrm{a}$ 同相位。

"Y"连接的付方相电压相量 $\dot{U}_\mathrm{B}$ 与"△"连接的原方对应相电压相量 $\dot{U}_\mathrm{b}$ 同相位。

"Y"连接的付方相电压相量 $\dot{U}_\mathrm{C}$ 与"△"连接的原方对应相电压相量 $\dot{U}_\mathrm{c}$ 同相位。但是原、付方线电压之间有：

"Y"连接的付方线电压相量 $\dot{U}_\mathrm{AB}$ 超前"△"连接的原方对应线电压相量 $\dot{U}_\mathrm{ab}$ 相位 30°。

"Y"连接的付方线电压相量 $\dot{U}_\mathrm{BC}$ 超前"△"连接的原方对应线电压相量 $\dot{U}_\mathrm{bc}$ 相位 30°。

"Y"连接的付方线电压相量 $\dot{U}_\mathrm{CA}$ 超前"△"连接的原方对应线电压相量 $\dot{U}_\mathrm{ca}$ 相位 30°。

（2）移相隔离变压器。

1）主变压器△/Y 接法对同期相位信号采集的影响。由图 4 - 49 可以看出，线路断路器电网侧电压信号取自主变高压侧母线电压互感器 4TV，按理讲线路断路器待并侧电压信号应该取自主变高压侧，但是实际是取自主变低压侧母线电压互感器 3TV。当 3TV 电压与 4TV 电压同相位时，主变的△/Y 接法使得线路断路器待并侧电压相位超前电网电压相位 30°，显然是绝对不允许并网合闸的。为此变压器 TTA 不但要起到电气隔离作用，还要采用与主变压器相同的△/Y 法，进行 30°移相，因此称 TTA 为移相隔离变压器。

2）主变电压比变化对电压信号采集的影响。实际变压器不可避免地存在漏磁，使得主变高低压侧电压比小于线圈匝数比，另外有时调整了主变高压侧的分接开关，主变高低压侧

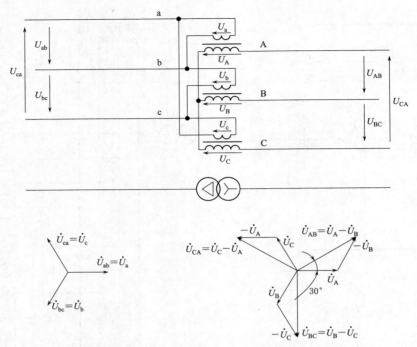

图 4 - 50　原付方三相绕组接法不同的相位关系

的线圈电压比也变化了，由此会造成当电压互感器 3TV 与 4TV 付方电压相等时（或者说都是 100V 时），线路断路器两侧电压不相等。为此在移相隔离变压器 TTA 设置了线圈匝数能调整的分接开关，设备安装结束进入调试阶段，在现场调整移相隔离变压器 TTA 的分接开关，消除主变压器电压比误差，保证两个电压互感器 3TV 和 4TV 付方电压相等时，线路断路器两侧电压也相等。由此也得出结论，主变每次进行分接开关位置调整后，移相隔离变压器 TTA 的分接开关也要跟着进行调整。

2. 线路同期装置投入和退出回路

线路同期装置只有手动投入和退出一种方法，在公用 LCU 屏柜上顺时针转动线路同期开关到"投入"位置，图 4 - 49 中 SAS803 五对接点 1 与 2、接点 3 与 4、接点 5 与 6、接点 7 与 8、接点 9 与 10 同时闭合，电压互感器 3TV、4TV 付方电压信号经两只隔离变压器 GLB11、TTA 送到同期母线 TQMa、TQMb、TQMa′、TQMb′，手动准同期装置 TJJ11、ZTB11 同时投入。在公用 LCU 屏柜上逆时针转动线路同期开关到"切除"位置，SAS803 五对接点 1 与 2、接点 3 与 4、接点 5 与 6、接点 7 与 8、接点 9 与 10 同时断开，手动准同期装置 TJJ11、ZTB11 同时退出。

3. 线路断路器合闸回路

（1）无压合闸。大部分情况下机组停机后，主变高压侧线路断路器是不分闸的，也就是说，正常停机后，主变压器和主变低压侧母线是挂在电网上的，因此正常开机时的同期点都是发电机断路器。如果正常开机前，由于某种原因线路断路器在分闸位置，那么机组启动前必须先将主变高压侧断路器合闸，在主变没有电压，线路有电压的条件下合上主变高压侧断路器的操作称线路无压合闸。线路断路器部分合闸与分闸回路如图 4 - 51 所示。从图 4 - 51

可以看出，由于主变没有电压，电网有电压，同期检查继电器 TJ11 的常闭接点 5 与 7 将主变高压侧断路器合闸回路断开，无法合闸。因为极少在线路断路器进行同期操作，所以可以将公用 LCU 柜面上的线路同期旁路开关长期切换在"旁路"位置，同期旁路开关 SAS802 的接点 1 与 2 长期闭合，长期将同期检查继电器常闭接点 TJJ11 旁路，同期检查继电器长期不起检查保护作用。

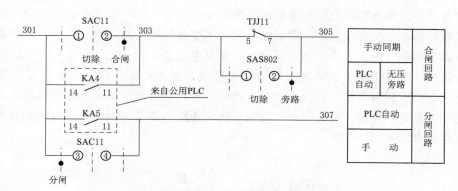

图 4-51　线路断路器部分合闸与分闸回路

1）自动无压合闸。开机之前，如果线路断路器在分闸位置，公用 LCU 中的 PLC 开关量输出继电器 KA4 线圈得电，KA4 的常开接点 11 与 14 闭合，作用线路断路器无压合闸。

2）柜面手动无压合闸。开机之前，如果线路断路器在分闸位置，在公用 LCU 屏柜柜面上手动将断路器同期操作开关 SAC11 顺时针转 45°，SAC11 的接点 1 与 2 闭合，作用线路断路器无压合闸。

（2）手动准同期合闸。特别提醒，线路手动准同期前必须将长期处于"旁路"位置的旁路开关 SAS802 切换到"切除"位置，使同期检查继电器 TJJ11 起保护作用，防止非同期并网。线路手动准同期操作方法与发电机手动准同期一样，运行人员在公用 LCU 屏柜上根据组合同期表 ZTB11 的指针指示，在机组 LCU 屏柜上调整主变低压侧的 1 号发电机或 2 号发电机的频率和电压，当线路断路器两侧的频率、电压和相位一致时，转动线路断路器同期操作开关 SAC11 顺时针转 45°，进行同期合闸。由于公用 LCU 屏柜位于中控室，机组 LCU 屏柜位于机组旁，显然主变高压侧断路器同期并网的频率和电压调整是很不方便的，因此极少在主变高压侧进行手动同期并网操作。

4. 线路断路器分闸回路

水电厂不发电时，线路断路器一般不分闸，也不拉开线路隔离开关，这是一方面使水电厂在电网中处于热备用状态，随时准备发电；另一方面全厂不发电时，需要从电网经主变倒送给工作厂用变压器进行供电。线路断路器有以下方式分闸：

（1）公用 LCU 自动分闸。如果正常停机后需要停用主变时，公用 PLC 输出继电器 KA5 线圈得电，KA5 常开接点 11 与 14 闭合，作用线路断路器分闸。

（2）柜面手动分闸。如果正常停机后需要停用主变时，可以在公用 LCU 柜面手动将断路器同期操作开关逆时针转 45°，SAC11 接点 3 与 4 闭合，作用线路断路器分闸。

（3）继电保护动作分闸。当主变或线路发生电气事故时，继电保护模块输出开关量 TJ1

不经分闸回路，直接送入主变高压侧断路器操作回路（参见图 4-61 与发电机断路器保护动作分闸相同），作用主变高压侧断路器事故分闸。

### 六、主变低压侧断路器操作

1. 主变低压侧断路器合闸回路

主变低压侧断路器部分合闸与分闸回路如图 4-52 所示。在投运主变压器时，规定先合主变低压侧断路器，后合主变高压侧断路器，合主变低压侧断路器时，断路器两侧都没有电压，既不需要同期合闸，也不需要无压合闸。如果主变差动保护动作，主变高低压侧断路器一起事故跳闸，发电机断路器肯定也跟着跳闸停机，事故排除后也是先合主变低压侧断路器，再合主变高压侧断路器，与投运主变压器时一样，主变低压侧断路器合闸既不需要同期合闸，也不需要无压合闸。由此可见，主变低压侧断路器不是同期点，没有同期装置。主变低压侧断路器合闸有两种方式。

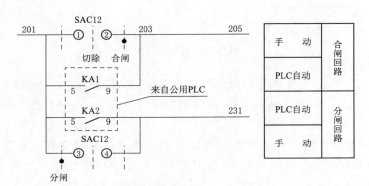

图 4-52 主变低压侧断路器部分合闸与分闸回路

（1）公用 LCU 自动合闸。开机之前，如果主变低压侧断路器在分闸位置，公用 PLC 开关量输出继电器 KA1 线圈得电，KA1 在合闸回路的常开接点 5 与 9 闭合，作用主变低压侧断路器自动合闸。

（2）柜面手动合闸。开机之前，如果主变低压侧断路器在分闸位置，在公用 LCU 柜面上手动将主变低压侧断路器操作开关顺时针转 45°，SAC12 接点 1 与 2 闭合，作用主变低压侧断路器手动合闸。

2. 主变低压侧断路器分闸回路

正常情况下，主变低压侧断路器长期处于合闸状态。只有在主变内部发生故障时，主变差动保护动作，主变高低压侧断路器一起分闸，切断来自电网和发电机两个方向提供的事故电流。有的水电厂为了节省投资，将主变低压侧断路器换成不能自动分闸的隔离开关，当主变差动保护动作时，主变高压侧断路器和全厂发电机断路器一起分闸，这在安全上是没问题的，缺点是此时全厂停机停电，交流厂用电必须由备用厂用电提供。主变低压侧断路器分闸有三种方式。

（1）公用 LCU 自动分闸。正常停机后需要停用主变低压侧母线时，公用 PLC 输出继电器 KA2 线圈得电，KA2 的常开接点 5 与 9 闭合，作用主变低压侧断路器分闸。

（2）柜面手动分闸。正常停机后需要停用主变低压侧母线时，在公用 LCU 柜面上手动将主变低压侧断路器操作开关逆时针转 45°，SAC12 接点 3 与 4 闭合，作用主变低压侧断路器分闸。

（3）差动保护动作分闸。当主变发生故障时，差动保护动作，主变差动保护模块输出开关量 TJ1 不经分闸回路，直接送入主变低压侧断路器操作回路，作用主变低压侧断路器分闸，主变低压侧断路器操作回路与发电机断路器操作回路相同（参见图 4－61）。

# 第三节 微 机 继 电 保 护

发电机保护、主变压器保护和线路保护统称为继电保护，继电保护的实质内容就是在对电气设备设定保护动作参数后，对被保护的电气设备进行实时参数的采集和逻辑判断，对参数异常现象进行告警，对事故现象进行设备停运处理。因此继电保护的输出是一种开关式的操作控制，不需要调节控制中那些复杂的控制运算和调节规律的实现。计算机监控的继电保护由各种专用的微机保护模块来实现对被控电气设备的监视和保护，模块内的大部分逻辑功能是用编程软件来实现的。

## 一、微机继电保护模块硬件原理

不同的自动化控制公司有不同的继电保护模块型号和模块数量，继电保护模块的进步和升级是很快的，可以预见继电保护模块发展的趋势是性能良好、功能强大、体积减小、使用方便。随着微机继电保护的集成化、功能化、模块化的不断发展，作为使用者已经没有必要详细了解模块内部的原理和结构，只需了解必须向这个模块提供哪些输入信号以及该模块的输出信号送往何处即可。这是由于自动化控制公司不断在对模块的硬件改进，软件升级。而且许多自动化控制公司在模块产品背后都有贴有告诫封条："在故障情况下，请用户不要自行拆卸修理，并注意保存装置各类信息，以免造成事故扩大或人身伤害"。

继电保护模块由硬件和软件两大部分组成，微机继电保护模块内部硬件一般原理框图如图 4－53 所示。输入微机继电保护模块是反应发电机、变压器或线路电压、电流的信号，经电压互感器（0～100V）或电流互感器（0～5A）作为交流模拟量输入信号，然后再经模块内的小 CT（电流互感器）、小 PT（电压互感器）变换隔离，一律变成为弱电模拟量信号，经过低通滤波，滤去正弦波上的高次谐波。多路采样（电子）开关以远高于正弦交流电的 50Hz 频率轮流快速对输入模拟量进行数据采集，并轮流将采集到的数据用同一个模数转换器进行模/数（A/D）转换，变换成数字量信号，以串行的方式输入给中央处理器 CPU，由 CPU 进行数字滤波和保护动作计算。如果不采用多路采样开关，那就得采用六个数模转换器进行模/数（A/D）转换，变换成数字量信号，以并行的方式输入给 CPU，虽然数据采集的速度提高了，但硬件投资增加了。反应被保护电气设备状态的开关量经过光电耦合器隔离后送入 CPU。

CPU 内的软件程序是继电保护模块的核心技术，软件程序有快速的逻辑判断功能和强大的数据处理功能。继电保护模块最后输出的是故障告警或事故跳闸的开关量信号，故障告警和事故跳闸继电器又称保护出口继电器。模块有液晶显示器可显示参数，用模块上的键盘可以对设定的参数进行修正或查询。模块经 RS232 通信接口可跟上位机通信，也可经网络接口与整个控制系统联网。微机继电保护模块最后输出的不是作用音响系统报警的开关量信号就是作用断路器跳闸（分闸）的开关量信号。

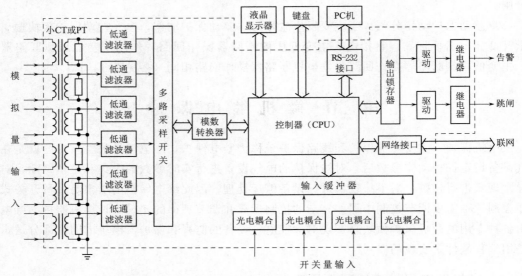

图 4-53　微机继电保护模块内部硬件一般原理框图

应注意，机组 LCU 和公用 LCU 的 PLC 开关量输出模块的输出继电器在模块外面，而微机继电保护模块的输出继电器处于模块内部。两者在本质上是没有区别的。下面以 CX 水电厂微机保护模块 DSA 系列为例，介绍水电厂微机保护原理和回路。DSA 系列由大规模可编程逻辑电路和 Intel 80296 为主的 CPU 实现的继电保护模块。以高性能单片机为核心，有输入输出接口和 CPU 的一体化 PLC 可编程逻辑控制器。

## 二、断路器操作回路

电气设备发生事故时，继电保护动作的结果就是断路器跳闸，因此有必要先介绍断路器的合闸、分闸（跳闸）操作回路。中小型机组的断路器布置在高压开关室的断路器开关柜中门内，断路器操作回路布置在断路器开关柜上门内的外侧（参见图 2-100）。大中型机组的断路器操作回路布置在高压开关室小单间网格卷帘门外地上的操作箱内（参见图 2-105 中的2）。发电机断路器操作回路、主变低压侧断路器操作回路和主变高压侧断路器操作回路的原理完全相同，因此只介绍发电机断路器操作回路原理。下面以 CX 水电厂 1 号发电机断路器1QF 为例介绍断路器操作回路原理。

### 1. 断路器的行程开关

（1）断路器动触头行程开关。断路器内行程开关电气原理图如图 4-54 所示，S1 为发电机断路器内的动触头行程开关，常闭接点 1 与 2 串联在断路器合闸电磁铁 Y1 回路中，常开接点 3 与 4 串联在断路器分闸（跳闸）电磁铁 Y2 回路中。断路器合闸时，合闸电磁铁Y1 得电，通过合闸弹簧作用断路器合闸，断路器动触头行程开关 S1 的常闭接点 1 与 2 断开，合闸电磁铁 Y1 断电。与此同时，S1 常开接点 3 与 4 闭合，为断路器分闸做好准备。断路器分闸时，分闸电磁铁 Y2 得电，通过分闸弹簧作用断路器分闸，断路器动触头行程开关S1 的常开接点 3 与 4 断开，分闸电磁铁 Y2 断电。与此同时，S1 常闭接点 1 与 2 闭合，为断路器合闸做好准备。断路器合闸后行程开 S1 在机组 LCU 的 PLC 开关量输入回路 P425 的常开接点 5 与 6 闭合，输入回路 P426 的常闭接点 7 与 8 断开，告知机组 PLC 断路器已合闸，断路器分闸后行程开 S1 在机组 LCU 的 PLC 开关量输入回路 P426 的常闭接点 7 与 8 闭合，输入回路 P425 的常开接点 5 与 6 断开，告知机组 PLC 断路器已分闸。在机组 PLC 开关量输入回路，同一个行程开关 S1 输入两个接点的开关量，其实只需其中一个即可。

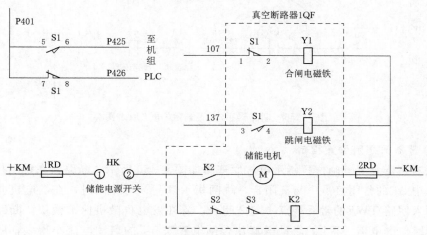

图 4 - 54　断路器内行程开关电气原理图

（2）断路器储能弹簧行程开关。S2、S3 为断路器内合闸弹簧的两个行程开关。机组运行前手动合上储能电机电源开关 HK，HK 的接点 1 与 2 闭合，保证运行期间储能电机始终有电源。储能电机只对合闸弹簧储能，合闸弹簧在储能过程中会发生拉伸变形，因此可以用储能弹簧的两个行程开关 S2、S3 来监视弹簧是否储能。每次合闸操作后，合闸弹簧的弹簧能释放，合闸弹簧长度缩短恢复原状，触动行程开关常闭接点 S2、S3 闭合，储能控制继电器 K2 线圈得电，储能控制继电器 K2 在储能电机 M 回路的常开接点闭合，储能电机 M 转动，带动传动机构对合闸弹簧进行拉伸储能。在合闸弹簧储能过程中，S2、S3 始终闭合，直到合闸弹簧完成储能后，S2、S3 断开，储能控制继电器 K2 线圈失电，储能电机 M 失电停止转动。1RD、2RD 为电源熔断器。

从原理上讲，只需 S2 或 S3 一只行程开关就能自动控制弹簧储能，这里采用了两只行程开关串联，保证了两只行程开关 S2、S3 中只要一只行程开关动作，储能电机就断电停转，提高了储能电机停转的可靠性，防止储能电机该停不停时烧毁，确保储能电机的安全。从原理上讲，可取消储能控制继电器 K2，只需将 S2、S3 直接串联在储能电机 M 的两侧就能自动控制弹簧储能，这里采用了储能控制继电器 K2 来控制储能电机的启动和停止，可减小行程开关 S2、S3 接点的电流，延长行程开关的寿命。

（3）断路器操作闭锁行程开关。断路器手车行程开关电气原理图如图 4 - 55 所示。HBSJ 和 TBSJ 是安装在断路器手车底部同一个行程开关的两个常闭接点，合闸闭锁接点 HBSJ 串联在断路器合闸电磁铁 Y1 的回路中，跳闸闭锁接点 TBSJ 串联在断路器跳闸电磁铁 Y2 的回路中。当手车在发电机开关柜内的"工作位"和"隔离/试验位"之间的转移过程中，两个常闭接点同时断开，对断路器操作回路进行闭锁，不允许对断路器进行合闸或跳闸操作。手车只有在"工作位"或"隔离/试验位"，两个常闭接点才同时闭合，闭锁解除，允许对断路器进行合闸或跳闸操作。

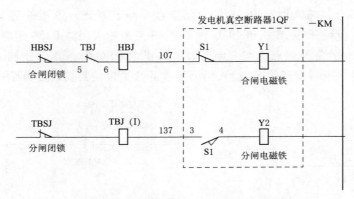

图 4－55　断路器手车行程开关电气原理图

### 2. 断路器合闸分闸位置指示

发电机断路器合闸分闸位置指示电气原理图如图 4－56 所示。断路器在跳闸位置时，合闸回路 107 中 S1 的常闭接点 1 与 2 闭合，跳闸指示灯亮。与此同时，在发电机微机保护模块开关量输入回路 TWJ 的常开接点 1 与 2 闭合。告知发电机微机保护模块，断路器在跳闸位置。因为跳位继电器 TWJ 的启动电流比合闸电磁铁 Y1 的启动电流小得多，所以通过调整限流电阻 R16～R19 的阻值，总能使得电流流过跳位继电器 TWJ 和合闸电磁铁 Y1 时，跳位继电器 TWJ 线圈吸合，但是合闸电磁铁 Y1 没吸合不动作。在发电机微机保护模块开关量输入回路 TWJ 的常开接点 1 与 2 闭合。告知发电机微机保护模块，断路器在跳闸位置。同样原理，断路器在合闸位置时，跳闸回路 137 中 S1 的常开接点 3 与 4 闭合，合闸指示灯亮。与此同时，在发电机微机保护模块开关量输入回路 HWJ 的常开接点 1 与 2 闭合。告知发电机微机保护模块，断路器在合闸位置。因为合位继电器 HWJ 的启动电流比跳闸电磁铁 Y2 的启动电流小得多，所以通过调整限流电阻 R12～R15 的阻值，总能使得电流流过合位继电器 HWJ 和跳闸电磁铁 Y2 时，合位继电器 HWJ 线圈吸合，但是跳闸电磁铁 Y2 没吸合不动作。在发电机微机保护模块开关量输入回路 HWJ 的常开接点 1 与 2 闭合，告知发电机微机保护模块，断路器在合闸位置。

### 3. 断路器合闸操作

断路器合闸操作回路如图 4－57 所示，其中虚线方框内的合闸回路安装在机组 LCU 屏柜中（参见图 4－44）。发电机断路器合闸操作分为在机组 LCU 屏柜上远控合闸操作和发电机开关柜上现地手动合闸操作两种。现地操作开关 1SK 为多触点的组合开关。

（1）远控合闸操作。将发电机开关柜柜面上的现地操作开关 1SK 转到垂直"远控"位（图 4－58），图 4－57 中的 1SK 的接点 5 与 6 闭合，与此同时，1SK 在发电机微机保护模块开关量输入回路的接点 7 与 8 闭合；告知发电机微机保护，发电机断路器处于远控状态。如果是手动准同期，在机组 LCU 柜面上进行手动准同期操作，满足同期条件后，转动断路器操作开关 SAC1 在"合闸"位，接点 1 与 2 闭合，作用断路器合闸。如果是自动准同期，满足同期条件后，微机自动准同期装置开关量输出继电器 KA604 线圈得电，KA604 在合闸回路的常开接点 11 与 14 闭合，作用断路器合闸。

（2）现地手动合闸操作。安装或检修完成后，需要对断路器进行现地手动合闸试验，现地手动合闸时，必须将断路器转移到"隔离/试验"位，再将连接片 1LP7 合上，然后将图

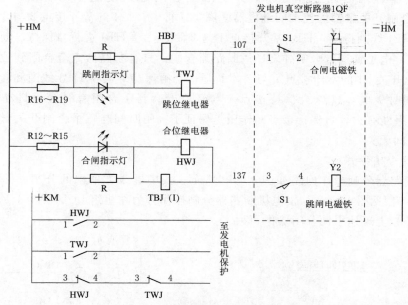

图 4-56 发电机断路器合闸分闸位置指示电气原理图

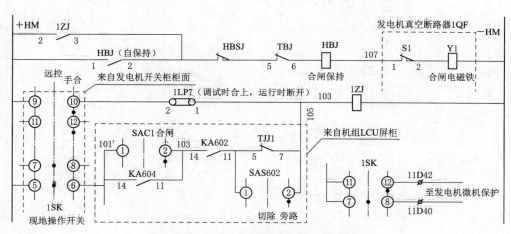

图 4-57 断路器合闸操作回路

4-58 现地操作开关 1SK 顺时针转到 45°的"合前"位，"合前"位是一个空位，是给操作人员有一个防止误操作合闸的判断时间，确认无误后再顺时针转到 45°的"手合"位，图 4-57中 1SK 的接点 9 与 10 闭合，作用断路器合闸。与此同时，1SK 在发电机微机保护模块开关量输入回路的接点 11 与 12闭合，告知发电机微机保护，发电机断路器处于现地手动合闸状态。现地手动合闸试验结束后，必须将现地操作开关1SK 逆时针转回到"远控"位，切记再将连接片 1LP7 断开，防止误操作手动非同期合闸。

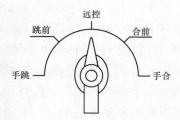

图 4-58 现地操作开关 1SK

211

（3）断路器合闸回路工作原理。无论远控合闸还是现地手动合闸，1SK、SAC1、KA604三个合闸开关量都能使中间继电器线圈1ZJ得电，1ZJ的常开接点2与3闭合，合闸保持继电器HBJ线圈得电，HBJ常开接点1与2闭合，对HBJ进行自保持。断路器合闸电磁铁Y1得电，电磁铁通过合闸弹簧作用断路器合闸。只有断路器完全合闸到位后，断路器动触头的行程开关S1的常闭接点1与2才断开，合闸保持继电器HBJ线圈和断路器合闸电磁铁线圈才同时失电，HBJ自保持接点1与2断开。新手合闸有时会手抖动，操作开关SAC1切换不果断有力，自保持接点的作用是保证了合闸时间与三个合闸开关量接点抖动或1ZJ作用的时间无关。

4. 断路器分闸操作

发电机断路器分闸操作回路如图4-59所示，其中虚线方框内的分闸回路安装在机组LCU屏柜中（参见图4-44），发电机断路器分闸操作分为在机组LCU屏柜上远控分闸操作和发电机开关柜上现地手动分闸操作两种。

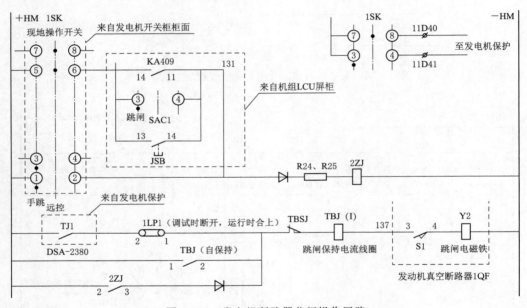

图4-59 发电机断路器分闸操作回路

（1）远控分闸操作。将发电机开关柜柜面上门的现地操作开关转到垂直"远控"位（参见图4-58），图4-59中的1SK的接点5与6闭合。与此同时，1SK在发电机微机保护模块开关量输入回路的接点7与8闭合，告知发电机微机保护，发电机断路器处于远控状态。如果在机组LCU柜面上手动分闸，必须首先确认发电机负荷已经减为零，然后转动断路器操作开关在"分闸"位，SAC1接点3与4闭合，作用断路器分闸。如果是机组正常停机，在机组负荷减为零后，机组LCU的PLC开关量输出继电器KA409线圈得电，KA409在分闸回路的常开接点11与14闭合，作用断路器分闸。如果运行中发现事故需要人工紧急停机，运行人员在机组LCU柜面上紧急拍打紧急停机按钮，紧急停机按钮JSB接点13与14闭合，发电机甩负荷紧急停机跳闸。

（2）现地手动分闸操作。安装或检修完成后，需要对断路器进行现地手动分闸试验，现地手动分闸时，必须将断路器转移到"隔离/试验"位，以免发生带负荷分闸事故。然后将图 4-58 现地操作开关 1SK 现地操作开关逆时针转到 45°的"跳前"位，"跳前"位是一个空位，是给操作人员有一个防止误操作分闸的判断时间，确认无误后再逆时针转到 45°的"手跳"位，图 4-59 中 1SK 的接点 1 与 2 闭合，作用断路器分闸。与此同时，1SK 在发电机微机保护模块开关量输入回路的接点 3 与 4 闭合，告知发电机微机保护，发电机断路器处于现地手动分闸状态。现地手动分闸试验结束后，必须将现地操作开关 1SK 顺时针转回到"远控"位。

（3）断路器分闸回路工作原理。无论远控分闸还是现地手动分闸，1SK、KA409、SAC1、JSB 四个分闸开关量都能使中间继电器线圈 2ZJ 得电，2ZJ 的常开接点 2 与 3 闭合，双线圈跳闸保持继电器 TBJ（I）电流线圈得电，TBJ（I）常开接点 1 与 2 闭合，对 TBJ（I）进行自保持。断路器跳闸电磁铁 Y2 得电，电磁铁通过分闸弹簧作用断路器分闸。只有断路器完全分闸到位后，断路器动触头的行程开关 S1 的常开接点 3 与 4 才断开，双线圈跳闸保持继电器 TBJ（I）电流线圈和断路器跳闸电磁铁线圈才同时失电，TBJ（I）自保持接点 1 与 2 断开。与合闸回路一样，自保持接点的作用是保证了分闸时间与四个分闸开关量是否抖动或 2ZJ 作用的时间无关。

（4）发电机微机保护动作跳闸。当发电机发生电气事故时，发电机微机保护模块输出开关量 TJ1 闭合，不经过中间继电器 2ZJ，直接作用断路器甩负荷事故跳闸。发电机微机保护模块调试时必须将连接片 1LP1 断开，防止发电机保护调试时，断路器无故频繁跳闸。运行前必须将 1LP1 接通，否则发电机保护无法事故跳闸。

5. 断路器的防跳

断路器防跳回路如图 4-60 所示，发电机保护 TJ1 一旦动作断路器跳闸后，未查明原因前是不允许立即合闸的。但是如果断路器合闸前电气设备已经存在故障，在手动或自动发出合闸开关量信号后，断路器一经合闸立即遭到发电机保护 TJ1 强烈动作断路器跳闸，如果此时运行人员手动合闸开关 SAC1 迟迟不松手或合闸信号迟迟不消失，就会出现断路器合闸—跳闸—合闸—跳闸……剧烈的快速重复动作，严重损坏断路器，因此要采取防跳措施。

跳闸保持继电器 TBJ 是一只有电流线圈 TBJ（I）和电压线圈 TBJ（V）双线圈的继电器（参见图 4-9）。在合闸指令发出后，只要手动或自动合闸信号还没有消失，中间继电器 1ZJ 线圈一直有电，1ZJ 的常开接点 2 与 3 一直闭合，如果断路器合闸后来自发电机保护的常开接点 TJ1 闭合作用断路器立即跳闸，跳闸保持继电器在跳闸回路的电流线圈 TBJ（I）得电，跳闸保持继电器 TBJ 的三对接点同时动作：

（1）TBJ 的常开接点 1 与 2 闭合，给电流线圈 TBJ（I）自保持，保证断路器可靠跳闸。

（2）TBJ 的常闭接点 5 与 6 断开，将断路器合闸回路断开，避免了合闸—跳闸—合闸—跳闸剧烈的快速重复动作的发生。

（3）TBJ 的常开接点 3 与 4 闭合，跳闸保持继电器电压线圈 TBJ（V）得电，保证在断路器跳闸成功跳闸后，S1 常开接点 3 与 4 断开造成电流线圈 TBJ（I）失电，但电压线圈 TBJ（V）仍然有电，直到运行人员手动合闸开关 SAC1 松手或合闸信号消失为止。

由此可见，跳闸保持继电器 TBJ 采用了电流线圈 TBJ（I）和电压线圈 TBJ（V）双线圈继电器，不但有跳闸保持作用，同时还具有防跳作用。需要说明的是，老式油开关断路器的合闸电磁铁和跳闸电磁铁直接作用断路器合闸、跳闸，跳闸后不需要等待时间就可以连续再次合闸，因此断路器操作回路很有必要采取防跳措施。现代弹簧储能断路器的合闸电磁铁是通过储能弹簧间接作用合闸，而每次合闸后，储能电机对合闸弹簧储能需要十几秒的时间，一次合闸后合闸弹簧没有能力紧接着再次合闸。因此对弹簧储能断路器，操作回路的防跳措施已经不怎么重要了。但是弹簧储能断路器操作回路还是保留了防跳功能，为了确保断路器安全，无非增加了一只双线圈防跳继电器。

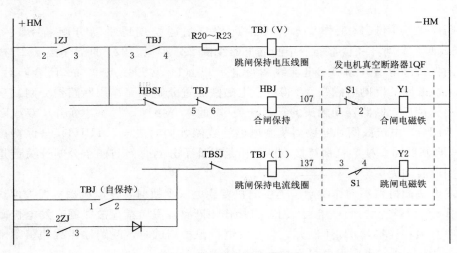

图 4-60 断路器防跳回路

将前面图 4-54、图 4-55、图 4-56、图 4-57、图 4-59 和图 4-60 六个图组合起来就得到发电机断路器操作回路图 4-61，该水电厂有四台机组，四台发电机真空断路器 1QF~4QF 的操作回路和发电机微机保护完全一样。主变低压侧断路器操作回路与发电机断路器操作回路基本相同，只不过主变低压侧断路器没有同期合闸操作和紧急停机跳闸操作。发电机断路器操作回路的远控回路布置在机组 LCU 屏柜内（图中虚线框内部分回路），其余回路布置在发电机开关柜上门内。主变低压侧断路器操作回路的远控回路布置在公用 LCU 屏柜内，其余回路布置在主变低压侧开关柜上门内。主变高压侧断路器（线路断路器）只有手动准同期合闸，断路器操作回路的远控回路布置在公用 LCU 屏柜内，其余回路布置在室外升压站断路器操作箱内（参见图 2-67 中的 3）。

6. 断路器现地操作开关

前面介绍的发电机断路器现地操作 1SK 是三位切换操作开关（还有两位是空位），有的发电机断路器现地操作 1SK 采用"现地""远控"两位切换开关，增设了"手合"操作按钮和"手跳"操作按钮，后面断路器的合闸回路和跳闸回路与三位操作开关的回路完全一样。两位现地切换开关和操作按钮示意图如图 4-62 所示，安装检修后需要试验时将断路器转移到"隔离/试验"位，再将切换开关 1SK 逆时针转到"现地"位，接点 3 与接点 4 闭合，运行人员在确认无误后手动按下"手合"按钮，合闸接点闭合，断路器手动合闸；操作人员在确认无误后手动按下"手跳"按钮，跳闸接点闭合，断路器手动跳闸。每次试验结束后必须将切换开关 1SK 顺时针切换在"远控"位置。两位切换开关 1SK 和操作按钮柜面布置如图 4-63 所示，安装在发电机开关柜上门柜面，与图 4-62 完全对应。

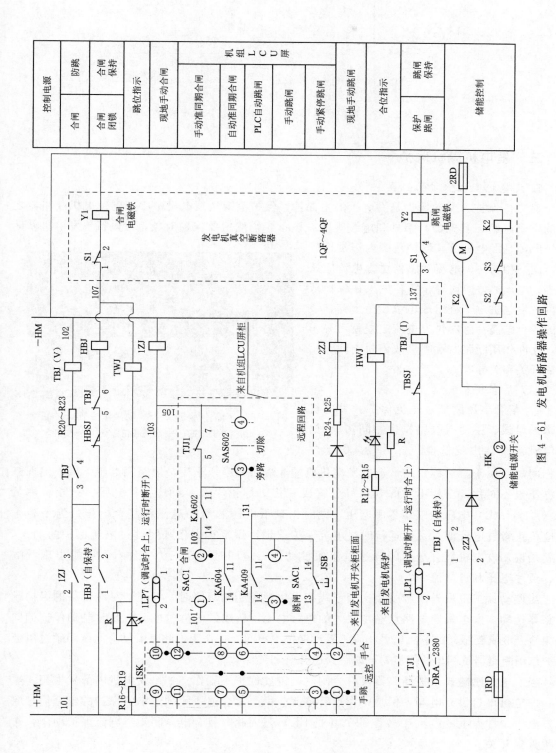

图 4 - 61 发电机断路器操作回路

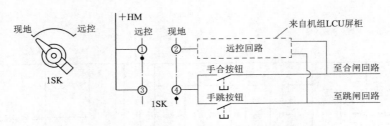

图 4-62 两位现地切换开关和操作按钮示意图

## 三、发电机微机保护

### 1. 发电机微机保护的配置

（1）主保护。差动保护是发电机的主保护，保护范围从发电机中心点到发电机断路器之间的定子绕组、互感器、铝排和电缆等所有设备，当然主要保护对象是发电机。发电机差动保护原理是发电机及其保护范围内正常运行时，同一相的两个电流互感器付方电流应该相等，电流之差应该等于零，如果在保护范围内的发电机定子绕组或电缆发生短路，该相的两个电流互感器付方电流之差就不等于零，立即作用断路器跳闸事故停机，同时跳灭磁开关和关导叶。

（2）后备保护。

1）复合电压闭锁过电流保护：发电机外部的母线、主变或线路发生相间短路时，发电机机端会出现低电压。另外，由于两

图 4-63 两位切换开关 1SK 和操作按钮柜面布置
1—切换开关 1SK；2—手跳按钮；3—手合按钮

相相间短路属于不对称短路，造成发电机机端非短路相电压不变，短路相电压下降，出现三相电压也不对称，三相不对称电压可分解成三相对称正序（A、B、C）电压、三相对称负序（A、C、B）电压和三相零序电压，同时出现低电压和负序电压称复合电压。为了防止发电机正常过电流或过负荷运行时过电流保护误动，用复合电压来闭锁过电流保护的动作，也就是说，发电机复合电压闭锁过电流保护动作必须同时满足三个条件：发电机出现低电压、负序电压和过电流。

当差动保护范围外的母线、主变或线路发生两相相间短路时，又遇到对应设备的保护或断路器拒动，发电机向短路点输出强大的短路电流，造成发电机过电流，此时差动保护的同一相两个电流互感器的电流信号相等，差动保护不再起保护作用，此时由复合电压闭锁过电流保护作用断路器跳闸事故停机，同时跳灭磁开关和关导叶。

当发电机励磁投入但断路器没有合闸时，差动保护不工作。如果发电机内部发生相间短路，发电机出口没有电流，但是中性点有电流。由于复合电压闭锁过电流保护的电流信号取自发电机中性点上的电流互感器 2TA（或 1TA），因此，复合电压闭锁过电流保护动作，作用跳灭磁开关。

2）过负荷保护：当电网负荷增大造成网频下降时，调速器会自动调节机组使发电机增

加出力，严重时会造成发电机过负荷。发电机过负荷会引起发电机定子对称过电流，发电机适量、短时间过负荷是允许的，但长时间过负荷会引起定子绕组发热，绝缘下降。过负荷保护延时作用发信号报警，提请运行人员人为手动减小发电机出力。

3）过电压保护：发电机甩负荷跳闸瞬间，无功功率瞬间甩为零，但励磁电流滞后减小，本来用来带无功功率的励磁电流现在全部用来建立机端电压（参见图 3 - 34），会造成电压瞬间过高，另外，有功功率瞬间甩掉会造成转速瞬间上升，转速上升也会造成电压瞬间过高。发电机过电压的后果是定子绕组绝缘击穿。过电压保护作用跳灭磁开关、关导叶。发电机正常运行时，由于线路电压波动造成发电机过电压，过电压保护延时作用发电机甩负荷跳断路器、跳灭磁开关、关导叶。

4）定子单相接地保护：由于是交流电，绕组对地存在分布电容。发电机定子绕组发生单相接地时，对于对地分布电容电流小于 5A 的发电机，可继续运行一段时间，定子单相接地保护作用报警，提请运行人员进行检查和处理。对于对地分布电容电流大于 5A 的发电机，定子单相接地保护作用断路器跳闸事故停机，同时跳灭磁开关。如果发电机定子绕组发生单相导体非直接接地时，接地处会出现电弧，电弧会扩大为相间短路。

用发电机机端电压互感器 1TV 付方开口三角形绕组监测定子单相接地，当发电机定子发生单相接地时，开口三角形绕组的开口处有较大的零序电压，定子单相接地保护动作并用零序电压表显示零序电压，如果发电机定子绕组绝缘下降发生单相导体非直接接地时，接地处会出现电弧，电弧会扩大为相间短路，零序电压的大小间接地反映了定子对地的绝缘情况。

5）转子一点接地：转子绕组绝缘下降或破损与大地形成一点接地，由于转子电流是直流电，没有电容效应，因此转子一点接地不会形成电弧或接地电流，发电机可以继续运行。但是转子一点接地是两点接地的前兆，转子两点接地将造成励磁系统短路，烧毁转子线圈及转子剧烈振动等严重事故。因此，转子一点接地时，保护作用报警，提请运行人员及时检查消除。如果一时无法消除，只得主动停机处理。

励磁系统是没有接地点的，因此励磁系统正常时，励磁系统的正极和负极对地电压均为零，当转子绕组绝缘下降或破损与大地形成一点接地时，励磁系统非接地的正极或负极对地电压不为零，因此用电压表测量励磁系统的正极和负极对地电压，可以监视转子的绝缘情况。

6）电压互感器（PT）断线保护：电压互感器断线或熔断丝熔断时，发电机机端有电压，互感器付方没有电压，发电机可以继续运行。但是对需要采集发电机电压的继电保护，由于电压信号消失会造成保护误动作。因此 PT 断线保护应能在 PT 断线时制止继电保护误动作，发报警信号，提请运行人员及时检查消除。

7）失磁保护：发电机转子磁场失磁时，发电机转入异步运行，并引起电网向发电机提供无功功率的进相运行，机组失步振荡、定子严重过流发热而遭受破坏。失磁保护作用断路器跳闸。

8）负序电流保护：发电机在三相负荷不对称系统中运行时，三相不对称电流可分解成三相对称正序电流（A、B、C）、三相对称负序电流（A、C、B）和三相零序电流。发电机按额定负荷运行时，当三相负荷不对称造成负序电流超过额定电流的 12% 时，负序电流保护作用报警，提请运行人员注意不对称的最大相电流不得超过额定值，并注意机组振动情况及转子局部温升情况，必要时只得人工手动减小有功输出。

所有高压机组的发电机都有差动保护，而后备保护则应根据不同发电机的容量和参数，采用有针对性的不同种类的后备保护。

2. 发电机微机保护通信

发电机微机保护作为机组 LCU 中的 PLC 的下位机, 经机组 LCU 柜内的通信服务器, 即可与机组 PCL 通信, 也可与中控室主机通信。

3. 发电机微机保护及检测计量回路

(1) 发电机微机保护回路。CX 水电厂发电机微机保护及监测计量交流回路如图 4-64 所示, 布置在发电机微机保护屏柜内。发电机微机保护模块采用 DSA-2380 集差动保护和后备保护为一体 (参见图 2-109)。

1) 保护模块交流模拟量输入。发电机微机保护模块 DSA-2380 输入四组交流模拟量信号: 来自发电机机坑中性点上的电流互感器 1TA 付方三相 0~5A 的交流模拟量电流信号; 来自高压开关室发电机开关柜下门中的一组电流互感器 5TA 付方三相 0~5A 的交流模拟量电流信号; 两组来自电压互感器 1TV 付方星形三相 0~100V 的交流模拟量电压信号及付方开口三角形的交流模拟量电压流信号。1TA 与 5TA 构成发电机差动保护, 1TA 与 1TV 构成发电机后备保护。大部分发电机后备保护由 2TA 与 1TV 构成, 该水电厂发电机后备保护与差动保护一起用 1TA, 而 2TA 空着不用, 这样显然不太合适。

因为运行中的电流互感器不得开路, 所以来自发电机机坑中性点的电流互感器 2TA 付方的三相绕组输出端必须短路, 防止开口出现高电压。电压互感器 1TV 付方的星形绕组空气开关 1QA 合闸时, 向机组 LCU 的 PLC 开关量输入回路 P430 送入开关量信号, 告知机组 PLC 电压互感器 1TV 付方的星形绕组已合闸。付方的开口三角形绕组空气开关 2QA 合闸时, 向机组 LCU 的 PLC 开关量输入回路 P431 送入开关量信号, 告知机组 PLC 电压互感器 1TV 付方的开口三角形绕组已合闸。

2) 保护模块开关量输入。发电机微机保护模块 DSA-2380 输入六路开关量 (图 4-65), 其中三路来自高压开关室发电机开关柜断路器操作回路的现地操作开关 1SK。三路来自发电机开关柜断路器操作回路的断路器合位继电器 HWJ 和跳位继电器 TWJ。

在高压开关室发电机开关柜柜面上进行现地手动合闸操作时, 操作开关 1SK 的接点 11 与 12 闭合 (参见图 4-61), 告知发电机微机保护模块, 现在断路器在进行现地手动合闸操作。在高压开关室发电机开关柜柜面上进行现地手动跳闸操作时, 操作开关 1SK 的接点 3 与 4 闭合 (参见图 4-61), 告知发电机微机保护模块, 现在断路器在进行现地手动跳闸操作。发电机断路器处于远控状态时, 操作开关 1SK 的接点 7 与 8 闭合 (参见图 4-61), 告知发电机微机保护模块断路器现在处于远控状态。当发电机微机保护动作跳闸后, 故障或事故处理完毕, 在发电机微机保护模块上按下按钮 GD8, 进行信号复归。

当发电机断路器在合闸位置时, 合位继电器 HWJ 接点闭合, 当发电机断路器在跳闸位置时, 跳位继电器 TWJ 接点闭合。正常情况下, 断路器不是在合闸位置就是在跳闸位置, 也就是说, 不是合位继电器 HWJ 常闭接点断开就是跳位继电器 TWJ 常闭接点断开。当合位继电器 HWJ 和跳位继电器 TWJ 两个常闭接点同时闭合时, 表明断路器操作回路电源消失, 因此用 HWJ 和 TWJ 的两个常闭接点串联作为断路器操作电源监视开关量信号输入发电机保护模块。

3) 保护模块开关量输出。发电机微机保护模块 DSA-2380 开关量输出如图 4-66 所示。保护模块的 CPU 按预先编制好的程序对所有输入信号进行运算处理和逻辑判断, 最后输出开关量。当发电机发生电气事故时, 微机保护模块同时输出三个开关量: TJ1 闭合直接

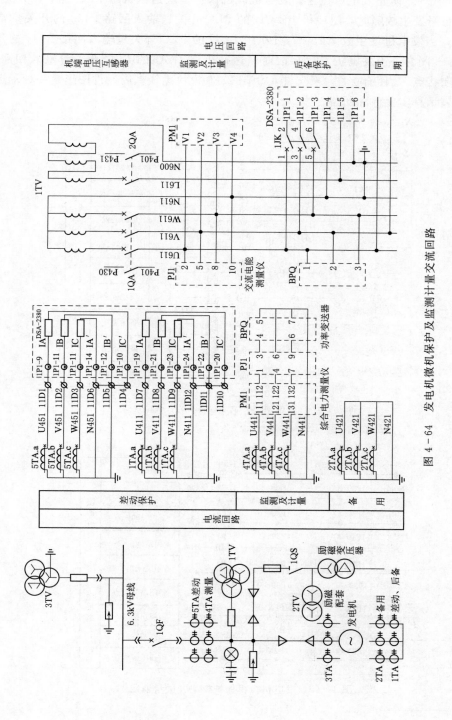

图 4 - 64　发电机微机保护及监测计量交流回路

作用断路器操作回路（参见图 4-61）发电机甩负荷跳闸；TJ2 闭合直接作用灭磁开关操作回路（参见图 4-87）灭磁开关跳闸，防止发电机过电压；TJ3 闭合直接作用调速器操作回路紧急关闭导叶❶，防止发电机过速。发电机微机保护模块送往机组 PLC 三个开关量信号：当保护模块自身发生故障时，送往机组 LCU 的 PLC 开关量输入回路 P433 的开关量常闭接点 BSJ 断开；当发电机发生故障时，送往机组 LCU 的 PLC 开关量输入回路 P434 的开关量常闭接点 XJ13 闭合；当发电机发生事故时，送往机组 LCU 的 PLC 开关量输入回路 P432 的开关量常闭接点 XJ 闭合。图 4-66 中 DSA-2380 模块虚线框内元件图形是一种示意的虚拟图形，不表示真实元件和回路。

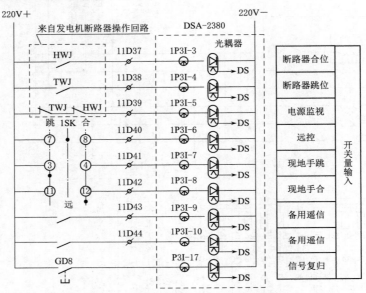

图 4-65　发电机微机保护模块开关量输入

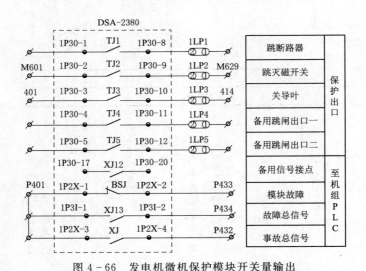

图 4-66　发电机微机保护模块开关量输出

---

❶　参见彭学虎、方勇耕主编的《水电厂动力设备》图 5-43。

　　安装了两台发电机微机保护模块的发电机微机保护屏屏面布置如图 4 - 67 所示，标号 1 是 1＃发电机微机保护模块，标号 2 是 2＃发电机微机保护模块。两个微机保护模块中间是一只空箱子。

　　（2）监测计量模拟量输入。综合电力测量仪 PM1、交流电能测量仪 PJ1 和功率变送器 BPQ 分别输入两组交流模拟量信号，全部来自高压开关室发电机开关柜下门中的电流互感器 4TA 付方三相 0～5A 的交流模拟量电流信号和电压互感器 1TV 付方星形三相 0～100V 的交流模拟量电压信号，智能综合电力测量仪 PM1（参见图 4 - 44 中的 4）用于在机组 LCU 柜面上监测和显示发电机机端电压、电流、频率、功率因数有功功率和无功功率。智能交流电能测量仪 PJ1（智能电度表）用于在机组 LCU 柜面上计量并显示发电机输出的电能。功率变

图 4 - 67　发电机微机保护屏
屏面布置
1—1＃发电机微机保护模块；
2—2＃发电机微机保护模块

送器 BPQ 输出 4～20mA 标准电模拟量一路送机组 LCU 的 PLC 模拟量输入模块，供上位机对发电机功率测量和显示用，一路送微机调速器一体化 PLC 的模拟量输入信号，作为功率调节的实际功率反馈信号。❶

## 四、主变和线路微机保护

　　1. 主变微机保护的配置

　　（1）主保护。

　　1）差动保护：差动保护范围从最靠近主变低压侧断路器的电流互感器到最靠近主变高压侧断路器的电流互感器之间的主变压器绕组、互感器、铝排和隔离开关等所有设备，当然主要保护对象是主变压器。

　　主变压器差动保护原理是主变压器及其保护范围内正常运行时，同一相高低压侧的电流比应与高低压侧线圈匝数比成反比，如果这个比值发生变化，说明在保护范围内的主变压器绕组或电缆发生短路，保护动作立即作用主变压器高、低压侧断路器同时跳闸。

　　2）瓦斯保护：在主变压器内部绕组匝间短路时，在线圈匝间发生短路时流过短路电流，但是在变压器外部电路中的电流还不足以使主变压器过电流保护或差动保护动作。匝间短路电流的发热使绝缘油的汽化，绝缘油汽化产生的可燃气体（瓦斯）使瓦斯信号器（参见图 2 - 32）保护动作，使运行人员在主变压器内部不正常情况下或轻微故障时迅速发现并及时处理，避免主变压器遭受严重损坏，因此，瓦斯保护也是主变压器主保护之一。瓦斯保护是一种非电量保护，有两个级别的瓦斯保护。当绕组对地绝缘下降或对地泄漏电流发热也会使绝缘油汽化产生轻微可燃气体，轻瓦斯作用信号报警。当匝间短路电流发热使绝缘油大量汽化，产生大量可燃气体，重瓦斯作用主变压器高、低压两侧断路器同时跳闸。

　　（2）后备保护。

　　1）复合电压闭锁过电流保护：当主变压器内、外部发生短路时，会出现主变压器过电

---

❶　参见彭学虎、方勇耕主编的《水电厂动力设备》图 5 - 41。

流。主变压器的过负荷能力比较大，在实际运行中经常要利用主变压器的过负荷能力使主变压器短时间过负荷运行。为了防止主变压器正常过电流或过负荷运行时过电流保护误动，与发电机保护相同，采用复合电压来闭锁过电流保护的动作，也就是说，主变压器复合电压闭锁过电流保护动作必须同时满足主变压器高压侧出现低电压、负序电压和过电流三个条件。复合电压闭锁过电流保护作为差动保护的后备保护，延时作用分断主变压器高、低两侧断路器。

2）零序电流保护：在主变压器中性点直接接地的系统中，发生变压器内、外单相接地时，在中性点会出现零序电流，在主变压器中性点接地线上设置零序电流互感器，根据零序电流的大小确定单相接地的程度。零序电流保护动作瞬时作用分断主变压器高、低两侧断路器。

3）过负荷保护：主变压器过负荷的特点是三相负荷对称，不同的过负荷程度允许的过负荷时间也不相同，因此根据不同的情况，过负荷保护延时作用于信号，告知运行人员采取措施，适当减负荷运行。

4）温度保护：当主变压器过负荷、外部短路、冷却系统出现故障，都会引起主变压器油温升高，油温过高将使变压器油和绝缘材料老化，从而缩短主变压器寿命并可能引发内部故障。因此，采用温度信号器（参见图 2-30）来监视主变压器油温及冷却系统故障，温度保护是一种非电量保护，作用于信号报警。

2. 线路微机保护的配置

高压机组水电厂升压站的母线不允许就近上网，必须用专门输电线路送到最近的变电所后进入电网。在荒郊野外的输电线路受不利天气影响或意外环境威胁，可能会对线路运行造成故障或事故，因此必须对线路进行保护。

（1）距离保护。线路的距离保护就是将保护范围严格限制在线路的某个范围内，而不延伸到保护范围以外的线路，即在保护范围以外的线路发生故障，保护不动作，这就要求保护动作具有一定的选择性。距离保护的选择性是依靠动作电流的特殊整定值和动作延时来实现的。

1）瞬时过电流速断保护：输电线路首端发生相间短路时，发电机通过主变向短路点提供强大的短路电流。为了减小发电机和主变的损坏程度，应尽快不延时地分断主变高压侧断路器，因此，需要采用瞬时过电流速断保护。

2）限时过电流速断保护：由于瞬时过电流速断保护只保护本线路的首端，不能保护本线路的全长，因此必须增设限时过电流速断保护。限时电流速断保护的保护范围是本线路的全长，并延伸到下邻线路首端的一小部分。为了保证动作的选择性，限时电流速断保护动作应比下邻线路瞬时过电流速断保护动作延时约 0.5s。

（2）低频低压解列保护。当电网与本电厂同时向近区负荷供电时，如果电网供电接入点发生短暂短路，使电网供电接入点断路器跳闸短暂中断供电，脱离电网的近区负荷短暂全部由本电厂发电机单独承担而成为一个小系统，造成本电厂发电机无力单独承担近区负荷而短暂出现低频、低压。如果电网供电接入点的断路器自动重合闸动作成功，重新与本电厂一起向近区负荷供电，电网供电接入点的断路器重合闸时面对的是一个低频、低压的小系统，造成电网供电接入点断路器非同期并网，对本电厂运行发电机可产生高达几十倍额定电流的冲击电流，危及本电厂发电机。低频低压解列保护应在发电机频率、电压低于设定值时，抢在电网供电接入点的断路器自动重合闸动作前，将本电厂主变高压侧的断路器迅速跳闸，本电厂解列退出电网，将近区负荷全部抛给即将重合闸的电网。由于电网供电接入点自动重合闸的成功，对用户来讲，瞬间断电几乎没有影响。

3. 主变线路微机保护的通信

主变线路微机保护作为公用 LCU 中的 PLC 的下位机，经公用 LCU 柜内的通信服务器即可与公用 PLC 通信，也可与中控室主机通信。

4. 主变微机保护及检测计量回路

（1）主变差动微机保护回路。主变差动微机保护及监测计量交流回路布置在主变线路保护屏柜内（有的水电厂设主变保护屏和线路保护屏两只屏柜）。主变差动微机保护由模块 DSA-2323 担任（参见图 2-110）。

1）保护模块交流模拟量输入。主变差动微机保护模块 DSA-2323 输入两组交流模拟量信号，主变差动微机保护及监测计量交流回路如图 4-68 所示：一组来自高压开关室主变低压侧开关柜下门中的电流互感器 6TA 付方三相 0~5A 的交流模拟量电流信号；一组来自室外升压站主变高压侧与线路断路器之间的电流互感器 12TA 付方三相 0~5A 的交流模拟量电流信号。

2）升压站开关量信号采集。室外升压站电压互感器 4TV（参见图 2-104）付方的星形绕组空气开关 QA 合闸时，向公用 LCU 的 PLC 开关量输入回路 P616 送入开关量信号，告知空气开关 QA 已合闸。主变高压侧隔离开关 6QS 闭合时，行程开关向公用 LCU 的 PLC 开关量输入回路 P631 送入开关量信号，告知隔离开关 6QS 已合闸。主变高压侧接地闸刀 6QST 闭合时，行程开关向公用 LCU 的 PLC 开关量输入回路 P633 送入开关量信号，告知接地闸刀 6QST 已合闸。主变高压侧母线电压互感器 4TV 隔离开关 7QS 闭合时，行程开关向公用 LCU 的 PLC 开关量输入回路 P629 送入开关量信号，告知隔离开关 7QS 已合闸。主变高压侧母线电压互感器接地闸刀 7QST 闭合时，行程开关向公用 LCU 的 PLC 开关量输入回路 P627 送入开关量信号，告知接地闸刀 7QST 已合闸。

3）保护模块开关量输出。主变差动微机保护模块 DSA-2323 开关量输出如图 4-69 所示。保护模块的 CPU 按预先编制好的程序对所有输入信号进行运算处理和逻辑判断，最后输出开关量。当主变发生电气事故时，差动微机保护模块同时输出两个开关量：TJ1 闭合直接作用主变高压侧断路器操作回路跳闸；TJ2 闭合直接作用主变低压侧断路器操作回路跳闸（主变高、低压侧断路器操作回路原理与发电机断路器操作回路图 4-61 相同，在此不再介绍）。当保护模块自身发生故障异常时，送往公用 LCU 的 PLC 开关量输入回路 P606 的常闭接点 BSJ 断开，告知微机差动保护模块异常；当主变差动保护动作时，送往公用 LCU 的 PLC 开关量输入回路 P605 的常开接点 XJ 闭合，告知差动保护动作。

（2）监测计量模拟量输入。综合电力测量仪 PM1 和交流电能测量仪 PJ1 分别输入两组交流模拟量信号：一组来自室外升压站主变高压侧与线路断路器之间的电流互感器 9TA 付方三相 0~5A 的交流模拟量电流信号；一组来自室外升压站主变高压侧 35kV 母线电压互感器 4TV 付方星形三相 0~100V 的交流模拟量电压信号。智能综合电力测量仪 PM1 用于在公用 LCU 屏柜上监测和显示主变高压侧电压、电流、频率、功率因数有功功率和无功功率。智能交流电能测量仪 PJ1 用于在公用 LCU 屏柜上计量并显示主变输出的全厂上网电能。有的水电厂将发电机电能表、主变电能表和厂用电电能表放在一只单独的计量柜内。

（3）主变低压侧后备微机保护回路。主变低压侧后备微机保护交流回路如图 4-70 所示，布置在主变线路保护屏柜内。主变低压侧后备微机保护由模块 DSA-2324 担任（参见图 2-110）。

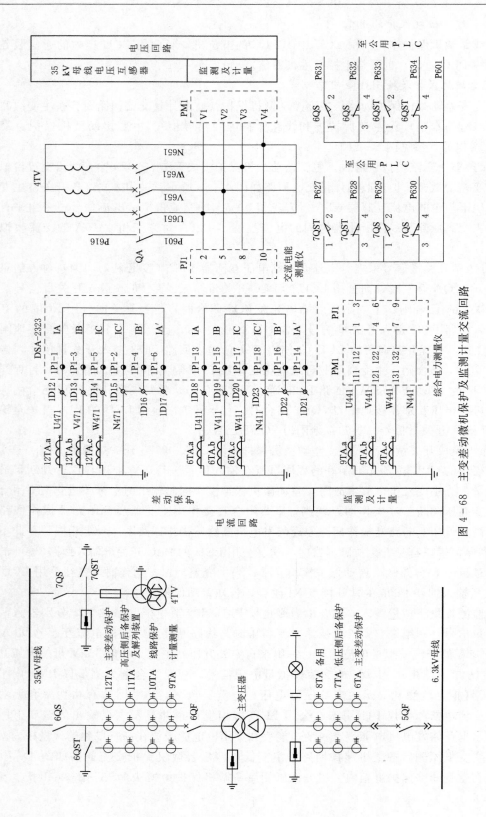

图 4 – 68　主变差动微机保护及监测计量交流回路

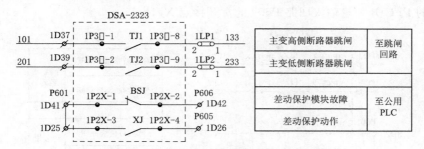

图 4-69　主变差动微机保护模块开关量输出

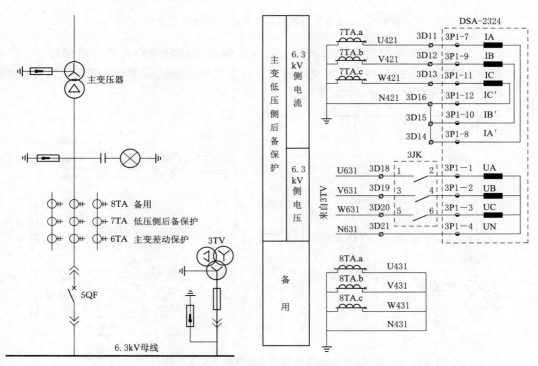

图 4-70　主变低压侧后备微机保护交流回路

1）保护模块交流模拟量输入。主变低压侧后备保护模块 DSA-2324 输入两组交流模拟量信号：来自高压开关室主变低压侧开关柜下门中的电流互感器 7TA 付方三相 0～5A 的交流模拟量电流信号和主变低压侧母线电压互感器柜中门中的电压互感器 3TV 付方星形三相 0～100V 的交流模拟量电压信号。备用电流互感器 8TA 付方的三相绕组输出端必须短路，防止开口处出现高电压。

2）保护模块开关量输出。主变低压侧后备微机保护模块 DSA-2324 的开关量输出如图 4-71 所示。保护模块的 CPU 按预先编制好的程序对所有输入信号进行运算处理和逻辑判断，最后输出开关量。当主变低压侧发生电气事故时，低压侧微机后备保护模块同时输出与差动保护一样的两个开关量：TJ1 闭合直接作用主变高压侧断路器操作回路跳闸；TJ2 闭合直接作用主变高压侧断路器操作回路跳闸。当保护模块自身发生故障异常时，送往公用 LCU 的 PLC 开关量输入回路 P610 的常闭接点 BSJ 断开；当低压侧后备保护动作时，送往公用 LCU 的 PLC 开关量输入回路 P609 的常开接点 XJ 闭合。

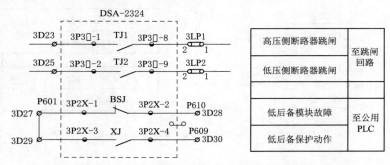

图 4-71 主变低压侧后备微机保护模块开关量输出

（4）主变高压侧后备微机保护回路。主变高压侧后备微机保护交流回路如图 4-72 所示，布置在主变线路保护屏柜内。主变高压侧后备微机保护模块采用与主变低压侧微机保护模块一样的型号，由 DSA-2324 担任（参见图 2-110）。

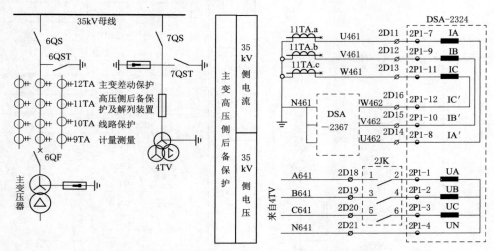

图 4-72 主变高压侧后备微机保护交流回路

1）保护模块交流模拟量输入。主变高压侧后备微机保护模块 DSA-2324 输入两组交流模拟量信号：来自室外升压站主变高压侧与线路断路器之间的电流互感器 11TA 付方三相 0～5A 的交流模拟量电流信号和 35kV 母线电压互感器 4TV 付方星形三相 0～100V 的交流模拟量电压信号。

2）保护模块开关量输出。主变高压侧后备微机保护模块 DSA-2324 开关量输出如图 4-73 所示。保护模块的 CPU 按预先编制好的程序对所有输入信号进行运算处理和逻辑判断，最后输出开关量。当主变高压侧发生电气事故时，高压侧微机后备保护模块同时输出与差动保护一样的两个开关量：TJ1 闭合直接作用主变高压侧断路器操作回路跳闸；TJ2 闭合直接作用主变低压侧断路器操作回路跳闸。当保护模块自身发生故障时，送往公用 LCU 的 PLC 开关量输入回路 P608 的常闭接点 BSJ 断开；当高压侧后备保护动作时，送往公用 LCU 的 PLC 开关量输入回路 P607 的常开接点 XJ 闭合。

（5）主变本体微机保护。主变本体微机保护模块开关量输入回路如图 4-74 所示，布置在主变线路保护屏柜内。主变本体微机保护由模块 DSA-2302B 担任（参见图2-110）。因为主变本体保护主要是非电量的瓦斯保护和温度保护，所以主变本体保护也称非电量保护。

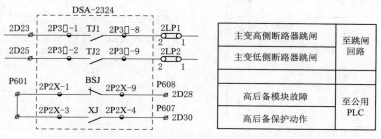

图4-73　主变高压侧后备微机保护模块开关量输出

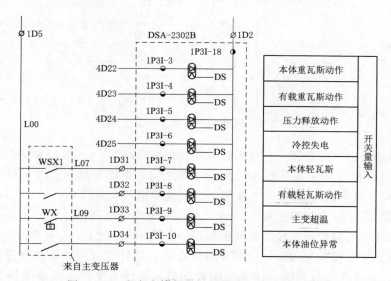

图4-74　主变本体微机保护模块开关量输入回路

主变本体微机保护模块 DSA-2302B 主要输入开关量信号有来自室外升压站主变压器的瓦斯信号器 WSX 和温度信号器 WS，所有输入的开关量经光电耦合器隔离，防止操作失误强电进入模块，保证模块的安全。保护模块的 CPU 按预先编制好的程序对所有输入信号进行运算处理和逻辑判断，最后输出开关量。当主变本体保护动作时，主变本体微机保护模块同时输出与差动保护一样的两个开关量（图4-75）：TJ1 闭合直接作用主变高压侧断路器操作回路跳闸；TJ2 闭合直接作用主变低压侧断路器操作回路跳闸。

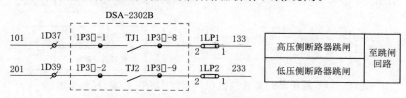

图4-75　主变本体微机保护模块开关量输出

5. 线路微机保护

（1）故障解列微机保护回路。故障解列微机保护交流回路如图4-76所示，布置在主变线路保护屏柜内。故障解列微机保护由模块 DSA-2367 担任（参见图 2-110）。

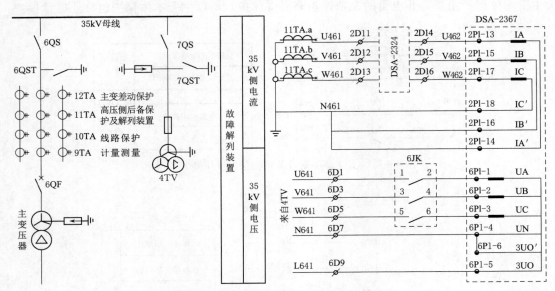

图 4-76　故障解列微机保护交流回路

1）保护模块交流模拟量输入。故障解列微机保护模块 DSA-2367 输入两组交流模拟量信号：来自室外升压站主变高压侧与线路断路器之间的电流互感器 11TA 付方三相 0～5A 与主变高压侧后备保护模块 DSA-2324 串联的交流模拟量电流信号，来自室外升压站 35kV 母线电压互感器 4TV 付方星形三相 0～100V 的交流模拟量电压信号。

2）保护模块开关量输出。故障解列微机保护模块 DSA-2367 开关量输出如图 4-77 所示。保护模块的 CPU 按预先编制好的程序对所有输入信号进行运算处理和逻辑判断，最后输出开关量。当发生故障解列时，因为故障解列只与系统有关，所以故障解列微机保护模块只输出一个开关量 TJ 闭合，直接作用主变高压侧断路器操作回路跳闸。当保护模块自身发生故障异常时，送往公用 LCU 的 PLC 开关量输入回路 P716 的常闭接点 BSJ 断开；当故障解列保护动作时，送往公用 LCU 的 PLC 开关量输入回路 P717 的常开接点 XJ 闭合。

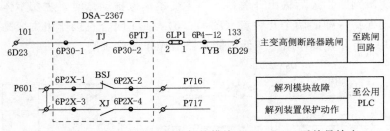

图 4-77　故障解列装置微机保护模块 DSA-2367 开关量输出

（2）线路距离微机保护回路。线路距离微机保护交流回路如图 4-78 所示，布置在主变线路保护屏柜内。线路距离微机保护由模块 DSA-2161 担任（参见图 2-110）。

1）保护模块交流模拟量输入。线路距离微机保护模块 DSA-2161 输入三组交流模拟量信号：来自室外升压站主变高压侧与线路断路器之间的电流互感器10TA付方三相0～5A的交流模拟量电流信号，来自室外升压站35kV母线电压互感器4TV付方星形三相0～100V的交流模拟量电压信号和付方开口三角形的交流模拟量电压流信号。

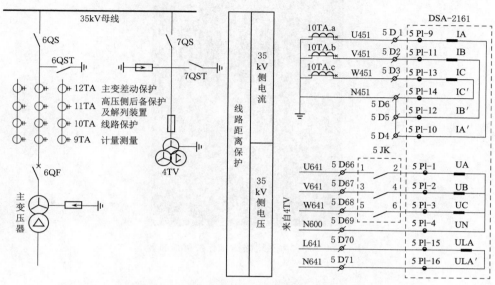

图4-78　线路距离微机保护交流回路

2）保护模块开关量输出。线路距离微机保护模块DSA-2161开关量输出如图4-79所示。保护模块的CPU按预先编制好的程序对所有输入信号进行运算处理和逻辑判断，最后输出开关量。当发生线路故障时，因为线路距离保护只与系统有关，因此线路距离微机保护模块只输出一个开关量TJ闭合，直接作用主变高压侧断路器操作回路跳闸。当保护模块自身发生故障时，送往公用LCU的PLC开关量输入回路P604的常闭接点BSJ断开；当线路距离保护动作时，送往公用LCU的PLC开关量输入回路P603的常开接点XJ闭合。

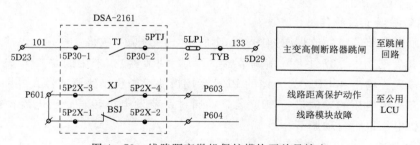

图4-79　线路距离微机保护模块开关量输出

主变线路微机保护屏面布置如图4-80所示，主变和线路保护六个模块布置在一起显得有点拥挤，因此有的水电厂分主变微机保护屏和线路微机保护屏。需要说明的是，主变线路微机保护模块不一定都是六块，有的水电厂可能少于六块，保护的项目不同，模块的数量也不同。自动化控制公司模块设计的集成度不同，模块的数量也不同。

图 4 - 80　主变线路微机保护屏面布置

## 第四节　微机励磁系统二次回路

励磁系统除了三相桥式可控硅整流回路为主的一次回路以外，还有需要对励磁系统一次回路进行控制的二次回路，为了保证励磁系统控制的安全可靠，励磁系统的控制都采用双微机励磁调节器。下面以 CX 水电厂采用的 WJL - 652 型双微机励磁调节器为例，分别是No. 1PLC 和 No. 2PLC 两个完全一样的微机励磁调节器，两者互为备用。微机励磁系统二次回路全部安装在励磁调节屏内。

### 一、双微机励磁调节器

1. 微机励磁调节器的作用

双微机励磁调节器电气原理图如图 4 - 81 所示，因为是双微机，所以有两个一模一样的励磁调节器（参见图 3 - 37 中 No. 1 调节器、No. 2 调节器）。采用的是集开关量输入、输出，模拟量输入、输出和 CPU 为一体的 PLC 专用模块，微机励磁调节器在并网之前对输入的电网电压和机组电压的差值进行 PID 运算，通过调节发电机转子励磁电流，按 PID 调节规律对发电机电压进行自动调节。

2. 双微机调节器主从机竞争

手动合上两个微机励磁调节器的两个电源开关 S6，同时投入 No. 1 微机励磁调节器和No. 2 微机励磁调节器。双微机调节器同时投入电源后，自主竞争作为主机，如果 No. 1 微机励磁调节器抢先争得主机，则 No. 2 微机励磁调节器自动转为从机热备用。如果 No. 2 微机励磁调节器抢先争得主机，则 No. 1 微机励磁调节器自动转为从机热备用。两个微机励磁调节器模块之间相互通信，一旦主机故障，从机立即无扰动切换成为主机，故障的主机退出并报警。每一个调节器模块外接显示屏进行人机对话，运行人员可以在显示屏上进行人工操作。

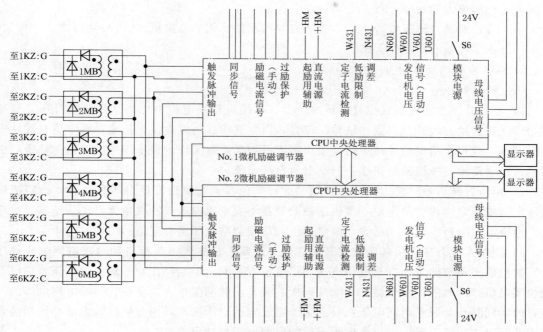

图 4 - 81 双微机励磁调节器电气原理图

### 3. 双微机励磁调节器的无扰动切换

两个完全一样的模块，输入一样的交流模拟量信号和开关量信号，一样的软件运行，输出一样的可控硅触发脉冲，但是只有主机输出六路触发脉冲经六只脉冲变压器 1MB～6MB 分别送往六只可控硅的控制极，从机只产生触发脉冲不输出，一旦主机故障退出，从机立即无扰动切换成主机，这种运行方式称热备用的无扰动切换。主机通过对触发脉冲的调节，实现对可控硅导通角 $\beta$ 的调节，从而调节发电机转子线圈励磁电流，达到 PID 规律调节发电机机端电压的目的。双微机励磁调节器显示屏如图 4 - 82 所示。

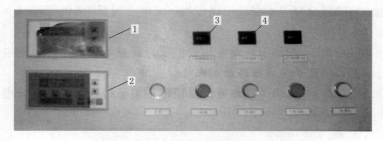

图 4 - 82 双微机励磁调节器显示屏

1—No.1 调节器显示器；2—No.2 调节器显示器；3、4—电源开关 S6

### 4. 微机励磁调节器的主要功能

（1）并网前按发电机与电网之间的电压偏差进行 PID 规律调节。

（2）实现多种限制保护，例如过励限制、欠励限制、强励限制、定子电流限制和电压/频率限制。

（3）多种运行方式的选择，例如发电机电压调节的有差特性运行、无差特性运行、恒功率因数运行和恒无功功率运行；

（4）自诊断及自适应处理功能，故障自检和双微机调节器主机/从机自动切换。

（5）正常停机自动逆变灭磁。

5.微机励磁调节器的自动控制内容

（1）开机升压。

1）零起升压。在安装或检修后首次启动，必须进行发电机电压的从零缓慢升压，简称"零升"。将起励方式开关打到"试验"位置，由空载模式将发电机电压或励磁电流自动从零缓慢升至空载最小给定值，最小给定值决定于可控硅正常工作的最小阳极电压值。稳定后由运行人员手动增磁按钮或旋钮逐步升高电压至额定值。

2）定值升压。将升压方式开关打到"运行"位置，当执行定值升压程序时，设定机端电压定值或设定励磁电流定值，微机励磁调节器将发电机电压或励磁电流自动快速升至设定值。稳定后由运行人员手动增磁、减磁按钮或旋钮调整电压至额定值。

3）跟踪系统升压。将起励方式开关打到"跟踪"位置，当执行自动跟踪电网电压程序时，微机励磁调节器自动升至电网电压，尽管没有并网，但始终保持跟踪电网电压，这样可减少发电机并网时间。由于微机自动准同期装置自动并网前也有自动保持跟踪电网电压的功能，两者同时自动跟踪电网电压，反而会产生发电机电压波动，因此用微机自动准同期装置自动并网时，建议不投入微机励磁调节器的电网电压自动跟踪。

（2）停机。正常操作顺序为手动或自动减无功功率至零后，跳断路器，然后发停机令走停机流程，微机励磁调节器自动逆变灭磁完成停机过程。事故停机时断路器甩负荷跳闸，无功功率立即甩负荷为零，微机励磁调节器立即令励磁电流给定值为零，关断可控硅，跳灭磁开关，投入灭磁电阻灭磁。

（3）空载运行。

1）跟踪电网电压模式：当发电机断路器对侧（主变低压侧母线）有电压时，可投自动电压跟踪模式，这时机端电压自动跟踪电网电压，以加快并网过程。跟踪电网电压模式时，若电网电压过电压超过110%额定电压时，为防止发电机跟着过电压，自动转为设定电压模式运行。当发电机断路器对侧（主变低压侧母线）无电压时只能跟踪运行人员设定的电压设定值起励。

2）设定机端电压模式：起励至机端电压设定值，若发电机电压与电网电压不符，则由人工改变电压设定值，励磁系统将跟踪新的电压设定值。

3）设定励磁电流模式：起励至励磁电流设定值，由运行人员改变励磁电流设定值，励磁系统将跟踪新的设定值。

（4）负载运行。

1）恒压调差模式：按一定调差率（有差特性运行）完成无功功率调节，适用于单机带孤网和机组在电网中担任调压任务，使用于机组在电网中地位较重要时。

2）恒励磁电流模式：保持励磁电流恒定，适用于大电网中作用不太重要的机组，不参与电网无功功率调节。恒励磁电流方式运行时，当线路甩负荷，机端电压大于115%额定电压时，自动切换到恒压调差方式运行，以稳定机组电压。

（5）手动调节。手动调节为恒可控硅导通角方式，常用于故障、试验，导通角可全范围调节。断路器跳开时，若励磁电流大于空载额定电流时，自动灭磁。

（6）手自动无扰动切换。当手动运行时，"自动"跟踪"手动"，保证手动切回自动时的无扰动切换。运行方式的切换也是如此，相互跟踪，做到无扰动切换。

（7）冷却风机控制。

1）手动投风机方式：由人工投切风机。

2）自动投风机方式：励磁电流大于10％或断路器合，投入风机；励磁电流小于10％且断路器分，退出风机。

3）故障判断：当发电机机端电压大于60％时判断风机是否投入，若风机没有投入或风机故障，则报警，此时应检查风机电源 AC220V 是否正常，接触器是否动作。

（8）微机励磁调节器的保护限制。

1）最小励磁电流瞬时限制。发电机运行在电压波动较大的电网中时，有了最小励磁电流瞬时限制可避免电压升高时的强减失磁，励磁不足将造成发电机由功率因数滞后变为超前，发电机由向系统送出无功功率变成从系统吸收无功功率，即进相运行。一般的发电机规定不允许进相运行，若进相过大将破坏静态稳定和使发电机端部过热，采用限制负载运行时励磁电流最小值方式，限制瞬时动作。整定值通常为 0.8 倍空载额定励磁电流。

2）最大励磁电流瞬时限制。限制负载时的励磁电流最大值，防止超过设计允许的强励倍数，避免励磁功率部分及发电机转子超限运行而损坏。当励磁电流超过最大值时，最大励磁电流瞬时限制动作，立即减少励磁调节器的输出，迫使励磁功率部分迅速减少励磁电流，当励磁电流小于最大励磁电流瞬时限制时解除。限制整定值通常为 1.7～2.0 倍额定励磁电流值。

3）反时限过励磁电流限制。此限制用于防止发电机转子绕组因长时间过电流而过热，为反时限特性，即按发电机转子允许发热极限曲线对发电机转子电流进行限制，并在电力系统故障时提供足够的强励能力。

发电机转子绕组及励磁功率单元的长期工作电流通常是按额定励磁电流的 1.1 倍设计的，故当励磁电流 $I_L$ 超过额定的 1.1 倍时称为过励。启动热积分器，当励磁热容量超过励磁绕组允许热容量时限制器动作，将发电机励磁电流调节至长期运行允许值 1.1 倍以下。

4）功率柜故障励磁电流限制。当发生快熔器熔断、风机停风等功率柜故障时，限制可控硅整流最大输出电流，以避免发生过载而扩大故障。整定值通常为 0.7 倍额定励磁电流。

5）伏赫限制（V/F）限制。发电机机端电压不但与转子励磁电流成正比，还与发电机转速（频率）成正比。当发电机转速过低时，为维持发电机机端电压，励磁电流势必自动增大，这就可能出现过励。

发电机运行时，发电机机端电压与频率的比值有一个安全工作范围，当伏赫比比值过高，意味着发电机频率过低、励磁电流过大，容易导致发电机发生磁饱和，造成铁芯过热。因此当伏赫比超过安全范围时，必须控制发电机端电压随发电机频率变化，维持 V/F 值在安全范围内，伏赫限制通常取伏赫比 1.1。这样发电机频率降低时，机端电压随之降低，避免励磁电流过度升高。当频率小于低频逆变整定值（40Hz 或 45Hz）时，励磁系统不再维持机端电压，自动停机灭磁。

6）空载过压保护。空载时，无论何种原因引起发电机定子过压，立即动作于跳灭磁开关，保护发电机定子绝缘的安全。整定值通常为 1.3 倍的额定电压值。

7）空载过励保护。空载时限制励磁电流在额定转速下的空载额定励磁电流附近，不管何种原因导致励磁电流过大，空载过励磁电流保护动作，跳灭磁开关，保护发电机定子绝缘的安全。整定值通常为 0.7 倍额定励磁电流值。

8）PT 断线诊断及处理。采用双 PT（电压互感器）比较法判断 PT 断线，即同时测量机端 PT（1TV）和励磁配套 PT（2TV），正常情况下，两个测量值应该基本相同，若测量值相差太大，则判输出低的 PT 断线。机端 PT（1TV）断线仅报警，励磁配套 PT（2TV）断线则切至恒励磁电流运行并报警，避免由此发生的误强励事故。

9）同步断线诊断及处理。励磁装置从励磁变压器低压侧采集可控硅触发脉冲的三相同步信号，但仅使用一相用于工作同步，在发生同步断线时，自动切至另一相同步信号工作，故一相同步断线不会影响励磁系统的正常运行。

## 二、双微机励磁调节器操作回路

双微机励磁调节器操作回路如图 4-83 所示。图左边有 9 个输入开关量，经过 5 个光电耦合器后，变成 5 个自动控制的开关量。光电耦合器输入是开关量，输出也是开关量，用光电耦合器将直流控制母线（+KM）220V 比较高的电压与直流控制回路 24V 比较低的电压在电气上进行隔离，保证微机励磁调节器的安全。所有二极管是保证开关量信号只能正向通行，防止开关量反向倒灌。图右边为励磁屏柜柜面的 5 个手操作按钮 AN1~AN5，运行人员在励磁屏柜旁可输入与左边 5 个自动控制开关量对应的 5 个手动控制开关量。

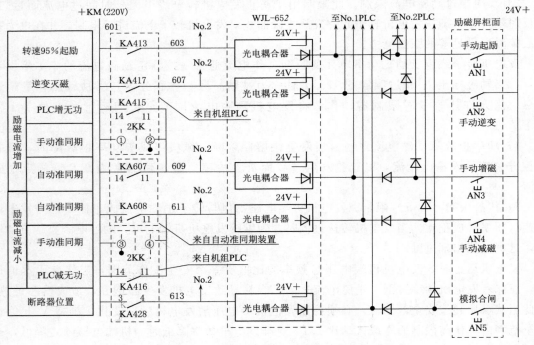

图 4-83 双微机励磁调节器操作回路

图 4－83 左边虚线框内接点所在的回路在本回路中，但其接点却在其他开关量输出回路的输出继电器内，因此虚框边上必须标明这些开关量接点来自何处，这是初学者首次进行 PLC 开关量输入回路读图时必须体会和知道的。

1. 来自机组 LCU 的 PLC 开关量

开机过程中当机组转速上升到额定转速的 95％时，在机组 LCU 的 PLC 开关量输出继电器 KA413 线圈得电，输出继电器 KA413 在微机励磁调节器操作回路 603 的接点 KA413 闭合，同时向 No.1 光电耦合器和 No.2 光电耦合器输入开关量，No.1 光电耦合器向 No.1PLC 开关量输入回路（图中没有显示）输入起励开关量信号。No.2 光电耦合器（图中没有显示）向 No.2PLC 开关量输入回路（图中没有显示）输入起励开关量信号。但是只有主机的微机励磁调节器 PLC 开关量输出继电器动作，执行起励升压，从机的微机励磁调节器 PLC 开关量输出继电器无动作。

停机过程中当机组转速下降到额定转速的 95％时，在机组 LCU 的 PLC 开关量输出继电器 KA417 线圈得电，输出继电器 KA417 在微机励磁调节器操作回路 607 的接点 KA417 闭合，同时向 No.1 光电耦合器和 No.2 光电耦合器输入开关量，No.1 光电耦合器向 No.1PLC 开关量输入回路（图中没有显示）输入逆变灭磁开关量信号。No.2 光电耦合器（图中没有显示）向 No.2PLC 开关量输入回路（图中没有显示）输入逆变灭磁开关量信号。但是只有主机的微机励磁调节器 PLC 开关量输出继电器动作，执行逆变灭磁，从机的微机励磁调节器 PLC 开关量输出继电器无动作。

发电机断路器同期合闸并网后，运行人员在中控室操作台上用键盘输入需要带的无功功率数值并击打回车键确定，在机组 LCU 的 PLC 开关量输出继电器 KA415 线圈得电，输出继电器 KA415 在微机励磁调节器操作回路 609 的接点 KA415 闭合，同时向 No.1 光电耦合器和 No.2 光电耦合器输入开关量，No.1 光电耦合器向 No.1PLC 开关量输入回路（图中没有显示）输入无功功率增加开关量信号。No.2 光电耦合器（图中没有显示）向 No.2PLC 开关量输入回路（图中没有显示）输入无功功率增加开关量信号。但是只有主机的微机励磁调节器 PLC 开关量输出继电器动作，执行无功功率增加，从机的微机励磁调节器 PLC 开关量输出继电器无动作。如果运行中需要增大无功功率输出，也可用键盘输入需要增加后的无功功率数值。

运行中如果需要减小无功功率，运行人员在中控室操作台上用键盘输入需要减小无功功率的数值并击打回车键确定，在机组 LCU 的 PLC 开关量输出继电器 KA416 线圈得电，输出继电器 KA416 在微机励磁调节器操作回路 611 的接点 KA416 闭合，同时向 No.1 光电耦合器和 No.2 光电耦合器输入开关量，No.1 光电耦合器向 No.1PLC 开关量输入回路（图中没有显示）输入无功功率减小开关量信号。No.2 光电耦合器（图中没有显示）向 No.2PLC 开关量输入回路（图中没有显示）输入无功功率减小开关量信号。但是只有主机的微机励磁调节器 PLC 开关量输出继电器动作，执行无功功率减小，从机的微机励磁调节器 PLC 开关量输出继电器无动作。如果需要停机，运行人员只需在中控室操作台上用键盘输入无功功率减小数值为零即可。

当发电机断路器在合闸位置时，在机组 LCU 的 PLC 开关量输出继电器 KA428 线圈得电，输出继电器 KA428 在微机励磁调节器操作回路 613 的接点 KA428 闭合，同时向 No.1 光电耦合器和 No.2 光电耦合器输入开关量，No.1 光电耦合器向 No.1PLC 开关量输入回路（图中没有显示）输入断路器在合闸位置开关量信号。No. 2 光电耦合器（图中没有显示）向 No. 2PLC 开关量输入回路（图中没有显示）输入断路器在合闸位置开关量信号。允许微机励磁调节器增大励磁电流，增加发出无功功率。（否则发电机空载过电压）。

2. 来自手动准同期的开关量

2KK 为机组 LCU 柜面上的手动准同期电压调整开关（参见图 4-44 中 14），2KK 在中间"切除"位时，2KK 的接点 1 与 2 断开，接点 3 与 4 断开。手动准同期时转动 2KK 顺时针向 +45°的"升压"位置时，2KK 在微机励磁调节器操作回路 609 的接点 1 与 2 闭合，其作用与 KA415 接点闭合相同，但是只有主机的微机励磁调节器 PLC 开关量输出继电器动作，执行增磁升压，从机的微机励磁调节器 PLC 开关量输出继电器无动作。手动准同期时转动 2KK 逆时针向 -45°的"降压"位置时，2KK 在微机励磁调节器操作回路 611 的接点 3 与 4 闭合，其作用与 KA416 接点闭合相同，但是只有主机的微机励磁调节器 PLC 开关量输出继电器动作，执行减磁降压，从机的微机励磁调节器 PLC 开关量输出继电器无动作。只要手松开电压调整开关 2KK 手柄，手柄就自动复归到"切除"位置。建议手动准同期电压调整时，采用手柄一转、一松、一转、一松的断续转动左右 45°，手动缓慢调整上升发电机机端电压，防止发电机空载过电压。

3. 来自自动准同期的开关量

一旦投入自动准同期装置后，在自动准同期装置的电压增加开关量输出继电器 KA607 和电压降低开关量继电器 KA608 线圈轮流得电，输出继电器 KA607、KA608 在微机励磁调节器操作回路 609、611 的接点 KA607、KA608 轮流点动闭合，其作用与 2KK 断续转动左右 45°相同，自动缓慢调整上升发电机机端电压，防止发电机空载过电压。但是只有主机的微机励磁调节器 PLC 开关量输出继电器动作，执行电压增降调整，从机的微机励磁调节器 PLC 开关量输出继电器无动作。

4. 来自励磁屏柜面按钮的开关量

因为 AN1～AN5 五个按钮的操作电源来自 24V 较低的控制母线，所以送出的开关量信号不需要光电耦合器进行电气隔离。一般不允许在励磁屏柜柜面上手动操作 AN1～AN5 按钮，AN1～AN5 主要是励磁系统安装或检修后调试时，人为发出调试需要的开关量信号。

AN1 为手动起励按钮，手动开机过程中当机组转速上升到额定转速的 95％时，按下按钮 AN1，同时向 No. 1PLC 开关量输入回路和 No. 2PLC 开关量输入回路输入起励开关量信号（图中没有显示 PLC 开关量输入模块），但是只有主机的微机励磁调节器 PLC 开关量输出继电器动作，执行起励升压，从机的微机励磁调节器 PLC 开关量输出继电器无动作。

AN2 为手动逆变灭磁按钮，手动停机过程中当机组转速下降到额定转速的 95％时，按下按钮 AN2，同时向 No. 1PLC 开关量输入回路和 No. 2PLC 开关量输入回路输入逆变灭磁开关量信号（图中没有显示 PLC 开关量输入模块），但是只有主机的微机励磁调节器 PLC 开关量输出继电器动作，执行逆变灭磁，从机的微机励磁调节器 PLC 开关量输出继电器无动作。

AN3 为手动增磁按钮，发电机断路器同期合闸并网后，按下按钮 AN3，同时向 No. 1PLC 开关量输入回路和 No. 2PLC 开关量输入回路输入无功功率增加开关量信号（图中没有显示 PLC 开关量输入模块），但是只有主机的微机励磁调节器 PLC 开关量输出继电器动作，执行无功功率增加，从机的微机励磁调节器 PLC 开关量输出继电器无动作。

AN4 为手动减磁按钮，发电机断路器跳闸退出网前，按下按钮 AN4，同时向 No.1PLC 开关量输入回路和 No.2PLC 开关量输入回路输入无功功率减小开关量信号（图中没有显示 PLC 开关量输入模块），但是只有主机的微机励磁调节器 PLC 开关量输出继电器动作，执行无功功率减小，从机的微机励磁调节器 PLC 开关量输出继电器无动作。

AN5 为发电机断路器模拟合闸位置按钮，按下按钮 AN5，同时向 No.1PLC 开关量输入回路和 No.2PLC 开关量输入回路输入断路器模拟在合闸位置开关量信号（图中没有显示 PLC 开关量输入模块）。

### 三、双微机励磁调节器开关量输出回路

双微机励磁调节器 PLC 开关量输出回路如图 4－84 所示。因为是双微机，所以有 No.1、No.2 两块一模一样的开关量输出模块。尽管 No.1、No.2 两台微机励磁调节器输入相同的模拟量信号和开关量信号，No.1、No.2 两台微机励磁调节器的 CPU 同时在运行，但是作为主机的微机励磁调节器 PLC 开关量输出模块有开关量输出，作为从机的微机励磁调节器 PLC 开关量输出模块没有开关量输出。一旦主机故障，立即切换到从机工作，这样才能保证这种切换是无扰动切换。

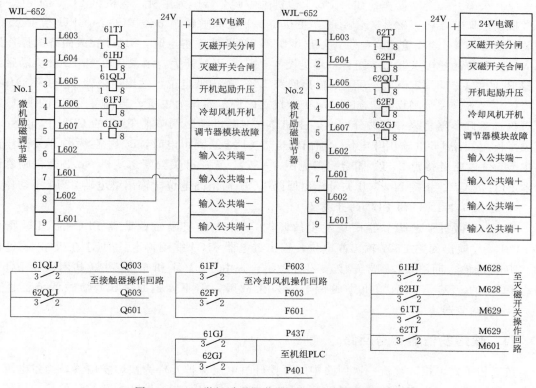

图 4－84 双微机励磁调节器 PLC 开关量输出回路

每个微机励磁调节器 PLC 有 5 个开关量输出继电器。5 个开关量输出继电器控制回路的线圈和被控回路的开关量接点都在 PLC 开关量输出回路的继电器内，但 5 个开关量接点所在的被控回路在 5 个其他不同的回路中。为了读图方便，必须在开关量输出回路图下面用

图示注明这些开关量输出继电器的开关量接点去向何处及何回路号，这是初学者首次进行开关量输出回路读图时必须体会和知道的。

1. 送往起励接触器的开关量

如果 No. 1 微机励磁调节器作为主机，当机组 LCU 的 PLC 指令微机励磁调节器开始起励升压时，主机 No. 1 微机励磁调节器 PLC 的 CPU 指定 No. 1 开关量输出回路 L605 输出高电位，输出继电器 61QLJ 线圈得电时，61QLJ 在起励接触器操作回路 Q603 中的常开接点 2 与 3 闭合（参见图 4 - 86），发电机起励升压。从机 No. 2 微机励磁调节器 PLC 的 CPU 指定 No. 2 开关量输出回路 L605 输出低电位，输出继电器 62QLJ 不动作。

2. 送往冷却风机的开关量

如果 No. 1 微机励磁调节器作为主机，当可控硅温度过高时，主机 No. 1 微机励磁调节器 PLC 的 CPU 指定 No. 1 开关量输出回路 L606 输出高电位，输出继电器 61FJ 线圈得电时，61FJ 在冷却风机控制回路 F603 中的常开接点 2 与 3 闭合，冷却风机启动对可控硅进行通风冷却。从机 No. 2 微机励磁调节器 PLC 的 CPU 指定 No. 2 开关量输出回路 L606 输出低电位，输出继电器 62FJ 不动作。

3. 送往灭磁开关操作回路的开关量

（1）灭磁开关合闸操作。如果 No. 1 微机励磁调节器作为主机，当机组 LCU 的 PLC 指令微机励磁调节器将灭磁开关合闸时，主机 No. 1 微机励磁调节器 PLC 的 CPU 指定 No. 1 开关量输出回路 L604 输出高电位，输出继电器 61HJ 线圈得电时，61HJ 在灭磁开关操作回路 M628 中的常开接点 2 与 3 闭合（参见图 4 - 87），灭磁开关合闸。从机 No. 2 微机励磁调节器 PLC 的 CPU 指定 No. 2 开关量输出回路 L604 输出低电位，输出继电器 62HJ 不动作。

（2）灭磁开关分闸操作。如果 No. 1 微机励磁调节器作为主机，当机组 LCU 的 PLC 指令微机励磁调节器将灭磁开关分闸时，主机 No. 1 微机励磁调节器 PLC 的 CPU 指定 No. 1 开关量输出回路 L603 输出高电位，输出继电器 61TJ 线圈得电时，61TJ 在灭磁开关操作回路中 M629 的常开接点 2 与 3 闭合（参见图 4 - 87），灭磁开关分闸。从机 No. 2 微机励磁调节器 PLC 的 CPU 指定 No. 2 开关量输出回路 L603 输出高电位，输出继电器 62TJ 不动作。

4. 送往机组 LCU 的 PLC 的开关量

当 No. 1 微机励磁调节器模块发生故障时，No. 1 微机励磁调节器 PLC 的 CPU 指定 No. 1 开关量输出回路 L607 输出高电位，输出继电器 61GJ 线圈得电，61GJ 在机组 LCU 的 PLC 开关量输入回路 P437 常开接点 2 与 3 闭合，由于 61GJ 和 62GJ 并联共用回路 P437，机组 LCU 的 PLC 只知道微机励磁调节器发生故障，但不知道是 No. 1 励磁调节器还是 No. 2 励磁调节器。

## 四、快熔发信器信号回路

在三相桥式可控硅整流一次回路中的可控硅过电流保护元件为快熔发信器，当过电流快熔发信器熔断时，快熔发信器的微动开关接点动作，发出熔断器熔断的开关量信号。快熔发信器信号回路如图 4 - 85 所示，6 个快熔发信器微动开关接点 11RD～16RD 并联后与继电器 61RDJ 的线圈串联，任何一个快熔发信器过电流熔断时，快熔发信器六个并联接点 11RD～16RD 中对应的常开接点闭合，继电器 61RDJ 线圈得电，61RDJ 在灭磁开关操作回路 M629 中的常开接点 6 与 7 闭合（参见图 4 - 87），作用灭磁开关跳闸；61RDJ 在机组 LCU 的 PLC 开关量输入回路 P438 中的常开接点 2 与 3 闭合，告知机组 LCU 的 PLC，可控硅熔断器熔断。

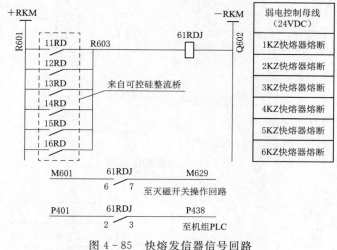

图 4-85　快熔发信器信号回路

## 五、起励操作回路

发电机励磁电源来自发电机机端，经励磁变压器降压后，再由可控硅整流得到。但是开机转速上升过程中，转子还没有励磁电流，转子铁芯剩磁在定子机端产生的 $2\sim10V$ 的残压，这么低的残压是无法快速建立发电机的机端电压。为此在每次开机转速上升过程中，需要其他电源帮助发电机转子产生初始的励磁电流，快速建立机端电压。

起励操作回路如图 4-86 所示，操作回路的电源采用单相交流电源 1L1-N。如果 No.1 微机励磁调节器作为主机，当机组转速上升到 95% 额定转速时，则常开接点 61QJ 闭合，如果 No.2 微机励磁调节器作为主机，当机组转速上升到 95% 额定转速时，则常开接点 62QJ 闭合。起励接触器 61LC 线圈得电，61LC 在起励变压器 QLB 原、付方励磁接触器的主触点 15 与 14、24 与 23、1 与 2、5 与 6 同时闭合，来自交流厂用电的 220V 的单相交流电经起励变压器降压后，再经二极管 2D 单相半波整流，送至可控硅整流输出端 L+、L- （参见图 3-37），经碳刷滑环对发电机转子线圈进行起励（或助励）升压，当发电机机端电压上升到额定电压的 30% 或起励时间超过 10s 后中断起励，61QLJ 或 62QLJ 接点断开，起励接触器 61LC 线圈失电，主触点断开，发电机转为可控硅整流自主升压。如果在 10s 内，机端电压未达到 30% 额定电压；则报警显示起励失败，由运行人员检查起励失败原因，在励磁屏柜面上人工操作手动起励按钮 AN1（参见图 4-83），再次进行手动起励。

## 六、灭磁开关操作回路

灭磁开关操作回路图如图 4-87 所示，灭磁开关自动操作机构为采用脉冲电流的双线圈操作机构，合闸线圈 MK 为吸合线圈，瞬间脉冲电流比较大，为了防止合闸时冲击电流对控制母线 KM 产生电压波动，合闸线圈 MK 的电源采用直流合闸母线 HM，而控制回路的电源采用直流控制母线 KM。为此增加了一个专门控制灭磁开关合闸线圈 MK 接通或断开的过渡接触器 61HC。

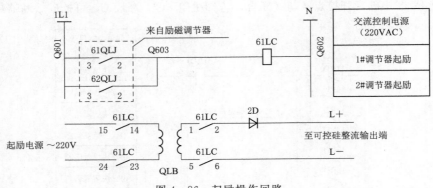

图 4-86 起励操作回路

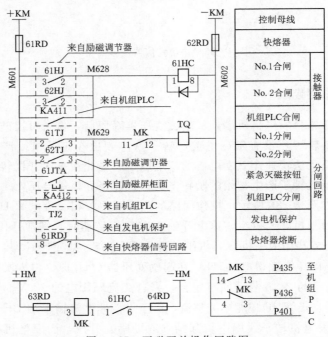

图 4-87 灭磁开关操作回路图

## 1. 合闸回路

当 No.1 微机励磁调节器作为主机送来灭磁开关合闸命令，常开接点 61HJ 闭合，62HJ 接点不动作；当 No.2 微机励磁调节器作为主机送来灭磁开关合闸命令，常开接点 62HJ 闭合，61HJ 接点不动作。当机组 LCU 的 PLC 送来灭磁开关合闸命令时，常开接点 KA411 闭合；这三个并联常开接点中任何一个接点闭合都会使过渡接触器 61HC 控制线圈得电，过渡接触器 61HC 合闸，61HC 三对主触点中的一对 1 与 6 闭合（另两对空着不用），灭磁开关合闸线圈 MK 得电，灭磁开关合闸。与此同时，灭磁开关 MK 的三对信号接点同时动作，在机组 LCU 的 PLC 开关量输入 P435 回路的 MK 常开接点 13 与 14 闭合，P436 回路的 MK 常闭接点 3 与 4 断开（MK 的这两个接点动作中有一个是多余的），告知机组 LCU 的 PLC，灭磁开关在合闸位置；在灭磁开关跳闸回路 M629 的 MK 常开接点 11 与 12 闭合，为灭磁开关跳闸做好准备。

灭磁开关合闸线圈 MK 使用合闸母线 HM 电压，如果将灭磁开关合闸线圈 MK 直接放在 M628 回路中 61HC 的位置，取消过渡接触器 61HC，灭磁开关照样可以正常合闸。但是由于灭磁开关合闸线圈 MK 的电流比较大，合闸时不但对控制母线 KM 电压冲击大，而且在三个并联常开接点 61HJ、62HJ 和 KA411 动作时会出现较大电弧，烧蚀接点触头。

2. 事故跳闸回路

机组正常停机时，灭磁开关不跳闸，只有机组事故停机时，灭磁开关才跳闸。当 No.1 微机励磁调节器作为主机送来灭磁开关跳闸命令，常开接点 61TJ 闭合，62TJ 接点不动作；当 No.2 微机励磁调节器作为主机送来灭磁开关跳闸命令，常开接点 62TJ 闭合，61TJ 接点不动作。当运行人员需要紧急灭磁时，手动按下励磁屏柜面上的紧急灭磁按钮，常开接点 61JTA 闭合；当机组 LCU 的 PLC 要求灭磁开关跳闸时，常开接点 KA412 闭合；当继电保护作用发电机断路器事故跳闸时，要求灭磁开关立即跟着跳闸，继电保护输出常开接点 TJ2 闭合；当可控硅整流任何一个快熔器熔断时，常开接点 61RDJ 闭合；这六个并联的常开接点中任何一个闭合，都会使灭磁开关跳闸线圈 TQ 得电，灭磁开关跳闸。与此同时，灭磁开关的三个信号接点全部复归，其中灭磁开关送往机组 LCU 的 PLC 开关量输入回路 P435 的 MK 常开辅助接点 13 与 14 断开，回路 P436 的 MK 常闭辅助接点 3 与 4 闭合，告知机组 LCU 的 PLC 灭磁开关在跳闸位置；在灭磁开关跳闸回路 M629 的 MK 信号接点 11 与 12 断开，跳闸线圈 TQ 失电。

# 第五节　交流厂用电二次回路

交流厂用电用户的回路称交流厂用电一次回路，对交流厂用电一次回路的用电计量、检测和三相异步电动机的控制回路称交流厂用电二次回路。

## 一、交流厂用电计量监测回路

运行中需要对交流厂用电进行电参数监测和显示、厂用电耗能计量和欠电压保护。交流厂用电计量监测回路如图 4-88 所示，1#厂用变 41B 为工作厂用变，2#厂用变 42B 为备用厂用变。工作厂用变压器 41B 的三相交流电源来自主变低压侧 6.3kV（或 10.5kV）母线，备用厂用变压器 42B 的三相交流电源来自近区 10kV 线路。正常运行时，两路厂用电的隔离开关 41QS、42QS 同时合闸，工作厂用变的低压断路器 41QF 合闸，备用厂用电的低压断路器 42QF 分闸。当工作厂用电消失后，备自投装置 JXQ3 先作用工作常用电的断路器 41QF 分闸，再作用备用厂用电的断路器 42QF 合闸。当工作厂用电恢复后，备自投装置 JXQ3 先作用备用厂用电的断路器 42QF 分闸，再作用工作厂用电的断路器 41QF 合闸。确保两路厂用电只有一路退出后才能投入另一路。因为有单相照明负荷，需要零线，所以两台厂用变低压侧三相绕组都是中性点接地的星形三相四线制连接。交流厂用电的监测、计量、显示回路和仪表大部分布置在公用 LCU 屏柜柜面上，两路厂用电的二次回路完全一样，下面以工作厂用变的二次回路为例，介绍交流厂用电的计量和监测。

1. 监测

尽管交流厂用电是 230V/380V 的低电压，但却是大电流，综合电力测量仪 PM13 需要

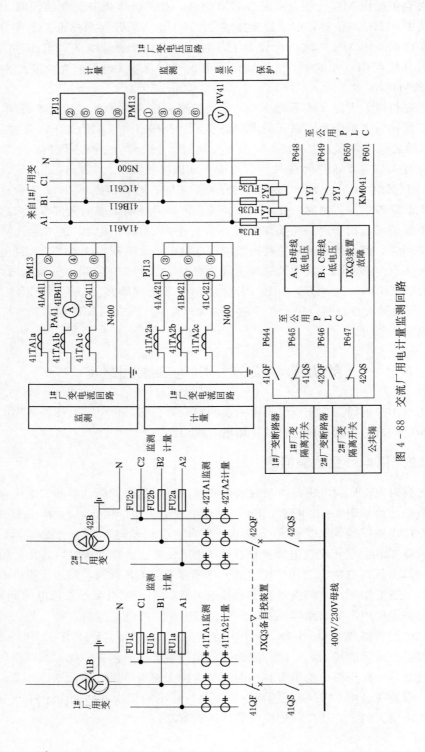

图 4 - 88　交流厂用电计量监测回路

采集的电流信号还得经电流互感器 41TA1 转换成 0～5A 的小电流。综合电力测量仪 PM13 需要采集的电压信号不需要电压互感器，可以直接从工作厂用变低压侧 A1、B1、C1 获取，综合电力测量仪 PM13 布置在公用 LCU 屏柜柜面上，用来监测并显示工作厂用变低压侧电压、电流、功率等电量。

2. 计量

作为水电厂的经济技术评价指标之一的厂用电率，需要对厂用电消耗的电能进行计量。交流电能测量仪 PJ13 从电流互感器 41TA2 采集电流信号，从工作厂用变低压侧 A1、B1、C1 直接采集电压信号，交流电能测量仪 PJ13 布置在公用 LCU 屏柜柜面上，用来计量厂用电所用的电能。

3. 显示

布置在厂用电受电屏上的电压表 PV41 显示工作厂用电的工作电压，电压表 PV41 直接挂在母线 A1、C1 相之间，显示交流厂用电的线电压。

4. 保护

当交流厂用电电压过低时，三相异步电动机工作电流会按二次方增大，后果是电动机烧毁。因此采用两只欠电压继电器对交流厂用电三相母线进行欠电压监视。当 A、B 之间线电压过低时，欠电压继电器 1YJ 线圈产生的电磁力小于弹簧回复力，1YJ 在公用 LCU 的 PLC 开关量输入回路 P648 的常闭接点闭合，告知公用 LCU 的 PLC，工作厂用电 A、B 之间线电压过低。当 B、C 之间线电压过低时，欠电压继电器 2YJ 线圈产生的电磁力小于弹簧回复力，2YJ 在公用 LCU 的 PLC 开关量输入回路 P649 的常闭接点闭合，告知公用 LCU 的 PLC，工作厂用电 B、C 之间线电压过低。

熔断器 FU1 在工作厂用变电压回路发生短路时，起熔断保护作用，熔断器 FU2 在备用厂用变电压回路发生短路时，起熔断保护作用。熔断器 FU3 在电压继电器 1YJ、2YJ 回路发生短路时，起熔断保护作用。当备用厂用电自动投入（备自投）装置 JXQ3 发生故障时，JXQ3 内部的中间继电器 KMO41 失电，KMO41 在公用 LCU 的 PLC 开关量输入回路 P650 的常闭接点闭合，告知公用 LCU 的 PLC，备自投装置 JXQ3 发生故障。

5. 其他送往公用 LCU 的开关量

工作厂用变低压断路器 41QF 合闸时，断路器的行程开关 41QF 在公用 LCU 的 PLC 开关量输入回路 P644 的常开接点闭合，告知公用 LCU 的 PLC，工作厂用变断路器 41QF 在合闸位置。工作厂用变隔离开关 41QS 合闸时，隔离开关的行程开关 41QS 在公用 LCU 的 PLC 开关量输入回路 P645 的常闭接点断开，告知公用 LCU 的 PLC，工作厂用变隔离开关 41QS 在合闸位置。

备用厂用变断路器 42QF 合闸时，断路器的行程开关 42QF 在公用 LCU 的 PLC 开关量输入回路 P646 的常开接点闭合，告知公用 LCU 备用厂用变断路器 42QF 在合闸位置。备用厂用变隔离开关 42QS 合闸时，隔离开关的行程开关 42QS 在公用 LCU 的 PLC 开关量输入回路 P647 的常闭接点断开，告知公用 LCU 的 PLC，备用厂用变隔离开关 42QS 在合闸位置。

## 二、空压机控制回路

水电厂机组停机过程中需要采用压缩空气控制的风闸进行刹车制动，防止烧毁轴瓦。空压机将压缩空气打入储气罐，保证风闸随时使用。因此必须要有一套空压机自动控制系统，自动启动、停止空压机泵，使储气罐的压力始终在规定范围内。低压空压机控制回路图如图4-89所示，1♯空压机与2♯空压机控制方式完全一样，有现地手动操作和远方自动控制两种运行方式。公用 LCU 的 PLC 程序控制应保证两台空压机轮换工作，如果这次启动1♯空压机作为工作空压机，2♯空压机作为备用空压机。那么下次启动2♯空压机作为工作空压机，1♯空压机作为备用空压机。以免长期一台空压机工作，长期备用的空压机的电动机受潮无法应急启用。两台空压机送出的压缩空气全部送入同一只储气罐，储气罐上有 81YLJ 和 82YLJ 两只电接点压力表。

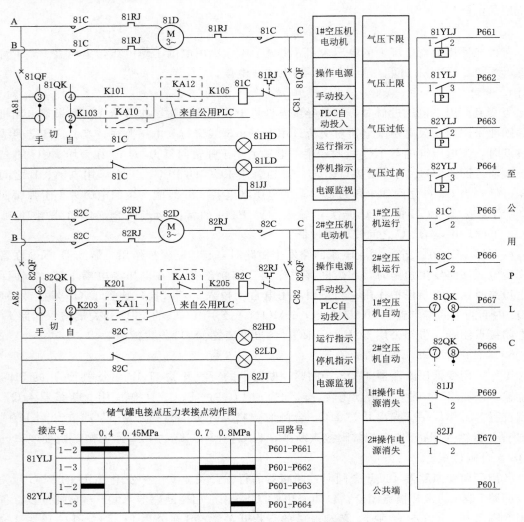

图 4-89　低压空压机控制回路图

A、B、C 三相为被控空压机电动机的主回路也称空压机的一次回路，控制回路也称二次回路。合上空气开关 81QF 和 82QF，两台空压机控制回路电源 A、C 相 380V 的交流电线电压同时投入。手自动切换开关 81QK 或 82QK 逆时针转 45°的位置为空压机"手动"，顺时针转 45°的位置为空压机"自动"，中间位置为空压机"切除"。电接点压力表监视储气罐气压，送出储气罐气压上限、气压下限、气压过高和气压过低四个开关量，通过公用 PLC 自动控制空压机的启停，同时可供运行人员观察储气罐实际压力。

### 1. 手动操作

将手自动切换开关 81QK 逆时针转 45°到"手动"位，交流接触器 81C 线圈得电，在电动机 A、B、C 三相主回路的三个主触点 81C 闭合，1#空压机电动机 81D 启动，1#空压机向储气罐打压缩空气。操作人员看着储气罐上的压力表，当储气罐压力达到气压上限 0.7MPa 时，将手自动切换开关 81QK 顺时针转回到中间"切除"位，交流接触器 81C 线圈失电，三个主触点 81C 断开，空压机停机。2#空压机手动操作与 1#空压机完全一样，不再重述。

### 2. 自动控制

设当前 1#空压机作为工作空压机，2#空压机作为备用空压机。将两台空压机的手自动切换开关 81QK 和 82QK 同时顺时针转 45°到"自动"位，两台空压机都处于公用 LCU 的 PLC 自动控制状态。当储气罐压力下降到气压下限 0.45MPa 时，电接点压力表 81YLJ 在公用 LCU 的 PLC 开关量输入回路 P661 的接点 1 与 2 闭合，经 PLC 的 CPU 处理后，公用 LCU 的 PLC 开关量输出回路输出继电器 KA10 线圈得电，在 1#空压机操作回路中的常开接点 KA10 闭合，交流接触器 81C 线圈得电，在电动机 A、B、C 三相主回路的三个主触点 81C 闭合，1#空压机电动机 81D 启动，1#空压机向储气罐打压缩空气。当储气罐压力上升到气压上限 0.7MPa 时，电接点压力表 81YLJ 在公用 LCU 的 PLC 开关量输入回路 P662 的接点 1 与 3 闭合，经 PLC 的 CPU 处理后，公用 LCU 的 PLC 开关量输出回路输出继电器 KA12 线圈得电，在 1#空压机操作回路中的常闭接点 KA12 断开，交流接触器 81C 线圈失电，1 号空压机停机。

当储气罐压力下降到气压下限 0.45MPa 时，1#空压机由于故障不启动，储气罐压力继续下降到气压过低 0.4MPa 时，电接点压力表 82YLJ 在公用 LCU 的 PLC 开关量输入回路 P663 的接点 1 与 2 闭合，经 PLC 的 CPU 处理后，公用 LCU 的 PLC 开关量输出回路输出继电器 KA11 线圈得电，在 2#空压机操作回路中的常开接点 KA11 闭合，交流接触器 82C 线圈得电，在电动机 A、B、C 三相主回路的三个主触点 82C 闭合，2#空压机电动机 82D 启动，2#空压机向储气罐打压缩空气。同时公用 LCU 的 PLC 输出开关量作用故障报警。当储气罐压力上升到气压上限 0.7MPa 时，电接点压力表 81YLJ 在公用 LCU 的 PLC 开关量输入回路 P662 的接点 1 与 3 闭合，经 PLC 的 CPU 处理后，公用 LCU 的 PLC 开关量输出回路输出继电器 KA13 线圈得电，在 2#空压机操作回路中的常闭接点 KA13 断开，交流接触器 82C 线圈失电，2#空压机停机。

当储气罐压力上升到气压上限 0.7MPa 时，1#空压机由于故障无法正常停机，储气罐压力继续上升到气压过高 0.8MPa 时，电接点压力表 82YLJ 在公用 LCU 的 PLC 开关量输入回路 P664 的接点 1 与 3 闭合，经 PLC 的 CPU 处理后，公用 LCU 的 PLC 输出开关量作用故障报警。同时储气罐上的机械式安全阀自动放气，防止储气罐爆炸。

当 2#空压机作为工作空压机，1#空压机作为备用空压机时，其工作原理与 1#空压机作为工作空压机和 2#空压机作为备用空压机工作原理相同，不再重复介绍。

知识扩展：电接点压力表将接点闭合或断开的压力信号的开关量送往公用 LCU 的 PLC 开关量输入回路，公用 LCU 的 PLC 开关量输出回路输出开关量控制空压机的启动和停止，如果把电接点压力表的接点取代空压机控制回路中公用 LCU 的 PLC 接点 KA10、KA11、KA12、KA13，完全可以用电接点压力表直接控制空压机的启动和停止，这就变成了传统控制的二次回路。传统控制的二次回路优点是省去了空压机控制回路与公用 LCU 屏柜之间来回的许多信号电缆，缺点是无法对空压机运行实施计算机实时监控。

3. 指示

当交流接触器 81C 闭合，1#空压机运行时，交流接触器 81C 的常闭信号接点断开，常开信号接点闭合，指示灯绿灯 81LD 灭，红灯 81HD 亮，指示 1#空压机"运行"；交流接触器 81C 失电，1#空压机停止时，交流接触器 81C 的常闭信号接点闭合，常开信号接点断开，指示灯绿灯 81LD 亮，红灯 81HD 灭，指示 1#空压机"停机"。

当交流接触器 82C 闭合，2#空压机运行时，交流接触器 82C 的常闭信号接点断开，常开信号接点闭合，指示灯绿灯 82LD 灭，红灯 82HD 亮，指示 2#空压机"运行"；当交流接触器 82C 失电，2#空压机停止时，交流接触器 82C 的常闭信号接点闭合，常开信号接点断开，指示灯绿灯 82LD 亮，红灯 82HD 灭，指示 2#空压机"停机"。

4. 保护

当 1#电动机运行过载时，在 1#电动机 A、B、C 三相主回路的热继电器 81RJ 动作，常闭接点 81RJ 断开，交流接触器 81C 失电，1#空压机停机，保证电动机不被烧毁。当 2#电动机运行过载时，在 2#电动机 A、B、C 三相主回路的热继电器 82RJ 动作，常闭接点 82RJ 断开，交流接触器 82C 失电，2#空压机停机，保证电动机不被烧毁。

5. 其他送往公用 LCU 的开关量

1#空压机运行时，交流接触器 81C 在公用 LCU 的 PLC 开关量输入回路 P665 的常开接点 1 与 2 闭合，告知公用 LCU 的 PLC，1#空压机正在运行。2#空压机运行时，交流接触器 82C 在公用 LCU 的 PLC 开关量输入回路 P666 的常开接点 1 与 2 闭合，告知公用 LCU 的 PLC，2#空压机正在运行。

1#空压机在"自动"位置时，手自动切换开关 81QK 再公用 LCU 的 PLC 开关量输入回路 P667 的接点 7 与 8 闭合，告知公用 LCU 的 PLC，1#空压机在"自动"位置。2#空压机在"自动"位置时，手自动切换开关 82QK 在公用 LCU 的 PLC 开关量输入回路 P668 的接点 7 与 8 闭合，告知公用 LCU 的 PLC，2#空压机在"自动"位置。

1#空压机操作回路失电时，电源监视继电器 81JJ 失电，81JJ 在公用 LCU 的 PLC 开关量输入回路 P669 的常闭接点 1 与 2 闭合，告知公用 LCU 的 PLC，1#空压机操作回路失电。2#空压机操作回路失电时，电源监视继电器 82JJ 失电，82JJ 在公用 LCU 的 PLC 开关量输入回路 P670 的常闭接点 1 与 2 闭合，告知公用 LCU 的 PLC，2#空压机操作回路失电。

## 三、集水井排水泵控制回路

水电厂厂房位置最低处有一个集水井，全厂渗漏水和靠自流无法排到下游的水全部汇集到集水井中，用两台水泵轮流工作排入下游。集水井排水泵控制回路图如图 4 - 90 所示。排水泵控制方式和轮流工作方式与空压机完全一样。浮子式液位信号器监视集水井水位，送出集水井停泵水位、启动水位、偏高水位和过高水位四个开关量，通过公用 LCU 的 PLC 自动控制排水泵的启停。

自动控制时将两台排水泵的手自动切换开关 61QK 和 62QK 同时顺时针转 45°到"自动"位,两台排水泵都处于公用 LCU 的 PLC 的自动控制状态。设当前 1♯排水泵作为工作泵,2♯配水泵作为备用泵。当集水井水位上升到启动水位时,浮子式液位信号器 61FZJ 在公用 LCU 的 PLC 开关量输入回路 P652 的接点 1 与 3 闭合,CPU 按预先编制好的软件程序进行分析处理,公用 LCU 的 PLC 开关量输出回路输出继电器 KA6 线圈得电,在 1♯排水泵操作回路中的常开接点 KA6 闭合,交流接触器 61C 线圈得电,在电动机 A、B、C 三相主回路的三个主触点 61C 闭合,1♯排水泵电动机 61D 启动,1♯排水泵启动排水到下游。当集水井水位下降到停泵水位时,浮子式液位信号器 61FZJ 在公用 LCU 的 PLC 开关量输入回路 P651 的接点 1 与 2 闭合,CPU 按预先编制好的软件程序进行分析处理,公用 LCU 的 PLC 开关量输出回路输出继电器 KA8 线圈得电,在 1♯排水泵操作回路中的常闭接点 KA8 断开,交流接触器 61C 线圈失电,1♯排水泵停机。

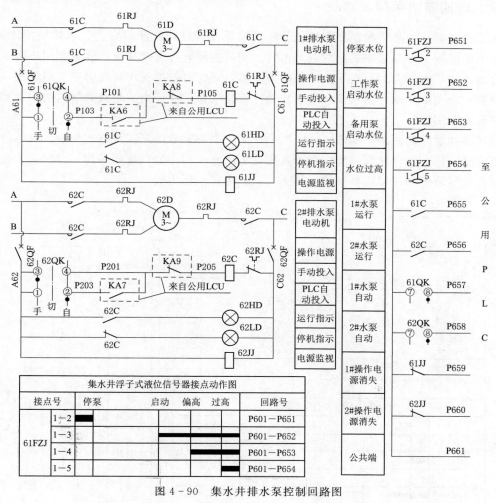

图 4-90 集水井排水泵控制回路图

| 集水井浮子式液位信号器接点动作图 | | | | | | |
|---|---|---|---|---|---|---|
| 接点号 | | 停泵 | 启动 | 偏高 | 过高 | 回路号 |
| 61FZJ | 1—2 | ■ | | | | P601—P651 |
| | 1—3 | | ■ | | | P601—P652 |
| | 1—4 | | | ■ | | P601—P653 |
| | 1—5 | | | | ■ | P601—P654 |

当集水井水位上升到启动水位时,1♯排水泵由于故障无法正常启动,集水井水位继续上升到水位偏高时,浮子式液位信号器 61FZJ 在公用 LCU 的 PLC 开关量输入回路 P653 的接点 1 与 4 闭合,经 PLC 的 CPU 处理后,公用 LCU 的 PLC 开关量输出回路输出继电器

KA7线圈得电，在2♯排水泵操作回路中的常开接点 KA7 闭合，交流接触器 62C 线圈得电，在电动机 A、B、C 三相主回路的三个主触点 62C 闭合，2♯排水泵电动机 62D 启动，2♯排水泵启动排水到下游。同时公用 LCU 的 PLC 输出开关量作用故障报警。当集水井水位下降到停泵水位时，浮子式液位信号器 61FZJ 在公用 LCU 的 PLC 开关量输入回路 P651 的接点 1 与 2 闭合，经 PLC 的 CPU 处理后，公用 LCU 的 PLC 开关量输出回路输出继电器 KA9 线圈得电，在2♯排水泵操作回路中的常闭接点 KA9 断开，交流接触器 62C 线圈失电，2♯排水泵停机。

如果由于事故造成集水井来水量大，两台排水泵同时投入，集水井水位继续上升到过高水位时，浮子式液位信号器 61FZJ 在公用 LCU 的 PLC 开关量输入回路 P654 的接点 1 与 5 闭合，经 PLC 的 CPU 处理后，公用 LCU 的 PLC 输出开关量作用事故报警。

### 四、调速器油泵控制回路

水轮机在运行中必须根据负荷变化及时调节导叶开度，从而改变进入水轮机的水流量，保证发电机的频率不变或在规定的范围内变。调节控制导叶开度变化的装置是用压力油控制的接力器，油泵将压力油打入压力油箱或储能器，任何时候都能保证接力器随时使用。因此必须要有一套油泵自动控制系统，自动启动、停止油泵，使压力油箱或储能器的压力和油位始终在规定范围内。

调速器油泵控制回路图如图 4-91 所示。大中型调速器油泵控制方式和电接点压力表与空压机完全一样，两台油泵电动机互为备用轮流工作。而小型调速器采用一台油泵，没有备用油泵，油压装置采用储能器，储能器上有三只电接点压力表。

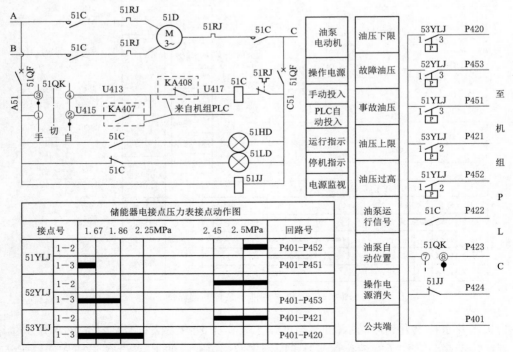

| 储能器电接点压力表接点动作图 | | | | | | |
|---|---|---|---|---|---|---|
| 接点号 | 1.67 | 1.86 | 2.25MPa | 2.45 | 2.5MPa | 回路号 |
| 51YLJ 1—2 | | | | | ■ | P401-P452 |
| 51YLJ 1—3 | ■ | | | | | P401-P451 |
| 52YLJ 1—2 | | | | ■ | | P401-P453 |
| 52YLJ 1—3 | ■ | | | | | |
| 53YLJ 1—2 | | | | | | P401-P421 |
| 53YLJ 1—3 | ■ | | | | | P401-P420 |

图 4-91 调速器油泵控制回路图

自动控制时将油泵的手自动切换开关 51QK 顺时针转 45°到"自动"位，油泵处于机组 LCU 的 PLC 的自动控制状态。当储能器压力下降到压力下限 2.25MPa 时，电接点压力表 53YLJ 在机组 LCU 的 PLC 开关量输入回路 P420 的接点 1 与 3 闭合，经 PLC 的 CPU 处理后，机组 LCU 的 PLC 开关量输出回路输出继电器 KA407 线圈得电，在油泵操作回路中的常开接点 KA407 闭合，交流接触器 51C 线圈得电，在电动机 A、B、C 三相主回路的三个主触点 51C 闭合，油泵电动机 51D 启动，油泵向储能器打入压力油。当储能器压力上升到压力上限 2.45MPa 时，电接点压力表 53YLJ 在机组 LCU 的 PLC 开关量输入回路 P421 的接点 1 与 2 闭合，经 PLC 的 CPU 处理后，机组 LCU 的 PLC 开关量输出回路输出继电器 KA408 线圈得电，在油泵操作回路中的常闭接点 KA408 断开，交流接触器 51C 线圈失电，油泵停机。

当储能器压力下降到压力下限 2.25MPa，油泵由于故障无法正常启动，储能器压力继续下降到故障油压 1.86MPa 时，电接点压力表 52YLJ 在机组 LCU 的 PLC 开关量输入回路 P453 的接点 1 与 3 闭合，经 PLC 的 CPU 处理后，机组 LCU 的 PLC 输出开关量作用故障报警。

当故障一时无法排除，储能器压力继续下降到事故油压 1.67MPa 时，电接点压力表 51YLJ 在机组 LCU 的 PLC 开关量输入回路 P451 的接点 1 与 3 闭合，经 PLC 的 CPU 处理后，机组 LCU 的 PLC 输出开关量作用机组甩负荷事故停机。当储能器压力上升到压力上限 2.45MPa，油泵由于故障无法正常停机，储能器压力继续上升到 2.5MPa 时，电接点压力表 51YLJ 在机组 LCU 的 PLC 开关量输入回路 P452 的接点 1 与 2 闭合，经 PLC 的 CPU 处理后，机组 LCU 的 PLC 输出开关量作用故障报警。同时油泵出口处的机械式安全阀自动打开放油减压，防止储能器爆炸。

### 五、事故照明电源自动切换回路

水电厂在全厂交流厂用电消失后必须仍能保证一定数量的事故照明，以便运行人员的正常运行操作和进行交流厂用电故障处理，这点在夜间尤为重要。因此必须要有事故照明电源自动投入装置，在交流厂用电照明消失后，立即自动投入直流厂用电事故照明。事故照明电源自动切换回路如图 4-92 所示，事故照明母线在交流电源正常时，由 220V 交流电源供电。当交流电源消失后，自动切换到直流电源上，由 220V 直流电源供电。

1. 交流电源正常时

交流厂用电正常时，在交流二次回路中的中间继电器线圈 ZJ 有电，ZJ 的常开接点 1 与 2 闭合，交流接触器线圈 JC 得电，交流接触器灭弧罩内两对主触点 JC 闭合，交流电源 C 相 220V 的两端 C-N 与事故照明母线连接，事故照明用的是交流电。与此同时，中间继电器 ZJ 在直流二次回路中的常闭接点 3 与 4 和交流接触器 JC 在直流二次回路中的常闭接点 3 与 4 同时断开，可靠保证直流接触器 ZC 不得电，绝对保证直流电源无法送到 220V 事故照明母线上。交流接触器 JC 在直流二次回路中的常开接点 1 与 2 闭合，工作电源投入指示灯绿灯 LD 亮。

2. 交流电源消失时

交流厂用电消失时，在交流二次回路中的中间继电器线圈 ZJ 失电，ZJ 的常开接点 1 与 2 断开，交流接触器线圈 JC 失电，在灭弧罩内的主触点 JC 断开，交流电源 C 相 220V 的两端 C-N 与事故照明母线断开。与此同时，中间继电器 ZJ 在直流二次回路中的常闭接点 3 与 4 和交流接触器 JC 在直流二次回路中的常闭接点 3 与 4 同时闭合，直流接触器线圈 ZC 得电，在灭弧罩内的主触点 ZC 闭合，直流电源 220V 的两端＋KM、－KM 与事故照明母线连接，事故照明用的是直流电。此时全厂所用交流电的照明灯全部熄灭，只有事故照明灯仍亮着。与此同时，直流接触器 ZC 在交流二次回路中的常闭接点 3 与 4 断开，可靠保证交流接触器 JC 不得电，绝对保证交流电源无法送到 220V 照明母线上。交流接触器 JC 在直流二次回路中的常开接点 1 与 2 断开，工作电源投入指示灯绿灯 LD 灭。直流接触器 ZC 在直流二次回路中的常开接点 1 与 2 闭合，备用电源投入指示灯红灯 HD 亮。

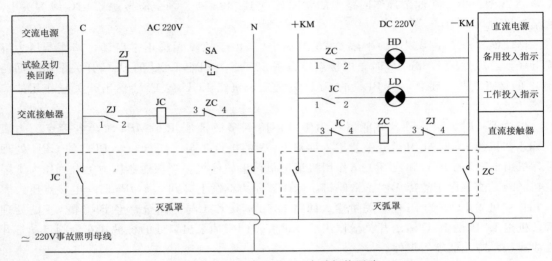

图 4-92 事故照明电源自动切换回路

当交流电源回复后，中间继电器线圈 ZJ 自动得电，直流电源退出，事故照明母线恢复交流电源供电。手动按下按钮 SA，人为造成中间继电器线圈 ZJ 失电，可以试验事故照明母线交流电源与直流电源供电的切换。

# 第六节 机组测温制动屏二次回路

水电厂将机组温度测量装置和机组刹车制动装置设置在一只测温制动屏内。机组测温制动屏二次回路包括数字温度巡检仪、数字温度控制仪、剪断销信号装置和电气式转速信号装置等智能仪表的连接及制动风闸操作回路、机组技术供水操作回路等。

## 一、温度控制仪输入输出回路

温度控制仪的优点是当特定的监测点温度值参数超限时，能经机组 LCU 的 PLC 作用故障报警或事故停机。缺点是数字温度控制仪只能接受一路温度信号，也就只能监测一个点。CX 水电厂卧式机组轴承温度控制仪输入输出回路如图 4-93 所示。

温度传感器 Rt18-1 将水导推力轴承轴瓦的温度非电模拟量转换成电模拟量输入数字式温控仪 1WDX，表面数字显示实时温度。当水导推力轴瓦温度到达 60℃时，数字式温控仪

1WDX 在机组 LCU 的 PLC 开关量输入回路 P456 的常开接点 1WDX2 闭合，经 PLC 的 CPU 处理后，机组 LCU 的 PLC 输出开关量作用故障报警；当水导推力轴瓦温度到达 70℃时，数字式温控仪 1WDX 在机组 LCU 的 PLC 开关量输入回路 P461 的常开接点 1WDX1 闭合，经 PLC 的 CPU 处理后，机组 LCU 的 PLC 输出开关量作用事故停机。

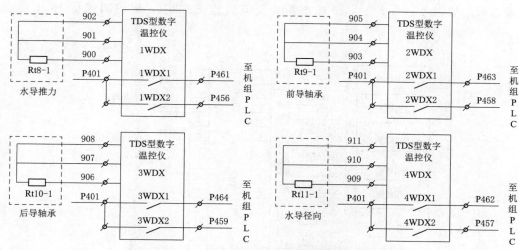

图 4-93　卧式机组轴承温度控制仪输入输出回路

温度传感器 Rt19-1 将前导轴承轴瓦的温度非电模拟量转换成电模拟量输入数字式温控仪 2WDX，表面数字显示实时温度。当前导轴瓦温度到达 60℃时，数字式温控仪 2WDX 在机组 LCU 的 PLC 开关量输入回路 P458 的常开接点 2WDX2 闭合，经 PLC 的 CPU 处理后，机组 LCU 的 PLC 开关量输出回路输出开关量作用故障报警；当前导轴瓦温度到达 70℃时，数字式温控仪 2WDX 在机组 LCU 的 PLC 开关量输入回路 P463 的常开接点 2WDX1 闭合，经 PLC 的 CPU 处理后，机组 LCU 的 PLC 开关量输出回路输出开关量作用事故停机。

温度传感器 Rt10-1 将后导轴承轴瓦的温度非电模拟量转换成电模拟量输入数字式温控仪 3WDX，表面数字显示实时温度。当后导轴瓦温度到达 60℃时，数字式温控仪 2WDX 在机组 LCU 的 PLC 开关量输入回路 P459 的常开接点 3WDX2 闭合，经 PLC 的 CPU 处理后，机组 LCU 的 PLC 开关量输出回路输出开关量作用故障报警；当后导轴瓦温度到达 70℃时，数字式温控仪 3WDX 在机组 LCU 的 PLC 开关量输入回路 P464 的常开接点 3WDX1 闭合，经 PLC 的 CPU 处理后，机组 LCU 的 PLC 开关量输出回路输出开关量作用事故停机。

温度传感器 Rt11-1 将水导径向轴承轴瓦的温度非电模拟量转换成电模拟量输入数字式温控仪 4WDX，表面数字显示实时温度。当水导径向轴瓦温度到达 60℃时，数字式温控仪 4WDX 在机组 LCU 的 PLC 开关量输入回路 P457 的常开接点 4WDX2 闭合，经 PLC 的 CPU 处理后，机组 LCU 的 PLC 开关量输出回路输出开关量作用故障报警；当水导径向轴瓦温度到达 70℃时，数字式温控仪 4WDX 在机组 LCU 的 PLC 开关量输入回路 P462 的常开接点 4WDX1 闭合，经 PLC 的 CPU 处理后，机组 LCU 的 PLC 开关量输出回路输出开关量作用事故停机。

## 二、温度巡检仪输入输出回路

数字温度巡检仪能接受多路温度信号，在机组运行中需要对机组多点的温度值进行巡回检测及显示时，可以采用温度巡检仪（参见图4-36）。卧式机组的数字温度巡检仪41WDX输入输出回路如图4-94所示，工作电源为交流或直流220V，可轮回巡检16个温度测量点。

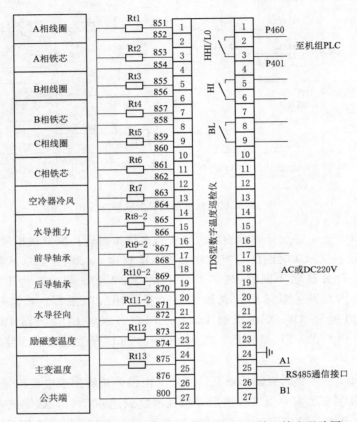

图4-94 卧式机组数字温度巡检仪41WDX输入输出回路图

输入温度巡检仪的温度信号有测量三相定子线圈温度的温度传感器Rt1、Rt3、Rt5；测量三相定子铁芯温度的温度传感器Rt2、Rt4、Rt6；测量空气冷却器出口冷风温度的温度传感器Rt7；测量机组轴承瓦温的温度传感器Rt8-2、Rt9-2、Rt10-2、Rt11-2；测量干式励磁变压器铁芯温度的温度传感器Rt12；测量主变压器油温的温度传感器Rt13；温度巡检仪对13个温度测量点的温度值进行巡回检测和显示。

数字温度巡检仪按顺序巡回监测和显示检测的各点位号和温度，监测的数据存放在数据缓冲区，供运行人员查阅，一旦有被测点温度超限，表面显示立即停留在超限点的点位号和温度，同时在机组LCU的PLC开关量输入回路P460的常开接点HHI/LO闭合，告知机组LCU的PLC有被测点位温度超限，运行人员应立即在数字温度巡检仪上查阅超限点位号和超限温度，并对故障进行处理。

### 三、剪断销信号装置输入输出回路

在水轮机导水机构连杆与拐臂连接的圆柱销采用能发信号的剪断销，以便在事故关导叶又遇到导叶被异物卡住时，剪断销自动剪断，被卡导叶退出导水机构，不影响其他导叶继续关闭，同时发出剪断销剪断信号。剪断销信号装置输入输出回路如图4-95所示，工作电源为来自控制母线KM的直流电源。所有导叶剪断销信号器串联接入剪断销信号装置输入端1、2，当任何一个导叶剪断销被剪断，剪断销信号装置在机组LCU的PLC开关量输入回路P447的常开接点JDX闭合，经PLC的CPU处理后，机组LCU的PLC开关量输出回路输出开关量作用故障报警。

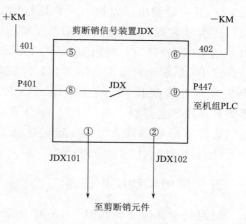

图4-95　剪断销信号装置输入输出回路

### 四、电气式转速信号装置输入输出

机组从启动开始转动到并入电网及发生转速过高的事故，都需要电气式转速信号装置在不同转速时发出不同的开关量信号，以便自动控制系统按流程执行相应的任务。

电气式转速信号装置SN42输入输出回路如图4-96所示，工作电源为220V直流电源，输入端子10与20的频率信号来自发电机机端电压互感器1TV，利用残压就能测频。电气式转速信号装置表面有频率（或转速）指示（参见图4-35），内部有J1～J7七只输出继电器。当转速下降到5%额定转速时，电气式转速信号装置SN42在机组LCU的PLC开关量输入回路P441的常开接点J1闭合，告知机组LCU的PLC，机组即将停转；当转速下降到35%额定转速时，电气式转速信号装置SN42在机组LCU的PLC开关量输入回路P442的常开接点J2闭合，经PLC的CPU处理后，机组LCU的PLC开关量输出回路输出开关量作用机组刹车制动；当转速上升到80%额定转速时，电气式转速信号装置SN42在机组LCU的PLC开关量输入回路P443的常开

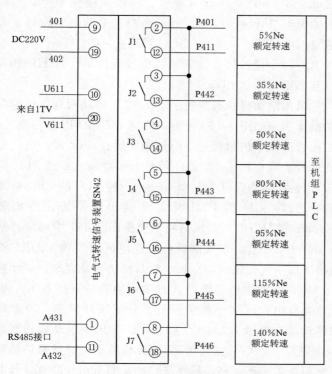

图4-96　电气式转速信号装置SN42输入输出回路

253

接点 J4 闭合，经 PLC 的 CPU 处理后，机组 LCU 的 PLC 开关量输出回路输出开关量作用调速器测频回路投入；当转速上升到 95％额定转速时，电气式转速信号装置 SN42 在机组 LCU 的 PLC 开关量输入回路 P444 的常开接点 J5 闭合，经 PLC 的 CPU 处理后，机组 LCU 的 PLC 开关量输出回路输出开关量作用励磁投入；当转速上升到 115％额定转速时，电气式转速信号装置 SN42 在机组 LCU 的 PLC 开关量输入回路 P445 的常开接点 J6 闭合，经 PLC 的 CPU 处理后，机组 LCU 的 PLC 开关量输出回路输出开关量作用事故停机；当转速上升到 140％额定转速时，电气式转速信号装置 SN42 在机组 LCU 的 PLC 开关量输入回路 P446 的常开接点 J7 闭合，经 PLC 的 CPU 处理后，机组 LCU 的 PLC 开关量输出回路输出开关量作用紧急停机。端子 1 与 11 为 RS485 通信接口，可与上位机通信和传送数据。如果电气式转速信号器在 140％额定转速时故障失灵，作为后备保护的机械式转速信号器在 150％额定转速时作用紧急停机。

## 五、风闸制动操作回路

测温制动屏屏面布置如图 4－97 所示，屏柜最上面六个仪表是数字式温度控制仪 1，其

图 4－97 测温制动屏屏面布置
1—数字式温度控制仪；2—电接点压力表；
3—指示灯；4—温度巡检仪；5—压力表；
6—手动制动按钮

中四个温控仪监测机组轴瓦温度，两个温控仪监测发电机空气冷却器进出口空气温度。电接点压力表 2 用来监视风闸下腔气压，风闸下腔有气压的话，表明风闸没有复归，不允许开机，否则带着刹车开机烧毁风闸刹车板。压力表 5 供运行人员手动刹车前观察制动气压，气压低于 0.4MPa，不允许停机。温度巡检仪 4 负责对所有测温点进行巡回检测。最下面两只手动刹车按钮 6 分别是风闸手动投入按钮 TR 和手动复归按钮 FG。两个按钮上面两个指示灯 3 分别是风闸投入指示红灯 HD 和风闸复归指示绿灯 LD。

风闸制动操作有按钮手动和 PLC 自动两种，风闸制动操作回路如图 4－98 所示，机组 LCU 的 PLC 自动时，在停机过程中机组转速下降到额定转速 35％时，电气转速信号装置在机组 LCU 的 PLC 开关量输入回路 P442 的常开接点 J2 闭合（参见图 4－96），经 PLC 的 CPU 处理后，机组 LCU 的 PLC 开关量输出回路输出继电器 KA405 线圈得电，在风闸制动操作回路 481 中的常开接点 KA405 闭合，单线圈两位三通电磁空气阀 42DKF 线圈得电，活塞切换气路使得风闸下腔接压缩空气，风闸刹车板上移对机组制动刹车，风闸投入指示灯红灯 HD 亮。延时 120s 后 KA405 线圈失电，操作回路 481 中的常开接点 KA405 断开，风闸投入电磁空气阀 42DKF 失电复归，风闸下腔接排气，分闸下移复归。与此同时，机组 LCU 的 PLC 开关量输出回路输出继电器 KA406 线圈得电，在风闸制动操作回路 483 中的常开接点 KA406 闭合，单线圈两位三通电磁空气阀 41DKF 线圈得电，活塞切换气路使得风闸上腔接压缩空气，保证风闸刹车板可靠下移，风闸复归指示灯绿灯 LD 亮。延时后 KA406 线圈失电，操作回路 483 中的常开接点 KA406 断开，风闸退出电磁空气阀

41DKF 失电复归，风闸上腔接排气。

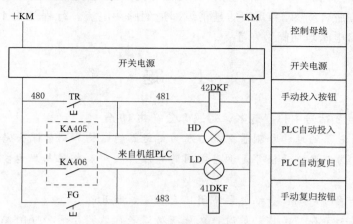

图 4-98 风闸制动操作回路

按钮手动操作时，停机过程中运行人员根据测温制动屏上的电气转速信号装置表面的指示，在机组转速下降到额定转速 35% 左右时，在测温制动屏柜面上按下风闸投入按钮 TR（参见图 4-97 中的 6），动作结果与 KA405 接点闭合相同。当机组完全停转后，在测温制动屏上按下风闸复归按钮 FG，动作结果与 KA406 接点闭合相同。

## 六、机组技术供水自动投入退出回路

机组技术供水投入退出回路也安装在测温制动屏柜内。每次机组转动之前必须先投入机组技术供水，每次机组完全停止转动以后才能退出机组技术供水。机组技术供水自动投入退出回路如图 4-99 所示，机组技术供水阀 42DF 是一只有吸合线圈 42DFK 和脱钩线圈 42DFG 的双线圈电磁液动阀。双线圈电磁阀的线圈只需施加稍纵即逝的脉冲电流即可工作。

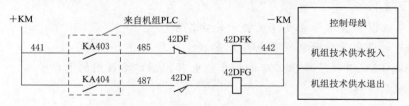

图 4-99 机组技术供水自动投入退出回路

设走自动开机流程，得到开机令后，机组 LCU 的 PLC 开关量输出回路输出继电器 KA403 线圈得电，在机组技术供水自动投入退出回路 485 中的常开接点 KA403 闭合，电磁液动阀吸合线圈 42DFK 得电，吸合线圈 42DFK 铁芯上移，电磁液动阀打开，技术供水投入。几乎同时，行程开关常闭接点 42DF 立即断开，吸合线圈 42DFK 立即失电，保证了施加吸合线圈 42DFK 的是稍纵即逝的脉冲电流，但是吸合线圈 42DFK 铁芯被脱钩线圈铁芯钩住，不会复归。行程开关常开接点 42DF 闭合，为下一步关闭电磁液动阀做好准备。

设走自动关机流程，当机组停机转速停转为零后，机组 LCU 的 PLC 开关量输出回路输出继电器 KA404 得电，在机组技术供水自动投入退出回路 487 中的常开接点 KA404 闭合，电磁液动阀脱钩线圈 42DFG 得电，吸合线圈 42DFK 铁芯靠自重脱钩落下复归，电磁液动阀关闭，技术供水退出。几乎同时，行程开关常开接点 42DF 断开，脱钩线圈 42DFG 立即失电，保证了施加脱钩线圈 42DFG 的是稍纵即逝的脉冲电流。行程开关 42DF 常闭接点闭合，为下一步开启电磁液动阀做好准备。

# 习　　题

**一、判断题（在括号中打√或×，每题 2 分，共 10 分）**

4-1. 液位变送器的结构和测量探头与压力变送器的结构和测量探头完全一样。（　　）

4-2. 发电厂同期操作的任务是调整电网的电压、频率和相位与发电机的电压、频率和相位一致。（　　）

4-3. 无压合闸时同期检查继电器常闭接点始终是断开的。（　　）

4-4. 断路器手车在"工作"位时，允许断路器进行试验合闸和分闸操作。（　　）

4-5. 机组 LCU 的 PLC 程序控制应保证工作空压机和备用空压机轮换工作。（　　）

**二、选择题（将正确答案填入括号内，每题 2 分，共 30 分）**

4-6. 从切换操作的地方来看，（　　）可以远方自动操作。

A. 按钮　　　　　　　B. 组合开关　　　　　　C. 空气开关　　　　　　D. 接触器

4-7. 输入继电器控制回路线圈的电信号（　　）。

A. 是电模拟量信号

B. 是电开关量信号

C. 可以是电模拟量信号也可以是电开关量信号

D. 既不是电模拟量信号也不是电开关量信号

4-8. 继电器输出肯定是被控回路的（　　）。

A. 电模拟量信号

B. 电开关量信号

C. 可以是电模拟量信号也可以是电开关量信号

D. 既不是电模拟量信号也不是电开关量信号

4-9. 输入 PLC 开关量输出回路的输出继电器控制回路线圈的电信号（　　）。

A. 是电模拟量信号

B. 是电开关量信号

C. 可以是电模拟量信号也可以是电开关量信号

D. 既不是电模拟量信号也不是电开关量信号

4-10. 功率变送器将输入的（　　）标准电模拟量。

A. 六个交流量转换成一个 4~20mA　　　　B. 六个交流量转换成六个 4~20mA

C. 三个交流量转换成一个 4~20mA　　　　D. 三个交流量转换成三个 4~20mA

4-11. 以下（　　）述说是正确的。

A. 发电机断路器只有自动准同期装置

B. 主变压器高压侧断路器只有自动准同期装置

C. 发电机断路器只有手动准同期装置

D. 主变压器高压侧断路器只有手动准同期装置

4－12. 粗细调切换开关 SAS601 转在"粗调"位置时，组合同期表投入（　　）。

A. 电压差表和频率差表　　　　　　　　　B. 频率差表和相位差表

C. 相位差表和电压差表　　　　　　　　　D. 电压差表. 频率差表和相位差表

4－13. 在（　　）的条件下合上发电机断路器的操作称发电机无压合闸。

A. 发电机没有电压，主变低压侧母线有电压

B. 发电机有电压，主变低压侧母线没有电压

C. 发电机和主变低压侧母线都没有电压

D. 发电机和主变低压侧母线都有电压

4－14. 断路器在合闸位置时，（　　）。

A. 合位继电器 HWJ 和跳闸电磁铁线圈 Y2 流过同一个电流

B. 合位继电器 HWJ 和合闸电磁铁线圈 Y1 流过同一个电流

C. 跳位继电器 TWJ 和合闸电磁铁线圈 Y1 流过同一个电流

D. 跳位继电器 TWJ 和跳闸电磁铁线圈 Y2 流过同一个电流

4－15. 断路器操作回路中的连接片 1LP7（　　）。

A. 调试时合上，运行时断开　　　　　　　B. 调试时断开，运行时合上

C. 调试时合上，运行时合上　　　　　　　D. 调试时断开，运行时断开

4－16. 断路器操作回路中的连接片 1LP1（　　）。

A. 调试时合上，运行时断开　　　　　　　B. 调试时断开，运行时合上

C. 调试时合上，运行时合上　　　　　　　D. 调试时断开，运行时断开

4－17. （　　）保护动作时，只跳主变高压侧断路器。

A. 主变差动保护和故障解列保护　　　　　B. 故障解列保护和线路距离保护

C. 线路距离保护和主变高压侧后备保护　　D. 主变高压侧后备保护和主变差动保护

4－18. 采用（　　）欠电压继电器对交流厂用电三相 380V（400V）母线进行欠电压监视。

A. 一只　　　　　　B. 两只　　　　　　C. 三只　　　　　　D. 四只

4－19. 当储气罐压力下降到（　　）时，备用空压机启动，同时故障报警。

A. 上限气压　　　　B. 下限气压　　　　C. 气压过高　　　　D. 气压过低

4－20. （　　）接受公用 LCU 的 PLC 操作控制。

A. 空压机和排水泵　　　　　　　　　　　B. 排水泵和调速器油泵

C. 调速器油泵和空压机　　　　　　　　　D. 空压机、排水泵和调速器油泵

### 三、填空题（每空 1 分，共 30 分）

4－21. 尽管大量的逻辑判断处理功能由计算机_____完成，但对被控对象的信息采集、状态显示及对被控对象的控制执行还是离不开相应的_____。

4－22. 现代水电厂只能看到计算机开关量输出专用的_____继电器和同期装置专用的_____继电器，少数真空断路器操作回路中还能看到_____继电器。

4－23. 继电器的作用是将_____量或_____量转换成电开关量。信号器的作用是将_____量或_____量转换成电开关量。

4－24. 传感器的作用是将_____量转换成电模拟量。变送号器的作用是将_____量转换成标准电模拟量。

4-25. 水电厂常见的智能仪表有＿＿＿＿＿＿信号装置、＿＿＿＿＿巡检仪、综合＿＿＿＿测量仪和＿＿＿＿＿＿测量仪等。

4-26. 为了读图方便，必须在开关量输出回路图下面用图示注明这些开关量输出继电器的开关量接点＿＿＿＿＿＿及＿＿＿＿＿＿。

4-27. 当开机转速上升到＿＿＿＿＿＿％时投入起励，当发电机机端电压上升到额定电压的＿＿＿＿＿＿％或起励时间超过＿＿＿＿＿＿秒后，微机励磁调节器中断起励，发电机转为由可控硅＿＿＿＿＿＿升压。

4-28. 手动准同期的组合同期表 ZTB1 表左边为＿＿＿＿＿＿差表，右边为＿＿＿＿＿＿差表，中间为＿＿＿＿＿＿差表。

4-29. 无压合闸结束后必须在机组 LCU 屏柜柜面上复归＿＿＿＿＿＿开关到＿＿＿＿＿＿位置，否则＿＿＿＿＿＿准同期时失去了同期检查保护作用。

4-30. 无论发电机无压合闸还是线路无压合闸；都必须确认断路器一侧没有＿＿＿＿＿＿，否则会造成＿＿＿＿＿＿＿＿的严重事故。

4-31. 运行中的电流互感器如果作为备用，必须将付方的三相线圈输出端＿＿＿＿＿＿。

## 四、简答题（5 题，共 29 分）

4-32. 写出接触器与继电器相同之处和不同之处。（5 分）

4-33. 简述双微机励磁调节器的无扰动切换。（6 分）

4-34. 简述发电机手动准同期从粗调到细调的操作步骤。（6 分）

4-35. 发电机发生电气事故时微机保护模块 DSA-2380 输出三个开关量作用？（6 分）

4-36. 写出电气转速信号器送出开关量时的六个转速及六个开关量分别作用结果。（6 分）

# 第五章　水电厂计算机监控

　　水电厂机电设备运行的大部分内容是按流程的操作控制和按预先设定的超限参数的逻辑保护，计算机监控在水电厂的运用使得这些操作控制和逻辑保护大为简化，水电厂计算机监控给机电设备安全、稳定、经济运行提供了强大的技术支撑。本章所有计算机控制图纸全部是 CX 水电厂实际的计算机监控图纸，有统一的元件编号和回路编号，不同电气原理图之间有联系，利于读者建立计算机监控系统的整体概念。

## 第一节　水电厂计算机监控系统结构

　　水电厂计算机监控系统的功能分为对机电设备的监测功能和对机电设备的控制功能两大部分。对机电设备的监测对中央处理器 CPU 来讲就是计算机输入，对机电设备的控制对中央处理器 CPU 来讲就是计算机输出。只有保证实时准确的监测，才可能实现可靠全面的控制。

### 一、计算机监控模块

　　水电厂计算机监控的基本单元是机组现地控制单元（机组 LCU）和公用现地控制单元（公用 LCU），LCU 的核心是可编程控制器（PLC），PLC 的核心是中央处理器（CPU）。因此，平时讲的机组 LCU 主要是指机组 LCU 屏柜内的机组 PLC，公用 LCU 主要是指公用 LCU 屏柜内的公用 PLC。

　　微机调速器、微机励磁调节器、微机直流系统和微机继电保护采用的是集输入、输出和 CPU 一体功能的一体化 PLC 模块。水电厂计算机监控要求组态灵活，扩充方便，因此采用输入、输出和 CPU 单一功能的分体式 PLC 模块，单一功能的分体式 PLC 模块包括：开关量输入模块、模拟量输入模块、开关量输出模块、模拟量输出模块、中央处理器模块（CPU）、电源模块 6 种。根据实际监控系统的需求组成积木式组合形式，在输入量和输出量较多的场合，同类的输入、输出模块可能不止一块，但是中央处理器 CPU 模块只能是一块，电源模块只能是一块。所有模块都插装在一根铝合金导轨中，模块与模块之间用针孔式插头排、插座排连接，构成相互传递信息的总线。每插上一块模块，对 CPU 来讲相当于电脑上插入一个可移动硬盘（U 盘）。应该说明的是，尽管在这里讨论水电厂计算机监控的输入和输出接口问题和结论。但是这些问题和结论同样适用微机调速器、微机励磁调节器、微机直流系统和微机继电保护器。

　　计算机监控按信息传递的方向分输入信号和输出信号。输入信号按信息存在的方式分开关量输入信号和模拟量输入信号。开关量输入信号反映被控对象的状态，例如，断路器在断开位或合闸位，温度高于定值或低于定值等。模拟量输入信号反映被控对象的参数，例如，温度、压力、电流、电压的数值等。输出信号按执行控制的方式分开关量输出信号和模拟量输出信号，开关量输出信号执行的是对被控对象的操作控制，例如执行断路器合闸或跳闸，执行水泵电动机启动或停止等。模拟量输出信号执行的是对被控对象的调节控制，例如执行对发电机频率和电压的调节。

开关量输入模块（简称"开入"）内有输入缓冲器和若干套光电耦合器，模拟量输入模块（简称"模入"）内有输入缓冲器和若干套 A/D（模/数）转换器，开关量输出模块（简称"开出"）：内有输出锁存器和若干套三极管输出电路，模拟量输出模块（简称"模出"）内有输出锁存器和若干套 D/A（数/模）转换器。PLC 输入输出模块内部的"套"，对外部的接口就是"点"，例如，16 点的开关量输出模块内部有 16 套输出三极管。一般分体式 PLC 模块为 32 点或 64 点。在缓冲器或锁存器中每一个点都有自己的地址码，CPU 通过地址总线和数据总线与这些模块进行信息交换。

## 二、计算机监测功能

计算机的监测就是计算机的输入，将机组的运行状态和被控设备运行状态实时准确地反映出来，为控制功能提供实时准确的控制条件。计算机监测的项目分开关量输入和模拟量输入，模拟量输入又分非电模拟量输入和电模拟量输入。

### 1. 开关量输入

水电厂的开关量监测有断路器、隔离开关的位置接点，断路器在现地控制或远方控制组合开关的位置接点，空压机在自动或手动的切换开关位置接点，集水井排水泵在自动或手动的切换开关位置接点，中间继电器、电压继电器的常开或常闭接点，自动化元件的接点，电磁阀、闸阀和液压阀的位置接点，风闸、导叶和主阀的位置接点，温度信号器、压力信号器、浮子信号器、示流信号器、剪断销信号器、瓦斯信号器等的常开或常闭接点；运行人员手动发出操作的指令接点。所有接点的动作对 CPU 来讲都是开关量输入。

PLC 开关量输入模块原理示意图如图 5-1 所示。所有开关量输入全部需要通过光电耦合器将现场开关量接 S 闭合或断开的动作转换成 CPU 能读懂的"高电位"或"低电位"逻辑信号。例如，当现场开关量接点 S2 闭合时，12V 电压的电源使得模块内光电耦合器的发光二极管正向导通发光，光敏三极管受光照作用饱和导通，光敏三极管集电极饱和导通电压约 0.3V 低电位，经过非门电路转变成 5V 高电位，为了交流方便，大家约定用符号"1"表示高电位，称逻辑"1"；当现场开关量接点 S2 断开时，12V 电压的电源中断，模块内光电耦合器的发光二极管没电不发光，光敏三极管没有光照作用转为截止，光敏三极管集电极约为 5V 高电位，经过非门电路转变成低电位，为了交流方便，大家约定用符号"0"表示，称逻辑"0"。输入缓冲器通过总线 STD Bus 与 CPU 通信交换信息。CPU 按预先编制好的软件程序进行分析处理，输出对被控对象的异常报警或对被控对象的操作控制，并进行信息记录及报表制作。

光电耦合器有两个作用：一是对现场开关量接点的防抖动处理，提高开关量输入的可靠性。在现场的开关量接点 S 受现场设备运行的振动影响有可能发生抖动，由于光电耦合器发光二极管发光的熄灭具有一定的延缓性，能消除现场接点抖动对开关量输入的不利影响。二是现场的接点周围都是电压等级较高的强电设备，如果误操作造成现场接点触碰强电，强电进入模块危及模块安全。采用了光电耦合器，用光作为开关量信号传递的中间介质，隔离将强电对弱电可能的冲击。

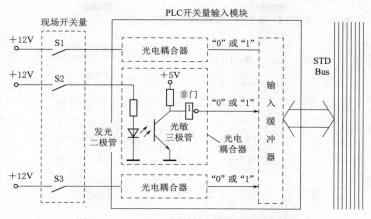

图 5-1　PLC 开关量输入模块原理示意图

传统控制中需要采集的开关量接点在二次回路中担任接通或断开回路的逻辑功能，需要采集常开接点时不得提供常闭接点，需要采集常闭接点时不得提供常开接点，否则二次回路的逻辑功能变了。而计算机监控要实现的二次回路逻辑功能是用软件程序来实现的，外界采集的开关量是常开接点还是常闭接点，对编制软件程序来讲是完全一样的，这就使得开关量采集大为方便。

**2. 模拟量输入**

按输入模拟量物理特性分为非电模拟量和电模拟量，水电厂的非电模拟量监测有温度类的机组轴承瓦温和油温、发电机定子铁芯和线圈温度、空气冷却器进出口空气温度和主变压器油温等；液位类的有机组轴承油位、压力油箱或储能器油位、回油箱油位、漏油箱油位和集水井水位等；压力类的有冷却水进口压力、主轴和蝶阀橡胶空气围带密封供气压力、主阀前后水压力、蜗壳进口水压力、尾水管真空压力、压力油箱或储能器压力、储气罐压力、制动气压力和消防水压力等。机械行程类的有导叶开度、接力器位移等。水电厂的电模拟量监测有电气设备各部的电流、电压、有功功率、无功功率、电能、功率因数、频率、励磁电压和励磁电流等。

PLC 模拟量输入模块原理示意图如图 5-2 所示。对非电模拟量由传感器、变送器转换成 4～20mA 标准电模拟量。对交流电模拟量由电压互感器或电流互感器、霍尔元件和变送器转换成 4～20mA 标准电模拟量。对直流电模拟量由霍尔元件和变送器转换成 4～20mA 标准电模拟量。也就是说，无论是非电模拟量还是电模拟量，最后输入模拟量输入模块的都是 4～20mA 的标准电模拟量。在模块内再经过 A/D（模/数）转换器转换成 CPU 能读懂的用"高电位"和"低电位"表示的二进制数字量。为了交流方便，大家约定"高电位"用符号"1"表示，称数字"1"；"低电位"用符号"0"表示，称数字"0"。输入缓冲器通过总线 STD Bus 与 CPU 通信交换信息。对采集到的被控对象的参数等信息，CPU 按预先编制好的软件程序进行分析处理，输出对被控对象的异常报警或对被控对象的操作控制，并进行信息记录及报表制作。

在传统控制的开关量或模拟量采集中，二次回路的输入接线绝对不能接错。而在计算机监控中输入模块上的点与外部被测对象的连线在没有编程之前可以任意接，一旦 CPU 进入程序编制，在输入缓冲器内每一个输入"点"都有唯一的地址码，不同的地址码表示不同的被测对象，这时点与外部被测对象的连接线就不能再变换了。

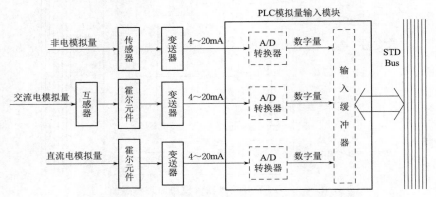

图 5-2　PLC 模拟量输入模块原理示意图

### 三、计算机控制功能

计算机控制就是计算机的输出。按控制功能分有基本控制和高级控制。按控制方式分有操作控制、调节控制和最优控制。操作控制属于基本控制，调节控制和最优控制属于高级控制。

1. 基本控制

基本控制任务是对被控设备执行操作控制，操作控制是最简单的控制，是一种按 CPU 指令的开关式的逻辑控制、顺序式的"傻瓜"控制，所有对被控设备执行的操作控制对 CPU 来讲就是开关量输出。

水电厂的操作控制有操作各种机电设备的投入或退出，例如机组的开机令或停机令，主阀的打开或关闭，断路器分闸或合闸，空压机的启动或停止，排水泵的启动或停止，油泵的启动或停止，电磁阀的投入或退出，电磁空气阀的打开或关闭。

PLC 开关量输出模块原理示意图如图 5-3 所示。所有开关量输出全部由输出锁存器输出低电位（逻辑"0"）或高电位（逻辑"1"）的逻辑信号，再通过光电耦合器和输出继电器（中间继电器）转换成被控回路接点的闭合或断开。由图 5-3 中可知，输出继电器线圈所在的控制回路在开关量输出模块的输出回路中，而输出继电器接点所在被控回路在被控设备的操作回路中。例如，当输出锁存器点 2 输出高电位时，高电位使得模块内光电耦合器的发光二极管导通发光，光敏三极管受光照作用导通，输出继电器 KA2 线圈得电，在被控设备操作回路的常开接点 KA2 闭合，被控设备启动；当输出锁存器点 2 输出低电位时，低电位使得模块内光电耦合器的发光二极管不发光，光敏三极管没有光照作用转为截止，输出继电器 KA2 线圈失电，在被控设备操作回路的常开接点 KA2 断开，被控设备停止。输出锁存器通过总线 STD Bus 与 CPU 通信交换信息。CPU 对采集到的被控对象的状态和参数等信息进行分析，输出对被控对象的异常报警或对被控对象的操作控制，并进行信息记录及报表制作。操作控制比调节控制简单得多，操作控制只要求判断正确，操作无误即可。

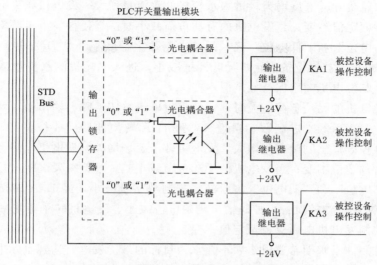

图 5-3　PLC 开关量输出模块原理示意图

**2. 高级控制**

高级控制根据控制任务不同又有调节控制和最优控制两种形式。调节控制要求在外界干扰作用下保持被调参数不变或在规定的范围内变化，对应的 CPU 输出称模拟量输出。调节控制有调节规律、动态特性、过渡过程等较高较难的技术指标要求，因此是一种难度最大的智能式控制。最优控制是在人为设定的一个所谓的"最优"定义后进行的控制。水电厂在不同的时期和不同的场合有不同的"最优"定义，不同的最优定义，实行的手段也各有不同，其难易程度介于操作控制和调节控制两者之间。

（1）调节控制。PLC 模拟量输出模块原理示意图如图 5-4 所示。水电厂只有调速器对发电机频率的调节控制和励磁调节器对发电机电压的调节控制两个。所有模拟量输出全部由 CPU 经输出锁存器输出用"高电位"（数字"1"）和"低电位"（数字"0"）表示的二进制数字量。再经过模块内的 D/A（数/模）转换器转换成 $U_y = 0 \sim 10V$ 的标准电模拟量调节信号，调节控制被控对象。

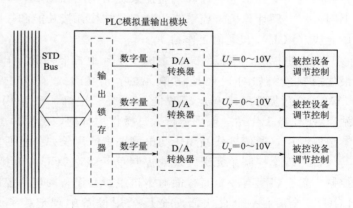

图 5-4　PLC 模拟量输出模块原理示意图

输出锁存器通过总线 STD Bus 与 CPU 通信交换信息。CPU 对采集到的被控对象的参数等信息进行分析、比较、判断，输出对被控对象的参数调整或对被控对象的调节控制，并进行信息记录及报表制作。

例如，当发电机的有功负荷增大时，会使得发电机频率下降，输出锁存器输出的"高电位"和"低电位"表示的二进制数字量增大，经 D/A 转换器转换成模拟量调节信号 $U_y$ 增大，被控设备水轮机导叶开度增大，进入水轮机的水流量增大，发电机频率上升，调节控制发电机频率保持额定值不变；当发电机的有功负荷减小时，会使得发电机频率上升，输出锁存器输出的"高电位"和"低电位"表示的二进制数字量减小，经 D/A 转换器转换成模拟量调节信号 $U_y$ 减小，被控设备水轮机导叶开度减小，进入水轮机的水流量减小，发电机频率下降，调节控制发电机频率保持额定值不变。

例如，当发电机的无功负荷增大时，会使得发电机电压下降，输出锁存器输出的"高电位"和"低电位"表示的二进制数字量增大，经 D/A 转换器转换成模拟量调节信号 $U_y$ 增大，被控设备可控硅输出励磁电流增大，发电机转子磁场增大，发电机电压上升，调节控制发电机电压保持额定值不变；当发电机的无功负荷减小时，会使得发电机电压上升，输出锁存器输出的"高电位"和"低电位"表示的二进制数字量减小，经 D/A 转换器转换成模拟量调节信号 $U_y$ 减小，被控设备可控硅输出励磁电流减小，发电机转子磁场减小，发电机电压下降，调节控制发电机电压保持额定值不变。

（2）最优控制。丰水期希望以水库不弃水为目标的最优发电，达到水库来水量利用率最高的最优目的。而枯水期希望以最少的水发最多电的最优发电，达到水库水能利用率最高的最优目的。另外，当电网分配给水电厂当天总的有功发电功率时，存在着厂内机组间的最优有功分配，自动发电控制（AGC）能自动实现全厂机组间的自动有功功率最优分配。当电网分配给水电厂当天总的无功发电功率时，存在着厂内机组间的最优无功分配，自动电压控制（AVC）能自动实现全厂机组间的自动无功功率最优分配。

## 四、水电厂计算机监控系统结构

### 1. 水电厂常见系统结构

两机一变的水电厂计算机监控系统结构图如图 5－5 所示。两台机组通过一台主变压器上网。水电厂计算机监控系统为分布式结构，按功能和任务不同可划分为主控级、现地控制单元级（LCU）和通信工作站。

（1）主控级。主控级又称主机，是现地控制单元（LCU）的上位机，完成操作控制和最优控制。例如对现地控制单元的操作控制、自动发电控制（AGC）、自动电压控制（AVC）、数据库管理和运行智能分析等。主机一般采用两台工控机，带三个终端（工作站）。操作员工作站一般由运行人员操作运行用，工程师工作站由有权限工程师可进行运行参数修改用，通信工作站用于与电网调度或厂长办公室通信。

（2）现地控制单元级。现地控制单元级（LCU）直接面对被控对象，完成监测和操作控制。每台机组有一个直接面对本机组所有设备的现地控制单元级，称机组控制单元（机组 LCU），全厂有一个直接面对全厂公用设备的现地控制单元级，称公用控制单元（公用 LCU）。

（3）通信工作站。通信工作站与地调通信，地区调度可以对电厂机组的有功功率、无功功率、功率因数和库水位等主要参数进行实时查询；通信工作站与厂长终端通信，厂长在厂长办公室可以看到中控室能看到的全部参数和图像。北斗全球定位系统 BDS 提供时钟脉冲。

### 2. 中控室屏柜布置

EX 水电厂计算机监控中央控制室平面布置图如图 5－6 所示，两台 8000kW 的立式混流式机组，一台主变压器，为两机一变的典型布置形式。中控室前八屏中左三屏如图 5－7 所示，中控室前八屏中右五屏如图 5-8 所示，图 5-6 前排继电保护屏、公用 LCU 屏、直流厂用电屏等八只屏柜与图 5-7、图 5-8 八只屏柜完全对应，三张图可以相互对照参看。

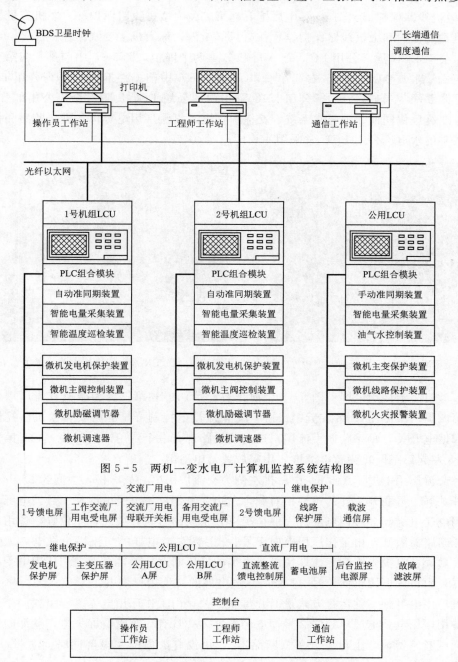

图 5-5 两机一变水电厂计算机监控系统结构图

| 交流厂用电 | | | | | 继电保护 | |
|---|---|---|---|---|---|---|
| 1号馈电屏 | 工作交流厂用电受电屏 | 交流厂用电母联开关柜 | 备用交流厂用电受电屏 | 2号馈电屏 | 线路保护屏 | 载波通信屏 |

| 继电保护 | | 公用LCU | | 直流厂用电 | | | |
|---|---|---|---|---|---|---|---|
| 发电机保护屏 | 主变压器保护屏 | 公用LCU A屏 | 公用LCU B屏 | 直流整流馈电控制屏 | 蓄电池屏 | 后台监控电源屏 | 故障滤波屏 |

| 控制台 | | |
|---|---|---|
| 操作员工作站 | 工程师工作站 | 通信工作站 |

图 5-6 EX 水电厂计算机监控中央控制室平面布置图

（1）微机继电保护屏。

1）微机发电机保护屏：图 5-6 中前排左起第一屏为微机发电机保护屏（参见图 5-7 左起第一屏），1 号发电机、2 号微机发电机保护装在一个发电机保护屏内。

2）微机主变保护屏：图5-6中前排左起第二屏为微机主变压器保护屏（参见图5-7左起第二屏）。

3）微机线路保护屏：图5-6中后排右起第二屏为微机线路保护屏。装机容量较小的水电厂微机主变保护和微机线路保护设置在一只屏柜内，称微机主变线路保护屏。

（2）公用LCU屏。公用LCU有A屏和B屏两个屏柜，图5-6中前排左起第三屏为公用LCU的A屏（参见图5-7右起第一屏）；图5-6中前排左起第四屏为公用LCU的B屏（参见图5-8左起第一屏）。公用LCU屏柜内的公用PLC负责对全厂公用部分的主变、线路、主变高压侧同期、油气水系统、交流厂用电、直流厂用电等设备进行监测和控制。装机容量较小的水电厂公用LCU常采用一只屏。

图5-7 EX水电厂中控室前八屏中左三屏　　　图5-8 EX水电厂中控室前八屏中右五屏

（3）微机直流厂用电屏。图5-6中前排右起第四屏和第三屏为微机直流厂用电屏，其中右起第四屏（参见图5-8左起第二屏）为整流馈电控制屏，屏内安装微机监控模块、整流模块和馈电开关，每一路向直流用户送出的线路都有一个专用馈电开关。右起第三屏（参见图5-8左起第三屏）为蓄电池屏，用来放置蓄电池组。

（4）交流厂用电屏。图5-6中后排左侧为交流厂用电五只屏柜，中间为230V/400V母线母联开关屏。母联开关屏两边屏柜对称，左边为工作厂用电受电屏和1号馈电屏，右边为备用厂用电受电屏和2号馈电屏。一般情况下，中间的母联开关在合闸位置，备用厂用电受电屏低压断路器断开，由工作厂用电向1号、2号两只馈电屏的交流用户供电。工作厂用电事故消失后，备自投先断开工作厂用电受电屏的低压断路器，再合上备用厂用电受电屏的低压断路器，由备用厂用电向1号、2号两只馈电屏的交流用户供电。

交流厂用电另外一种运行方式是断开母联开关，由工作厂用电受电屏单独向1号馈电屏供电。备用厂用电受电屏单独向2号馈电屏供电。一旦有一个受电屏失电，立即断开失电受电屏的低压断路器，合上母联开关（断路器），由没有失电的受电屏同时向1号馈电屏、2号馈电屏供电。

工作厂用电受电屏接受来自工作厂用变压器低压侧送来的230V/400V的三相四线制交流电；备用厂用电受电屏接受来自备用厂用变压器低压侧送来的230V/400V的三相四线制交流电。任何时候工作厂用电受电屏内的低压断路器41QF和备用厂用电受电屏内的低压断路器42QF不能同时合闸。馈电屏上每一路用电用户的送出线都有一个单独抽屉式开关，当某一路开关出故障时，将抽屉拉出屏柜检修，不影响对其他用户供电。

（5）主机。主机有操作员工作站、工程师工作站和通信工作站3个终端。图5-6中控制台上为3个工作站的显示屏（参见图5-8控制台上的3个显示屏）。

3. 机旁盘布置

除了发电机微机保护屏以外，所有为机组提供技术服务的监测、控制屏柜全部安装在机组旁，称机旁盘，机组的机旁盘有测温制动屏、微机励磁屏、机组LCU屏。

（1）机组测温制动屏。AX水电厂立式机组机旁盘如图5-9所示。图5-9左起第一屏为机组测温制动屏，屏柜上半部分布置智能温度巡检仪和机组停机刹车制动的压力表，其中智能温度巡检仪对机组各轴承瓦温和发电机空气冷却器的风温进行监控。制动的3只压力表显示制动压缩空气的压力。

（2）微机励磁屏。图5-9左起第二屏为微机励磁屏，向发电机转子提供励磁电流，并网之前调整机端电压，并网以后调整无功功率。发电机励磁功率较大时，微机励磁屏采用微机励磁调节屏和可控硅功率屏两只屏柜。

（3）机组LCU屏。图5-9左起第三屏为机组LCU屏，机组LCU屏柜内的机组PLC负责对本机组的发电机、水轮机、调速器、励磁和主阀等所有属于本机组设备进行监控。

图5-9　AX水电厂立式机组机旁盘

（4）动力屏。图5-9右起第一屏为动力屏，向全厂所有油泵、空压机、水泵等所有三相异步电动机提供三相交流电源，动力屏的电源来自交流厂用电的馈电屏，由于每一台三相异步电动机在交流厂用电馈电屏上都有一只抽屉式开关，因此这里的动力屏其实是多余的，很多水电厂没有动力屏。

## 五、水电厂计算机监控系统的通信

凡是有中央处理器（CPU）的智能设备相互之间联系方法有两种：通信联系和开关量联系。智能设备之间需要进行信息传输交换时必须采用双向传输的通信联系方法，智能设备之间不需要进行信息传输交换时可采用单向传输的开关量联系方法。通信可以传输交换信息，开关量只能传递信号。

数据或信息通信的实质是将"1"（高电位）和"0"（低电位）的编码从源点通过通信介质向目标点传输。水电厂计算机监控采用的是串行通信方式，串行通信方式是将编码以一位一位的方式进行传输，传输速率用每秒钟传送编码的个数波特率表示。平时在向别人报出自己手机11位号码时，是一个号码从嘴中说出，接收者耳朵也是一个号码地接受，这就是串行方式传输信息。串行通信的缺点是传输速率较慢，传输一个11位的手机号，需要分十一步完成。优点是源点与目标点之间的传输线比较少，一条信息链只需一个传输设备。具体在水电厂的监控中，相对被控对象的正弦交流电每个变化周期0.02s的时间，串行通信方式的传输速率已经足够快了，故水电厂计算机监控采用的是串行通信方式。并行通信的缺点是源点与目标点之间的传输线比较多，传输一个 11 位的编码，需十一个传输设备，但是一步就能完成。因此优点是传输速率较快。工业控制对信息传输速率要求不高，工业控制中很少采用并行传输。

RS232C 是智能设备常用的串行通信接口，需要用三绞线进行传输通信：一根发送线、一根接受线和一根信号地线。用 RS232C 通信接口传输易受地线电位差和外部电气信号引入的干扰，因此数据传输速率局限于 20kbps（$20 \times 10^3$ bit/s）以下，传输距离局限于 15m 内。

RS485 是 RS232C 的改进型，去掉了地线，只需双绞线进行传输通信，较 RS232C 有明显的抗干扰能力和长距离传输距离时的高速率，例如，RS485 串行通信接口在 1200m 距离内传输速率为 100kbit/s（$100 \times 10^3$ bit/s），在 12m 距离内传输速率为 100Mbit/s（$100 \times 10^6$ bit/s）。用通信接口转换器可以把 RS232C 通信接口转换成 RS485 通信接口。

CX 水电厂计算机监控通信系统图如图 5-10 所示，通信设备由调制解调器 DB、通信服务器 CS、以太网交换机 TX 组成，用以太网连接中控室主机、机组 PLC 和公用 PLC。以太网的带宽为 10/100Mbit/s，通信传输介质可以是双绞线、同轴电缆或光纤，现在同轴电缆已经很少使用。因为光纤传输信号时的损耗较小，所以在较长距离传输时采用光纤，较近距离传输时采用双绞线。通信电缆外部的屏蔽必须良好接地，且只能一端接地。如果两端接地，由于两地的地电位不可能完全一致，反而会产生干扰。

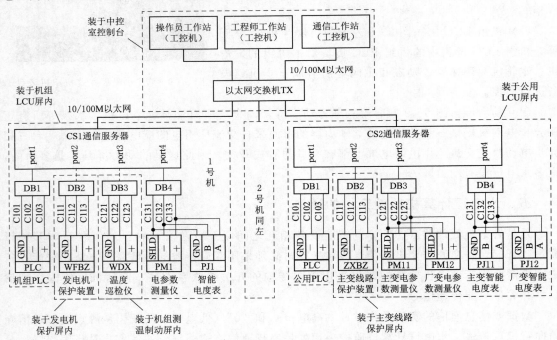

图 5-10　CX 水电厂计算机监控通信系统图

### 1. 调制解调器 DB

两台计算机或智能设备之间的信息和数据传送其实是二进制的编码传送，二进制编码的电信号形式是矩形脉冲的高电位（表示"1"）和低电位（表示"0"）。数字量调制成正弦波模拟量如图 5-11 所示。图 5-11（a）这种断续变化的信号在发送端向接收端传送时，在传输路途上会由于线路对地的分布电容和磁场干扰等原因导致信号变形或失真，严重时会造成接收端得到的信息和数据丢失或错误。

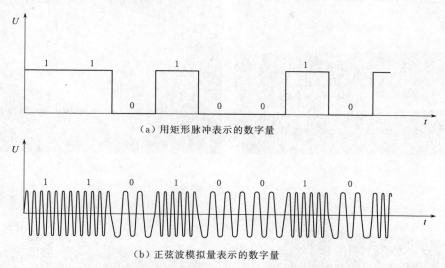

（a）用矩形脉冲表示的数字量

（b）正弦波模拟量表示的数字量

图 5-11　数字量调制成正弦波模拟量

　　将断续变化的矩形脉冲形式的编码转换成连续变化的正弦波形式的模拟量信号进行传送，用高频率正弦波表示矩形脉冲的高电位（表示"1"），用低频率正弦波表示矩形脉冲的低电位（表示"0"），如图 5-11（b）所示，这个过程称为对编码进行调制。接收端在接收到连续变化的正弦波形式的模拟量信号后，再转换成断续变化的矩形脉冲形式的编码，这个过程称为对模拟量信号进行解调。调制解调传输信息示意图如图 5-12 所示，每个调制解调器既能调制发送编码，也能解调接受编码。

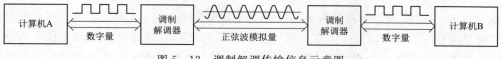

图 5-12　调制解调传输信息示意图

　　调制解调器如图 5-13 所示，调制解调器是一种计算机硬件，它能把通信发送端的编码翻译成可沿普通双绞线传送的模拟信号，而这些模拟信号又可被线路接收端的调制解调器接收，并译成计算机可懂的编码，这一简单过程完成了两台计算机间的通信。由此可见，调制解调器由调制电路和解调电路两部分组成，调制部分用来作为发送端时向外发送，解调部分用来作为接收端时接收外来。

　　2. 通信服务器 CS

　　通信服务器是一个专用系统，为网络上需要通过远程通信链路传送文件或访问远地系统或网络上信息的用户提供通信服务。通信服务器可以同时为多个用户提供 RS485 的通信信道。通信服务器如图 5-14 所示。

　　3. 以太网交换机 TX

　　以太网交换机是一种用于通信信号转发的网络设备。它可以为接入交换机的任意两个网络节点提供独享的通信信号通道。以太网交换机如图 5-15 所示。

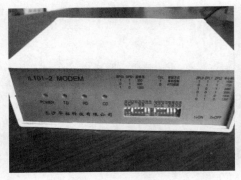

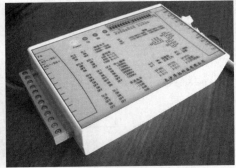

（a）机箱式　　　　　　　　　　　　　（b）嵌入式

图 5－13　调制解调器

图 5－14　通信服务器　　　　　　　　　　图 5－15　以太网交换器

**4. 机组 LCU 通信系统**

机组 LCU 的机组 PLC 通过光纤、以太网与中控室主机通信联系，是中控室主机的下位机。每台机组的发电机微机保护、微机温度巡检仪、智能电参数测量仪、智能电度表与机组 PLC 通过 RS485 通信接口经调制解调器 DB 与机组通信服务器 CS 连接，进行信息交换，也可以经机组通信服务器 CS 与中控室主机进行通信信息交换。智能电参数测量仪、智能电度表共用一个调制解调器。发电机微机保护、微机温度巡检仪、智能电参数测量仪、智能电度表是与机组 PLC 通信联系的下位机。

每台机组的微机调速器、微机励磁调节器、微机自动准同期装置和微机主阀控制装置都有 RS485 通信接口，但是微机调速器、微机励磁调节器、微机自动准同期装置和微机主阀控制装置都有自己独立运行的 PLC 系统和 CPU，与机组 PLC 不需要信息交换，故 RS485 通信接口空着不用，只与机组 PLC 进行开关量信号联系。因此，微机调速器、微机励磁调节器、微机自动准同期装置和微机主阀控制装置是与机组 PLC 开关量联系的下位机。

**5. 公用 LCU 通信系统**

公用 LCU 的 PLC 通过光纤、以太网与中控室主机通信联系，是中控室主机的下位机。公用部分的主变线路微机保护、主变智能电参数测量仪、厂变智能电参数测量仪、主变智能电度表、厂变智能电度表和公用 PLC 通过 RS485 通信接口经调制解调器 DB 与公用通信服务器 CS 连接，进行信息交换，也可以经公用通信服务器 CS 与中控室主机进行通信信息交换。主变智能电参数测量仪和厂变智能电参数测量仪共用一个调制解调器，主变智能电度表和厂变智能电度表共用一个调制解调器。主变线路微机保护、主变智能电参数测量仪、厂变智能电参数测量仪、主变智能电度表、厂变智能电度表是公用 PLC 通信联系的下位机。

公用部分的微机直流系统有 RS485 通信接口，但是微机直流系统有自己独立运行的 PLC 系统和 CPU，不需要与公用 PLC 进行信息交换，故 RS485 通信接口空着不用，只有微机直流系统监控模块出现故障时，向公用 PLC 开关量输入回路送出一个开关量信号告知。因此，微机直流系统是公用 PLC 开关量联系的下位机。公用部分的交流厂用电系统是没有 PLC 的非智能系统，仅仅向公用 PLC 开关量输入回路送出十几个馈电开关位置的开关量信号，交流厂用电不是公用 PLC 的下位机。

6. 通信协议

通信从发信开始到结束需经历几个阶段，在这几个阶段中，通信的双方必须规定共同遵守的规则，大家都受这一规则的制约，这一些规则统称为通信协议。凡需要进行通信联系的智能设备，相互之间必须事先约定通信协议，水电厂计算机监控各智能设备之间的通信遵循 MODBUS 通信协议。

# 第二节　球　阀　PLC　控　制

水轮机进口断面前的阀门称主阀，大部分水电厂的主阀采用蝴蝶阀和球阀，蝴蝶阀和球阀阀体内都有处于水流中的活门，如果活门顺时针转 90° 使得水流中断，称主阀关闭，则活门逆时针转 90° 使得水流流通，称主阀开启。主阀操作动力有液压和电动两种，主阀开启或关闭操作时水轮机导叶必须在全关位置，不允许在水流流动状态下开启或关闭主阀。每次开启主阀之前，必须先打开旁通阀向主阀下游侧的蜗壳充水，当主阀前后两侧压力一样后（平压）才能打开主阀。每次关主阀前，必须先关导叶切断水流再关主阀。

主阀采用油压操作时，主阀接力器的压力油由主阀油压装置提供，作用和设备配置与调速器的油压装置相同。油压装置油泵的启动、停止控制也与调速器油泵启动、停止控制相同。开关式操作控制的主阀接力器工作原理比连续式调节控制的调速器接力器工作原理简单得多，因此这里不介绍油压操作的主阀，只介绍电动操作的主阀。下面介绍 CX 水电厂水轮机电动球阀微机控制装置，球阀微机控制装置的核心是球阀 PLC，球阀 PLC 作为机组 PLC 的下位机不需要进行信息交换，因此球阀 PLC 与机组 PLC 之间没有通信，只采用开关量信号联系。

球阀 PLC 负责对本机组球阀的充水平压、球阀开启、球阀关闭、旁通阀开启、旁通阀关闭的自动控制。受球阀 PLC 控制的设备有球阀电动机和旁通阀电动机。球阀 PLC 构成的控制系统采用模块化结构，主要由开关量输入模块、开关量输出模块、CPU 模块和电源模块组成。

## 一、球阀电动机电气回路

因为直流厂用电系统有蓄电池，电源在任何时候不会消失，所以电动球阀采用直流电动机来保证在全厂交流电消失条件下球阀还能可靠关闭。但是直流电动机运行时需要向电动机转子提供转子励磁电流，建立转子磁场。球阀电动机操作回路如图 5-16 所示。球阀电动机采用 2.2kW 的直流电动机。运行前手动合上空气开关 ZK6，主回路 220V 直流电源合闸母线 HM＋和 HM－投入。手动合上空气开关 ZK2，二次回路 220V 直流控制电源合闸母线 HM＋和 HM－投入。如果球阀控制电源消失，控制电源监视继电器 JJ1 线圈失电，JJ1 在机组 LCU 的 PLC 开关量输入回路 P411 的常闭接点 4 与 12 闭合，告知机组 PLC，球阀控制电源消失。与此同时，JJ1 送往球阀控制屏柜的常开接点 5 与 9 断开，柜面指示灯 HL8 灭，指示球阀控制电源消失。

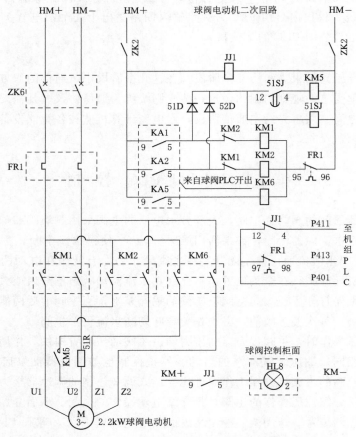

图 5－16　CX 水电厂球阀电动机操作回路

球阀 PLC 进入球阀开启程序时，球阀 PLC 开关量输出回路在球阀电动机操作回路的常开接点 KA1 和 KA5 同时闭合，KA5 接点闭合使得直流接触器 KM6 线圈得电，直流接触器主触点 KM6 闭合，转子励磁绕组端子 Z1、Z2 接直流电源接 HM＋、HM－，建立球阀电动机转子磁场。KA1 接点闭合使得时间继电器 51SJ 线圈得电，开始计时，与此同时，使得直流接触器 KM1 线圈得电，直流接触器主触点 KM1 闭合，球阀电动机定子绕组端子 U1 接 HM＋，端子 U2 经限流电阻 51R 接 HM－，球阀电动机定子限流启动，电动机正转打开球阀。经数秒钟后延时后，时间继电器常开接点 4 与 12 闭合，直流接触器 KM5 线圈得电，与限流电阻并联的主触点 KM5 闭合，将限流电阻 51R 短路退出主回路，球阀电动机定子恢复正常电流供电。

球阀 PLC 进入球阀关闭程序时，球阀 PLC 开关量输出回路在球阀电动机操作回路的常开接点 KA2 和 KA5 同时闭合，KA5 接点闭合使得直流接触器 KM6 线圈得电，直流接触器主触点 KM6 闭合，转子励磁绕组端子 Z1、Z2 接直流电源接 HM＋、HM－，建立球阀电动机转子磁场。KA2 接点闭合使得时间继电器 51SJ 线圈得电，开始计时，与此同时，使得直流接触器 KM2 线圈得电，直流接触器主触点 KM2 闭合，球阀电动机定子绕组端子 U1 接HM－，端子 U2 经限流电阻 51R 接 HM＋，球阀电动机定子限流启动，电动机反转关闭球阀。经数秒钟后延时后，时间继电器常开接点 4 与 12 闭合，直流接触器 KM5 线圈得电，与限流电阻并联的主触点 KM5 闭合，将限流电阻 51R 短路退出主回路，球阀电动机定子恢复正常电流供电。

2. 2kW 的球阀电动机相对直流系统合闸母线 HM＋、HM－来讲属于功率较大了，每次在球阀开启和关闭时，球阀电动机都得启动一次，在球阀电动机开始启动的几秒钟内采用串联电阻 51R 对定子限流，可以减小球阀电动机的启动电流对合闸母线 HM＋、HM－的冲击。当球阀电动机正常工作电流过大时，热继电器 FR1 动作，FR1 常闭接点 95 与 96 断开，所有直流接触器线圈失电，主回路主触点断开，电动机停转。FR1 送往机组 LCU 的 PLC 开关量输入回路 P413 的常闭接点 97 与 98 断开，告知机组 PLC，球阀电动机过电流。球阀在开阀过程中，KM1 在关阀直流接触器 KM2 的线圈回路常闭接点断开，确保开阀过程中不得关阀。球阀在关阀过程中，KM2 在开阀直流接触器 KM1 的线圈回路常闭接点断开，确保关阀过程中不得开阀。直流接触器 KM1 与 KM2 这种相互闭锁称电气互锁。

## 二、旁通阀电动机电气回路

CX 水电厂旁通阀电动机操作回路如图 5－17 所示，旁通阀电动机采用 0.36kW 的三相交流电动机，运行前手动合上空气开关 ZK1，主回路 380V 三相交流电源投入。手动合上空气开关 ZK3，二次回路 220V 单相交流控制电源投入。如果旁通阀控制电源消失，控制电源监视继电器 JJ2 线圈失电，JJ2 在机组 LCU 的 PLC 开关量输入回路 P412 的常闭接点 4 与 12 闭合，告知机组 PLC，旁通阀控制电源消失。与此同时，JJ2 送往球阀控制屏柜的常开接点 5 与 9 断开，柜面指示灯 HL9 灭，指示旁通阀控制电源消失。

球阀 PLC 进入旁通阀开启程序时，球阀 PLC 开关量输出回路输出继电器 KA3 线圈得电时，KA3 在旁通阀开阀回路的接点闭合，交流接触器 KM3 线圈得电时，主回路交流接触器主触点 KM3 闭合，旁通阀三相交流电动机三个端子 U2、V2、W2 分别接 A、B、C 三相交流电源，电动机正转打开旁通阀。球阀 PLC 进入旁通阀关闭程序时，球阀 PLC 开关量输出回路输出继电器 KA4 线圈得电时，KA4 在旁通阀关阀回路的接点闭合，交流接触器 KM4 线圈得电，主回路交流接触器主触点 KM4 闭合，旁通阀三相交流电动机三个端子 U2、V2、W2 分别接 C、B、A 三相交流电源，电动机反转关闭旁通阀。

当旁通阀电动机工作电流过大时，热继电器 FR2 动作，FR2 在控制回路的常闭接点 95 与 96 断开，交流接触器 KM3 或 KM4 线圈失电，主回路主触点断开，电动机停转，防止电动机电流过大烧毁。同时 FR2 在机组 PLC 开关量输入回路 P414 的常闭接点 97 与 98 断开，告知机组 PLC，旁通阀电动机过电流。旁通阀在开阀过程中，KM3 在关阀交流接触器 KM4 的线圈回路常闭接点断开，确保开阀过程中不得关阀。旁通阀在关阀过程中，KM4 在开阀交流接触器 KM3 的线圈回路常闭接点断开，确保关阀过程中不得开阀。交流接触器 KM3 与 KM4 实行电气互锁。

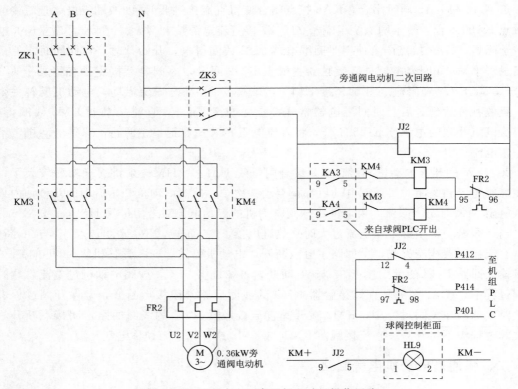

图 5-17 CX 水电厂旁通阀电动机操作回路

### 三、开关量输入模块输入回路

CX 水电厂的球阀 PLC 开关量输入模块输入回路图如图 5-18 所示。用了 DMI 一块开关量输入模块，总计输入了 20 个开关量。空气开关 ZK4 向 DMI 开关量输入模块提供 24V 的直流电源。

1. 来自现地手动开关量

在球阀控制柜柜面上将手动/自动切换开关 TK 切换在"现地"位置时，在球阀 PLC 开关量输入回路 P121 的常开接点 TK 闭合，告知球阀 PLC，球阀处于现地手动操作状态。

在球阀控制柜柜面上手动按下球阀开启按钮 QANo 时，在球阀 PLC 开关量输入回路 P106 的常开接点 QANo 闭合，球阀 PLC 启动球阀电动机正转开启球阀。

在球阀控制柜柜面上手动按下球阀关闭按钮 QANc 时，在球阀 PLC 开关量输入回路 P107 的常开接点 QANc 闭合，球阀 PLC 启动球阀电动机反转关闭球阀。

手动操作的运行人员看着球阀开启到全开位置或关闭到全关位置时，在球阀控制柜柜面上手动按下球阀停止按钮 QANs，在球阀 PLC 开关量输入回路 P108 的常开接点 QANs 闭合，球阀 PLC 指令球阀电动机停机。

在球阀控制柜柜面上手动按下旁通阀开启按钮 PANo 时，在球阀 PLC 开关量输入回路 P109 的常开接点 PANo 闭合，球阀 PLC 启动旁通阀电动机正转开启旁通阀。

在球阀控制柜柜面上手动按下旁通阀关闭按钮 PANc 时，在球阀 PLC 开关量输入回路

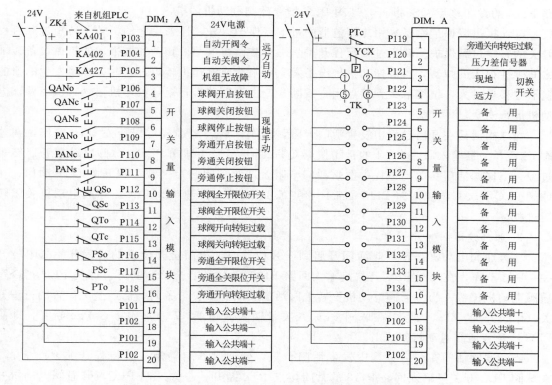

图 5-18　CX 水电厂球阀 PLC 开关量输入模块输入回路

P110 的常开接点 PANc 闭合，球阀 PLC 启动旁通阀电动机反转关闭旁通阀。

手动操作的运行人员确认旁通阀开启到全开位置或关闭到全关位置时，在球阀控制柜柜面上手动按下旁通阀停止按钮 PANs，在球阀 PLC 开关量输入回路 P111 的常开接点 PANs 闭合，球阀 PLC 指令旁通阀电动机停机。

2. 来自机组 PLC 的开关量

在球阀控制柜柜面上将手动/自动切换开关 TK 切换在"远方"位置时，在球阀 PLC 开关量输入回路 P122 的常开接点 TK 闭合，告知球阀 PLC，球阀处于机组 PLC 远控状态。

机组无故障时，机组 LCU 的 PLC 开关量输出继电器 KA427 在球阀 PLC 开关量输入回路 P105 的常开接点闭合，告知球阀 PLC，机组无故障，机组满足球阀开启条件。

机组 LCU 的 PLC 发出球阀自动开阀令时，机组 LCU 的 PLC 开关量输出继电器 KA401 在球阀 PLC 开关量输入回路 P103 的常开接点闭合，球阀 PLC 执行自动开阀流程。机组 LCU 的 PLC 发出球阀自动关阀令时，机组 LCU 的 PLC 开关量输出继电器 KA402 在球阀 PLC 开关量输入回路 P104 的常开接点闭合，球阀 PLC 执行自动关阀流程。

3. 来自球阀的开关量

当球阀电动机正转开阀活门到全开位置时，跟着活门正转的指针触碰全开位置的行程开关（限位开关）QSo[参见图 4-21（b）]，在球阀 PLC 开关量输入回路 P112 的常闭接点 QSo 断开，球阀 PLC 指令球阀电动机停机。当球阀电动机反转关阀活门到全关位置时，跟着活门反转的指针触碰全关位置的行程开关（限位开关）QSc，在球阀 PLC 开关量输入回路 P113 的常闭接点 QSc 断开，球阀 PLC 指令球阀电动机停机。

电动机过载保护除了采用热继电器的过电流保护以外，还采用电动机转子转矩过载行程开关的转矩过载保护。转矩过载行程开关是一个装设在电动机转轴和被拖动的机械设备转轴之间刚性很大的弹簧，当被拖动机械设备发生卡阻造成电动机转矩过大时，弹簧发生的扭曲变形位移也过大，位移触碰到接点闭合或断开，发出电动机转矩过载停机信号，从而保证电动机运行安全。

当球阀活门在开启过程中发生活门卡阻，球阀开启转矩过载行程开关 QTo 动作，在球阀 PLC 开关量输入回路 P114 的常闭接点 QTo 断开，告知球阀 PLC，球阀电动机开启转矩过载。当球阀活门在关闭过程中发生活门卡阻，球阀关闭转矩过载行程开关 QTc 动作，在球阀 PLC 开关量输入回路 P115 的常闭接点 QTc 断开，告知球阀 PLC，球阀电动机关闭转矩过载。

### 4. 来自旁通阀的开关量

当旁通阀电动机正转开阀活门开启到全开位置时，活门全开位置的行程开关（限位开关）PSo 动作，在球阀 PLC 开关量输入回路 P116 的常闭接点 PSo 断开，球阀 PLC 指令旁通阀电动机停机。当旁通阀电动机反转关阀活门关闭到全关位置时，活门全关位置的行程开关（限位开关）PSc 动作，在球阀 PLC 开关量输入回路 P117 的常闭接点 PSc 断开，球阀 PLC 指令旁通阀电动机停机。

当旁通阀活门在开启过程中发生活门卡阻，旁通阀开启转矩过载行程开关 PTo 动作，在球阀 PLC 开关量输入回路 P118 的常闭接点 PTo 断开，告知球阀 PLC，旁通阀电动机开启转矩过载。当旁通阀活门在关闭过程中发生活门卡阻，旁通阀关闭转矩过载行程开关 PTc 动作，在球阀 PLC 开关量输入回路 P119 的常闭接点 PTc 断开，告知球阀 PLC，旁通阀电动机关闭转矩过载。

当打开旁通阀向蜗壳充水，使得球阀两侧水压力一样时，在球阀 PLC 开关量输入回路 P120 的压差信号器 YCX 常闭接点断开，告知球阀 PLC，球阀两侧水压力一样，球阀活门开启条件满足。

## 四、开关量输出模块输出回路

CX 水电厂球阀 PLC 开关量输出模块输出回路图如图 5-19 所示。用了 DOM 一块开关量输出模块，经 12 个输出继电器输出了 19 个开关量（一只继电器可以有数个输出接点），其中 7 个送往机组 LCU 的 PLC 开关量输入模块。空气开关 ZK5 合上后向开关量输出模块 DOM 提供 24V 的直流工作电源。

### 1. 球阀开启流程

（1）开启旁通阀。球阀 PLC 接到机组 PLC 开阀令后，球阀 PLC 走自动开阀流程，CPU 按预先编制好的软件程序进行分析处理，指定开关量输出回路 K105 输出高电位，输出继电器 KA3 线圈得电，在旁通阀电动机操作回路的常开接点 KA3 闭合（参见图 5-17），旁通阀电动机正转开启旁通阀向蜗壳充水。当旁通阀开启到全开位置时，行程开关（限位开关）PSo 动作，在球阀 PLC 开关量输入回路 P116 的常闭接点 PSo 断开（参见图 5-18），CPU 按预先编制好的软件程序进行分析处理，指定开关量输出回路 K105 输出低电位，输出继电器 KA3 线圈失电，在旁通阀电动机操作回路中的常开接点 KA3 断开，旁通阀电动机正转停机。但是旁通阀仍在向蜗壳充水。与此同时，CPU 指定开关量输出回路 K111 输出高电位，输出继电器 KA9 线圈得电，在机组 PLC 开关量输入回路 P408 的常开接点 KA9 闭合，告知机组 PLC，旁通阀在全开位置。在指示灯回路的常开接点 KA9 闭合，球阀控制柜柜面指示灯 HL4 亮，指示旁通阀在全开位置。

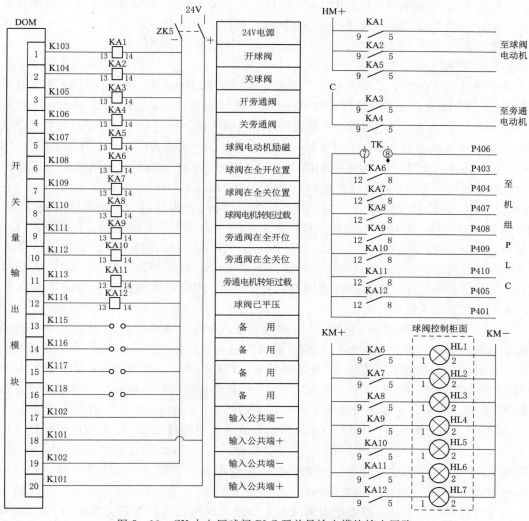

图 5-19　CX 水电厂球阀 PLC 开关量输出模块输出回路

（2）开启球阀。当旁通阀充水使得球阀两侧水压力相等时，在球阀 PLC 开关量输入回路 P120 的压差信号器 YCX 常闭接点断开（参见图 5-18），CPU 按预先编制好的软件程序进行分析处理，指定开关量输出回路 K103 和 K107 同时输出高电位，输出继电器 KA1 和 KA5 线圈同时得电，在球阀电动机操作回路中的两个常开接点 KA1 和 KA5 同时闭合（参见图 5-16），球阀电动机正转开启球阀。与此同时，CPU 指定开关量输出回路 K114 输出高电位，输出继电器 KA12 线圈得电，在机组 PLC 开关量输入回路 P405 的常开接点 KA12 闭合，告知机组 PLC，旁通阀充水结束，球阀活门两侧已平压。

当球阀开启到全开位置时，行程开关（限位开关）QSo 动作，在球阀 PLC 开关量输入回路 P112 的常闭接点 QSo 断开（参见图 5－18），CPU 按预先编制好的软件程序进行分析处理，指定开关量输出回路 K103 和 K107 同时输出低电位，输出继电器 KA1 和 KA5 线圈同时失电，在球阀电动机操作回路中的两个常开接点 KA1 和 KA5 同时断开，球阀电动机正转停机。与此同时，CPU 指定开关量输出回路 K108 输出高电位，输出继电器 KA6 线圈得电，在机组 PLC 开关量输入回路 P403 的常开接点 KA6 闭合，告知机组 PLC，球阀在全开位置。KA6 在指示灯回路常开接点 5 与 9 闭合，球阀控制柜柜面指示灯 HL1 亮，指示球阀在全开位置。

2. 球阀关闭流程

球阀 PLC 接到机组 PLC 关阀令后，球阀 PLC 走自动关阀流程，CPU 按预先编制好的软件程序进行分析处理，指定开关量输出回路 K104 和 K107 同时输出高电位，输出继电器 KA2 和 KA5 线圈同时得电，在球阀电动机操作回路中的两个常开接点 KA2 和 KA5 同时闭合（参见图 5－16），球阀电动机反转关闭球阀。当球阀开启到全关位置时，行程开关（限位开关）QSc 动作，在球阀 PLC 开关量输入回路 P113 的常闭接点 QSc 断开（参见图 5－18），CPU 按预先编制好的软件程序进行分析处理，做出以下动作：

（1）CPU 指定开关量输出回路 K104 和 K107 同时输出低电位，输出继电器 KA2 和 KA5 线圈同时失电，在球阀电动机操作回路中的两个常开接点 KA2 和 KA5 同时断开，球阀电动机停机。与此同时，CPU 指定开关量输出回路 K109 输出高电位，输出继电器 KA7 线圈得电，在机组 LCU 的 PLC 开关量输入回路 P404 的常开接点 KA7 闭合，告知机组 PLC，球阀在全关位置。在指示灯回路常开接点 KA7 闭合，球阀控制柜柜面指示灯 HL2 亮，指示球阀在全关位置。

（2）CPU 指定开关量输出回路 K106 输出高电位，输出继电器 KA4 线圈得电，在旁通阀电动机操作回路的常开接点 KA4 闭合，旁通阀电动机反转关闭旁通阀。当旁通阀关闭到全关位置时，全关位置的行程开关（限位开关）PSc 动作，在球阀 PLC 开关量输入回路 P117 的常闭接点 PSc 断开，CPU 按预先编制好的软件程序进行分析处理，指定开关量输出回路 K106 输出低电位，输出继电器 KA4 线圈失电，在旁通阀电动机操作回路中的常开接点 KA4 断开，旁通阀电动机停机。CPU 指定开关量输出回路 K112 输出高电位，输出继电器 KA10 线圈得电，在机组 LCU 的 PLC 开关量输入回路 P409 的常开接点 KA10 闭合，告知机组 PLC，旁通阀在全关位置。与此同时，在指示灯回路常开接点 KA10 闭合，球阀控制柜柜面指示灯 HL5 亮，指示旁通阀在全关位置。

当球阀在开启或关闭过程中球阀活门发生卡阻，球阀过载行程开关在球阀 PLC 开关量输入回路的常闭接点断开，CPU 按预先编制好的软件程序进行分析处理，指定开关量输出回路 K110 输出高电位，输出继电器 KA8 得电，在机组 PLC 开关量输入回路 P407 的常开接点 KA8 闭合，告知机组 PLC，球阀电动机转矩过载。与此同时，在指示灯回路常开接点 KA8 闭合，球阀控制柜柜面指示灯 HL3 亮，指示球阀电动机过载。

当旁通阀在开启或关闭过程中旁通阀活门发生卡阻，旁通阀过载行程开关在球阀 PLC 开关量输入回路的常闭接点断开，CPU 按预先编制好的软件程序进行分析处理，指定开关量输出回路 K113 输出高电位，输出继电器 KA11 得电，在机组 PLC 开关量输入回路 P410 的常开接点 KA11 闭合，告知机组 PLC，旁通阀电动机转矩过载。与此同时，在指示灯回路常开接点 KA11 闭合，球阀控制柜柜面指示灯 HL6 亮，指示旁通阀电动机过载。

### 五、电动球阀 PLC 模块联系图

球阀 PLC 控制柜柜面布置如图 5−20 所示。CX 水电厂电动球阀 PLC 模块联系图如图 5−21 所示，球阀 PLC 采用分体式模块化结构，CPU 模块与其他模块之间采用总线形式联系。这些总线中有地址总线、数据总线和电源总线等。中央处理器 CPU 模块对从数据总线送来的球阀、旁通阀所有的开关量输入信号由 CPU 按预先编制好的软件程序进行分析处理，最终输出开关量对球阀、旁通阀进行操作控制。触摸屏是 PLC 人机对话的窗口，运行人员可以在触摸屏上进行操作控制、参数修正和数据显示。电动球阀 PLC 开关量输入模块 DIM 输入了 20 个开关量信号，开关量输出模块 DOM 的 12 个输出继电器输出了 19 个开关量（KA6～KA12 每个输出继电器都输出两个开关量）。图中单向箭头表示信号传递，只能单向传递，双向箭头表示信息传递，能双向传递信息。因为球阀 PLC 与机组 PLC 不需要数据传输，所以

图 5−20　球阀 PLC 控制柜柜面布置

球阀 PLC 的 RS485 通信接口空着不用，球阀 PLC 与机组 PLC 为开关量联系。

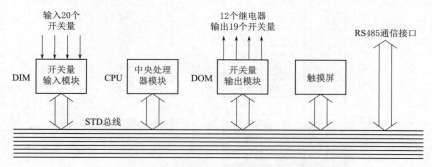

图 5−21　CX 水电厂电动球阀 PLC 模块联系图

## 第三节　机 组 PLC 控 制

机组 LCU 屏柜内的机组 PLC 负责对本机组所有的设备进行管理、控制、测量和显示。受机组 PLC 管理的设备有发电机、水轮机、调速器、励磁、主阀等。机组 LCU 屏柜（参见图 4−44）安装有发电机自动准同期装置、手动准同期的组合同期表、发电机综合电力测量仪、发电机发出的交流电能测量仪、机组 PLC 模块等。由可编程控制器 PLC 构成的控制系统采用模块化结构，主要由开关量输入模块、模拟量输入模块、开关量输出模块、CPU 模块和电源模块组成。下面以 CX 水电厂为例介绍机组 PLC 模块的输入、输出回路。该水电厂有四台卧式三支点混流式水轮发电机组，球阀和旁通阀都采用电动机操作，四台机组的

LCU 屏柜和 PLC 模块完全一样。

## 一、开关量输入模块输入回路

机组 PLC 开关量输入采用了 DIM1～DIM3 三块开关量输入模块，共采集了 71 个开关量。

### 1. 开关量输入模块 DIM1 的输入回路

机组 PLC 开关量输入模块 DIM1 的输入回路如图 5 - 22 所示，总计采集了 32 个开关量，其中，A 面输入了 16 个开关量，B 面输入了 16 个开关量。回路 P401、P402 经空气开关 ZK13 同时向 DIM1～DIM3 三块开关量输入模块提供 24V 的直流工作电源。

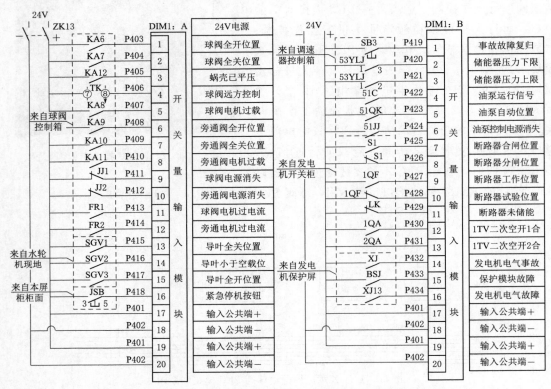

图 5 - 22  机组 PLC 开关量输入模块 DIM1 输入回路

（1）来自球阀控制柜的开关量。KA6 为球阀 PLC 的开关量输出继电器（参见图 5 - 19），当球阀到达全开位置时，在机组 PLC 开关量输入回路 P403 的常开接点 KA6 闭合，告知机组 PLC，球阀在全开位置。

KA7 为球阀 PLC 的开关量输出继电器（参见图 5 - 19），当球阀到达全关位置时，在机组 PLC 开关量输入回路 P404 的常开接点 KA7 闭合，告知机组 PLC，球阀在全关位置。

KA12 为球阀 PLC 的开关量输出继电器（参见图 5 - 19），当旁通阀向蜗壳充水使得球阀两侧平压时，在机组 PLC 开关量输入回路 P405 的常开接点 KA12 闭合，告知机组 PLC，球阀两侧已平压。

TK 为球阀控制屏柜面上的球阀"现地/远控"切换开关，当切换开关在"远控"位置时，在机组 PLC 开关量输入回路 P406 的接点 TK 闭合（参见图 5-19），告知机组 PLC，球阀 PLC 接受机组 PLC 远方控制。

KA8 为球阀 PLC 的开关量输出继电器（参见图 5-19），当球阀电动机转矩过载时，在机组 PLC 开关量输入回路 P407 的常开接点 KA8 闭合，告知机组 PLC，球阀电动机转矩过载。

KA9 为球阀 PLC 的开关量输出继电器（参见图 5-19），当旁通阀到达全开位置时，在机组 PLC 开关量输入回路 P408 的常开接点 KA9 闭合，告知机组 PLC，旁通阀在全开位置。

KA10 为球阀 PLC 的开关量输出继电器（参见图 5-19），当旁通阀到达全关位置时，在机组 PLC 开关量输入回路 P409 的常开接点 KA10 闭合，告知机组 PLC，旁通阀在全关位置。

KA11 为球阀 PLC 的开关量输出继电器（参见图 5-19），当旁通阀电动机转矩过载时，在机组 PLC 开关量输入回路 P410 的常开接点 KA11 闭合，告知机组 PLC，旁通阀电动机转矩过载。

JJ1 为球阀控制电源监视继电器（参见图 5-16），当球阀控制电源消失时，在机组 PLC 开关量输入回路 P411 的常闭接点 JJ1 断开，告知机组 PLCU，球阀控制电源消失。

JJ2 为旁通阀控制电源监视继电器（参见图 5-17），当旁通阀控制电源消失时，在机组 PLC 开关量输入回路 P412 的常闭接点 JJ2 断开，告知机组 PLC，旁通阀控制电源消失。

FR1 为球阀电动机过电流保护热继电器（参见图 5-16），当球阀电动机过电流时，在机组 PLC 开关量输入回路 P413 的常闭接点 FR1 断开，告知机组 PLC，球阀电动机过电流。

FR2 为旁通阀电动机过电流保护热继电器（参见图 5-17），当旁通阀电动机过电流时，在机组 PLC 开关量输入回路 P414 的常闭接点 FR2 断开，告知机组 PLC，旁通阀电动机过电流。

（2）来自水轮机现地的开关量。SGV 为调速器调速轴轴端的导叶开度行程开关［参见图 4-21（a）］，当水轮机导叶在全关位置时，在机组 PLC 开关量输入回路 P415 的常开接点 SGV1 闭合，告知机组 PLC，水轮机导叶在全关位置；当水轮机导叶在略小于空载位置时，在机组 PLC 开关量输入回路 P416 的常开接点 SGV2 闭合，告知机组 PLC，水轮机导叶在略小于空载位置；当水轮机导叶在全开位置时，在机组 PLC 开关量输入回路 P417 的常开接点 SGV3 闭合，告知机组 PLC，水轮机导叶在全开位置。

（3）来自机组 LCU 柜面上的开关量。JSB 为机组 LCU 屏柜柜面上的紧急停机按钮（参见图 4-44 中的 8），当运行人员在巡视中发现紧急情况时，手动按下紧急停机按钮，不经机组 PLC，直接作用发电机断路器事故跳闸，与此同时，在机组 PLC 开关量输入回路 P418 的常开接点 JSB 闭合，告知机组 PLC，运行人员已经发出紧急停机令，机组 PLC 紧跟发电机跳闸，紧急输出开关量跳灭磁开关（防止发电机过压）和关闭导叶（防止发电机过速）。

（4）来自调速器控制箱的开关量。SB3 为调速器故障复归按钮，当运行人员对故障处理完毕后，在调速器柜面上手动按下事故故障复归按钮 SB3，在机组 PLC 开关量输入回路 P419 的常开接点 SB3 闭合，告知机组 PLC，事故故障处理完毕。

53YLJ 为调速器储能器的电接点压力表，当储能器的压力下降到压力下限（2.25MPa）时，在机组 PLC 开关量输入回路 P420 的 53YLJ 接点 1 与 3 闭合（参见图 4-91），告知机组 PLC，储能器的压力已经下降到压力下限；当储能器的压力上升到压力上限（2.45MPa）

时，在机组 PLC 开关量输入回路 P421 的 53YLJ 接点 1 与 2 闭合（参见图 4-91），告知机组 PLC，储能器的压力已经上升到压力上限。

51C 为油泵电动机交流接触器，当调速器油泵启动打油时，在机组 PLC 开关量输入回路 P422 的常开接点 51C 闭合（参见图 4-91），告知机组 PLC，调速器油泵正在启动打油。

51QK 为油泵"手动/自动"切换开关，当切换开关在"自动"位置时，在机组 PLC 开关量输入回路 P423 的接点 51QK 闭合（参见图 4-91），告知机组 PLC，油泵在机组 PLC 远方控制状态。

51JJ 为油泵控制电源监视继电器，当油泵控制电源消失时，在机组 PLC 开关量输入回路 P424 的常开接点 51JJ 闭合（参见图 4-91），告知机组 PLC，油泵控制交流回路电源消失。

（5）来自发电机开关柜的开关量。S1 为发电机真空断路器动触头的行程开关，当真空断路器合闸后，在机组 PLC 开关量输入回路 P425 的常开接点 S1 闭合（参见图 4-54），输入回路 P426 的常闭接点 S1 断开，告知机组 PLC，发电机断路器已合闸。当真空断路器分闸后，在机组 PLC 开关量输入回路 P425 的常开接点 S1 断开，输入回路 P426 的常闭接点 S1 闭合，告知机组 PLC，发电机断路器已分闸。

1QF 为 1♯ 发电机手车式真空断路器，当真空断路器在工作位置时，手车位置行程开关在机组 PLC 开关量输入回路 P427 的常开接点 1QF 闭合，输入回路 P428 的常闭接点 1QF 断开，告知 1♯ 机组 PLC，1♯ 发电机断路器在工作位置；当真空断路器在隔离/试验位置时，在机组 PLC 开关量输入回路 P427 手车位置行程开关的常开接点 1QF 断开，输入回路 P428 的常闭接点 1QF 闭合，告知 1♯ 机组 PLC，1♯ 发电机断路器在隔离/试验位置。（2♯ 机、3♯ 机、4♯ 机相同）

LK 为发电机断路器储能弹簧的行程开关，当弹簧未储能时，在机组 PLC 开关量输入回路 P429 的常闭接点 LK 断开，告知机组 PLC，发电机断路器弹簧未储能。

1QA 为发电机机端电压互感器 1TV 付方星形绕组空气开关，当发电机机端电压互感器 1TV 付方星形绕组的空气开关合闸时，在机组 PLC 开关量输入回路 P430 的常开接点 1QA 闭合（参见图 4-64），告知机组 PLC，发电机机端电压互感器 1TV 付方星形绕组空气开关已合闸。

2QA 为发电机机端电压互感器 1TV 付方开口三角形绕组空气开关，当发电机机端电压互感器 1TV 付方开口三角形绕组的空气开关合闸时，在机组 PLC 开关量输入回路 P431 的空气开关信号接点 2QA 闭合（参见图 4-64），告知机组 PLC，发电机机端电压互感器 1TV 付方开口三角形绕组空气开关已合闸。

（6）来自发电机保护屏的开关量。当发电机发生事故时，发电机微机保护不经过机组 PLC，直接作用断路器事故跳闸，与此同时，发电机微机保护在机组 PLC 开关量输入回路 P432 的常开接点 XJ 闭合（参见图 4-66），告知机组 PLC，发电机断路器已经事故跳闸。

BSJ 为发电机微机保护的输出开关量，当发电机微机保护模块自身发生故障时，在机组 PLC 开关量输入回路 P433 的常闭接点 BSJ 断开（参见图 4-66），告知机组 PLC，发电机微机保护模块自身发生故障。

XJ13 为发电机微机保护的输出开关量，当发电机发生故障时，在机组 PLC 开关量输入回路 P434 的常开接点 XJ13 闭合（参见图 4-66），告知机组 PLC，发电机发生故障。

## 2. 开关量输入模块 DIM2 的输入回路

机组 PLC 开关量输入模块 DIM2 的输入回路如图 5 - 23 所示，总计采集了 32 个开关量，其中 A 面输入了 16 个开关量，B 面输入了 16 个开关量。

图 5 - 23　机组 PLC 开关量输入模块 DIM2 输入回路

（1）来自微机励磁屏的开关量。MK 为发电机励磁系统的灭磁开关，当灭磁开关合闸时，在机组 PLC 开关量输入回路 P435 的常开接点 MK 闭合（参见图 4 - 87），输入回路 P436 的常闭接点 MK 断开，告知机组 PLC，发电机励磁系统的灭磁开关已合闸。当灭磁开关分闸时，在机组 PLC 开关量输入回路 P435 的常开接点 MK 断开，输入回路 P436 的常闭接点 MK 闭合，告知机组 PLC，发电机励磁系统的灭磁开关已经分闸。其实来自同一个自动化元件 MK 的常开接点和常闭接点，只需其中一个就够了，另一个是多余的。

61GJ 为励磁故障输出继电器，当励磁系统出现故障时，在机组 PLC 开关量输入回路 P437 的常开接点 61GJ 闭合（参见图 4 - 84），告知机组 PLC，励磁系统发生故障。

可控硅整流中的六个快熔发信器中任何一个熔断，在机组 PLC 开关量输入回路 P438 的常开接点 61RDJ 闭合（参见图 4 - 85），告知机组 PLC，可控硅快熔器熔断。

（2）来自自动准同期装置的开关量。NTQ 为自动准同期装置，当自动准同期失败时，在机组 PLC 开关量输入回路 P439 的常开接点 NTQ 闭合（参见图 4 - 47），告知机组 PLC，自动准同期失败。

KA602 为同期投入继电器，当自动准同期装置投入时，在机组 PLC 开关量输入回路

P440 的常开接点 KA602 闭合（参见图 4 - 45），告知机组 PLC，自动准同期装置已投入。

（3）来自机组测温制动屏的开关量。SN42 是电气式转速信号器（参见图 4 - 96），当机组转速为 5% 额定转速时，在机组 PLC 开关量输入回路 P441 的 SN42 常开接点 2 与 12 闭合，告知机组 PLC，机组转速为 5% 额定转速。当机组转速为 35% 额定转速时，在机组 PLC 开关量输入回路 P442 的 SN42 常开接点 3 与 13 闭合，告知机组 PLC，机组转速为 35% 额定转速。当机组转速为 80% 额定转速时，在机组 PLC 开关量输入回路 P443 的 SN42 常开接点 5 与 15 闭合，告知机组 PLC，机组转速为 80% 额定转速。当机组转速为 95% 额定转速时，在机组 PLC 开关量输入回路 P444 的 SN42 常开接点 6 与 16 闭合，告知机组 PLC，机组转速为 95% 额定转速。当机组转速为 115% 额定转速时，在机组 PLC 开关量输入回路 P445 的 SN42 常开接点 7 与 17 闭合，告知机组 PLC，机组转速为 115% 额定转速。当机组转速为 140% 额定转速时，在机组 PLC 开关量输入回路 P446 的 SN42 常开接点 8 与 18 闭合，告知机组 PLC，机组转速为 140% 额定转速。

JDX 为导叶剪断销信号装置，当任何一个导叶剪断销被剪断时，在机组 PLC 开关量输入回路 P447 的常开接点 JDX 闭合（参见图 4 - 95），告知机组 PLC，导叶剪断销剪断。

YX 为监视制动风闸下腔压力的压力信号器，只要风闸下腔有气压，表明风闸没有复归，在机组 PLC 开关量输入回路 P448 的常开接点 YX 闭合，告知机组 PLC，不得开机。

（4）来自制动风闸的开关量。SRV 为制动风闸上的行程开关，当风闸在投入位置时，在机组 PLC 开关量输入回路 P449 的常开接点 SRV 闭合，输入回路 P450 的常闭接点 SRV 断开，告知机组 PLC，风闸在投入位置；当风闸在复归位置时，在机组 PLC 开关量输入回路 P449 的常开接点 SRV 断开，输入回路 P450 的常闭接点 SRV 闭合，告知机组 PLC，风闸在复归位置。

（5）来自调速器控制箱的开关量。52YLJ 为储能器的电接点压力表，当调速器油泵未正常启动时，储能器的压力下降到故障低油压（1.86MPa）时，在机组 PLC 开关量输入回路 P453 的接点 52YLJ 闭合（参见图 4 - 91），告知机组 PLC，储能器的压力下降到故障低油压。

51YLJ 为储能器的电接点压力表，储能器的压力下降故障低油压后，如果故障无法排除，储能器的压力继续下降到事故低油压（1.67MPa），在机组 PLC 开关量输入回路 P451 的 51YLJ 接点 1 与 3 闭合（参见图 4 - 91），告知机组 PLC，储能器的压力下降到事故低油压。当储能器的压力过高（2.5MPa）时，在机组 PLC 开关量输入回路 P452 的 51YLJ 接点 1 与 2 闭合，告知机组 PLC，储能器的压力过高。

KOU5 为微机调速器模块故障输出继电器，当微机调速器模块出现故障时，在机组 PLC 开关量输入回路 P454 的常开接点 KOU5 闭合，告知机组 PLC，微机调速器出现故障。

（6）来自公用 PLC 的开关量。该水电厂四台机组的发电机通过一台主变上网时，只要主变高压侧断路器事故跳闸，所有发电机无法送出电能，因此，当微机保护作用主变高压侧断路器跳闸时，公用 PLC 必须立即告知机组 PLC，为此公用 PLC 开关量输出回路输出继电器 K3 动作（参见图 5 - 35），在每台机组的机组 PLC 开关量输入回路 P455 的常开接点 KA3 闭合，告知每台机组 PLC，主变高压侧断路器已经事故跳闸。

（7）来自测温制动屏的开关量。1WDX 为卧式机组水导轴承的推力瓦温度控制仪，当水导推力瓦温高于 60℃时，在机组 PLC 开关量输入回路 P456 的常开接点 1WDX2 闭合（参见图 4 - 93），告知机组 PLC，水导推力瓦温高于 60℃。当水导推力瓦温高于 70℃时，在机组 PLC 开关量输入回路 P461 的常开接点 1WDX1 闭合（参见图 4 - 93），告知机组 PLC，水导推力瓦温高于 70℃。

4WDX 为卧式机组水导轴承的径向瓦温度控制仪，当水导径向瓦温高于 60℃时，在机组 PLC 开关量输入回路 P457 的常开接点 4WDX2 闭合（参见图 4 - 93），告知机组 PLC，水导径向瓦温高于 60℃。当水导径向瓦温高于 70℃时，在机组 PLC 开关量输入回路 P462 的常开接点 4WDX1 闭合（参见图 4 - 93），告知机组 PLC，水导径向瓦温高于 70℃。

2WDX 为卧式机组前导轴承的径向瓦温度控制仪，当前导径向瓦温高于 60℃时，在机组 PLC 开关量输入回路 P458 的常开接点 2WDX2 闭合（参见图 4 - 93），告知机组 PLC，前导径向瓦温高于 60℃。当前导径向瓦温高于 70℃时，在机组 PLC 开关量输入回路 P463 的常开接点 2WDX1 闭合（参见图 4 - 93），告知机组 PLC，前导径向瓦温高于 70℃。

3WDX 为卧式机组后导轴承的径向瓦的温度控制仪，当后导径向瓦温高于 60℃时，在机组 PLC 开关量输入回路 P459 的常开接点 3WDX2 闭合（参见图 4 - 93），告知机组 PLC，后导径向瓦温高于 60℃。当后导径向瓦温高于 70℃时，在机组 PLC 开关量输入回路 P464 的常开接点 3WDX1 闭合（参见图 4 - 93），告知机组 PLC，后导径向瓦温高于 70℃。

HHILO 为温度巡检仪的输出开关量，当巡检到某测温点温度超限时，在机组 PLC 开关量输入回路 P460 的常开接点 HHILO 闭合（参见图 4 - 94），告知机组 PLC，温度巡检点中有温度超限。

（8）来自发电机轴端的开关量。SN41 为发电机轴端的机械式转速信号器（参见图 4 - 19 和图 4 - 20），当电气转速信号器故障，机组转速继续上升到 150％额定转速时，在机组 PLC 开关量输入回路 P465 的 SN41 常开接点 1 与 2 闭合，告知机组 PLC，机组转速已经上升到 150％额定转速；当机械式转速信号器断线时，在机组 PLC 开关量输入回路 P466 的 SN41 常开接点 3 与 4 闭合，告知机组 PLC，机械转速信号器断线。

3. 开关量输入模块 DIM3 的输入回路

机组 PLC 开关量输入模块 DIM3 的输入回路如图 5 - 24 所示，只有 A 面输入了 7 个开关量，因为其余全部空着，所以图中不显示。

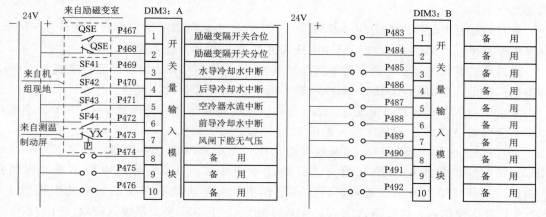

图 5 - 24　机组 PLC 开关量输入模块 DIM3 的输入回路

（1）来自励磁变压器室的开关量。QSE 为励磁变压器高压侧隔离开关（参见图 3 - 38 中 2）操作机构行程开关，当隔离开关在合闸位置时，在机组 PLC 开关量输入回路 P467 的常开接点 QSE 闭合，输入回路 P468 的常闭接点 QSE 断开，告知机组 PLC，励磁变压器隔离开关在合闸位；当隔离开关在分闸位置时，在机组 PLC 开关量输入回路 P467 的常开接点 QSE 断开，输入回路 P468 的常闭接点 QSE 闭合，告知机组 PLC，励磁变压器隔离开关在分闸位。

（2）来自机组现地的开关量。SF41 为卧式机组水导轴承冷却水出水管上的示流信号器，当水导轴承冷却水中断时，在机组 PLC 开关量输入回路 P469 的常开接点 SF41 闭合，告知机组 PLC，水导轴承冷却水中断。

SF42 为卧式机组后导轴承冷却水出水管上的示流信号器，当后导轴承冷却水中断时，在机组 PLC 开关量入回路 P470 的常开接点 SF42 闭合，告知机组 PLC，后导轴承冷却水中断。

SF43 为发电机空气冷却器冷却水出水管上的示流信号器，当空气冷却器冷却水中断时，在机组 PLC 开关量输入回路 P471 的常开接点 SF43 闭合，告知机组 PLC，发电机空气冷却器冷却水中断。

SF44 为卧式机组前导轴承冷却水出水管上的示流信号器，当前导轴承冷却水中断时，在机组 PLC 开关量输入回路 P472 的常开接点 SF44 闭合，告知机组 PLC，前导轴承冷却水中断。

（3）来自机组测温制动屏的开关量。YX 为监视制动风闸下腔压力的压力信号器或电接点压力表，只要风闸下腔无气压，表明风闸已经复归，在机组 PLC 开关量输入回路 P473 的常闭接点 YX 闭合，告知机组 PLC，允许开机。

## 二、模拟量输入模块输入回路

机组 PLC 的模拟量输入模块输入回路图如图 5 - 25 所示，用了 AMI 一块模拟量输入模块，采集了 4 个模拟量。

空气开关 ZK14 向储能器油压压力变送器、蜗壳水压压力变送器和功率变送器提供 24V 的直流工作电源。由于励磁电流变送器输入信号本身就是电流信号，因此信号转换变送时不需要工作电源。

来自储能器上的压力变送器（参见图 4 - 28）将非电模拟量油压信号转换成 4～20mA 标准电模拟量，经回路 AD403、AD404 输入机组 PLC 模拟量输入模块。

来自励磁系统的霍尔电流变送器（参见图 3 - 37）将电模拟量励磁电流转换成 4～20mA 标准电模拟量，经回路 AD405、AD406 输入机组 PLC 模拟量输入模块。

来自压力钢管末端的蜗壳压力变送器将非电模拟量水压信号转换成 4～20mA 标准电模拟量，经回路 AD407、AD408 输入机组 PLC 模拟量输入模块。

来自机组 LCU 本屏柜柜内的霍尔有功功率、无功功率组合变送器（参见图 4 - 64 中 BPQ）将电模拟量发电机的三相交流有功功率换成 4～20mA 标准电模拟量，经回路 AD412、AD411 输入模拟量输入模块。将电模拟量发电机的三相交流无功功率换成 4～20mA 标准电模拟量，经回路 AD413、AD414 输入机组 PLC 模拟量输入模块。有的水电厂为所有变送器专门设置一只变送器屏柜。

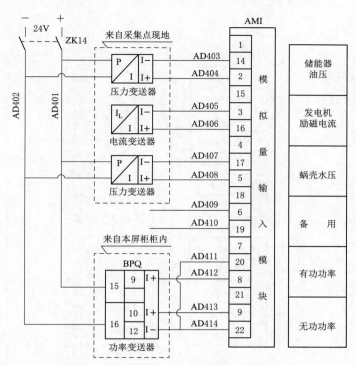

图 5-25 机组 PLC 模拟量输入模块输入回路

### 三、开关量输出模块输出回路

机组 PLC 开关量输出模块输出回路图如图 5-26 所示，用了 DOM 一块开关量输出模块，28 只输出继电器输出了 30 个开关量。A 面输出回路 K403 输出高电位时，开机准备绿灯 PL 亮，表示机组 PLC 确认开机准备完成。输出回路 K417 的输出继电器作为备用。B 面输出回路 K433、K434 的两个输出继电器作为备用。空气开关 ZK15 向开关量输出模块 DOM 提供 24V 的直流工作电源。

1. 送往球阀控制柜的输出开关量

机组 PLC 的 CPU 走自动开机流程，CPU 按预先编制好的软件程序进行分析处理，指定开关量输出回路 K404 输出高电位，输出继电器 KA401 线圈得电，在球阀 PLC 开关量输入回路 P103 的常开接点 KA401 闭合（参见图 5-18），向球阀 PLC 发布球阀开阀令。

机组 PLC 的 CPU 走自动停机流程，CPU 按预先编制好的软件程序进行分析处理，指定开关量输出回路 K405 输出高电位，输出继电器 KA402 线圈得电，在球阀 PLC 开关量输入回路 P104 的常开接点 KA402 闭合（参见图 5-18），向球阀 PLC 发布球阀关阀令。

当机组无故障时，CPU 按预先编制好的软件程序进行分析处理，指定开关量输出回路 K430 输出高电位，输出继电器 KA427 线圈得电，在球阀 PLC 开关量输入回路 P105 的常开接点 KA427 闭合（参见图 5-18），告知球阀 PLC，机组无故障，允许开球阀。

2. 送往机组测温制动屏的输出开关量

机组 PLC 的 CPU 走自动开机流程，在机组没有转动前，CPU 按预先编制好的软件程序进行分析处理，指定开关量输出回路 K406 输出高电位，输出继电器 KA403 线圈得电，在

图 5 - 26 机组 PLC 开关量输出模块输出回路

机组技术供水操作回路的常开接点 KA403 闭合（参见图 4 - 99），双线圈电磁液动阀吸合线圈 42DFK 得电，电磁液动阀开启，技术供水投入。

机组 PLC 的 CPU 走自动停机流程，在机组完全停止转动后，CPU 按预先编制好的软件程序进行分析处理，指定开关量输出回路 K407 输出高电位，输出继电器 KA404 线圈得电，在机组技术供水操作回路的常开接点 KA404 闭合（参见图 4 - 99），双线圈电磁液动阀脱钩线圈 42DFG 得电，电磁液动阀关闭，技术供水退出。

机组 PLC 的 CPU 走自动停机流程，当机组转速下降到额定转速 35％时，机组 PLC 开关量输入回路 P442 的 SN42 常开接点 3 与 13 闭合，CPU 按预先编制好的软件程序进行分析处理，指定开关量输出回路 K408 输出高电位，输出继电器 KA405 线圈得电，在制动风闸操作回路的常开接点 KA405 闭合（参见图 4 - 98），风闸投入电磁空气阀 42DKF 线圈得电，风闸下腔接压缩空气，风闸投入制动刹车。

机组 PLC 的 CPU 走自动停机流程，风闸投入制动后延时 120s，CPU 按预先编制好的软件程序进行分析处理，指定开关量输出回路 K409 输出高电位，输出继电器 KA406 线圈得电，在制动风闸操作回路的常开接点 KA406 闭合（参见图 4 - 98），风闸复归电磁空气阀 41DKF 线圈得电，风闸上腔接压缩空气，风闸复归。

3. 送往励磁屏的开关量

如果前一次是事故停机的话，本次自动开机，机组 PLC 的 CPU 走自动开机流程，当机组转速上升到 90％额定转速时，CPU 按预先编制好的软件程序进行分析处理，指定开关量输出回路 K414 输出高电位，输出继电器 KA411 线圈得电，在灭磁开关操作回路的常开接点 KA411 闭合（参见图 4 - 87），灭磁开关合闸。当机组转速上升到 95％额定转速时，在机组 PLC 开关量输入回路 P444 的 SN42 常开接点 6 与 16 闭合，CPU 按预先编制好的软件程序进行分析处理，指定开关量输出回路 K416 输出高电位，输出继电器 KA413 线圈得电，在微机励磁调节器操作回路的常开接点 KA413 闭合（参见图 4 - 83），微机励磁调节器起励升压，励磁电流从零增大到空载励磁电流。如果前一次是正常停机的话，灭磁开关是不跳闸的，因此机组 PLC 的 CPU 走自动开机流程，没有灭磁开关合闸这一步。

当运行人员手动按下紧急停机按钮时，不经机组 PLC，直接作用发电机断路器事故跳闸，同时，在机组 PLC 开关量输入回路 P418 的常开接点 JSB 闭合，CPU 按预先编制好的软件程序进行分析处理，指定开关量输出回路 K415 输出高电位，输出继电器 KA412 线圈得电，在灭磁开关操作回路的常开接点 KA412 闭合（参见图 4 - 87），作用灭磁开关分闸（正常停机时灭磁开关不分闸）。指定开关量输出回路 K423 输出高电位，输出继电器 KA420 线圈得电，在微机调速器操作回路的常开接点 KA420 闭合❶，作用导叶紧急关闭。

发电机自动准同期并入电网后，机组 PLC 的 CPU 自动开机流程中断，运行人员在中控室操作台上用键盘输入需要带上的无功功率并用鼠标点击"确认"，CPU 按预先编制好的软件程序进行分析处理，指定开关量输出回路 K418 输出高电位，输出继电器 KA415 线圈得电，在微机励磁调节器操作回路的常开接点 KA415 闭合（参见图 4 - 83），励磁电流在空载励磁电流的基础上进一步增大，将发电机输出无功功率从零增加到键盘输入需要带上的无功功率。

运行过程中如果在原来的无功功率的基础上需要再增加无功功率输出，运行人员在中控

---

❶ 参见彭学虎、方勇耕主编的《水电厂动力设备》中的图 5 - 43。

室操作台上用键盘输入需要再增加的无功功率并点击"确认"，CPU 按预先编制好的软件程序进行分析处理，指定开关量输出回路 K418 输出高电位，输出继电器 KA415 线圈得电，在微机励磁调节器操作回路的常开接点 KA415 闭合（参见图 4-83），自动再增大励磁电流，将发电机输出无功功率增加到键盘输入需要增加的无功功率。

运行过程中如果在原来的无功功率的基础上需要减少无功功率输出，运行人员在中控室操作台上用键盘输入需要减少的无功功率并点击"确认"，CPU 按预先编制好的软件程序进行分析处理，指定开关量输出回路 K419 输出高电位，输出继电器 KA416 线圈得电，在微机励磁调节器操作回路的常开接点 KA416 闭合（参见图 4-83），自动减小励磁电流，将发电机输出无功功率减小到键盘输入需要的无功功率。

机组 PLC 的 CPU 走自动停机流程，CPU 按预先编制好的软件程序进行分析处理，指定开关量输出回路 K419 输出高电位，输出继电器 KA416 线圈得电，在微机励磁调节器操作回路的常开接点 KA416 闭合（参见图 4-83），自动减小励磁电流到空载励磁电流，将发电机输出无功功率减小到零，为发电机断路器分闸退出电网做好准备。

机组 PLC 的 CPU 走自动停机流程，当机组正常停机，发电机断路器跳闸退出电网后，CPU 按预先编制好的软件程序进行分析处理，指定开关量输出回路 K420 输出高电位，输出继电器 KA417 线圈得电，KA417 在微机励磁调节器操作回路的常开接点闭合（参见图 4-83），可控硅整流电路立即从整流工作区转为逆变工作区，发电机转子逆变灭磁。（正常停机不跳灭磁开关）

机组 PLC 的 CPU 走自动开机流程，当发电机断路器并网合闸后，在机组 PLC 开关量输入回路 P425 的常开接点 S1 闭合，输入回路 P426 的常闭接点 S1 断开，CPU 按预先编制好的软件程序进行分析处理，指定开关量输出回路 K431 输出高电位，有两对常开接点的输出继电器 KA428 线圈得电，一对在微机励磁调节器操作回路的 KA428 常开接点 3 与 4 闭合（参见图 4-83），告知微机励磁调节器 PLC，发电机断路器在合闸位置。另一对送往微机调速器。

**4. 送往调速器控制箱的开关量❶**

机组 PLC 的 CPU 走自动开机流程，当发电机断路器并网合闸后，在微机励磁调节器操作回路的 KA428 常开接点 3 与 4 闭合的同时，在微机调速器操作回路的 KA428 常开接点 1 与 2 也闭合，告知微机调速器 PLC，发电机断路器在合闸位置

当储能器的压力达到压力下限（2.25MPa）时，在机组 PLC 开关量输入回路 P420 的 53YLJ 接点 1 与 3 闭合，CPU 按预先编制好的软件程序进行分析处理，指定开关量输出回路 K410 输出高电位，输出继电器 KA407 线圈得电，在调速器油泵控制回路的常开接点 KA407 闭合（参见图 4-91），调速器油泵电动机启动，向储能器打油。

当储能器的压力上升到压力上限（2.45MPa）时，在机组 PLC 开关量输入回路 P421 的 53YLJ 接点 1 与 3 闭合，CPU 按预先编制好的软件程序进行分析处理，指定开关量输出回路 K411 输出高电位，输出继电器 KA408 线圈得电，在调速器油泵控制回路的常闭接点 KA408 断开（参见图 4-91），调速器油泵电动机停机，停止向储能器打油。

当运行人员发出自动开机令时，机组 PLC 的 CPU 走自动开机流程，CPU 按预先编制

---

❶　参见彭学虎、方勇耕主编的《水电厂动力设备》中的图 5-43。

好的软件程序进行分析处理，指定开关量输出回路 K421 输出高电位，输出继电器 KA418 线圈得电，在微机调速器操作回路的常开接点 KA418 闭合，微机调速器打开导叶升速，导叶开度从零开大到空载开度，机组转速从零升速到空载额定转速附近，等待自动准同期将发电机断路器合闸并入电网。

发电机自动准同期并入电网后，机组 PLC 的 CPU 的自动开机流程中断，运行人员在中控室操作台上用键盘输入需要带上的有功功率并用鼠标点击"确认"，CPU 按预先编制好的软件程序进行分析处理，指定开关量输出回路 K424 输出高电位，输出继电器 KA421 线圈得电，在微机调速器操作回路的常开接点 KA421 闭合，导叶开度在空载开度的基础上进一步开大，将发电机输出有功功率从零增加到键盘输入需要带上的有功功率。

运行过程中如果在原来的有功功率的基础上需要再增加有功功率输出，运行人员在中控室操作台上用键盘输入需要再增加的有无功功率并用鼠标点击"确认"，CPU 按预先编制好的软件程序进行分析处理，指定开关量输出回路 K424 输出高电位，输出继电器 KA421 线圈得电，在微机调速器操作回路的常开接点 KA421 闭合，自动再增大导叶开度，将发电机输出有功功率再增加到键盘输入需要的有功功率。

运行过程中如果在原来的有功功率的基础上需要减少有功功率输出，运行人员在中控室操作台上用键盘输入需要减少的有无功功率并用鼠标点击"确认"，CPU 按预先编制好的软件程序进行分析处理，指定开关量输出回路 K425 输出高电位，输出继电器 KA422 线圈得电，在微机调速器操作回路的常开接点 KA422 闭合，自动减小导叶开度，将发电机输出有功功率减小到键盘输入需要的有功功率。

机组 PLC 的 CPU 走自动停机流程，CPU 按预先编制好的软件程序进行分析处理，指定开关量输出回路 K425 输出高电位，输出继电器 KA422 线圈得电，在微机调速器操作回路的常开接点 KA422 闭合，自动减小导叶开度到空载开度，将发电机输出有功功率减小到零。为发电机断路器分闸退出电网做好准备。

机组 PLC 的 CPU 走自动停机流程，当发电机断路器跳闸退出电网后，CPU 按预先编制好的软件程序进行分析处理，指定开关量输出回路 K422 输出高电位，输出继电器 KA419 线圈得电，在微机调速器操作回路的常开接点 KA419 闭合，操作导叶开度从空载开度关小到零，但是机组转速由于惯性缓慢下降。

5. 送往机组 LCU 屏柜同期装置的开关量

机组 PLC 的 CPU 走自动开机流程，当机组转速上升到 95% 额定转速时，在机组 PLC 开关量输入回路 P444 的 SN42 常开接点 6 与 16 闭合，CPU 按预先编制好的软件程序进行分析处理，指定开关量输出回路 K426 输出高电位，输出继电器 KA423 线圈得电，在发电机同期装置投入和退出回路的常开接点 KA423 闭合（参见图 4-45），同期装置投入，但自动准同期装置没有启动运行。

机组 PLC 的 CPU 确认采用自动准同期并网，CPU 按预先编制好的软件程序进行分析处理，指定开关量输出回路 K432 输出高电位，输出继电器 KA429 线圈得电，在自动准同期装置回路 T611 的常开接点 KA429 闭合（参见图 4-47），自动准同期装置启动运行，自动调节发电机电压和频率，并自动将发电机断路器同期合闸，发电机并入电网。

当自动准同期将发电机并入电网后，在机组 PLC 开关量输入回路 P425 的常开接点 S1 闭合，CPU 按预先编制好的软件程序进行分析处理，指定开关量输出回路 K427 输出高电位，输出继电器 KA424 线圈得电，在发电机同期装置投入和退出回路的常开接点 KA424 闭合（参见图 4 - 45），自动准同期装置退出。

6. 送往公用 LCU 屏柜中央音响系统的开关量

只要 1# 机组 PLC 管理的任何一个设备发生事故，CPU 按预先编制好的软件程序进行分析处理，指定开关量输出回路 K428 输出高电位，输出继电器 KA425 线圈得电，在公用 LCU 屏柜内的中央音响信号系统电气回路的常开接点 KA425 闭合（参见图 5 - 37），中央音响系统 1# 机组事故喇叭响（2# 机组、3# 机组、4# 机组类同）。

只要 1# 机组 LCU 管理的任何一个设备发生故障，CPU 按预先编制好的软件程序进行分析处理，指定开关量输出回路 K429 输出高电位，输出继电器 KA426 线圈得电，在公用 LCU 屏柜内的中央音响信号系统电气回路的常开接点 KA426 闭合（参见图 5 - 37），中央音响系统 1# 机组故障电铃响（2# 机组、3# 机组、4# 机组类同）。

7. 送往公用 PLC 开关量输入模块的开关量

当 1# 机组 PLC 模块自身故障时，CPU 按预先编制好的软件程序进行分析处理，指定开关量输出回路 K413 输出高电位，输出继电器 KA410 线圈得电，在公用 LCU 的 PLC 开关量输入回路 P702 的常开接点 KA410 闭合（参见图 5 - 33），告知公用 LCU，1# 机组 LCU 的 PLC 故障（2# 机组、3# 机组、4# 机组类同）。

8. 送往机组 LCU 屏柜内分闸回路的开关量

机组 PLC 的 CPU 走自动停机流程，当发电机有功功率、无功功率都减为零时，CPU 按预先编制好的软件程序进行分析处理，指定开关量输出回路 K412 输出高电位，输出继电器 KA409 线圈得电，在机组 LCU 屏柜内的断路器分闸回路的常开接点 KA409 闭合（参见图 4 - 61），发电机正常停机跳闸。

## 四、机组 PLC 模块联系图

布置在机组 LCU 屏柜下部或者后门内的 PLC 开关量输出继电器如图 5 - 27 所示。机组 PLC 模块联系图如图 5 - 28 所示，开关量输入模块 DIM1 和 DIM2 各有 32 个开关量输入信号，开关量输入模块 DIM3 有 7 个开关量输入信号。模拟量输入模块 AMI 有 4 个模拟量输入信号，开关量输出模块 DOM 有 28 个输出继电器，输出 29 个开关量，其中 KA428 送出两个开关量。

PLC 模块采用分体式模块化结构，组态灵活方便。CPU 通过总线（STD Bus）接受所有开关量输入模块的输入开关量和模拟量输入模块的输入的模拟量，由预先编制好的控制软件程序进行分析、处理，最终再通过总线（STD Bus）经开关量输出模块输出开关量，对本机组设备进行操作控制。因为机组 PLC 对被控设备只进行指令式操作控制，所以不需要输出模拟量，机组 PLC 没有模拟量输出模块。CPU 经总线（STD Bus）连

图 5 - 27　PLC 开关量输出继电器

接人机对话的触摸屏和与上位机的中控室主机通信联系 RS485 通信接口。

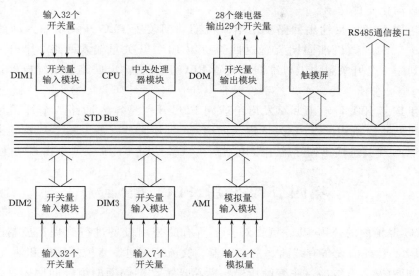

图 5-28 CX 水电厂机组 PLC 模块联系图

安装在机组 LCU 屏柜柜面的底部窗口内的机组 PLC 模块布置如图 5-29 所示，便于技术人员安装调试和运行人员观察巡视。有的 PLC 模块安装在 LCU 屏柜后门内，不方便观察巡视。

## 五、与机组 PLC 开关量联系的下位机

机组 PLC 与下位机发电机微机保护、微机温度巡检仪、智能电参数测量仪、智能电度表智能设备通过 RS485 通信联系，机组 PLC 与下位机微机调速器、微机励磁调节器、微机准同期装置和球阀微机控制装置通过开关量联系。

图 5-29 机组 PLC 模块布置图

微机调速器、微机励磁调节器、微机准同期装置和球阀微机控制装置分别有自己独立的 PLC 和 CPU。因为机组 PLC 是用指令控制这些下位机的，每个下位机接到指令控制开关量后，在自己 PLC 的 CPU 控制下，独立完成上位机指令的要求。所以指令控制开关量由机组 PLC 的 CPU 经开关量输出回路输出继电器发出给下位机。下位机是被控设备，下位机返回给机组 PLC 开关量输入回路的开关量有来自下位机 PLC 的开关量输出回路输出继电器，有来自下位机的自动化元件。具体如下：

（1）机组 PLC 开关量输出回路发出给微机调速器 PLC 开关量输入回路 8 个开关量（参见图 5-26），微机调速器返回给机组 PLC 开关量输入回路 10 个开关量（参见图 5-22 和图 5-23），其中 1 个开关量由微机调速器一体化 PLC 开关量输出回路输出继电器送出，9 个由自动化元件送出。

（2）机组 PLC 开关量输出回路发出给微机励磁调节器 PLC 开关量输入回路 7 个开关量（参见图 5-26）；微机励磁调节器返回给机组 PLC 开关量输入回路 4 个开关量（参见图 5-

23），其中 1 个开关量由微机励磁调节器 PLC 开关量输出回路输出继电器送出（参见图 4 - 84），3 个由自动化元件送出。

（3）机组 PLC 开关量输出回路发出给微机准同期装置 PLC 开关量输入回路 3 个开关量（参见图 5 - 26），微机准同期装置返回给机组 PLC 开关量输入回路 2 个开关量（参见图 5 - 23），其中 1 个开关量由微机准同期装置 PLC 开关量输出回路输出继电器送出（参见图 4 - 46）。

（4）机组 PLC 开关量输出回路发出给球阀 PLC 开关量输入回路 3 个开关量（参见图 5 - 26），球阀返回给机组 PLC 开关量输入回路 12 个开关量（参见图 5 - 22），其中 8 个开关量由球阀 PLC 开关量输出回路输出继电器送出（参见图 5 - 19），4 个由自动化元件送出。

# 第四节　公 用 PLC 控 制

公用 LCU 屏柜内的公用 PLC 负责对全厂所有的公用设备进行管理、控制、测量和显示。受公用 PLC 管理的设备有线路、主变压器、交流厂用电、直流厂用电和油气水系统等。公用 LCU 屏柜内安装有线路（主变高压侧）断路器手动准同期的组合同期表、主变高压侧的综合电力测量仪、全厂上网的交流电能测量仪、公用 PLC 模块等。由可编程控制器 PLC 构成的控制系统采用模块化结构，主要由开关量输入模块、模拟量输入模块、开关量输出模块、CPU 模块和电源模块组成。本节以 CX 水电厂为例介绍公用 PLC 模块的输入、输出回路。

## 一、开关量输入模块输入回路

CX 水电厂公用 PLC 开关量输入采用了 DIM1～DIM4 四块开关量输入模块，共采集了 113 个开关量。

1. 开关量输入模块 DIM1 的输入回路

公用 PLC 开关量输入模块 DIM1 输入回路如图 5 - 30 所示，总计采集了 32 个开关量，其中 A 面输入了 16 个开关量，B 面输入了 16 个开关量。回路 P601、P602 经空气开关 ZK53 同时向 DIM1～DIM4 四块开关量输入模块提供 24V 的直流工作电源。

（1）来自主变线路保护屏的开关量。回路 P603 的 XJ 为线路距离微机保护的输出开关量，当线路距离微机保护动作时，在公用 PLC 开关量输入回路 P603 的常开接点 XJ 闭合（参见图 4 - 79），告知公用 PLC，线路距离微机保护已经动作主变高压侧断路器跳闸。

回路 P604 的 BSJ 为线路距离微机保护模块故障的输出开关量，当线路距离微机保护模块故障时，在公用 PLC 开关量输入回路 P604 的常开接点 BSJ 闭合（参见图 4 - 79），告知公用 PLC，线路距离微机保护模块故障。

回路 P605 的 XJ 为主变差动微机保护的输出开关量，当主变差动微机保护动作时，在公用 PLC 开关量输入回路 P605 的常开接点 XJ 闭合（参见图 4 - 69），告知公用 PLC，主变差动微机保护已经动作主变高、低压侧断路器同时跳闸。

回路 P606 的 BSJ 为主变差动微机保护模块故障的输出开关量，当主变差动微机保护模块故障时，在公用 PLC 开关量输入回路 P606 的常开接点 BSJ 闭合（参见图 4 - 69），告知公用 PLC，主变差动微机保护模块故障。

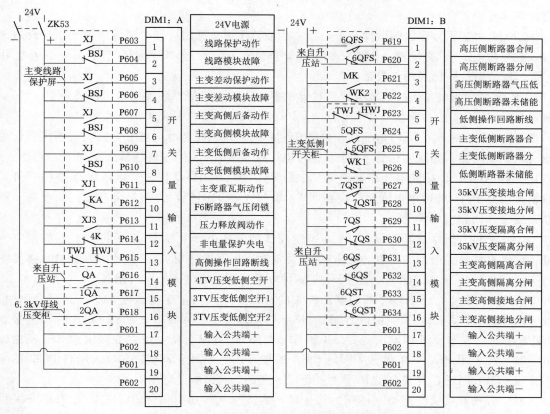

图 5-30 公用 PLC 开关量输入模块 DIM1 输入回路

回路 P607 的 XJ 为主变高压侧后备微机保护的输出开关量，当主变高压侧后备微机保护动作时，在公用 PLC 开关量输入回路 P607 的常开接点 XJ 闭合（参见图 4-73），告知公用 PLC，主变高压侧后备微机保护已经动作主变高、低压侧断路器同时跳闸。

回路 P608 的 BSJ 为主变高压侧后备微机保护模块故障的输出开关量，当主变高压侧后备微机保护模块故障时，在公用 PLC 开关量输入回路 P608 的常开接点 BSJ 闭合（参见图 4-73），告知公用 PLC，主变高压侧后备微机保护模块故障。

回路 P609 的 XJ 为主变低压侧后备微机保护的输出开关量，当主变低压侧后备微机保护动作时，在公用 PLC 开关量输入回路 P609 的常开接点 XJ 闭合（参见图 4-71），告知公用 PLC，主变低压侧后备微机保护已经动作主变高、低压侧断路器同时跳闸。

回路 P610 的 BSJ 为主变低压侧后备微机保护模块故障的输出开关量，当主变低压侧后备微机保护模块故障时，在公用 PLC 开关量输入回路 P610 的常开接点 BSJ 闭合（参见图 4-71），告知公用 PLC，主变低压侧后备微机保护模块故障。

XJ1 为主变重瓦斯保护的输出开关量，当主变的瓦斯信号器发重瓦斯信号时，在公用 PLC 开关量输入回路 P611 的常开接点 XJ1 闭合（参见图 2-32 中的 13），告知公用 PLC，主变重瓦斯保护已经动作主变高、低压侧断路器同时跳闸。

KA 为主变高压侧六氟化硫断路器气体闭锁信号器，当六氟化硫气体压力过低时，在公用 PLC 开关量输入回路 P612 的常闭接点 KA 闭合，告知公用 PLC，主变高压侧断路器六氟化硫气体压力过低。

XJ3 为主变压力释放阀微动开关，当主变油箱压力偏高时，压力释放阀被油压顶开放油时，在公用 PLC 开关量输入回路 P613 的常开接点 XJ3 闭合（参见图 2-35），告知公用 PLC，压力释放阀已经动作放油。

4K 为主变非电量保护装置电源监视继电器，当非电量保护装置失电，在公用 PLC 开关量输入回路 P614 的常闭接点 4K 闭合，告知公用 PLC，非电量保护装置失电。

回路 P615 的 TWJ 和 HWJ 为主变高压侧断路器跳闸位置继电器和合闸位置继电器，主变高压侧断路器不是跳闸位置 TWJ 线圈得电，就是在合闸位置 HWJ 线圈得电（参见图 4-61）。当主变高压侧断路器操作回路电源中断时，TWJ 和 HWJ 同时失电，在公用 PLC 开关量输入回路 P615 的两个串联常开接点 TWJ 和 HW 同时闭合，告知公用 PLC，主变高压侧断路器操作回路电源消失。

（2）来自升压站的开关量。QA 为主变高压侧母线电压互感器 4TV 付方星形绕组空气开关，当空气开关合闸时，在公用 PLC 开关量输入回路 P616 的常开接点 QA 闭合（参见图 4-68），告知公用 PLC，电压互感器 4TV 付方星形绕组空气开关已合闸。

6QFS 为主变高压侧 $SF_6$ 断路器动触头的行程开关，当主变高压侧 $SF_6$ 断路器合闸时，在公用 PLC 开关量输入回路 P619 的常开接点 6QFS 闭合，在输入回路 P620 的常闭接点 6QFS 断开，告知公用 PLC，主变高压侧 $SF_6$ 断路器 F6 已合闸。当主变高压侧 $SF_6$ 断路器分闸时，在公用 PLC 开关量输入回路 P619 的常开接点 6QFS 断开，在输入回路 P620 的常闭接点 6QFS 闭合，告知公用 PLC，主变高压侧 $SF_6$ 断路器已分闸。

MK 为六氟化硫断路器气体压力信号器，当 $SF_6$ 气体压力偏低时，在公用 PLC 开关量输入回路 P621 的常开接点 MK 闭合（参见图 2-67 中的 3），告知公用 PLC，$SF_6$ 断路器气体压力偏低。

WK2 为主变高压侧 $SF_6$ 断路器储能弹簧的行程开关（参见图 2-69），当弹簧未储能时，在公用 PLC 开关量输入回路 P622 的常闭接点 WK2 断开，告知公用 PLC，主变高压侧 $SF_6$ 断路器弹簧未储能。

7QS 为主变高压侧母线电压互感器 4TV 的隔离开关，当隔离开关合闸时，隔离开关 7QS 的行程开关在公用 PLC 开关量输入回路 P629 的常开接点 7QS 闭合（参见图 4-68），输入回路 P630 的常闭接点 7QS 断开，告知公用 PLC，主变高压侧母线电压互感器 4TV 的隔离开关已合闸。当隔离开关分闸时，隔离开关 7QS 的行程开关在公用 PLC 开关量输入回路 P629 的常开接点 7QS 断开，输入回路 P630 的常闭接点 7QS 闭合，告知公用 PLC，主变高压侧母线电压互感器 4TV 的隔离开关已分闸。

7QST 为主变高压侧母线电压互感器 4TV 的接地闸刀，当接地闸刀合闸时，接地闸刀 7QST 的行程开关在公用 PLC 开关量输入回路 P627 的常开接点 7QST 闭合（参见图 4-68），在输入回路 P628 的常闭接点 7QST 断开，告知公用 PLC，主变高压侧母线电压互感器 4TV 接地闸刀已合闸。当接地闸刀分闸时，接地闸刀 7QST 的行程开关在公用 PLC 开关量输入回路 P627 的常开接点 7QST 断开，输入回路 P628 的常闭接点 7QST 闭合，告知公用 PLC，主变高压侧母线电压互感器 4TV 的接地闸刀已分闸。

6QS 为主变高压侧线路隔离开关，当隔离开关合闸时，隔离开关 6QS 的行程开关在公用 PLC 开关量输入回路 P631 的常开接点 6QS 闭合（参见图 4-68），输入回路 P632 的常闭接点 6QS 断开，告知公用 PLC，主变高压侧线路隔离开关已合闸。当隔离开关分闸时，隔离开关 6QS 的行程开关在公用 PLC 开关量输入回路 P631 的常开接点 6QS 断开，在输入回路 P632 的常闭接点 6QS 闭合，告知公用 PLC，主变高压侧线路隔离开关已分闸。

6QST 为主变高压侧线路接地闸刀，当接地闸刀合闸时，接地闸刀 6QST 的行程开关在公用 PLC 开关量输入回路 P633 的常开接点 6QST 闭合（参见图 4-68），输入回路 P634 的常闭接点 6QST 断开，告知公用 PLC，主变高压侧线路接地闸刀已合闸。当接地闸刀分闸时，接地闸刀 6QST 的行程开关在公用 PLC 开关量输入回路 P633 的常开接点 6QST 断开，输入回路 P634 的常闭接点 6QST 闭合，告知公用 PLC，主变高压侧线路接地闸刀已分闸。

（3）来自主变低压侧母线电压互感器柜的开关量。1QA 为主变低压侧母线电压互感器 3TV 付方星形绕组空气开关，当空气开关合闸时，在公用 PLC 开关量输入回路 P617 的常开接点 1QA 闭合，告知公用 PLC，电压互感器 3TV 付方星形绕组空气开关已合闸。

2QA 为主变低压侧母线电压互感器 3TV 付方开口三角形绕组空气开关，当空气开关合闸时，在公用 PLC 开关量输入回路 P618 的常开接点 2QA 闭合，告知公用 PLC，电压互感器 3TV 付方开口三角形绕组空气开关已合闸。

（4）来自主变低压侧断路器开关柜的开关量。回路 P623 的 TWJ 和 HWJ 为主变低压侧断路器跳闸位置继电器和合闸位置继电器，主变低压侧断路器不是跳闸位置 TWJ 线圈得电，就是在合闸位置 HWJ 线圈得电。当主变低压侧断路器操作回路电源中断时，TWJ 和 HWJ 同时失电，在公用 PLC 开关量输入回路 P623 的两个串联常开接点 TWJ 和 HW 同时闭合，告知公用 PLC，主变低压侧断路器操作回路电源消失。

5QFS 为主变低压侧真空断路器动触头的行程开关，当主变低压侧真空断路器合闸时，在公用 PLC 开关量输入回路 P624 的常开接点 5QFS 闭合，输入回路 P625 的常闭接点 5QFS 断开，告知公用 PLC，主变低压侧真空断路器已合闸。当主变低压侧真空断路器分闸时，在公用 PLC 开关量输入回路 P624 的常开接点 5QFS 断开，在输入回路 P625 的常闭接点 5QFS 闭合，告知公用 PLC，主变低压侧真空断路器已分闸。

WK1 为主变低压侧真空断路器储能弹簧的行程开关，当弹簧未储能时，在公用 PLC 开关量输入回路 P626 的常闭接点 WK1 断开，告知公用 PLC，主变低压侧真空断路器弹簧未储能。

**2. 开关量输入模块 DIM2 的输入回路**

公用 PLC 开关量输入模块 DIM2 输入回路如图 5-31 所示，总计采集了 32 个开关量，其中 A 面输入了 16 个开关量，B 面输入了 16 个开关量。

（1）来自主变低压侧开关柜的开关量。5QF 为主变低压侧手车式真空断路器手车的行程开关，当真空断路器在工作位置时，在公用 PLC 开关量输入回路 P635 的常开接点 5QF 闭合，输入回路 P636 常闭接点 5QF 断开，告知公用 PLC，主变低压侧断路器在工作位置；当真空断路器在隔离/试验位置时，在公用 PLC 开关量输入回路 P635 的常开接点 5QF 断开，输入回路 P636 的常闭接点 5QF 闭合，告知公用 PLC，主变低压侧断路器在隔离/试验位置。

（2）来自主变低压侧母线电压互感器柜的开关量。4QS 为主变低压侧手车式母线电压互感器 3TV 手车的行程开关，当母线电压互感器 3TV 在工作位置时，在公用 PLC 开关量输入回路 P637 的常开接点 4QS 闭合，输入回路 P638 的常闭接点 4QS 断开，告知公用

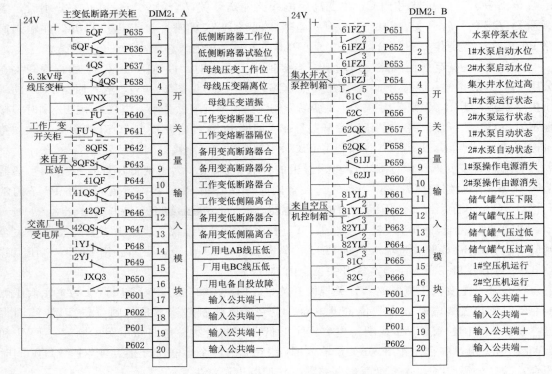

图 5-31　公用 PLC 开关量输入模块 DIM2 输入回路

PLC，主变低压侧母线电压互感器 3TV 在工作位置；当母线电压互感器 3TV 在隔离/试验位置时，在公用 PLC 开关量输入回路 P637 的常开闭接点 4QS 断开，输入回路 P638 的常闭接点 4QS 闭合，告知公用 PLC，主变低压侧母线电压互感器 3TV 在隔离/试验位置。

WNX 为主变低压侧母线消谐器，当主变低压侧母线发生谐振时，在公用 PLC 开关量输入回路 P639 的常开接点 WNX 闭合，告知公用 PLC，主变低压侧母线消谐器开始工作。

（3）来自工作厂用变高压开关柜的开关量。FU 为工作厂用变高压侧手车式熔断器手车的行程开关，当高压熔断器在工作位置时，在公用 PLC 开关量输入回路 P640 的常开接点 FU 闭合，输入回路 P641 常闭接点 FU 断开，告知公用 PLC，工作厂用变高压侧熔断器在工作位置；当高压熔断器在隔离/试验位置时，在公用 PLC 开关量输入回路 P640 的常开接点 FU 断开，输入回路 P641 的常闭接点 FU 闭合，告知公用 PLC，工作厂用变高压侧熔断器在隔离/试验位置。

（4）来自升压站的开关量。备用厂用电变压器一般安装在升压站的水泥杆上，近区 10kV 线路经跌落式熔断器与备用厂用变压器高压侧连接。CX 水电厂备用厂用变高压侧采用很少见的室外固定式断路器。

8QFS 为备用厂用变高压侧断路器动触头的行程开关，当断路器合闸时，在公用 PLC 开关量输入回路 P642 的常开接点 8QFS 闭合，输入回路 P643 的常闭接点 8QFS 断开，告知公用 PLC，备用厂用变高压侧断路器已合闸；当断路器分闸时，在公用 PLC 开关量输入回路 P642 的常开接点 8QFS 断开，输入回路 P643 的常闭接点 8QFS 闭合，告知公用 PLC，备用厂用变高压侧断路器已分闸。

（5）来自交流厂用电受电屏的开关量。41QF 为工作厂用变（1♯厂变）低压侧断路器，当断路器合闸时，低压侧断路器的行程开关在公用 PLC 开关量输入在回路 P644 的常开接点 41QF 闭合（参见图 4-88），告知公用 PLC，工作厂用变低压侧断路器已合闸。

41QS 为工作厂用变（1♯厂变）低压侧隔离开关，当隔离开关合闸时，隔离开关的行程开关在公用 PLC 开关量输入回路 P645 的常闭接点 41QS 断开（参见图 4-88），告知公用 PLC，工作厂用变低压侧隔离开关已合闸。

42QF 为备用厂用变（2♯厂变）低压侧断路器，当断路器合闸时，低压侧断路器的行程开关在公用 PLC 开关量输入回路 P646 的常开接点 42QF 闭合（参见图 4-88），告知公用 PLC，备用厂用变低侧压断路器已合闸。

42QS 为备用厂用变（2♯厂变）低压侧隔离开关，当隔离开关合闸时，隔离开关的行程开关在公用 PLC 开关量输入回路 P647 的常闭接点 42QS 断开（参见图 4-88），告知公用 PLC，备用厂用变低压侧隔离开关已合闸。

1YJ 为 400V/230kV 交流厂用电母线欠电压继电器，当母线电压 $U_{ab}$ 低于设定值时，在公用 PLC 开关量输入回路 P648 的常闭接点 1YJ 闭合（参见图 4-88），告知公用 PLC，交流厂用电母线线电压 $U_{ab}$ 偏低。

2YJ 为 400V/230kV 交流厂用电母线欠电压继电器，当母线电压 $U_{bc}$ 低于设定值时，在公用 PLC 开关量输入回路 P649 的常闭接点 2YJ 闭合（参见图 4-88），告知公用 PLC，交流厂用电母线线电压 $U_{bc}$ 偏低。

JXQ3 为备用厂用电自动投入装置（简称"备自投"），当备自投装置故障时，在公用 PLC 开关量输入回路 P650 常开接点 JXQ3 闭合（参见图 4-88），告知公用 PLC，备自投装置故障。

（6）来自集水井水泵控制箱的开关量。61FZJ 为集水井浮子式液位信号器，当集水井水位下降到停泵水位时，在公用 PLC 开关量输入回路 P651 的 61FZJ 常开接点 1 与 2 闭合（参见图 4-90），告知公用 PLC，集水井水位已经下降到排水泵停泵水位。当集水井水位上升到排水泵启动水位时，在公用 PLC 开关输入回路 P652 的 61FZJ 常开接点 1 与 3 闭合（参见图 4-90），告知公用 PLC，集水井水位已经上升到工作排水泵启动水位。如果由于故障造成工作排水泵该启动而不启动，集水井水位继续上升到备用排水泵启动水位时，在公用 PLC 开关量输入回路 P653 的 61FZJ 常开接点 1 与 4 闭合（参见图 4-90），告知公用 PLC，集水井水位已经上升到备用排水泵启动水位。如果集水井水位继续上升到过高水位时，在公用 PLC 开关量输入回路 P654 的 61FZJ 常开接点 1 与 5 闭合（参见图 4-90），告知公用 PLC，集水井水位过高到达事故水位，作用报警。

61C 为 1♯排水泵电动机的交流接触器，1♯排水泵启动时，在公用 PLC 开关量输入回路 P655 的常开接点 61C 闭合（参见图 4-90），告知公用 PLC，1♯排水泵在运行。

62C 为 2♯排水泵电动机的交流接触器，2♯排水泵启动时，在公用 PLC 开关量输入回路 P656 的常开接点 62C 闭合（参见图 4-90），告知公用 PLC，2♯水泵在运行。

61QK 为 1♯排水泵"现地/远控"切换开关，当 1♯排水泵切换开关切换在"远控"位置时，在公用 PLC 开关量输入回路 P657 的 61QK 常开接点 7 与 8 闭合（参见图 4-90），告知公用 PLC，1♯排水泵处于公用 PLC 远控状态。

62QK 为 2♯排水泵"现地/远控"切换开关，当 2♯排水泵切换开关切换在"远控"位置时，在公用 PLC 开关量输入回路 P658 的 62QK 常开接点 7 与 8 闭合（参见图 4-90），告知公用 LCU，2#排水泵处于公用 PLC 远控状态。

61JJ 为 1#排水泵操作电源监视继电器，当 1#排水泵操作电源消失时，在公用 PLC 开关量输入回路 P659 的常闭接点 61JJ 闭合（参见图 4-90），告知公用 PLC，1#排水泵操作电源消失。

62JJ 为 2#排水泵操作电源监视继电器，当 2#排水泵操作电源消失时，在公用 PLC 开关量输入回路 P660 的常闭接点 62JJ 闭合（参见图 4-90），告知公用 PLC，2#水泵操作电源消失。

（7）来自空压机控制箱的开关量。81YLJ 为储气罐的电接点压力表，当储气罐的气压下降到 0.45MPa 时，在公用 PLC 开关量输入回路 P661 的 81YLJ 常开接点 1 与 2 闭合（参见图 4-89），告知公用 PLC，储气罐的气压下降到空压机启动压力。当储气罐的气压上升到 0.7MPa 时，在公用 PLC 开关量输入回路 P662 的 81YLJ 常开接点 1 与 3 闭合（参见图 4-89），告知公用 PLC，储气罐的气压上升到空压机停机压力。

82YLJ 为储气罐的电接点压力表，当工作空压机由于故障该启动不启动时，储气罐的气压继续下降到 0.4MPa 时，在公用 PLC 开关量输入回路 P663 的 82YLJ 常开接点 1 与 2 闭合（参见图 4-89），告知公用 PLC，储气罐的气压下降到备用空压机启动压力，并作用报警。当工作空压机由于故障该停机而不停机，储气罐的气压上升到过高压力 0.8MPa 时，在公用 PLC 开关量输入回路 P664 的 82YLJ 常开接点 1 与 3 闭合（参见图 4-89），告知公用 PLC，工作空压机停机故障，作用报警。

81C 为 1#空压机电动机交流接触器，当 1#空压机启动时，在公用 PLC 开关量输入回路 P665 的常开接点 81C 闭合（参见图 4-89），告知公用 PLC，1#空压机在运行。

82C 为 2#空压机电动机交流接触器，当 2#空压机启动时，在公用 PLC 开关量输入回路 P666 的常开接点 82C 闭合（参见图 4-89），告知公用 PLC，2#空压机在运行。

3. 开关量输入模块 DIM3 的输入回路

公用 PLC 开关量输入模块 DIM3 输入回路如图 5-32 所示，总计采集了 32 个开关量，其中 A 面输入了 16 个开关量，B 面输入了 16 个开关量。

（1）来自空压机控制箱。81QK 为 1#空压机"现地/远控"切换开关，当 1#空压机切换开关切换在"远控"位置时，在公用 PLC 开关量输入回路 P667 的接点 81QK 闭合（参见图 4-89），告知公用 PLC，1#空压机处于公用 PLC 远控状态。

82QK 为 2#空压机"现地/远控"切换开关，当 2#空压机切换开关切换在"远控"位置时，在公用 PLC 开关量输入回路 P668 的接点 82QK 闭合（参见图 4-89），告知公用 PLC，2#空压机处于公用 PLC 远控状态。

81JJ 为 1#空压机操作电源监视继电器，当 1#空压机操作电源消失时，在公用 PLC 开关量输入回路 P669 的常闭接点 81JJ 闭合（参见图 4-89），告知公用 PLC，1#空压机操作电源消失。

82JJ 为 2#空压机操作电源监视继电器，当 2#空压机操作电源消失时，在公用 PLC 开关量输入回路 P670 的常闭接点 82JJ 闭合（参见图 4-89），告知公用 PLC，2#空压机操作电源消失。

（2）来自直流厂用电屏柜的开关量。ZWK 为微机直流装置微机监控模块，当直流系统

图 5-32 公用 PLC 开关量输入模块 DIM3 输入回路

出现故障时，在公用 PLC 开关量输入回路 P671 的常开接点 ZWK 闭合（参见图 3-24），告知公用 PLC，直流装置微机监控模块故障。

MZL 为微机直流装置整流模块，当 M1～M4 四个整流模块中任何一块出现故障，在公用 PLC 开关量输入回路 P672 的常开接点 MZL 闭合（参见图 3-24），告知公用 PLC，直流装置整流模块故障。

JCY 为直流装置的微机绝缘检测仪，当直流母线及任何一条直流馈线绝缘降低到规定值时，在公用 PLC 开关量输入回路 P673 的常开接点 JCY 闭合（参见图 3-24），告知公用 PLC，直流装置母线或馈线绝缘降低。

DCV 为微机直流装置的直流电压采样，当直流母线电压异常时，DCV 在公用 PLC 开关量输入回路 P674 的常开接点闭合（参见图 3-24），告知公用 PLC，直流母线电压异常。

ACX 为微机直流装置的交流电压采样，当直流装置的交流电源消失时，在公用 PLC 开关量输入回路 P675 的常开接点 ACX 闭合（参见图 3-24），告知公用 PLC，直流装置的交流电源消失。

NBQ 为微机直流装置的逆变器，当直流装置的逆变器故障时，在公用 PLC 开关量输入回路 P676 的常开接点 NBQ 闭合（参见图 3-24），告知公用 PLC，直流装置的逆变器故障。

（3）来自交流厂用电馈电屏的开关量。51QA～72QA 为交流厂用电馈电屏上的低压空气开关（参见图 3-19），当 51QA～72QA 中任一路低压空气开关合闸时，在公用 PLC 开关量输入回路 P677～P698 中对应的常开接点 51QA～72QA 闭合，告知公用 PLC，该路交流电输出空气开关合闸。

4. 开关量输入模块 DIM4 的输入回路

公用 PLC 开关量输入模块 DIM4 输入回路如图 5-33 所示，其中 A 面输入了 14 个开关量，B 面输入了 3 个开关量，其余全部空着。

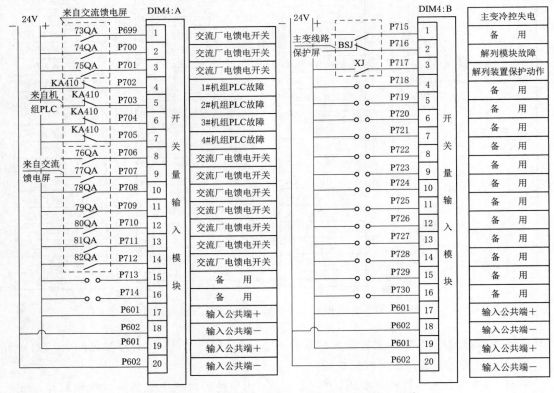

图 5-33　公用 PLC 开关量输入模块 DIM4 输入回路

（1）来自交流厂用电馈电屏的开关量。73QA～75QA 为交流厂用电馈电屏上的低压空气开关（参见图 3-19），当 73QA～75QA 中任一路低压空气开关合闸时，在公用 PLC 开关量输入回路 P699～P701 中对应的常开接点 73QA～75QA 闭合，告知公用 PLC，该路交流电输出空气开关合闸。

76QA～82QA 为交流厂用电馈电屏上的低压空气开关（参见图 3-19），当 76QA～82QA 中任一路低压空气开关合闸时，76QA～82QA 在公用 PLC 开关量输入回路 P706～P712 中对应的常开接点闭合，告知公用 PLC，该路交流电输出空气开关合闸。

（2）来自机组 PLC 的开关量。KA410 为机组 PLC 模块故障输出继电器，当 1＃机组 PLC 模块故障时，1＃机组在公用 PLC 开关量输入回路 P702 中的常闭接点 KA410 断开（参见图 5-26），告知公用 PLC，1＃机组 PLC 模块故障。当 2＃机组 PLC 模块故障时，2＃机组在公用 PLC 开关量输入回路 P703 中的常闭接点 KA410 断开，告知公用 PLC，2＃机组 PLC 模块故障。当 3＃机组 PLC 模块故障时，3＃机组在公用 PLC 开关量输入回路 P704 中的常闭接点 KA410 断开，告知公用 PLC，3＃机组 PLC 模块故障。当 4＃机组 PLC 模块故障时，4＃机组在公用 PLC 开关量输入回路 P705 中的常闭接点 KA410 断开，告知公用 PLC，4＃机组 PLC 模块故障。

（3）来自主变线路保护屏的开关量。XJ4 为主变排风机冷却系统电源监视继电器，当主变排风机冷却系统控制电源消失时，在公用 PLC 开关量输入回路 P715 的常开接点 XJ4 闭合，告知公用 PLC，主变排风机冷却系统控制电源消失。

BSJ 为微机故障解列装置异常输出开关量。当微机故障解列装置异常时，BSJ 在公用 PLC 开关量输入回路 P716 的常开接点闭合（参见图 4-77），告知公用 PLC，微机故障解列装置异常。

XJ 为微机故障解列装置保护输出开关量。当微机故障解列装置保护动作时，在公用 PLC 开关量输入回路 P717 的常开接点 XJ 闭合（参见图 4-77），告知公用 PLC，故障解列装置保护动作。

## 二、模拟量输入模块输入回路

公用 PLC 模拟量输入模块输入回路图如图 5-34 所示，用了 AMI 一块模拟量输入模块采集了 4 个模拟量。这些模拟量来自被控设备现场，反映被控设备参数。因为 4 个非电量变送器都需要将非电模拟量转换成 4～20mA 标准电模拟量，所以必须提供 24V 直流电源。空气开关 ZK54 向储气罐压力变送器、集水井液位变送器、尾水管液位变送器和主阀前液位变送器提供 24V 的直流工作电源。

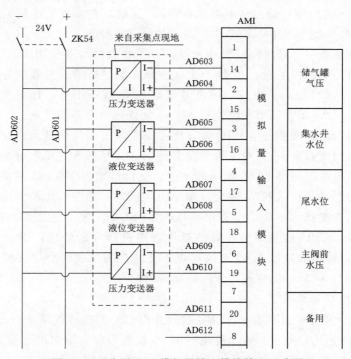

图 5-34 公用 PLC 模拟量输入模块输入回路图

来自刹车制动储气罐上的压力变送器将非电模拟量气压转换成 4～20mA 标准电模拟量，经回路 AD603、AD604 输入公用 PLC 模拟量输入模块。

来自集水井的液（水）位变送器将非电模拟量水位转换成 4～20mA 标准电模拟量，经回路 AD605、AD606 输入公用 PLC 模拟量输入模块。

来自尾水池的液位变送器将非电模拟量尾水位转换成 4～20mA 标准电模拟量，经回路 AD607、AD608 输入公用 PLC 模拟量输入模块。

来自压力钢管末端的压力变送器将非电模拟量水压转换成 4～20mA 标准电模拟量，经回路 AD609、AD610 输入公用 PLC 模拟量输入模块。

### 三、开关量输出模块输出回路

公用 PLC 开关量输出模块输出回路图如图 5-35 所示，用了 DOM 一块开关量输出模块，16 只输出继电器输出了 16 个开关量，模块另外 4 个输出点直接控制四只指示灯用来柜面指示。与机组 PLC 开关量输出 28 只输出继电器输出了 29 个开关量相比，尽管公用 PLC 监测的设备比机组 PLC 多，造成公用 PLC 输入的开关量比机组 PLC 的多，但是公用 PLC 对被控设备执行的操作却比机组 PLC 少得多。机组 PLC 的主要任务是对被控设备的控制，故机组 PLC 有 CPU 软件控制的自动开机流程，自动停机流程等。公用 PLC 的主要任务是对被控设备的监测，不需要自动控制流程。

1. 送往主变线路保护屏的开关量

开机前如果运行人员需要公用 PLC 远方操作主变低压侧断路器合闸时（断路器两侧都没有电压），在主机上发出指令，CPU 按预先编制好的软件程序进行分析处理，指定开关量输出回路 K603 输出高电位，输出继电器 KA1 线圈得电，在主变低压侧断路器合闸回路的常开接点 KA1 闭合（参见图 4-52），主变低压侧断路器合闸。

停机后如果主变或主变低压侧母线检修维护，运行人员需要公用 PLC 远方操作主变低压侧断路器分闸时，在主机上发出指令，CPU 按预先编制好的软件程序进行分析处理，指定开关量输出回路 K604 输出高电位，输出继电器 KA2 线圈得电，在主变低压侧断路器分闸回路的常开接点 KA2 闭合（参见图 4-52），主变低压侧断路器分闸。

开机前如果运行人员需要公用 PLC 远方操作主变高压侧断路器无压合闸时（主变高压侧无电压，线路电网侧有电压），在主机上发出指令，CPU 按预先编制好的软件程序进行分析处理，指定开关量输出回路 K606 输出高电位，输出继电器 KA4 线圈得电，在主变高压侧断路器合闸回路的常开接点 KA4 闭合（参见图 4-51），主变高压侧断路器无压合闸。

停机后如果主变检修维护，运行人员需用公用 PLC 远方操作主变高压侧断路器分闸时，在主机上发出指令，CPU 按预先编制好的软件程序进行分析处理，指定开关量输出回路 K607 输出高电位，输出继电器 KA5 线圈得电，在主变高压侧断路器分闸回路的常开接点 KA5 闭合（参见图 4-51），主变高压侧断路器分闸。

2. 送往机组 PLC 的开关量

当主变高压侧断路器事故跳闸时，CPU 按预先编制好的软件程序进行分析处理，指定开关量输出回路 K605 输出高电位，输出继电器 KA3 线圈得电，输出继电器 KA3 同时送出四个开关量，在每台机组 PLC 开关量输入回路 P455 的常开接点 KA3 闭合（参见图 5-23）告知该机组 PLC，主变高压侧断路器事故跳闸。

3. 送往集水井控制箱的开关量

如果 1# 排水泵担任工作排水泵，2# 排水泵担任备用排水泵，当集水井水位上升到工作泵启动水位时，在公用 PLC 开关输入回路 P652 的 61FZJ 常开接点 1 与 3 闭合，CPU 按预先编制好的软件程序进行分析处理，指定开关量输出回路 K608 输出高电位，输出继电器

图 5－35 公用 PLC 开关量输出模块输出回路图

KA6 线圈得电，在 1♯排水泵控制回路 P103 的常开接点 KA6 闭合（参见图 4 - 90），1♯排水泵启动排水。当集水井水位下降到工作泵停泵水位时，在公用 PLC 开关量输入回路 P651 的 61FZJ 常开接点 1 与 2 闭合，CPU 按预先编制好的软件程序进行分析处理，指定开关量输出回路 K610 输出高电位，输出继电器 KA8 线圈得电，在 1♯排水泵控制回路 P105 的常闭接点 KA8 断开（参见图 4 - 90），1♯排水泵停止排水。如果 1♯排水泵该启动由于故障不启动，在公用 PLC 开关量输入回路 P653 的 61FZJ 常开接点 1 与 4 闭合，CPU 按预先编制好的软件程序进行分析处理，立即启动备用泵 2♯排水泵并报警。此次 1♯排水泵担任工作排水泵，2♯排水泵担任备用排水泵，下次 2♯排水泵担任工作排水泵，1♯排水泵担任备用排水泵，由公用 PLC 自动切换，轮流工作。

如果 2♯排水泵担任工作排水泵，1♯排水泵担任备用排水泵，当集水井水位上升到工作泵启动水位时，在公用 PLC 开关输入回路 P652 的 61FZJ 常开接点 1 与 3 闭合，CPU 按预先编制好的软件程序进行分析处理，指定开关量输出回路 K609 输出高电位，输出继电器 KA7 线圈得电，在 2♯排水泵控制回路 P203 的常开接点 KA7 闭合（参见图 4 - 90），2♯排水泵启动排水。当集水井水位下降到工作泵停泵水位时，在公用 PLC 开关量输入回路 P651 的 61FZJ 常开接点 1 与 2 闭合，CPU 按预先编制好的软件程序进行分析处理，指定开关量输出回路 K611 输出高电位，输出继电器 KA9 线圈得电，在 2♯排水泵控制回路 P205 的常闭接点 KA9 断开（参见图 4 - 90），2♯排水泵停止排水。如果 2♯排水泵该启动却由于故障不启动，在公用 PLC 开关量输入回路 P653 的 61FZJ 常开接点 1 与 4 闭合，CPU 按预先编制好的软件程序进行分析处理，立即启动备用泵 1♯排水泵并报警。此次 2♯排水泵担任工作排水泵，1♯排水泵担任备用排水泵，下次 1♯排水泵担任工作排水泵，2♯排水泵担任备用排水泵，由公用 PLC 自动切换，轮流工作。

4. 送往空压机控制箱的开关量

如果 1♯空压机担任工作空压机，2♯空压机担任备用空压机，当储气罐压力下降到下限压力 0.45MPa 时，在公用 PLC 开关量输入回路 P661 的 81YLJ 常开接点 1 与 2 闭合，CPU 按预先编制好的软件程序进行分析处理，指定开关量输出回路 K612 输出高电位，输出继电器 KA10 线圈得电，在 1♯空压机控制回路 K103 的常开接点 KA10 闭合（参见图 4 - 89），1♯空压机启动向储气罐打入压缩空气。当储气罐的压力上升到上限压力 0.7MPa 时，在公用 PLC 开关量输入回路 P662 的 81YLJ 常开接点 1 与 3 闭合，CPU 按预先编制好的软件程序进行分析处理，指定开关量输出回路 K614 输出高电位，输出继电器 KA12 线圈得电，在 1♯空压机控制回路 K105 的常闭接点 KA12 断开（参见图 4 - 89），1♯空压机停止打气。如果 1♯空压机该启动由于故障不启动，储气罐压力下降到故障压力 0.4MPa 时，在公用 PLC 开关量输入回路 P663 的 82YLJ 常开接点 1 与 2 闭合，CPU 按预先编制好的软件程序进行分析处理，立即启动备用 2♯空压机并报警。此次 1♯空压机担任工作空压机，2♯空压机担任备用排水泵，下次 2♯空压机担任工作空压机，1♯空压机担任备用排水泵，由公用 PLC 自动切换，轮流工作。

如果 2♯空压机担任工作空压机，1♯空压机担任备用空压机，当储气罐压力下降到下限压力 0.45MPa 时，在公用 PLC 开关量输入回路 P661 的 81YLJ 常开接点 1 与 2 闭合，CPU 按预先编制好的软件程序进行分析处理，指定开关量输出回路 K613 输出高电位，输出继电器 KA11 线圈得电，在 2♯空压机控制回路 K203 的常开接点 KA11 闭合（参见图 4 -

89)，2♯空压机启动向储气罐打入压缩空气。当储气罐的压力上升到上限压力 0.7MPa 时，在公用 PLC 开关量输入回路 P662 的 81YLJ 常开接点 1 与 3 闭合，CPU 按预先编制好的软件程序进行分析处理，指定开关量输出回路 K615 输出高电位，输出继电器 KA13 线圈得电，在 2♯空压机控制回路 K205 的常闭接点 KA13 断开（参见图 4-89），2♯空压机停止打气。如果 2♯空压机该启动却由于故障不启动，储气罐压力下降到故障压力 0.4MPa 时，在公用 PLC 开关量输入回路 P663 的 82YLJ 常开接点 1 与 2 闭合，CPU 按预先编制好的软件程序进行分析处理，立即启动备用 1♯空压机并报警。此次 2♯空压机担任工作空压机，1♯空压机担任备用排水泵，下次 1♯空压机担任工作空压机，2♯空压机担任备用排水泵，由公用 PLC 自动切换，轮流工作。

5. 送往公用 LCU 屏柜内中央音响系统的开关量

只要主变或线路发生电气事故，继电保护动作主变高压侧断路器跳闸，CPU 按预先编制好的软件程序进行分析处理，指定开关量输出回路 K616 输出高电位，输出继电器 KA14 线圈得电，在中央音响系统回路 703 的常开接点 KA14 闭合（参见图 5-37），作用事故报警喇叭响。

只要主变或线路发生电气故障，CPU 按预先编制好的软件程序进行分析处理，指定开关量输出回路 K617 输出高电位，输出继电器 KA15 线圈得电，在中央音响系统回路 705 的常开接点 KA15 闭合（参见图 5-37），作用故障报警电铃响。

当公用 PLC 自身模块出现故障，CPU 按预先编制好的软件程序进行分析处理，指定开关量输出回路 K618 输出高电位，输出继电器 KA16 线圈得电，在中央音响系统回路 707 的常开接点 KA16 闭合（参见图 5-37），作用故障报警电铃响。

6. 送往柜面指示灯的电信号

当主变低压侧断路器合闸后，CPU 按预先编制好的软件程序进行分析处理，指定开关量输出回路 K622 输出高电位，公用 LCU 屏柜柜面上的指示灯红灯 HD2 亮，指示主变低压侧断路器合闸。

当主变低压侧断路器分闸后，CPU 按预先编制好的软件程序进行分析处理，指定开关量输出回路 K623 输出高电位，公用 LCU 屏柜柜面上的指示灯绿灯 LD2 亮，指示主变低压侧断路器分闸。

当主变高压侧断路器合闸后，CPU 按预先编制好的软件程序进行分析处理，指定开关量输出回路 K624 输出高电位，公用 LCU 屏柜柜面上的指示灯红灯 HD3 亮，指示主变高压侧断路器合闸。

当主变高压侧断路器分闸后，CPU 按预先编制好的软件程序进行分析处理，指定开关量输出回路 K625 输出高电位，公用 LCU 屏柜柜面上的指示灯绿灯 LD3 亮，指示主变高压侧断路器分闸。

## 四、公用 PLC 模块联系图

公用 PLC 模块联系图如图 5-36 所示，开关量输入模块 DIM1、DIM2 和 DIM3 各有 32 个开关量输入信号，开关量输入模块 DIM4 有 17 个开关量输入信号。模拟量输入模块 AMI 有 4 个模拟量输入信号。开关量输出模块 DOM1 有 16 个开关量输出继电器，输出 19 个开关量，其中 K3 给四台机组各送出一个开关量。公用 PLC 采用分体式模块化结构，PLC 的

CPU 模块与其他模块之间的联系采用总线（STD Bus）形式联系。中央处理器 CPU 模块对从数据总线送来的公用部分所有设备的输入的开关量、模拟量由预先编制好的机组运行控制软件程序进行分析、处理，最终输出开关量对公用设备进行操作控制。因为公用 PLC 对公用部分设备只进行操作控制，所以不需要输出模拟量，没有模拟量输出模块。中央处理器 CPU 模块经 RS485 通信接口与中控室主机通信联系。

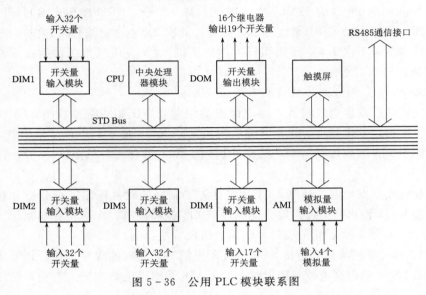

图 5-36　公用 PLC 模块联系图

## 五、中央音响信号系统

　　根据运行中设备出现异常的严重和危害程度不同，设备异常分设备事故和设备故障两个等级。当设备发生异常，危及到人身和设备安全时，称设备发生了事故，应立即响喇叭报警，机组自动进入事故停机流程。当设备发生异常，但没有危及到人身和设备安全时，能短时间继续维持运行，称设备发生了故障，不需要立即停机，只进行响电铃报警，提请运行人员马上进行故障排除，如果一时无法排除，由运行人员进行主动停机。能够响喇叭事故报警和响电铃故障报警的电气回路称为中央音响信号系统，安装在公用 LCU 屏柜内。CX 水电厂中央音响信号系统电气回路图如图 5-37 所示。

　　当主变或线路发生电气事故时，公用 PLC 开关量输出继电器 KA14 线圈得电（参见图 5-35），在中央音响系统回路 703 常开接点 KA14 闭合，事故报警喇叭 PT 响。当 1♯机至 4♯机中任何一台机组发事故时，该机组 PLC 开关量输出继电器 KA425 线圈得电（参见图 5-26），在中央音响系统回路 703 常开接点 KA425 接点闭合，事故报警喇叭 PT 响。

　　当主变或线路发生电气故障时，公用 PLC 开关量输出继电器 KA15 线圈得电（参见图 5-35），在中央音响系统回路 705 常开接点 KA15 闭合，故障报警电铃 PB 响。当 1♯机至 4♯机中任何一台机组发生故障时，该机组 PLC 开关量输出继电器 KA426 线圈得电（参见图 5-26），在中央音响系统回路 705 常开接点 KA426 接点闭合，故障报警电铃 PB 响。

　　当公用 PLC 模块自身出现故障时，公用 PLC 开关量输出继电器 KA16 线圈（参见图 5-35），在中央音响系统回路 707 常开接点 KA16 闭合，故障报警电铃 PB 响。

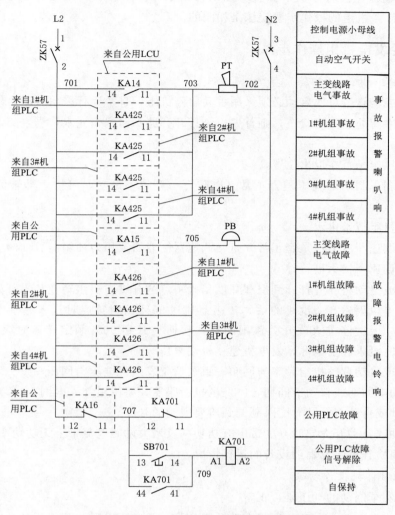

图 5-37 CX 水电厂中央音响信号系统电气回路图

如果检查证实公用 PLC 模块故障报警是误报警，可在公用 LCU 柜面上手动按下复归按钮 SB701，继电器 KA701 线圈得电，KA701 的常闭接点 11 与 12 断开，公用 PLC 模块故障信号接点 KA16 所在回路 707 断开，模块故障报警信号解除。与此同时，常开接点 41 与 44 闭合，对 KA701 进行自保持。

# 第五节 机组计算机自动操作流程

水电厂计算机监控自动操作流程包括正常开机流程、正常停机流程、事故停机流程和紧急停机流程，操作流程是编制操作软件程序的依据，正确的操作流程应该是流程简单明了，既没有多余的过程，也没有遗漏的过程。下面以 CX 水电厂计算机监控为例，介绍水电厂计算机监控操作流程。流程框图中涉及的自动化元件不是机组 PLC 的开关量输入，就是机组

PLC 的开关量输出，没有涉及模拟量。无论什么型号的水轮机，采用什么形式的调速器，采用怎样的控制，机组的操作步骤应该是相同的。

## 一、水轮发电机组操作步骤

1. 机组正常开机操作步骤

机组安装或检修后首次启动必须采用手动启停机组，日常运行采用自动启停机组。

（1）如果主阀处于关闭状态，则首先应该打开旁通阀向蜗壳充水，当主阀两侧压力相近时，开启主阀。

（2）检查风闸是否在退出位置。

（3）检查刹车制动的气压是否正常（以防万一开机不成功，可以立即转为停机刹车制动）。

（4）投入机组技术供水。

（5）检查调速器压力油是否正常并打开调速器储能器或压力油箱的总油阀。

（6）拔出调速器接力器锁锭。

（7）手动或自动将导叶打到空载开度稍大一点的开度，机组转速从零开始升速。

（8）上次停机灭磁开关没跳的话，转速上升到 95％额定转速时投入起励电源，发电机建立机端电压。上次停机灭磁开关跳闸的话，转速上升到 90％额定转速时灭磁开关合闸，95％额定转速时投入起励电源，发电机建立机端电压。

（9）手动或自动调整机组频率与网频一致及调整发电机电压与网压一致。

（10）手动准同期或自动准同期合闸发电机断路器，将机组并入电网。

（11）手动或自动将导叶开度限制调到所要限制的开度。

（12）手动或自动开大导叶开度带上有功功率及增大励磁电流带上无功功率。

（13）全面检查机组及辅助设备的运行情况。

2. 机组正常停机操作步骤

（1）检查刹车制动的气压是否正常。

（2）手动或自动关小导叶开度将有功功率卸到零及减小励磁电流将无功功率卸到零。

（3）手动或自动跳发电机断路器将机组退出电网。

（4）正常停机时灭磁开关不跳，逆变灭磁，发电机降压到零。事故停机时跳灭磁开关，灭磁电阻灭磁，发电机降压到零。

（5）手动或自动将导叶开度从空载开度关到零，机组转速惯性下降。

（6）当机组转速下降到额定转速的 35％时，手动或自动投入风闸制动刹车，转速下降到零。

（7）落下调速器接力器锁锭。

（8）关闭调速器储能器或压力油箱的总油阀。

（9）关闭机组技术供水。

（10）检查风闸是否在退出位置。

（11）需较长时间停机时，应关闭主阀。

（12）全面检查机组及辅助设备。

## 二、正常开机自动操作流程

CX 水电厂机组正常开机计算机自动操作流程框图如图 5 - 38 所示。开机前必备条件是球阀全开，制动风闸复归和发电机断路器在分闸位置，所有输入机组 PLC 的开关量和模拟量表明机组已具备开机条件后，开机准备灯 PL 亮。

运行人员在中控室操作员工作站上进入机组操作界面，在操作界面上用鼠标点击"开机令"按钮发出开机令。机组 PLC 输出开关量 KA403（参见图 5 - 26），开启机组技术供水总阀，机组轴承油冷却器和发电机空气冷却器水流开始流动，示流信号器向机组 PLC 输入开关量 SF41～SF44（参见图 5 - 24），告知机组 PLC，机组技术供水已经投入。机组 PLC 输出开关量 KA418（参见图 5 - 26），指令微机调速器进入并网前的自动开导叶升速流程，导叶从全关位置逐步开大，机组转速从零开始上升。机组 PLC 输出开关量 KA423（参见图 5 - 26），投入同期装置，但自准同期装置没有启动工作；当导叶接近空载开度时，导叶开度行程开关向机组 PLC 输入开关量 SGV2（参见图 5 - 22），告知机组 PLC，导叶已经开大到接近空载开度。当转速上升到额定转速的 95％ 时，电气转速信号器向机组 PLC 输入开关量 SN42 的常开接点 6 与 16 闭合（参见图 5 - 23），告知机组 PLC，机组转速已上升到 95％ 额定转速。机组 PLC 输出开关量 KA413（参见图 5 - 26），指令微机励磁调节器进入并网前的自动起励升压流程，发电机建立机端电压。与此同时，机组 PLC 输出开关量 KA429（参见图 5 - 26），启动自动准同期装置开始工作，自动准同装置自动调节发电机频率和电

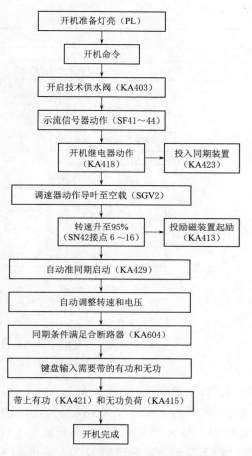

图 5 - 38　CX 水电厂机组正常开机计算机
自动操作流程框图

压。当符合同期并网条件时，自动准同期装置输出开关量 KA604（参见图 4 - 46），操作发电机断路器合闸，机组并入电网，此时机组处于空载及发电等待状态，自动开机流程中断，需要运行人员干预。

运行人员在中控室主机的操作员工作站操作界面上用键盘输入给定的有功功率和无功功率，并用鼠标点击"确认"，自动开机流程继续。机组 PLC 输出开关量 KA421（参见图 5 - 26），通过微机调速器进一步开大导叶，按 PID 调节规律（比例—积分—微分调节规律）自动带上键盘输入给定的有功功率；机组 PLC 输出开关量 KA415（参见图 5 - 26），通过微机励磁调节器进一步增大励磁电流，按 PID 规律自动带上键盘输入给定的无功功率，至此机组完成计算机自动开机全过程。

### 三、正常停机自动操作流程

CX水电厂机组正常停机计算机自动操作流程框图如图5-39所示。运行人员在中控室操作员工作站上进入机组操作界面，在操作界面上点击"停机令"按钮，发出停机令，机组PLC输出开关量KA422（参见图5-26），通过微机调速器关小导叶到空载开度，发电机减小有功功率为零；输出开关量KA416（参见图5-26），通过微机励磁调节器减小励磁电到空载励磁电流，发电机减小无功功率为零。经确保发电机减小有功功率为零和减小无功功率为零的规定延时后，机组PLC输出开关量KA409（参见图5-26），作用发电机正常停机的断路器跳闸，机组退出电网；机组PLC输出开关量KA419（参见图5-26），通过微机调速器将导叶从空载开度关到零，机组转速从额定转速开始惯性下降。当机组转速下降到额定转速的95%时，电气转速信号器向机组PLC输入开关量SN42常开接点6与16闭合（参见图5-23），告知机组PLC，机组转速已经下降到额定转速的95%。机组PLC输出开关量KA417（参见图5-26），通过微机励磁调节器进行逆变灭磁（正常停机，灭磁开关不跳）。当机组转速下降到额定转速的35%时，电气转速信号器向机组PLC输入开关量SN42常开接点3与13闭合（参见图5-23），告知机组PLC，机组转速已经下降到额定转速的35%。机组PLC输出开关量KA405（参见图5-26），制动风闸投入对机组转动系统进行制动刹车。经确保机组刹车到转速为零的规定延时，机组PLC输出开关量KA404（参见图5-26），关闭机组技术供水总阀。在风闸投入120s延时后，机组PLC输出开关量KA406（参见图5-26），风闸复归。至此机组完成计算机自动正常停机全过程。

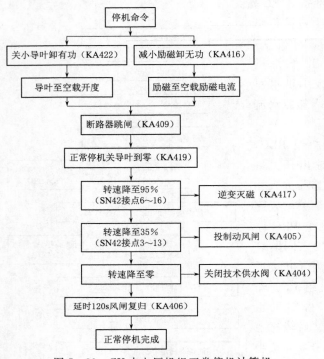

图5-39　CX水电厂机组正常停机计算机
自动操作流程框图

### 四、机组事故停机计算机自动操作流程

CX水电厂机组事故停机计算机自动操作流程框图如图5-40所示。

1. 机组事故停机条件

（1）机组任何一个轴承温度高于事故温度70℃，四个轴承温度信号器向机组PLC输入开关量1WDX1、2WDX1、3WDX1、4WDX1接点中任何一个闭合（参见图5-23）。

（2）微机调速器储能器或压力油箱油压低于事故油压1.67MPa，电接点压力表向机组

PLC 输入开关量 51YLJ 常开接点 1 与 3 闭合（参见图 5－23）。

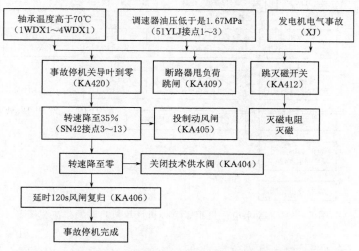

图 5－40　CX 水电厂机组事故停机计算机自动操作流程框图

（3）发电机发生电气事故，发电机微机保护模块向机组 PLC 输入开关量 XJ 闭合（参见图 5－22）。

满足以上三个条件之一，机组 PLC 自动进入事故停机操作流程。

2. 机组事故停机流程

机组进入事故停机流程后，机组 PLC 同时做出三个动作：

（1）输出开关量 KA409（参见图 5－26），不等发电机减负荷，直接作用发电机断路器甩负荷跳闸，机组退出电网。

（2）输出开关量 KA420（参见图 5－26），不经过微机调速器 PLC，直接作用微机调速器事故停机电磁阀 STF，由事故停机电磁阀 STF 紧急关闭导叶。

（3）输出开关量 KA412（参见图 5－26），不经过微机励磁调节器 PLC，直接作用灭磁开关跳闸，由灭磁电阻灭磁。

当机组转速下降到额定转速的 35％时，后面的计算机操作流程跟正常停机计算机操作流程完全一样。

## 五、机组紧急停机计算机自动操作流程

CX 水电厂机组紧急停机计算机自动操作流程框图如图 5－41 所示。

1. 机组紧急停机条件

（1）机组事故停机过程中，导叶剪断销剪断，剪断销信号器向机组 PLC 输入开关量 JDX 闭合（参见图 5－23）。

（2）事故停机不成功，机组转速上升到额定转速的 140％，电气转速信号器向机组 PLC 输入开关量 SN42 的常开接点 8 与 18 闭合（参见图 5－23）。

（3）电气转速信号器故障，机组转速上升到额定转速的 150％，电气转速信号器的后备保护机械转速信号器向机组 LCU 的 PLC 输入开关量 SN41 常开接点 1 与 2 闭合（参见图 5－23）。

（4）运行人员手动按下紧急停机按钮，紧急停机按钮向机组 PLC 输入开关量 JSB 常开

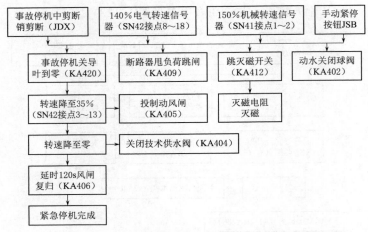

图 5-41 CX 水电厂机组紧急停机计算机自动操作流程图

接点 3 与 5 闭合（参见图 5-22）。

满足以上四个条件之一，机组 PLC 自动进入紧急停机流程。

2. 机组紧急停机计算机操作流程

机组紧急停机操作流程比事故停机增加一个由机组 PLC 输出的开关量 KA402（参见图 5-26），作用球阀在动水条件下紧急关闭。当机组转速下降到额定转速的 35% 时，后面的计算机操作流程跟正常停机计算机操作流程完全一样。

## 六、计算机监控运行注意事项

（1）实际中显然存在精通计算机软件编程的工程师不一定精通水电厂设备运行，精通水电厂设备运行的工程师不一定精通计算机软件编程。因此在计算机监控系统首次安装时，水电厂技术人员更应该关注计算机监控的流程设计是否合理？是否有多余的操作流程或是否会产生安全隐患的操作流程？

（2）不能认为采用了全面计算机监控就可以高枕无忧了，再优秀的计算机监控软件，再完美的控制流程，还是离不开外围的自动化元件工作的可靠性，对计算机监控来讲，信号器、继电器、传感器、变送器相当于人的眼睛、鼻子、耳朵、嘴巴，因此计算机监控的水电厂在运行中，运行人员应密切关注自动化元件工作是否正常，自动化元件是否失灵或失准。

（3）尽管采用了全面计算机监控，但是作为监控系统的弥补，运行人员的巡回检查还是需要认负责的，作为一名合格的技术人员，应非常熟悉每个设备正常的表象，更应时刻牢记每个设备异常的表象。例如，设备转动的声音和震动是否异常？发热设备周围的环境温度是否异常升高或有焦煳气味？轴承座、电动机外壳手感温度是否异常？碳刷是否接触不好冒火星或发红？大电流铝排连接处是否接触不良产生发热变色？

# 习 题

**一、判断题**（在括号中打 √ 或 ×，每题 2 分，共 10 分）

5-1. 对计算机程序编制来讲，外界输入的开关量常开接点和开关量常闭接点是完全一

样的。　　　　　　　　　　　　　　　　　　　　　　　　　　　　　　　　　　　（　　）

5-2. 机组 PLC 和公用 PLC 采用的都是分体式模块化结构。　　　　　　　　　（　　）

5-3. 计算机监控中输入模块上的输入接线点与外部被测对象的连线在没有编程之前可以任意调换输入接线点的位置。　　　　　　　　　　　　　　　　　　　　　　（　　）

5-4. 采用 RS485 接口进行通信只能传递开关量。　　　　　　　　　　　　　　（　　）

5-5. 微机直流系统通过 RS485 接口与公用 LCU 的 PLC 传递信息。　　　　　（　　）

**二、选择题**（将正确答案填入括号内，每题 **2** 分，共 **30** 分）

5-6. 开关量输入信号反映被控对象的（　　　）。

A. 状态　　　　　　　　B. 参数　　　　　　　　C. 操作　　　　　　　　D. 调节

5-7. 模拟量输出信号执行是对被控对象的（　　　）控制。

A. 状态　　　　　　　　B. 参数　　　　　　　　C. 操作　　　　　　　　D. 调节

5-8. 光电耦合器将现场开关量接点闭合或断开的动作转换成 CPU 能读懂的（　　　）。

A. 低电位或高电位　　　　　　　　　　　B. 光敏三极管的饱和导通或截止

C. 逻辑"0"或逻辑"1"　　　　　　　　　D. 数字"0"或数字"1"

5-9. 通信电缆外部的屏蔽必须（　　　）接地。

A. 一端　　　　　　　　B. 两端　　　　　　　　C. 三端　　　　　　　　D. 四端

5-10.（　　　）与机组 LCU 的 PLC 开关量进行信号联系。

A. 微机调速器、微机励磁调节器　　　　　B. 微机励磁调节器和发电机微机保护

C. 发电机微机保护和微机温度巡检仪　　　D. 微机温度巡检仪和微机调速器

5-11.（　　　）与机组 LCU 的 PLC 开关量进行信号联系。

A. 智能电度表和微机自动准同期装置

B. 微机自动准同期装置和微机主阀控制装置

C. 微机主阀控制装置和智能电参数测量仪

D. 智能电参数测量仪和智能电度表

5-12.（　　　）经 RS485 通信接口与机组 LCU 的 PLC 进行信息交换。

A. 微机调速器、微机励磁调节器　　　　　B. 微机励磁调节器和发电机微机保护

C. 发电机微机保护和微机温度巡检仪　　　D. 微机温度巡检仪和微机调速器

5-13.（　　　）经 RS485 通信接口与机组 LCU 的 PLC 进行信息交换。

A. 智能电度表和微机自动准同期装置

B. 微机自动准同期装置和微机主阀控制装置

C. 微机主阀控制装置和智能电参数测量仪

D. 智能电参数测量仪和智能电度表

5-14. 机组 LCU 的 PLC 发出给下位机的开关量（　　　）。

A. 全部由机组 LCU 的 PLC 开关量输出模块送出

B. 全部由机组 LCU 的自动化元件送出

C. 有的由机组 LCU 的 PLC 开关量输出模块送出，有的由机组 LCU 的自动化元件送出

D. 有的由下位机的 PLC 开关量输出模块送出，有的由下位机的自动化元件送出

5-15. 下位机返回给机组 LCU 的 PLC 的开关量（　　　）。

A. 全部由下位机的 PLC 开关量输出模块送出

B. 全部由下位机的自动化元件送出

C. 有的由机组 LCU 的 PLC 开关量输出模块送出，有的由机组 LCU 的自动化元件送出

D. 有的由下位机的 PLC 开关量输出模块送出，有的由下位机的自动化元件送出

5－16. CX 水电厂由（　　）的 PLC 开关量输出模块返回给机组 LCU 的 PLC 开关量输入模块的开关量多达 7 个。

    A. 微机调速器　　　　　　B. 微机励磁调节器　　C. 微机准同期装置　　D. 球阀微机控制装置

5－17. CX 水电厂公用 LCU 的 PLC 模拟量输入模块的（　　）个非电量变送器必须提供 24V 直流电源。

    A. 1　　　　　　　　　　B. 2　　　　　　　　　　C. 3　　　　　　　　　　D. 4

5－18. 以下（　　）条件不是计算机自动进入事故停机操作流程的条件之一。

    A. 轴承温度高于 70℃　　　　　　　　　　B. 轴承冷却水流中断

    C. 发电机电气事故　　　　　　　　　　　　D. 调速器油压过低

5－19. 以下（　　）条件不是计算机自动进入紧急停机操作流程的条件之一。

    A. 事故停机中剪断销剪短　　　　　　　　B. 电气转速信号器 140% 额定转速

    C. 发电机电气事故　　　　　　　　　　　　D. 手动紧急停机按钮

5－20. 计算机紧急停机流程要比事故停机流程多做（　　）动作。

    A. 导叶关到零　　　　　　　　　　　　　　B. 发电机断路器跳闸

    C. 灭磁开关跳闸　　　　　　　　　　　　　D. 主阀动水关闭

### 三、填空题（每空 1 分，共 30 分）

5－21. 水电厂计算机监控的基本单元是＿＿＿＿＿LCU 和＿＿＿＿＿LCU。LCU 的核心是＿＿＿＿＿，PLC 的核心是＿＿＿＿＿。

5－22. 在缓冲器或锁存器中每一个点都有自己的＿＿＿＿＿，CPU 通过＿＿＿＿＿总线和＿＿＿＿＿总线与这些模块进行信息交换。

5－23. 无论是非电模拟量还是电模拟量，最后输入模拟量输入模块的都是＿＿＿＿＿量。

5－24. 标准电模拟量输入模块后再经过＿＿＿＿＿转换器转换成 CPU 能读懂的用＿＿＿＿＿和＿＿＿＿＿表示的二进制数字量。

5－25. 水电厂计算机监控系统按功能和任务不同可划分为＿＿＿＿＿级、＿＿＿＿＿级和＿＿＿＿＿站。

5－26. 每台机组有一个直接面对本机组所有设备的＿＿＿＿＿级，称机组＿＿＿＿＿，全厂有一个直接面对全厂公用设备的＿＿＿＿＿级，称公用＿＿＿＿＿。

5－27. 凡是有中央处理器 CPU 的智能设备相互之间联系方法有＿＿＿＿＿联系和＿＿＿＿＿联系两种。

5－28. 水电厂监控通信设备由＿＿＿＿＿、＿＿＿＿＿服务器、＿＿＿＿＿交换机组成。

5－29. 当设备发生事故时，中央音响信号系统应立即＿＿＿＿＿响报警，当设备发生故障时，中央音响信号系统应立即＿＿＿＿＿响报警。

5－30. 一旦计算机自动进入事故停机操作流程，同时做出三个动作：＿＿＿＿＿、＿＿＿＿＿、＿＿＿＿＿。

5－31. 计算机监控的水电厂在运行中，运行人员应密切关注自动化元件是否＿＿＿＿＿

或_____。

## 四、简答题 (5题，共27分)

5－32. 单一功能的分体式 PLC 模块有哪六种？（6分）

5－33. 根据机组 PLC 模块联系图，CPU 如何对机组进行检测和控制？（6分）

5－34. 模拟量输出模块如何将输出锁存器输出信号转换成 0～10V 电模拟量调节信号？（5分）

5－35. 请问公用 LCU 的 PLC 下面有哪几个信息交换的下位机？（6分）

5－36. 计算机监控系统首次安装时，水电厂技术人员更应该关注什么？（4分）

# 第六章 运行规程及事故处理

电气设备运行的依据是运行规程,运行规程是电厂生产管理人员、运行人员和检修人员都必须遵循的行为准则,是电气设备安全运行的制度保证。电气设备的特殊性决定了电气设备的许多故障和事故的发生具有瞬间突发性,因此必须用运行规程在制度上将电气设备的故障和事故消灭在萌芽中。

## 第一节 发电机运行规程

### 一、总则

**第1条** 每台发电机应按厂内规定秩序进行编号,将序号明显地标明在发电机的外壳上,并与水轮机、调速器、高压开关柜、励磁屏、保护屏、机组 LCU 屏柜的编号相一致。

**第2条** 每台发电机必须按设计规范的要求装设测量仪表和继电保护装置。

**第3条** 水电厂的主厂房和中央控制室都应有灭火装置。

**第4条** 每台发电机都应建立发电机规范、励磁系统规范和继电保护装置规范。

**第5条** 每台发电机都应有自己的技术档案,其内容为:

(1)发电机安装、使用说明书及随机提供的技术条件和产品图纸。

(2)安装、试验、交接和验收记录。

(3)历次大修、小修的项目记录和验收记录。

(4)预防性试验及继电保护校验报告。

(5)发电机各测量仪表的试验记录。

(6)有关发电机的运行、事故及处理记录。

### 二、发电机正常运行

1. 发电机正常运行要求

**第6条** 发电机按照制造厂铭牌规定可长期连续运行,避免在振动区及长期超负荷运行。

**第7条** 自然空气冷却的发电机,周围空气应清洁、干燥、无酸性气体,避免灰尘进入,并保证有足够的冷却风量。周围空气温度应不低于0℃,不能超过40℃。

**第8条** 发电机定子绕组、转子绕组和铁芯的最高允许温度,如制造厂家无明确规定,则按 B/B 级绝缘考虑,具体的温度范围见表6-1。

**第9条** 发电机运行中电压的波动范围为额定值的±5%以内,最大波动范围不得大于额定值的±10%。当电压上升到额定电压的110%时,励磁电流不得超过额定值(注释:当发电机电压高于额定值时，意味着本来用来带无功功率的励磁电流现在用来建立机端电压，如果现在还是带额定无功功率的话，则转子励磁电流过大，故要求此时关注励磁电流不得超过额定值）。当发电机电压下降到额定电压的 95％ 时，定子电流不应超过额定值的 105％，转子励磁电流不得超过额定值（注释：当发电机电压低于额定值时，意味着本来用来建立发电机机端电压的励磁电流现在用来带无功功率。如果现在转子仍是额定励磁电流的话，则所带的无功功率大于额定无功功率。有可能造成发电机定子电流过大。故要求此时关注定子电流不得超过额定值的 105％，转子励磁电流不得超过额定值）。

表 6-1　　　　　　　　发电机定子绕组、转子绕组和铁芯的最高允许温度

| 测 量 部 位 | 允许最高温度 | 允许温升 | 测 量 方 法 |
|---|---|---|---|
| 定子绕组 | 105℃ | 65℃ | 埋入铂电阻 |
| 定子铁芯 | 100℃ | 60℃ | 埋入铂电阻 |
| 转子绕组 | 130℃ | 90℃ | 电压电流比 |

第 10 条　　频率变动范围不超过 ±0.5Hz 时，发电机可按额定容量运行；当低于 49.5Hz 时，应注意转子电流不得超过额定值。严禁机组在低转速下运行（注释：发电机机端电压不但与转子励磁电流成正比，还与转速成正比。当发电机频率过低也就是转速过低时，为维持原来的电压，本来用来带无功功率的励磁电流现在用来建立机端电压，如果仍带额定无功功率的话，意味着转子过电流，故要求此时关注转子励磁电流不得超过额定值）。

第 11 条　　严禁发电机缺相运行。三相电流应基本平衡，发电机带额定负荷运行时，一般三相不平衡电流之差不得超过额定电流的 20％，同时任何一相电流不得大于额定值，否则应减有功功率，并且注意转子振动及和定子温升（注释：因为三相电流不平衡意味着是三相定子电流大小不一样，三相定子磁场大小不一样，三相定子磁场对转子磁场作用的电磁阻力矩大小不一样，可能会引起转子震动，故此时应关注发电机的震动）。

第 12 条　　发电机在运行中应保证功率因数为 0.8，一般不应超过 0.95，不允许功率因数超限运行，当功率因数低于 0.8 时，应注意不使转子电流高于允许值，同时定子电流也不应高于允许值（注释：当发电机功率因数低于 0.8 时，根据功率三角形可知，肯定是发电机所带的无功功率大于额定无功功率，如果此时机端电压为额定电压的话，意味着转子励磁电流大于额定励磁电流，如果此时发电机带额定有功功率的话，则定子电流大于额定定子电流）。

第 13 条　　发电机定子绕组的绝缘电阻应用 1000V 或 2500V 的摇表（兆欧表）测量，绝缘电阻（75℃）应在每千伏 1 兆欧以上，吸收比（本章最后介绍）$R_{60}/R_{15}$ 应不小于 1∶3。当绝缘电阻较上次测量值下降 1/3 时，应查明原因，加以消除。

线圈绕组的绝缘电阻随温度变化，环境温度为 $t$ 时测量的绝缘电阻值 $R_t$ 换算成 75℃ 的绝缘电阻值 $R_{75}$ 可用换算公式换算为

$$R_{75} = \frac{R_t}{2^{(75-t)/10}} \tag{6-1}$$

第 14 条　　发电机转子绕组的绝缘电阻应用 500V 的摇表（兆欧表）测量，绝缘电阻应在 0.5MΩ 以上，绝缘电阻降到 0.5MΩ 以下时，值班人员就应进行认真检查，当绝缘电阻降到 0.1MΩ 以下时，就应视为已发生转子一点接地故障。运行中的转子绕组绝缘电阻 $R$ 可以用转子电压表测量计算，即

$$R = R_r \left( \frac{U_{(\pm)}}{U_{(+)} + U_{(-)}} - 1 \right) \qquad (6-2)$$

式中　$R_r$——电压表内阻；

$U_{\pm}$——转子绕组正、负两端的电压；

$U_+$——转子绕组正端的对地电压；

$U_-$——转子绕组负端的对地电压。

2. 发电机的正常运行操作

第 15 条　备用中的发电机及其全部附属设备必须经常处于完好状态，能随时启动。

第 16 条　正常开停机操作应在接到调度命令后，由值班长组织进行。

第 17 条　机组大修或小修后，应经过验收合格方能投入运行。验收应由主管生产领导、技术人员、检修人员、值班员四方代表人员参加。验收前应将全部工作票收回。

第 18 条　验收项目如下：

（1）拆除接地线、标示牌、临时遮拦等，全部设备上应无人工作，无杂物及工具遗漏。

（2）发电机一次回路、二次回路情况正常。

（3）励磁回路正常，励磁手动、自动切换开关应在"截止"位置。

（4）发电机隔离开关、断路器、灭磁开关应在断开位置。

（5）立式机组还需顶起转子，使推力瓦表面形成油膜。

第 19 条　发电机开始转动后，即认为发电机及其全部电气设备均已带电，任何人不准在这些回路上工作。

第 20 条　当发电机的转速达额定转速的 50％左右时，电气值班员应检查滑环上的碳刷振动和接触情况及机组各部件声响是否正常，如不正常，应查清原因并加以消除。

第 21 条　如果上次停机灭磁开关跳闸的话，当机组转速达到 90％额定转速以后，合上灭磁开关，95％额定转速时即可起励、升压。

第 22 条　发电机在升压过程中应注意：

（1）调节励磁的电流要适当，调得过低起励不成功，调得过高会产生空载过电压。

（2）三相定子电流应等于零，如果定子回路有电流，应立即跳开灭磁开关并停机检查定子回路有否短路，接地线是否拆除等。

（3）检查三相定子电压是否平衡。

（4）检查发电机转子回路的绝缘电阻是否合格。

（5）在空载额定电压下，转子励磁电压、电流是否超过空载额定值，若超过，说明励磁回路存在故障，应立即停机检查。

第 23 条　发电机手动准同期并网

（1）检查开机准备信号灯亮。

（2）检查"无压合闸"切换开关在"切除"位置（此举非常重要）。

（3）手动按下"同期投入"按钮或转动操作同期选择开关至"手动"位置。

（4）将粗细调切换开关转到"粗调"位置。

（5）手动操作"转速调整"开关，打开导叶，机组升速。

（6）前一次停机是事故停机的话，当转速上升到额定转速 90％时，手动合上灭磁开关。前一次停机是正常停机的话，灭磁开关始终在合闸位置。当转速上升到额定转速 95％时，手动起励。

（7）左右手分别手动点动操作"转速调整"开关和"励磁调整"开关，观看组合同期表两边的频率差指针和电压差指针，调整发电机频率、电压。

（8）当发电机频率、电压并与电网频率、电压接近时，将粗细调切换开关转到"细调"位置，组合同期表中间的相位差指针开始转动，再对发电机的频率、电压进行细调。

（9）当同期整步表中间指针顺钟向方向缓慢转动，接近零位（如同时钟 12 点时的时钟长短针位置）时，提前约 0.25s 迅速转动发电机断路器操作开关到"合闸"位置，机组并入电网。

（10）手动按下"同期退出"按钮或转动操作同期选择开关至"退出"位置。

（11）按调度指令用"转速调整"开关和"励磁调整"开关带上有功负荷和无功负荷。

（12）改变电气主接线模拟图，并做好记录。

第 24 条 发电机自动准同期并网

（1）检查开机准备信号灯亮。

（2）检查"无压合闸"切换开关在"切除"位置（此举非常重要）。

（3）发出自动开机令。

（4）机组 LCU 的 PLC 开导叶升速和投励磁升压，并作用自动准同期装置投入。

（5）当机组转速上升到 95％额定转速时，由自动准同期装置调节发电机频率和电压。

（6）检查自动准同期装置工作是否正常。

（7）检查发电机转速上升正常，电压上升正常。

（8）自动准同期装置操作发电机断路器合闸，发电机并入电网。

（9）机组 LCU 的 PLC 作用自动准同期装置退出。

（10）由运行人员按调度指令，在中控室操作员工作站上输入给定的有功功率和无功功率。按"确认"键后，由机组 LCU 的 PLC 自动带上给定的有功功率和无功功率。

（11）改变电气主接线模拟图，并做好记录。

第 25 条 手动准同期并网时如有下列情况之一者禁止并网合闸，以防非同期并网：

（1）组合同期表指针回转过快，不易控制时间。

（2）组合同期表中间指针接近同期零线停止不动。

（3）组合同期表指针有跳动现象。

（4）组合同期表失灵。

（5）操作者情绪紧张、四肢抖动，应暂停操作。

第 26 条 发电机手动停机操作：

（1）接到停机命令之后，操作"转速调整"开关关小导叶卸有功负荷为零，操作"励磁调整"开关减小励磁电流卸无功负荷为零。

（2）当有功负荷和无功负荷都接近于零时，转动发电机断路器操作开关到"分闸"位置，跳开发电机断路器，发电机退出电网。

（3）操作"转速调整"开关，将导叶关到零。

（4）转速惯性下降，励磁系统自动逆变灭磁。

（5）如准备较长时间停机，应测量转子回路、定子回路的绝缘电阻，并做好记录。

（6）取下操作、信号、合闸回路熔丝。

第 27 条　发电机自动停机操作：

（1）接到停机命令之后，发出自动停机令。

（2）机组 LCU 的 PLC 减有功负荷和无功负荷到零。

（3）机组 LCU 的 PLC 将发电机断路器跳闸，退出电网。

（4）微机励磁调节器逆变灭磁。

第 28 条　操作机组自动停机时，如果遇到断路器由于电气原因拒跳，可在发电机微机保护屏上或高压开关柜上转动发电机断路器操作开关或按钮现地跳开断路器。

第 29 条　如果停机时断路器由于机械原因拒跳，应按如下步骤处理操作：

（1）将工作厂用电切换到备用厂用电（为主变低压侧母线停电做好准备）。

（2）将其他正常运行的发电机全部停机。

（3）跳开工作厂用电的高压负荷开关。

（4）跳开主变低压侧断路器，主变低压侧母线停电，此时主变低压侧母线上只留下本发电机。

（5）跳开本发电机灭磁开关。

（6）将本发电机的手车式断路器从工作位拉出到隔离/试验位。

（7）合上主变低压侧断路器，主变低压侧母线重新带电。

（8）其他正常发电机重新并网运行。

（9）合上工作厂用电的高压负荷开关。

（10）将备用厂用电切回到工作厂用电。

### 三、发电机运行的监视和维护

#### 1. 发电机的监视和维护

第 30 条　发电机转子绕组的绝缘电阻每月测量一次。

第 31 条　励磁回路的绝缘电阻每班测量一次。

第 32 条　应对转子的绝缘和定子三相电压的平衡情况进行检查。

第 33 条　值班员应每小时打印一次计算机监控的参数记录。

第 34 条　值班员应严格监视发电机、碳刷滑环装置等转动部分的声响、振动、有无焦臭味等，发现问题，应及时向有关人员汇报，及时处理排除。

第 35 条　值班员应经常检查一次回路、二次回路各连接处有无发热、变色现象；电压、电流互感器有无异常声响。

第 36 条　发电机及其附属设备应由电气值班员进行定期的外部检查（每班至少进行一次）。

#### 2. 励磁系统的监视和维护

第 37 条　运行中用压缩空气每班至少吹扫一次碳刷、滑环上的炭粉，压缩空气内应无水分及油。

第 38 条　对滑环和碳刷应进行定期检查，其内容如下：

（1）碳刷冒火和发热情况。

（2）碳刷在刷握内无摇动或卡阻现象，碳刷在刷握应能自由上下起落，但不得有摇摆现象。

（3）碳刷连接线应完整，接触应紧密良好，弹簧压力正常、均匀。

（4）碳刷磨损程度不应超过允许程度，不同型号碳刷根据不同磨损程度及时更换。

（5）各碳刷的电流分担是否均匀，碳刷的连接线是否过热。

（6）刷握和刷架上有无积垢，如有应设法清除。

第39条　碳刷过短应及时更换，更换碳刷应由经验丰富的值班员在停机时进行；在不允许停机时，可把无功负荷降下来后带电更换。

第40条　带电更换碳刷应特别小心，应做好必要的安全保护措施，并要有人监护。

第41条　新旧碳刷型号必须一致，更换碳刷时最好是一次更换一个，特殊情况下可更换全部的一半。更换一半时要求新碳刷必须提前研磨使得接触良好。

第42条　在发电机运行中，对滑环和碳刷进行处理时，工作人员应穿绝缘靴，并在地面或踏板上铺绝缘垫，当转子有一点接地时更应注意（注释：一点接地时，会引发励磁系统两点接地的短路事故）。

## 四、发电机不正常运行

第43条　发电机在正常情况下，不允许过负荷运行；在事故情况下，允许发电机短时间过负荷，其过负荷允许时间及数值见表6-2。

**表6-2**　　　　　　　　　　　　　　　　**过负荷允许时间及数值**

| 过负荷电流/额定电流 | 1.1 | 1.12 | 1.15 | 1.20 | 1.25 | 1.5 |
|---|---|---|---|---|---|---|
| 允许持续时间/min | 60 | 30 | 15 | 6 | 5 | 2 |

在过负荷运行中发现定子或转子线圈温度较高时，应适当限制过负荷的倍数和时间，1.5倍过负荷每年不允许超过二次。

第44条　当发电机定子电流超过允许值时，值班人员先应检查发电机的功率因数和电压（注释：功率因数过低，表明发电机无功负荷过大，无功负荷过大会造成发电机机端电压过低及定子电流过大），并注意电流超过允许值的时间。用减小励磁电流降低无功出力的办法，降低发电机定子电流到最小允许值。还应注意功率因数不能过高（注释：减小励磁电流降低无功出力的同时，功率因数会增大）。

如果减小励磁电流不能满足上述要求时，应报告调度，要求降低有功负荷，直至达到电流许可值为止。

第45条　与系统并列运行的发电机，由于某种原因使带动发电机旋转的水轮机水流突然中断，发电机失去动力，此时发电机从向电网输出有功功率变成电网向发电机输入有功功率，机组LCU屏上的有功功率表指示负值，发电机变为调相机运行。

有的水轮发电机允许作调相机运行，有的则不允许作调相机运行。不论哪种机组在正常情况下，都应立即恢复水轮机水流，改为原来的发电运行工况。

第46条　当转子或定子监测仪表指示突然消失或指示值突然降低时，必须按照其他仪表的指示检查是否仪表一次回路或二次回路发生故障。如果是由于仪表二次回路故障引起的，应尽可能不改变发电机的运行方式。如果故障影响发电机正常运行时，应根据实际情况减少负荷或停机处理，并采取安全措施，通知维修人员消除故障。

### 五、注意事项

第 47 条 机组运行中不允许将差动保护和复合电压过流保护同时停用。

第 48 条 发现电流互感器意外开路应设法短接，不能处理时应与调度联系减负荷或停机，通知维修处理，并向技术负责人汇报。

第 49 条 当发电机做失磁试验或转子回路测绝缘时，应退出转子接地保护。

第 50 条 发电机继电保护装置退出或校验工作时，应断开相应保护跳闸的引出压板（参见图 4-61 中 1LP），保证校验期间不能跳闸。

第 51 条 发电机运行中不允许修改保护定值；修改保护定值要先断开跳闸压板，然后输入修改定值并核对正确，方可合上相应跳闸压板。

第 52 条 保护装置全停要先断开跳闸压板，再断开保护装置电源开关。

第 53 条 运行人员不允许不按规定操作程序随意按动装置插件上的键盘、开关，不允许带电插拔插件。

第 54 条 严禁在运行中按保护复位按钮。

第 55 条 保护装置测试时，所有保护功能均应退出运行。

第 56 条 保护装置异常时，严禁将装置投入运行。

第 57 条 没有特殊原因，所有保护装置所有整定值不能任何修改。

# 第二节 发电机事故处理

## 一、事故处理的基本原则

1. 处理事故的原则是首先解除对人身和设备的危险，其次尽量坚持设备继续运行，最后力求维持整个电力系统的稳定。

2. 厂用电是电厂正常生产的先决条件，在全系统崩溃时，运行人员应先恢复厂用电源。

3. 凡危及到人身伤亡和重要设备损坏，运行人员不需要请示调度和厂领导同意，先进行紧急事故处理，解危后再将有关情况汇报。

4. 处理事故时，值班员应迅速、沉着，不要惊慌失措，应集中精力，尽力保持设备的正常运行，并应迅速执行值班长的命令。坚守自己的工作岗位，只有在接到直接领导人（值班长）的命令或对人身和设备安全有明显的危害时，方可停止设备运行和离开危险区。

5. 处理事故后，应向电力调度部门及厂（站）领导汇报事故的详细经过，并做好事故的登记工作。事后应组织有关人员进行事故分析，总结经验，吸取教训，提高运行水平和反事故能力。

6. 事故处理的领导人为值班长，值班长必须掌握事故的全面情况。凡不参加处理事故的人员，禁止到事故地点，以免影响事故的处理。

7. 在交接班时发生事故，而交接班工作尚未结束时，由交班者负责处理，接班者在交班者的要求下可协助处理。待恢复正常运行后，方可进行交接班。若事故一时处理不了，在接班者许可时，交班者可离开现场，由接班者继续处理。

8. 事故发生时，值班员必须根据下列顺序消除事故：

（1）根据表计的指示和设备的外部征象，判断事故的全面情况。

（2）如果对人身和设备有威胁时，应立即解除，必要时停止设备运行；如对人身、设备无威胁时，应尽量保持和恢复设备的正常运行，必要时开启备用机组。

（3）正确、迅速地判明事故的性质、地点和范围。

（4）对所有未受损失设备，应保持正常运行。

（5）在判明事故性质以后，值班员应立即进行排除。值班员一时不能处理时，应尽快通知检修人员进行抢修；但在检修人员未到之前，应事先做好一切准备工作。

（6）事故后应及时、真实地向厂领导汇报。

（7）将事故情况、抢修情况详细记入运行日志。

9. 受令人在接到处理事故的命令时，必须向发令人重复一次，若不清楚，应问明白。发令人和受令人应互通姓名。命令执行后立即报告。若下一项命令必须根据上一项命令的执行情况来确定时，应等受令人亲自汇报，不得由第三者传达，也不允许根据表计的指示来判断命令的执行情况。

## 二、发电机事故处理

1. 发电机过负荷

原因：（1）在小电力系统中，大用户增加负荷。

（2）某发电厂事故跳闸，大量负荷压向本电厂。

现象：（1）过负荷光字牌亮、电铃响。

（2）定子电流指示超过允许值。

（3）定子和转子温度升高。

处理：（1）与调度联系减少无功负荷。

（2）若减少励磁电流不能使定子电流降到额定值，则必须减发电机有功负荷。

（3）如确系电力系统事故，应遵守发电机事故过负荷规定，并严格监视定子线圈温度。

2. 转子一点接地

原因：（1）励磁回路绝缘损坏。

（2）励磁控制回路绝缘损坏。

（3）滑环及碳刷架等炭粉过多，引起接地。

现象：（1）转子一点接地保护动作，光字牌亮，电铃响。

（2）励磁系统的正极或负极，对地有电压指示。

（3）机组运转正常。

（4）各表计指示正常。

处理：（1）测量转子"＋"极对地，"－"极对地电压（注释：测量时将电压表一端接地，当另一端测量"＋"极对地电压不为零，"－"极对地电压为零，说明转子负极发生一点接地。测量时将电压表一端接地，当另一端测量"－"极对地电压不为零，"＋"极对地电压为零，说明转子正极发生一点接地），并根据公式计算接地电阻，判断是否金属性接地。

（2）检查发电机励磁屏柜、励磁柜屏引线、滑环及碳刷等，发现故障点，应立即设法将其消除。

（3）原因一时无法查明或消除，一般不允许再继续运行，应联系调度请求停机处理。

3. 发电机温度不正常

原因：（1）发电机电流过大或测温装置不正常。

（2）发电机冷却通风不畅或通风道气流通道短接造成气流没有经过空气冷却器。

现象：定子绕组温度在100℃以上及发电机出风温度过高。

处理：（1）检查测温装置是否正常。

（2）与调度联系减少负荷。

（3）查明是否由于发电机内部局部短路而引起。

（4）排除通风受阻或通道短接现象。

4. 电压互感器回路故障

原因：（1）电压互感器二次侧有短路。

（2）高低压侧的熔丝熔断或接触不良。

（3）系统故障导致。

现象：（1）熔丝熔断，测得三相电压不平衡。

（2）发出 TV 二次侧断线信号。

处理：（1）如果发电机有功、无功计同时指示减小，则为发电机出口电压互感器熔丝熔断，应立即退出失磁保护，待处理正常后，再放上失磁保护压板。

（2）检查二次回路熔丝。

（3）如处理二次熔丝还不能消除故障，应申请停机处理。

5. 发电机操作电源消失

原因：（1）操作回路熔丝熔断、接触不良或操作回路断线。

（2）发电机断路器辅助触点接触不良。

（3）回路监视继电器线圈或触点断线。

现象：操作电源消失光字牌亮，电铃响。

处理：（1）检查发电机操作电源熔丝是否熔断。

（2）检查操作回路监视继电器是否断线。

（3）检查接线端子是否松动。

（4）检查发电机断路器跳闸、合闸线圈是否断线，断路器辅助触点是否接触不良。

（5）如故障一时无法排除，申请停机处理。

6. 发电机断路器自动跳闸原因一般有下列几方面：

（1）发电机内部故障，如定子绕组短路或接地短路。

（2）发电机外部故障，如发电机出线、主变低压侧母线、主变高压侧母线或线路短路。

（3）继电保护装置及断路器操动机构误动作或值班人员误碰触。

7. 发电机断路器自动跳闸时，值班人员首先要进行下列各项工作：

（1）检查发电机灭磁开关是否已跳开，如果没有，应立即将其断开，以防过电压，而使发电机内部故障扩大。

（2）将手/自动励磁切换开关转至切除位置。

（3）查明断路器自动跳闸的原因，再酌情进行处理。

8. 低压过流保护动作

原因：大部分是由于发电机外部事故而引起，如母线及线路短路等。

现象：（1）喇叭响、发电机电气事故光字牌亮。

（2）各表计均无指示。

（3）低压过流光子牌亮。

处理：发电机断路器跳闸，如果主变高、低压侧断路器也因过流而同时跳闸，则说明是由于线路事故而引起。运行人员可不经检查将机组重新启动升压、维持空载位置，等调度命令并网送电。

9. 定子单相接地

现象：同一单元运行中的发电机发"定子接地"信号。

处理：（1）测量发电机或主变低压侧母线 A、B、C 三相对地电压，一相降低或接近于零，其他两相升压高或接近于线电压，则降低相为接地相（参见图 2-36）。

（2）对母线及其所连接的电气设备进行全面检查。

（3）若经检查判断确定发电机单相接地，应立即联系调度换机或停机处理。若系统不允许立即换机或停机，允许发电机在单相接地情况下短时间运行，但最多不得超过 2h，同时应做好事故预防。

（4）查找接地点时应穿绝缘靴、戴绝缘手套，保持安全距离，防止跨步电压触电危险。

（5）如果并网前发生定子单相接地故障，故障未消除前，发电机不得进行同期并网。

10. 差动保护动作

原因：差动保护动作一般是发电机内部，包括其保护区域内的电缆和互感器故障引起。

现象：（1）喇叭响、发电机电气事故光字牌亮。

（2）发电机有严重的冲击声，发电机跳闸、灭磁、停机。

（3）发电机断路器指示绿灯亮，表计瞬时冲击后指示到零。

处理：（1）检查掉牌指示、差动回路、继电保护动作是否正确。

（2）检查发电机有否内部绝缘击穿而引起的弧光、冒烟、着火等现象。

（3）对差动保护范围内的设备：电压互感器、电流互感器、定子出线、电缆头等进行详细检查，确定有否短路、接地情况。

（4）用 2500V 兆欧表测量发电机相间、相对地的绝缘电阻。

（5）经检查未发现故障点，绝缘电阻良好后，可报告调度，从零起升压，在零起升压过程中应特别注意，发现异常立即停机。

（6）差动跳闸在未找出原因时，绝对不能开机强送。

11. 过电压保护动作

原因：（1）变电所事故跳闸，本厂负荷送不出去，过速或飞车引起电压过高。

（2）线路断路器跳闸，系统负荷减轻。

现象：（1）喇叭响、发电机电气事故光字牌亮。

（2）发电机跳闸后各表计均无指示。

处理：（1）查明过电压跳闸的原因。

（2）除特别严重的飞车事故要检查机组绝缘外，可立即升压、并网。

12. 发电机断路器误动作

原因：（1）操作机构失灵。

（2）人员误碰、误操作等。

现象：（1）保护装置未动作，无事故信号，信号继电器没有掉牌现象。

（2）跳闸前，所有表计无异常现象。

处理：（1）立即调整发电机励磁及转速至空载位置。

（2）检查误动作原因，确认是误碰、误操作后，可立即并网运行。

13. 发电机的非同期并网

原因：同步发电机在不符合准同期并网条件时就与系统并网。

现象：在合上待并发电机断路器的瞬间，定子电流突然增大，系统电压降低，发电机发出吼声，定子电流表剧烈摆动。

处理：发现上述情况应立即把发电机断路器和灭磁开关跳开，停机检查。

（1）测量发电机定子绕组的绝缘电阻。

（2）检查发电机端部绕组有无变形。

（3）查明非同期并列的原因，在证明发电机机电部分正常后，再启动、升压、并网。

14. 发电机升不起电压

原因：（1）励磁系统电源故障，失磁不能建压。

（2）励磁回路断线或接触不良。

（3）励磁回路短路或接地。

处理：（1）检查励磁系统电源。

（2）检查励磁回路接触情况。

15. 双绕组电抗分流励磁装置故障（低压机组）

原因：（1）分流电阻烧坏或可控硅调节器故障（新式电抗分流，用一只可控硅来代替分流电阻）。

（2）整流二极管击穿或短路。

（3）励磁回路接触不良，如虚焊、断线等。

（4）电抗器烧坏。

处理：停机，按原因逐项进行分析、检查，消除故障。

16. 无刷励磁系统不能建压（低压机组）

原因：（1）旋转二极管击穿、短路。

（2）自动励磁调节器故障，如虚焊、接触不良及起励电阻烧坏。

（3）这种发电机是利用剩磁建压的，当停机较长、剩磁电压过低时，起励往往要先充磁才能建压。

处理：停机，按不同现象进行解决。

17. 可控硅自励系统不能建压

原因：（1）励磁系统主回路接触不良或快速熔断器烧断。

（2）可控硅性能的变化，正向阻断电压的降低，引起可控硅击穿和短路。

（3）调节器故障，如虚焊、接触不良、回路不通等。

处理：应根据不同情况进行针对性处理。

18. 发电机失去励磁

原因：（1）发电机由于灭磁开关受振动或误碰而跳闸。

（2）励磁手动调节电位器接触不良。

（3）自动电压调节器故障等。

现象：转子励磁电流突然为零，励磁电压也降低至零；发电机及主变低压侧6.3kV（或10.5kV）母线电压都比原来值低。定子电流表指示升高，功率因数表指示进相；无功功率表指示零值以下；各表计指针都在摆动；机组发出"嗡嗡"响声，有可能失步；转子严重过热。

处理：水轮发电机一般是不允许无励磁运行的。如果确认发电机为无励磁运行时，应立即将发电机与系统解列，然后停机查明原因。

19. 发电机的振荡和失步

原因：当系统发生某些重大事故时，发电机的输出功率与用户的负荷不能平衡，将使发电机产生振荡和失步。

现象：（1）定子电流表指针激烈地冲撞针挡。

（2）定子电压表的指针也激烈摆动，通常电压值降低。

（3）有功功率表指针在全表盘刻度摆动。

（4）转子励磁电流表指针在正常值附近摆动。

（5）发电机发出"鸣"声，其"鸣"声的变化与仪表指针摆动的频率相对应。

（6）其他并列运行的发电机的仪表也相应地摆动，但幅度较小。

处理：（1）先判明振荡是系统失去稳定引起，还是由于本厂发电机失磁引起的。

（2）若是系统失去稳定引起的，则：

1）频率升高时，应降低各机组有功，直至振荡消失，但频率不得低于49.5Hz。

2）频率降低时，应增加各机组有功，直至振荡消失。

3）尽可能增加发电机转子励磁电流，创造恢复同期条件。

4）系统振荡期间，在未得到调度许可时，不得将机组解列。

（3）若是本厂发电机失磁引起的，则：

1）立即设法增加或恢复本厂发电机励磁。

2）经2min处理后仍无法消除，将失磁发电机与系统解列。

20. 当发电机着火时（出风处冒出明显的烟气、火星或有绝缘烧焦的气味），值班人员应立即采取的措施

（1）电气值班人员应立即按紧急停机按钮，断路器跳闸将发电机与系统解列。

（2）断开灭磁开关。

（3）水轮机值班人员应立即关小水轮机导叶开度，降低发电机转速。

（4）在确定发电机机端没有电压后，按《电业安全工作规程》的规定用四氯化碳和"1211"等灭火器进行灭火；或用水进行灭火，但不得使用泡沫灭火器及沙子灭火。

（5）为避免发电机由于一侧过热而使主轴弯曲，在火灾完全熄灭前，保持发电机缓慢转动，不得完全停转。

## 三、励磁系统事故处理

1. 励磁整流快熔器熔丝熔断

现象：（1）发"励磁快熔器熔断"信号。

（2）励磁屏电流表指示电流减少。

（3）励磁屏面板故障/事故信号红灯亮。

（4）励磁调节器自动切换至恒流模式运行。

处理：（1）检查确定哪一个快熔断，并检查对应的硅元件是否损坏。

（2）监视励磁电流、发电机电压，按实际情况可联系调度停机处理。

（3）通知维修人员处理。

2. **励磁冷却风机及电源故障**

现象：（1）发"风机停机"故障信号。

（2）励磁屏面板故障/事故信号红灯亮。

处理：（1）风机故障若是风机电源失去引起停转，则恢复其电源，如果电源不能恢复或风机本身故障，通知维修人员处理。

（2）若是风机总电源失去所致，则尽快恢复总电源，尽可能减少励磁电流，密切监视励磁柜温升，否则应联系调度停机处理。

（3）若是由于控制回路故障，则由维修人员做临时措施，保证机组运行，等停机后进一步处理。

3. **自动起励失败**

现象：（1）发"起励不成功"故障信号。

（2）开机时发电机电压升不起来。

处理：（1）检查机组转速正常，现场手动起励一次。

（2）检查起励电源是否正常。

（3）如仍无法恢复正常，通知维修人员处理。

4. **电压互感器 PT 断相**

励磁调节器将恒压模式运行自动切换到恒流模式运行；及时查明 PT 断相原因，通知维修人员处理。

# 第三节 变压器运行规程

## 一、总则

第 1 条 变压器按部颁有关规程的规定装设继电保护装置及测量仪表。

第 2 条 厂用变和励磁变可用熔断器保护，但熔断器性能必须满足系统短路容量、灵敏度和选择性的要求。

第 3 条 水电厂的主变、厂用变和励磁变压器都应建立详细的设备规范。

第 4 条 厂用变和励磁变的变压器室的门应采用阻燃或不燃材料，并应上锁。门上应标明变压器的名称和运行编号，门外应挂"止步，高压危险！"标示牌。

第 5 条 变压器室应有适当的通风，以使变压器在一年中任何季节均能在额定负荷下运行。

第 6 条 安装油浸式电力变压器场所应按有关设计规程规定，设置消防设施的事故储油设施，并保持完好状态。

室内（洞内）容量在 20MVA 及以上的变压器，户外容量在 900MVA 及以上的变压器应装设喷水雾或其他的灭火装置。

户外安装油量在 1000kg 及以上的变压器，应装设储油池（或挡油墙）和事故排油设施。

储油池和挡油墙的长宽尺寸，一般较变压器外廓尺寸相应增大 1m，储油池内一般铺设卵石层，其厚度不小于 250mm，卵石直径约 30～50mm。

事故排油系统应畅通，排油管内径不宜小于 110mm，且不引起环境污染及事故的扩大。

第 7 条　设计布置大型钟罩式变压器时，应考虑永久性起吊钟罩设施，或临时起吊设施所需的工作场地。

第 8 条　发电厂的主变压器，在其引出线上应按相涂色标。

第 9 条　装有瓦斯信号器的油浸式电力变压器，安装时应注意使其顶盖沿瓦斯信号器的方向有 1％～1.5％的升高坡度，变压器至油枕的油管应与变压器顶盖的最高点连接，并有 2％～4％的升高坡度，防止空气残留，以便使瓦斯信号器能正确地动作。

第 10 条　油浸式电力变压器在运行情况下，应能安全地查看油枕和套管油位、顶层油温、瓦斯信号器以及能安全取出规定气样等。

第 11 条　为了有系统地记录变压器的历史及运行时发生的一切异常现象并作为运行检修的依据，每台变压器均应有自己的技术档案。其内容如下：

（1）变压器履历卡片。

（2）安装竣工后所移交的全部文件。

（3）检修后移交的文件。

（4）预防性试验记录。

（5）变压器保护测量装置的校验记录。

（6）油处理及加油记录。

（7）其他试验记录及检查记录。

（8）变压器事故及异常运行（如超温、瓦斯信号器动作、出口短路、严重过电流等）记录。

第 12 条　从瓦斯信号器和温度表引到信号电缆的一段导线应用耐油导线，在离瓦斯信号器 0.5m 以内的导线应用布带扎紧，并在布带上涂耐油的绝缘漆。

## 二、变压器运行方式

第 13 条　变压器在规定的冷却条件下，可按铭牌规定范围连续运行。

第 14 条　对于 A 级绝缘的变压器，运行中允许温度应按上层油温来检查，上层油温最高不得超过 95℃，同时上层油允许温升不得超过 55℃（既温度计指示的温度减去周围环境空气温度之差不得大于 55℃）。为防止变压器油劣化过快，上层油温最好不要超过 85℃。

第 15 条　在变压器运行中，不仅要监视上层油温，而且要监视上层油的温升，只有当上层油的允许温度、允许温升在规定范围内时，变压器才能安全运行。

第 16 条　变压器在额定容量下，不论分接开关的分接头在什么位置，变压器的外加一次侧电压最大值不得超过相应分接头电压的 5％。此时变压器的二次侧可按额定电流运行。

第 17 条　变压器在正常运行时允许过负荷，这种过负荷也称正常过负荷。正常过负荷主要指两种情况，一种由于昼夜负荷的变动而允许的过负荷；另一种是由于夏季低负荷而允许冬季过负荷，即根据变压器的典型负荷曲线，如果在夏季（6、7、8三个月）最高负荷低于变压器额定容量时，则夏季负荷每降低1%，在冬季（11、12、1、2四个月）可过负荷1%，但以15%为最高限额。

第18条 当发电厂、变电所或系统发生事故时，允许变压器在短时间内（消除事故所必须的时间）过负荷运行，称为变压器的事故过负荷。变压器事故过负荷的数值和时间，应按制造厂的规定执行，也可按照表6-3所列数据执行。

表6-3                过负荷的数值和时间

| 事故过负荷与额定负荷之比 $K$ | 1.3 | 1.6 | 1.75 | 2.0 | 3.0 |
| --- | --- | --- | --- | --- | --- |
| 过负荷允许的持续时间 $t$/min | 120 | 45 | 20 | 10 | 1.5 |

第19条 变压器的短路电流不得超过额定电流的25倍，短路电流通过的时间 $t$ 不应超过下表所列数值，具体数据见表6-4。

表6-4                短路电流相关数值

| 短路电流与额定电流之比 $K$ | 25~20 | 20~15 | 15 以下 |
| --- | --- | --- | --- |
| 过负荷允许的持续时间 $t$/s | 2 | 3 | 4 |

第20条 连接组别为 $\Delta/\text{yn0}$ 的三相四线制终端变压器，一般中性线电流（三相不平衡电流）不得超过低压线圈额定电流的25%，此时其中任意的一相电流不得超过额定电流。

第21条 变压器（三相三线制）在运行中三相电流应保持平衡，任何二相电流之差不得超过额定电流的30%，此时其中任意一相电流不得超过额定电流。

## 三、变压器正常运行维护

第22条 变压器检修后或停用半个月以上后，在投入运行前均应测量各绕组之间和绕阻与外壳之间的绝缘电阻。测量绝缘电阻时应用同一电压等级的兆欧表测量，测量数值应换算到同一温度（一般换算到20℃），结果不得降低至原来的50%，其吸收比 $R_{60}/R_{15} \geqslant 1.3$。

第23条 运行中检修后的变压器绝缘的判断标准应根据本变压器自行规定。

第24条 如果变压器的绝缘电阻降低到原来值的50%以下时，则应测量变压器油的 $\text{tg}\delta$ 和吸收比 $R_{60}/R_{15}$，并取油样进行简化试验和耐压试验。变压器绝缘状况的最后结论，应综合全部试验数据并与以前运行中的数据比较分析后得出结论。

第25条 测量6kV以上变压器绕组的绝缘电阻应使用2500V摇表（兆欧表），测量前后应对设备充分放电，并应注意下列事项：

（1）拆开变压器的对外连线，为消除残余电荷的影响，将绕组对地放电2min。

（2）被试绕组各引线均应短接，其余各非被试绕组均短接接地。把各非被试绕组短接接地的目的是同时测取被试绕组的对地、绕组之间的绝缘电阻，并且避免非被试绕组中剩余电荷对测量的影响。

（3）对刚停止运行的变压器，为了使油温与绕组温度趋于一致，应在变压器退出运行后30min，再进行测量，并记录上层油温作为绕组的温度。应尽量在油温低于50℃时测量。

（4）对新投入的8000kVA及以上的较大型变压器，应在注油20h以上再进行测量；电压3~10kV的小容量变压器，应在注油5h以上再进行测量。

（5）当套管清扫后，仍怀疑套管表面影响测量结果时，应用金属裸线在套管下部绕几圈，然后接到兆欧表的屏蔽端子上，以消除套管表面泄漏电流对绝缘电阻的影响。

（6）当需重复测量时，应将绕组充分放电。

（7）为了便于比较，减少换算误差，各次试验最好在相近温度下进行。

（8）如发现绝缘有问题，则应分相测量。

第 26 条　变压器大修后，应经验收合格才能投入运行。

第 27 条　变压器日常巡视检查一般包括以下内容：

（1）变压器的油温和温度计应正常，油枕的油位应与温度相对应，各部位无渗油、漏油现象。

（2）套管油位应正常，套管外部无破损裂纹、无严重油污、无放电痕迹及其他异常现象。

（3）变压器声响正常。

（4）呼吸器完好，吸附剂干燥。

（5）引线接头、电缆、母线应无发热迹象。

（6）安全气道及防爆膜应完好无损。

（7）瓦斯信号器内应无气体。

（8）各控制箱和二次端子箱应关严，无受潮。

（9）干式变压器的外部表面应无积污。

（10）变压器室的门、窗、照明应完好，房屋不漏水，温度正常。

（11）现场规程中根据变压器的结构特点补充检查的其他项目。

第 28 条　应对变压器作定期检查（检查周期由现场规定），并增加以下检查内容：

（1）外壳及箱体应无异常发热。

（2）各部位的接地应完好，必要时应测量铁芯和夹件的接地电阻。

（3）各种标志应齐全明显。

（4）各种保护装置应齐全、良好。

（5）各种温度计应在检定周期内，超温信号正确可靠。

（6）消防设施应齐全完好。

（7）室（洞）内变压器通风设备应完好。

（8）储油池和排油设施应保持良好状态。

第 29 条　在下列情况下应对变压器进行特殊巡视检查，增加巡视检查次数：

（1）新设备或经过检修、改造的变压器在投运 72h 内。

（2）有严重缺陷时。

（3）气象突变（如大风、大雾、大雪、冰雹、寒潮等）时。

（4）雷雨季节特别是雷雨后。

（5）高温季节、高峰负载期间。

（6）变压器急救负载运行时。

第 30 条　运行中的变压器和备用变压器的油应按下列期限进行耐压试验和简化试验：

（1）简化试验：电压为 35kV 以下的变压器每三年至少一次；电压为 35kV 及以上变压器每年至少一次。

(2) 耐压试验：在二次简化试验之间至少进行一次。

第 31 条　变压器取油样应用毛玻璃塞的玻璃瓶，该瓶应预先洗净并经过干燥。做耐压试验的油样取 0.5L 即可；做简化试验和全分析的油样应取 1L。屋外变压器取油样应在晴天气候干燥时进行。取油样时打开变压器底部放油阀门，放出底部污油 2L 左右，然后用干净干燥的布将油阀擦干净，再放出少许油冲洗油阀，并用变压器内放出的油将取样瓶洗涤两次，方可将油注入取样瓶，并将瓶口塞紧。必须特别谨慎，以免泥土、水分、尘埃、纤维丝等落入油样内。严禁在雨天、雾天、气候潮湿的阴天或早晨、傍晚取油样。

第 32 条　变压器绝缘油的过滤一般在变压器停运情况下进行，如果是带电滤油，则应遵守现场的带电滤油规程和《电业安全工作规程》的规定。

## 四、变压器的合闸和拉闸

第 33 条　值班人员在合变压器的断路器前必须仔细检查变压器，确认是在完好状态，检查所有临时接地线、标示牌、遮栏等是否已拆除，检修工作票是否已经收回，现场是否清洁。

第 34 条　测量变压器的绝缘电阻时必须将高低压侧电源和连接的互感器断开，以防反向送电。（经常运行的变压器不必每次测量）

第 35 条　若变压器的绝缘电阻小于规定值时，即应报告技术负责人，以便决定是否投入运行。

第 36 条　所有备用变压器均应随时可以投入运行，长期停运的备用变压器应定期充电，以防受潮。

第 37 条　变压器合闸和拉闸的操作程序必须遵守下列规定：

(1) 合闸时应先合有保护装置的电源侧，这样如遇变压器损坏时，可由保护装置将其切断；拉闸时，应先拉负荷侧，再拉电源侧。

(2) 如有负荷开关，必须使用负荷开关进行投入和切断。

(3) 如果没有负荷开关或断路器，可用隔离开关拉合空载电流不超过 2A 的变压器。

(4) 切断电压为 20kV 及以上变压器的空载电流，必须用带有消弧角和机械传动装置并装在室外的三联刀闸。如因条件限制不得不装在室内时，则应在各相间装有不易燃的绝缘物，使其三相互相隔离，以防止三相弧光短路。

第 38 条　变压器在大修、事故抢修及换油后，应看试验的结果而定，不可盲目投入运行。

第 39 条　新安装及大修后的变压器，在投入运行前应通过各种检查，待试验合格后方可投入运行。

## 五、变压器无载分接开关调整方法

第 40 条　变压器箱盖上装有无载分接开关，无载分接开关不可在带负荷状态下调整电压。在变换分接头以前，应将变压器高低压侧电源切断。

第 41 条　变压器变换分接头后，必须用万用表或电桥检查回路的完整性和三相电阻的均一性。

第 42 条　变压器电压分接开关的变换情况应记入值班操作记录本内。

## 六、运行中的不正常现象

第 43 条 值班人员在变压器运行中发现有任何不正常现象时，如漏油、储油柜内油面高度不够、温度不正常、声响不正常等，应用一切办法将其消除，并报告上级，将经过情形记入值班运行日志内和设备缺陷记录本内。

第 44 条 变压器在运行中进行滤油、加油、更换呼吸器内硅胶等和检修后重新投入运行时，均应将重瓦斯保护由跳闸回路切到信号回路，待变压器内空气全部排出，瓦斯信号器内没有空气后，才能将重瓦斯回路切到跳闸回路。在可能的情况下，以上工作应在变压器停运后进行。

第 45 条 变压器如有下列情况之一者应立即向调度报告，并作好停用变压器的准备：

（1）变压器内部声响增大，变压器温度不正常并不断升高。

（2）在正常运行条件下，变压器温度不正常并不断升高。

（3）漏油严重，致使油位看不见。

（4）套管破损或有严重放电现象。

第 46 条 变压器超过额定电流允许值时，值班人员应按现场规程调整变压器的负荷。

第 47 条 当油位计上指示的油面有异常升高现象时，为查明油面升高的原因，在未取下重瓦斯保护跳闸回路的连接片以前，禁止打开各种放气和放油的阀门，清理呼吸器孔眼或进行其他工作，以防瓦斯信号器误动作而跳闸。

第 48 条 若变压器中油已凝固（北方），允许将变压器投入运行，但此时必须监视上层油温和油的循环状况。

第 49 条 油位因温度上升而逐步升高，若最高温度的油位高出油位指示极限，则应放油，使油位降低至适当位置，以免溢油。

第 50 条 变压器自动跳闸时，如检查结果证明变压器的跳闸不是由于内部故障引起，而是由于过负荷、外部短路或保护装置二次回路故障所造成，则变压器不须经外部检查，可重新投入运行。

## 七、注意事项

第 51 条 主变压器过负荷应注意：

（1）记录主变压器过负荷起始至过负荷终了的上层油温、环境温度和时间，以及过负荷值。

（2）过负荷期间应对主变压器高、低压侧引线及母线的接头部位温度加强观察。

（3）主变压器过负荷运行时，要及时注意发电机过负荷倍数。

第 52 条 主变压器经常过负载或短路次数过多，则应每年吊芯检查一次。

第 53 条 大修、调换瓦斯信号器后的主变压器，投入运行时必须将空气排尽，在带负载运行的 24h 内，瓦斯信号器无信号及无其他异常情况后，方可将重瓦斯保护切到跳闸回路。主变压器冲击合闸或零升（注释：安装或大修后主变首次通电，必须进行"零升"，也就是将机组转动前断开主变压器高压侧断路器，合上发电机断路器和主变压器低压侧断路器，然后开机，机组从零转速、零电压带着主变压器一起升压，电压从零逐步分几次升压到额定电压，这个过程称主变压器"零升"）方式投入时，重瓦斯保护需切到跳闸回路。

第 54 条　变压器大修后，应测量绝缘电阻，直流电阻，耐压试验合格后方可投入运行。

第 55 条　重瓦斯保护和差动保护不能同时退出运行。

第 56 条　保护装置全停时要先取下跳闸压板，再拉开装置电源。

第 57 条　主变、厂变严禁以低压侧向高压侧充电方式投入运行。

第 58 条　保护装置异常时，严禁将装置投入运行。

第 59 条　保护装置测试时，所有保护功能均应退出运行。

第 60 条　保护装置所有整定值不能做任何修改。

第 61 条　严禁在运行中按保护装置复位按钮。

# 第四节　变压器事故处理

## 一、基本原则

1. 变压器如因差动或重瓦斯保护动作而跳闸，不管原因如何，绝对不能强行送电。

2. 变压器着火时，应立即断开电源，停运变压器，并迅速采取灭火措施防止火势蔓延。若变压器油溢在变压器顶盖上着火时，则应打开变压器下部的放油阀进行放油，使油面低于着火处，然后用四氯化碳或"1211"灭火器灭火，禁止用沙和水灭火。

3. 发生下列情况，可不经联系请示立即停用变压器：

（1）变压器外壳破裂，大量漏油。

（2）防爆管安全膜破裂，向外喷油、喷烟。

（3）套管闪络、爆裂、接头熔断。

（4）变压器着火。

（5）有明显漏油使油枕油位降低到油位计的最低极限并继续在漏油。

## 二、变压器故障事故处理

1. 主变保护装置异常处理

（1）检查保护装置异常灯是否亮。

（2）检查并记录保护装置异常报告内容，并退出保护出口压板。

（3）退出保护出口压板后，及时复位一次，若不能恢复，汇报调度，并通知维护人员处理。

2. 主变油温升高处理

变压器的油温超过允许值时，值班人员应判明原因，采取措施使其降低。并必须进行下列工作：

（1）检查变压器负荷和冷却温度，并与在同一负荷和冷却温度下正常的温度核对。

（2）核对温度表，检查表计是否有不正确的地方。

（3）检查变压器的冷却装置和通风情况。

（4）如是变压器过载，应密切监视油温，必要时降低负荷电流。

（5）检查油面是否过低。

（6）若温度升高的原因是由于冷却系统的故障并需停运修理时，应立即将变压器停运处理，若不停运修理（如风扇故障），则值班人员应根据现场规程规定调整负荷。

（7）若发现油温较平时同样负荷和同样冷却条件下高出 10℃ 以上，或变压器负荷不变、油温不断上升，而检查结果证明变压器的冷却装置和通风良好且温度正常，则可以认为变压器已发生内部故障（如匝间短路等），但变压器的保护因故障而不起作用，在这种情况下应立即将变压器停运处理。

3. 主变油位过低处理

当发现变压器的油面较当时油温应有的油位显著降低时，立即加油。如果大量漏油而使油位迅速下降时，禁止将重瓦斯保护改为动作于信号，而必须迅速采取停止漏油的措施，并立即加油。

4. 主变轻瓦斯动作处理

原因：变压器内部可能有轻微程度的故障，产生微弱气体，也可能是空气侵入变压器内。另外可能是二次回路误动作引起。

现象：电铃响，轻瓦斯动作光字牌亮。

处理：（1）检查变压器是否因进入空气、漏油、油面过低或二次回路故障所引起。

（2）经过外部检查分析未发现异常现象时，应检查瓦斯信号器内储积气体的性质来判断故障原因。

（3）用取样瓶收集气体，迅速判明瓦斯气体性质，如判别为空气，应对瓦斯继电器放气后可继续运行，并查明原因，设法消除。

（4）如气体不可燃烧说明是空气，变压器可以继续投入运行；如气体可以燃烧，说明变压器内部有故障，禁止变压器继续运行，联系调度停电处理，详细处理方式见表 6-5。

表 6-5　　　　　　　　　　不同气体的处理方式

| 气体特征 | 故障性质 | 气体特征 | 故障性质 |
|---|---|---|---|
| 无色不可燃 | 空气 | 淡灰色带强烈臭味可燃 | 纸或纸质板故障 |
| 黄色不易燃 | 木质故障 | 灰色和黑色易燃 | 油故障 |

5. 主变重瓦斯动作处理

原因：主变压器内部发生严重故障，产生强烈气体；油位下降太快；二次回路可能误动作。

现象：（1）喇叭响，主变电气事故光字牌亮。

（2）各表计均无指示。

处理：（1）立即进行外部检查，注意防爆管安全膜有无喷油、损坏等异常现象，注意压力释放阀是否动作。

（2）油标内油色是否变黑。

（3）取瓦斯气体，判明故障性质。

（4）重瓦斯动作后，如找不到确切原因，应测量主变压器绝缘电阻及直流电阻。

（5）如经分析，确系保护误动作，则停用重瓦斯保护后，恢复送电时，此时差动保护必须投入。

（6）在做了上述工作后，证明确无问题，经厂领导批准，可慢速零起升压方式试投，若正常，可投入运行；反之，则重新切除主变压器。

6. 主变差动保护动作处理

原因：一般是主变差动保护范围内发生短路故障。

现象：（1）喇叭响、主变电气事故光字牌亮。

（2）各表计均无指示。

处理：（1）对差动保护范围的设备：主变压器、断路器、电流互感器、母线、电力电缆、绝缘子等进行详细检查，注意有无短路和接地情况。

（2）用 2500V 兆欧表测量变压器及所连接设备的绝缘电阻，如绝缘电阻符合规定要求，可对变压器作充电合闸试验。

（3）若充电合闸试验正常，则主变压器可重新投入运行。

（4）若充电合闸试验时，断路器重新跳闸，需要查明原因，禁止将主变压器盲目加压试验，更不允许盲目投入运行。

7. 主变低压侧复合电压过电流保护动作处理

原因：变压器差动保护拒动；差动保护范围外发生外部短路，系统短路。

现象：（1）喇叭响，主变电气事故光字牌亮。

（2）各表计均无指示。

（3）发过电流信号。

处理：（1）先将保护范围内的设备：主变压器、断路器、电流互感器、母线、电力电缆和绝缘子等进行详细检查，看有无短路和接地情况。

（2）用 2500V 兆欧表测量变压器及所连接设备的绝缘电阻，如绝缘电阻符合规定要求，可对变压器作充电合闸试验。

（3）若充电合闸试验正常，则变压器可重新投入运行。

（4）若充电合闸试验时，断路器重新跳闸，需要查明原因，禁止将变压器盲目加压试验，更不允许盲目投入运行。

8. 主变低压侧母线单相接地处理

原因：主变低压侧母线及主接线电气设备发生对地绝缘损坏；主变低压侧母线电压互感器高压熔丝熔断。

现象：电铃响，主变低压侧母线单相接地光字牌亮。

处理：（1）检查母线三相对地电压，判明接地的程度及真假。

（2）若一相对地电压为零，其他两相不变，则电压为零相的电压互感器高压熔丝熔断，更换高压熔丝即可。

（3）若一相对地电压为零或降低，另两相对地电压升高，则对地电压为零或降低相为接地故障相。并作如下处理：

1）应立即查明接地点。如无明显故障点，可与调度联系，采用短时切断法，先户内后户外，先厂变后发电机，查明接地点；

2）若依次切断后，故障现象不消失，则接地点可能在母线或母线电压互感器上，应向调度申请停机处理；

3）若故障一时不能消除，而系统负荷紧张，调度不允许停机，则允许发电机在主变低压侧母线单相接地情况下短时间运行，但最长不得超过 2h；此时需要做好安全措施，室内不得接近故障点 4m 之内，室外不得接近故障点 8m 之内。

# 第五节　配电装置运行规程

## 一、总则

第1条　配电装置主要由断路器、隔离闸刀、电压互感器、电流互感器、熔断器和避雷器组成。

第2条　配电装置各元件的相序排列应尽量一致。对硬导线应涂色漆或相标，色别为：A相黄色、B相绿色、C相红色。对绞线和母线可只标明相别，属于接地部分者应涂上黄绿相间油漆。

第3条　导体和导体、导体和电器间应有可靠的连接接头，硬导体的接头应有圆弧段伸缩性。

第4条　电气设备的外壳（不属于导电部分）如变压器外壳、绝缘瓷瓶的底座等，都必须有良好的保护接地，用金属导线（或接地扁铁）将上述部分与接地体连接起来，形成一个完整的接地网。裸露的接地扁铁和接地闸刀（包括闸刀的操作机构）应涂上黄绿相间漆。

第5条　配电装置应有良好的通风。

第6条　配电装置应采取防雨、雪和防小动物进入的措施，进出配电装置室应及时关门上锁。配电箱、操作箱及端子箱门在检查或操作后及时关紧上锁。

## 二、手车式真空断路器操作

第7条　手车由屏柜外进入高压开关柜的"隔离/试验位"的操作：

（1）调整转运车的高度，使其与开关柜能可靠连接，即转运车前部扣板插入开关柜对应扣板孔中，并能扣紧。

（2）断路器在分闸状态，双手拉动锁板，使锁舌缩进底盘车，将其推进到开关柜柜内导轨（轨道）"隔离/试验位"（注意，此时切不可拉动转运车上的扣扳柄，否则转移车可能离开柜体使断路器坠地损坏），并使左右锁舌均插入开关柜锁孔内。

（3）将航空插头插入开关柜二次插座并锁紧，关好开关柜中门，即可进行断路器在"隔离/试验位"的合闸、分闸试验操作。

第8条　手车由隔离/试验位置进入工作位置的操作

（1）断路器在分闸状态，将专用手柄插入底盘车摇进机构，略向前压，顺时针转动手柄。

（2）当断路器到达"工作位"后，取下手柄，即可进行断路器在"工作位"的合闸、分闸操作。注意：断路器在"工作位"的合闸、分闸操作时，必须发电机或主变没有带电或带电但没有电流，否则发生带负荷合闸或甩负荷分闸事故。

第9条　手车退出高压开关柜的操作

（1）断路器在分闸状态，将专用手柄插入底盘车摇进机构，逆时针转动手柄，使断路器到达隔离/试验位置，打开断路器室门，拔下二次航空插头。

（2）将转运车与柜体扣紧，用手拉动断路器手车锁板，使锁舌缩进手车内，再将手车拉出开关柜，拉到转运车上。

### 三、配电装置运行方式

第 10 条　额定运行

(1) 配电设备应在铭牌规范范围内运行。

(2) 电压互感器外加一次电压，最高不得超过额定电压的 110%，以免电压互感器的原方励磁电流过大，铁芯磁通密度增加引起过热。

(3) 电流互感器不允许长时间付方线圈过负荷运行。

第 11 条　雷季运行方式

(1) 雷季前所有防雷设备必须全部投入运行，且应遵守雷季运行方式的有关规定。

(2) 线路在雷季不得长期带电开口运行。

### 四、巡回检查

第 12 条　主变高压侧 $SF_6$ 断路器巡回检查主要项目

(1) 灭弧室等部件的外瓷套管、瓷瓶表面无闪路、破裂和放电现象。瓷套间法兰密封橡胶环露出四周均匀，无异常声音或气味，观察窗内无结露、水珠等，气体密度正常。

(2) 操作机构电机弹簧储能指示正确，分、合闸位置指示正确。

(3) 导体接头无过热变色。

(4) 机构操作箱加热器和操作、控制电源正常。

(5) 断路器支座、连杆和接头无断裂、弯曲；紧固螺帽不松动、脱落。

第 13 条　主变低压侧真空断路器开关柜主要检查项目

(1) 断路器分、合闸位置指示正确。

(2) 电机弹簧储能指示正常。

(3) 操作箱内无受潮、生锈，二次端子无脱落、松动、过热变色；加热器和操作、控制电源正常。

第 14 条　$SF_6$ 断路器主要检查项目

(1) 观察气压是否正常，并作记录。

(2) 观察分、合闸指示位置是否正确，并做记录。

(3) 观察断路器内部有无异常声响、严重发热等异常现象。如发现问题，应查明原因，考虑对正常运行是否有严重影响，确认存在问题，应及时退出运行，进行检查处理。

(4) 检查机构动作是否正确。

(5) 检查紧固螺母有无松动现象。

(6) 监视 $SF_6$ 气体的压力，年漏气率小于 1% 属于正常。$SF_6$ 气体检漏采用灵敏度为 $10^{-6}$ 的卤素检漏仪，当 $SF_6$ 的气压小于最低气压时应及时补气。

(7) 应定期用微量水分检测仪检查 $SF_6$ 气体的含水量，当发现气体含水量超过 $300\mu L/L$（20℃）时，应进行换气。

第 15 条　隔离开关巡回检查主要项目

(1) 合闸位置时，刀刃和触头良好，无过热和变色现象；分闸位置时，刀刃和角头间距离正常。

(2) 操作机构机械闭锁锁入正常，无电磁声和焦味，连杆联结良好，无断裂、弯曲。

（3）瓷瓶无破裂、放电。

（4）防误操作装置正常。

第 16 条　互感器巡回检查主要项目

（1）瓷套管清洁，无裂纹、破损及放电现象。

（2）充油式全密封电流互感器无漏油、渗油现象。

（3）接头无过热。

（4）电流互感器二次侧不开路，无冒烟、放电现象。

（5）内部无放电声和异味。

第 17 条　绝缘瓷瓶巡回检查主要项目

（1）表面清洁、完整，无裂纹、破损和闪络放电。

（2）室内瓷瓶和穿墙套管上，无漏水和积水。

（3）穿墙套管的导体与套管间无振动和放电，套管法兰与导体连接线完好。

第 18 条　防雷设施巡回检查主要项目

（1）避雷器的瓷套、法兰无裂纹、破坏及放电现象；内部无放电声，引线完整，接头牢固；本体不歪斜，接线紧固；雷电流放电器动作正常。

（2）避雷针有无摇晃、摆动。

（3）放电间隙金属棒有无击穿放电痕迹。

第 19 条　接地扁铁连接牢固，无损伤和锈蚀。

第 20 条　电力电缆巡回检查主要项目

（1）电缆头无损伤、溢胶、放电、发热等现象。

（2）电缆头引出线的连接线夹紧固，无发热现象。

（3）电缆头接地必须良好，无松动、断股和锈蚀现象。

（4）电缆沟盖板无损伤，上面不堆放石块等建筑材料或笨重物件。

（5）电缆廊道和电缆沟内无积水、堆积杂物和易燃物。

（6）电缆表面无腐蚀损伤。

（7）电缆头无变形，外壳无破损，护层接地良好。

第 21 条　配电装置其他检查项目

（1）室内和室外的端子箱、电源箱、操作机构箱、分电箱等，其门必须关严，把手完整。

（2）配电室场地清洁，门锁和常设遮栏良好，照明完善。

（3）箱内无杂物、放电、焦味等。

第 22 条　巡回检查要注意季节变化而出现的问题。如夏天配电设备的温度和油面有否过高，冬天时是否过低，户外设备有否冻裂等。

## 五、配电装置操作

第 23 条　电气设备的停电操作顺序

（1）跳开断路器。

（2）检查断路器三相在"分"。

（3）拉开负荷侧隔离开关。

（4）拉开母线侧隔离开关。

第 24 条 电气设备的送电操作顺序

（1）检查断路器三相在"分"。

（2）合上母线侧隔离开关。

（3）合上负荷侧隔离开关。

（4）合上断路器。

## 六、注意事项

第 25 条 断路器操作及注意事项

（1）六氟化硫断路器维修后，应检查 $SF_6$ 气体压力在正常范围（即没有压力异常报警信号），操作机构储能正常，压力及储能异常时禁止操作。

（2）断路器在带电情况下禁止现地手动分、合闸。

（3）断路器的同期并列操作应谨慎，应熟知合闸操作瞬间允许的频率差和提前量。非熟练人员不得进行手动准同期并列操作。

（4）断路器事故跳闸超过允许次数或事故跳闸后断路器发生严重异常情况，应立即通知维修人员检查。

（5）在断路器一侧有压时，由于高压断路器做合跳试验或充电的需要，必须确认断路器另一侧没有电压时，才允许将无压合闸切换开关转至"旁路"，操作断路器合闸，断路器无压合闸后，应立即将无压合闸切换开关转至"切除"，防止下一次合闸误操作。

（6）断路器维修后需检查各部安全措施恢复到备用状态，维修质量良好，试验数据合格，跳合闸试验良好后，才允许投入。

（7）如发现 $SF_6$ 气体泄漏，进入现场应做好通风防护措施。

第 26 条 高压隔离开关操作注意事项

（1）严禁带负荷拉合隔离开关。

（2）进行隔离开关拉合操作时，应先检查与其串联的断路器在"分"位置。

（3）同一电气连接部分的接地闸刀必须拉开。

（4）隔离开关拉开后，必须检查锁锭在锁住位置，以防误合。

（5）如遇隔离开关操作中途停止，拉不开也合不上，造成放电时，应倒换运行方式后，停电处理。

第 27 条 手动合隔离开关的操作要领

（1）用操作把手操作时，必须迅速果断，但在临近结束时，用力不要过猛，以减少闸刀片对静触头的冲击。

（2）隔离开关在合闸过程中要注意避免闸刀片与静触头相顶，使瓷瓶受力过大而折断。

（3）操作完毕，检查闸刀完全进入静触头，并检查接触良好。

第 28 条 手动拉隔离开关的操作要领

（1）开始时应慢而谨慎，当刀刃刚离开静触头时应迅速，以便万一带负荷拉闸时能迅速灭弧。

（2）操作完毕，检查隔离开关实际拉开角度或位置符合要求。

第 29 条 用隔离开关可进行下列操作

（1）拉合无故障的电压互感器。

（2）无雷击时，拉合避雷器。

（3）拉合5A以下母线电容电流。

第30条 电压互感器操作注意事项

（1）停役操作时，先停二次侧，后停一次侧；更换高压熔断器时，必须先拉开隔离开关。

（2）复役操作时，先恢复一次侧，后恢复二次侧。

（3）要事先做好防止操作中失压的可能性，要有防止失压后果的预防措施。如对于机组电压互感器，应停用机组失磁保护；35kV（或10.5kV）母线电压互感器，停用前考虑对距离保护等影响。

第31条 电压互感器经过大修更换或二次侧引出线经过拆装等，在复役以后，必须经过同期核相正确，方可正式投入运行。

第32条 电压互感器二次侧严禁短路，以免二次侧线圈过热烧坏和熔丝熔断。电流互感器二次侧严禁开路，以免二次过电压绝缘击穿、爆炸着火损坏设备和危及人身安全。

第33条 电压互感器、电流互感器其负荷应在额定容量以内运行。

第34条 电压互感器维修应将一、二次回路全部隔离，以防二次回路倒送电。

第35条 禁止用隔离开关拉开故障电压互感器。

# 第六节 配电装置事故处理

## 一、断路器故障事故处理

1. $SF_6$ 断路器压力过低处理

（1）汇报调度，要求用与其有串联关系的断路器解列，停电处理；检查密度监视器动作指示是否正常，开关有无明显的漏气点。如果是室内 $SF_6$ 断路器，进入现场应做好通风防护措施。

（2）将断路器改非自动，通知维护人员处理。

2. $SF_6$ 断路器操作机构合闸弹簧不能储能处理

（1）检查弹簧储能电机电源开关、$SF_6$ 断路器操作电源控制开关是否在正常位置，熔丝是否完好。

（2）检查电机控制回路继电器、接触器有否断线、损坏，电动机有否烧坏。如属电机回路故障，则应改手动操作储能。

（3）若以上故障短时内还不能消除的，应将断路器改非自动，并做好防跳措施，通知维修人员处理。

（4）汇报调度，要求用与其有串联关系的断路器解列，停电处理。

3. 断路器远方操作拒动处理

（1）如合闸（跳闸）继电器未动，则为断路器操作回路故障，应检查：

1）操作电源有否消失。

2）SF$_6$断路器气体密度是否过低，断路器操作压力有无降低到闭锁操作值以下，电机弹簧储能装置是否正常。

3）合闸（跳闸）继电器线圈、附加电阻等有否断线，若原因不明，通知维修处理。

（2）如合闸（跳闸）继电器动作，但断路器拒动，则为断路器合闸回路故障，应检查：

1）直流电压是否过低或消失。

2）检查操作回路的电气部分有否故障。

3）断路器辅助接点有否转换或接触不良。

4）合闸（跳闸）线圈有否断线。

5）合闸（跳闸）继电器接点有否烧毛和接触不良。

（3）断路器拒合时，如电气部分正常，联系维修人员，检查机械部分是否故障，在检查前必须做好安全技术措施。

（4）断路器拒分时，应检查：

1）拉、合一次断路器操作电源，以防分闸线圈或继电器长时通电而烧坏。

2）将故障断路器改非自动，用与其有串联关系的断路器解列，并做好隔离措施，通知维修处理。

**4．运行中断路器自动跳闸（无光字信号）**

原因：（1）操作直流回路两点接地所致。

（2）由于机构不良，振动所致。

（3）由于人员误动、误碰或误操作引起。

（4）由于保护误动，而信号回路故障所致。

处理：除人员误碰或误操作造成断路器跳闸，必须迅速将其投入运行外，其余均应将故障断路器停用，查明原因处理正常后，方可投入运行。

## 二、隔离开关故障事故处理

**1．带负荷误合隔离开关处理**

（1）对于隔离开关误合时已产生电弧或隔离开关已经合上，则禁止再将误合隔离开关拉开，事后再考虑与其有串联关系的断路器跳闸，最后拉开误合隔离开关。

（2）对于发现隔离开关误合未产生电弧，则应马上停止合闸操作。

**2．带负荷误拉隔离开关处理**

（1）在操作中出现错误并已产生电弧，应在电弧未熄灭前，迅速将误拉隔离开关合上，严禁继续拉开。

（2）若误拉隔离开关已完全断开则严禁返回合上。

**3．隔离开关接触部分过热处理**

（1）立即设法减少流过隔离开关的电流。

（2）联系调度改变运行方式，转移负荷。

（3）隔离开关停电处理会影响用户或发电、送电时，应尽量安排夜间低谷消除，先用通风方法冷却隔离开关，以争取延长运行时间。

（4）如隔离开关严重发热，应向值班调度汇报，并立即停电处理。

### 三、互感器故障事故处理

（1）线路电压互感器发生漏油，温度升高异常情况时，应立即汇报。当需退出故障电压互感器时，应在解除二次负载后进行，并注意解除失压后可能误动的保护。

（2）发现电流互感器二次侧开路时，应立即联系中控室降低负荷电流，如条件允许应设法处理恢复。若无条件，尽可能转移负荷或改变运行方式。

（3）互感器有严重漏油、声音异常或瓷套管破裂等现象时，应安排停电处理。如果发生冒烟，且内部有异常声音时，应立即停电。

（4）如果电流互感器二次侧开路冒火花，应立即减少一次电流，然后使用绝缘工器具设法消除。

# 第七节　线 路 运 行 规 程

## 一、运行方式切换操作

第1条　线路及断路器停役操作应遵循下列顺序

（1）由"运行"改"冷备用"。

（2）由"冷备用"改"断路器及线路检修"（或"线路检修"）。

第2条　线路由"运行"改"冷备用"操作

（1）跳开线路断路器。

（2）检查断路器在分闸位。

（3）拉开线路隔离开关。

（4）拉开线路压变二次侧开关。

第3条　线路由"冷备用"改"开关及线路检修"操作

（1）退出主变低压侧断路器。

（2）取下线路保护出口压板。

（3）跳开线路保护装置电源开关。

（4）跳开线路断路器操作电源开关。

（5）取下线路断路器储能电源熔丝。

（6）取下线路断路器加热器电源熔丝。

（7）验明线路断路器主变侧三相无电压。

（8）在线路断路器主变侧挂三相短路接地线一付。

（9）验明线路三相无电压。

（10）合上线路接地闸刀。

（11）验明线路隔离开关侧三相无电压。

（12）合上线路隔离开关侧接地闸刀。

（13）验明线路电压互感器高压侧无电压。

（14）合上线路电压互感器接地闸刀。

第4条　线路由"开关及线路检修"改"冷备用"操作

（1）拆除线路断路器主变侧三相短路接地线。

（2）拉开线路接地闸刀。

（3）拉开线路隔离开关侧接地闸刀。

（4）拉开线路电压互感器接地闸刀。

（5）合上主变低压侧断路器。

（6）放上线路断路器储能电源熔丝。

（7）放上线路断路器加热器电源熔丝。

（8）合上线路保护装置电源开关。

（9）合上线路断路器操作电源开关。

（10）放上线路保护出口压板。

第5条 线路由"冷备用"改"运行"的操作

（1）合上线路电压互感器二次侧开关。

（2）合上线路隔离开关。

（3）合上线路断路器。

（4）检查断路器在合位。

## 二、巡回检查

第6条 线路保护装置巡查

（1）保护压板和电源开关位置正常。

（2）保护屏后接线端子无短路烧损，断线和脱焊现象。

（3）保护装置面板显示在"运行"方式，各指示灯正常。

（4）液晶显示器的数据与线路的实际运行工况一致。

## 三、注意事项

第7条 保护装置异常时，严禁将装置投入运行。

第8条 保护装置测试时，所有保护功能均应退出运行。

第9条 保护装置所有整定值不能做任何修改。

第10条 严禁在运行中按保护装置复位按钮。

第11条 必须在确认线路对侧已改为冷备用，在收到调度命令后本侧才可进行线路由"冷备用"改"检修"操作。

# 第八节 线 路 事 故 处 理

## 一、线路保护装置异常

现象：中控室语音报警，发"线路保护装置异常"信号。

处理：（1）检查线路保护装置故障灯是否亮。

（2）检查并记录保护装置异常报告内容，并退出保护出口连接片。

（3）退出保护出口连接片后，及时复位一次，若不能恢复，汇报调度，并通知维护人员处理。

## 二、线路断路器事故跳闸

现象：中控室语音报警"线路事故"信号。

处理：（1）检查并记录保护装置信号灯、动作情况，然后复归。

（2）检查线路断路器及一次设备有无异现象。

（3）通知维护人员处理；分析事故原因和保护动作情况。

# 第九节　监控系统运行规程

## 一、主机

### （一）系统启动与退出操作

第 1 条　系统启动

（1）进入系统之前，确保所有通信口已连接可靠、所有设备电源已开启正常。

（2）开启显示器。

（3）开启工控机。

（4）启动操作系统，进入到 Windows 桌面，此时监控软件会自动启动，直到下方任务栏的右边出现"▨"托盘图标，表示后台通信程序已经运行。随后监控软件会继续运行，进入画面索引窗口，至此，监控软件就已经完全启动。

第 2 条　退出系统

（1）退出监控软件之前，把当前窗口切换到画面索引窗口。

（2）在窗口右下角，鼠标左键单击"退出"按钮，系统将弹出一个退出系统确认画面，鼠标左键单击"确认"按钮，即可退出计算机监控软件画面程序。

（3）在 Windows 任务栏右边的托盘中，鼠标右键单击后台通信程序托盘图标，弹出"退出（Z）"按钮，用鼠标左键单击此按钮，系统弹出一个退出系统确认小窗口，鼠标左键单击"确定"按钮，退出后台通信程序。

（4）只有退出后台通信程序，计算机监控软件才退出。

### （二）系统维护事项

第 3 条　系统数据库中的历史数据分为两部分，一部分为运行日志、电度量整点记录，对于这一部分历史数据，系统将长期保存。另一部分为遥测越限记录、遥信变位记录、简报信息及系统日志，系统只记录了这部分最近 90 天的历史数据，90 天前的数据，系统将自动删除。应定期做好数据备份，以保证历史数据的完整性。

第 4 条　做好日常保洁工作，保障工控机正常运行。

第 5 条　定期检查 UPS 电源有无异常，若 UPS 发出"嘟嘟"报警声，检查交流电源输入是否中断，输入电压是否稳定。

### （三）系统运行注意事项

第 6 条　禁止在通电情况下插拔通信插头，以防通信口损坏。

第 7 条　禁止运行与监控系统无关的程序，尤其是游戏，以防系统运行缓慢或死机。

第 8 条　禁止在监控计算机上使用来路不明或不能保证不带病毒的软盘、光盘或带 USB 接口的存储设备，以防止监控计算机被病毒感染。

## 二、机组现地控制单元

### （一）开机操作

第 9 条　检查并确保所有机械方面已经准备好，检查并确保所有的交直流控制电源已经投上，检查并确保触摸屏光字牌无任何报警。

第 10 条　检查并确保机组 LCU 屏 DC24V 电源、PLC、电量和非电量变送器、双供电源及微机发电机组保护装置的电源已经投入。若没有投入，则通过屏后的空气开关将各路电源分别投入。

第 11 条　检查开机准备灯是否亮，若不亮，则通过现地触摸屏或上位机检查开机条件是否满足。

第 12 条　通过触摸屏上的触摸按钮，选择"空转"，然后在弹出小画面上按"确认"键。此后 PLC 会一步一步地执行开机流程将发电机组开启。"空载""发电"的操作流程也是如此。

第 13 条　若机组在规定的时间内不能完成开机任务，则电铃发出故障报警，并在触摸屏"光字牌画面"中显示"开停机未完成"信号。

### （二）停机操作

第 14 条　通过触摸屏上的触摸按钮选择"停机"，然后在弹出小画面上按"确认"键。PLC 会一步一步地执行目标流程。

第 15 条　当机组需要紧急停机时，按下机组 LCU 屏上的"紧急停机"按钮进行紧机停机。

第 16 条　若机组在规定的时间内不能完成选择的任务，则电铃发出故障报警，并在触摸屏"光字牌画面"中显示"开停机未完成"信号。

### （三）注意事项

第 17 条　开机前注意事项

（1）检查并确保所有的交直流控制电源已合上；检查并确保机组无事故，检查并确保主阀已全开；检查并确保刹车已复归。

（2）检查开机准备灯是否点亮，若不亮，则通过现地或上位机检查开机条件是否满足。

（3）机组触摸屏主操作画面是否在"AGC 投入"状态（当机组并网后默认在此状态）。

第 18 条　运行中注意事项

（1）开机并网后，可以通过计算机设定机组的运行负荷。

（2）当运行过程中出现报警信息时，值班人员应及时查看出现报警信息的原因，并采取相应措施。

（3）当调速器出现测频故障时（调速器将自动切换到油压手动控制状态），系统将无法实现有功功率的自动调节，运行人员要注意监视有功功率的变化情况，此时的调节只能在调速器上油压手动实现。若在此时要进行停机操作，可以在计算机或触摸屏上发"停机"令，再去手动操作减负荷，这样可自动实现跳闸；不然只能通过手动分闸，分闸后只能通过油压手动操作调速器停机。出现此情况时应特别小心操作。

（4）当出现紧急情况时可按 LCU 屏上"紧急停机"按钮实现紧急停机，紧停完成后须在触摸屏上按"紧停复归"按钮实现紧停复归。

第 19 条　现地控制单元日常维护应保证通风良好，现地设备应保持干燥、清洁。一般情况下，在对现地设备进行日常维护时，应切断操作电源或者在确认对该设备进行日常维护时，不会对其他设备或人员产生危害。触摸屏屏面清洁保养时，应先切断工作电源，用干燥的抹布轻轻除去上面的灰尘，切勿用力过大。若触摸屏电源指示灯亮，而触摸屏为黑色，则是屏幕保护，只要在触摸屏上的任一位置轻触一下即可。

### 三、公用现地控制单元

第 20 条　公用现地控制单元功能：用来完成对电站公用系统的控制，包括对线路及主变低压侧断路器控制，事故、故障报警等，并将采集的开关量信息送至系统上位机。公用 LCU 接受来自上位机的控制命令。

# 第十节　监控系统事故处理

## 一、主机

1. 实时报表数据刷新缓慢

原因：占用 CPU 资源较大的其他软件在运行。

处理：（1）从 Windows 任务管理器的进程中查看各进程占用 CPU 的情况，若找到了占用 CPU 资源较大的进程，并确认该进程为非监控系统所需进程，则在任务管理器中停止该进程。

（2）重启计算机。

1）退出系统。

2）在开始菜单中选择"关机"，在弹出的关闭 Windows 窗口的组合对话框的下拉列表中选择"重新启动"。

3）重新启动系统。

2. 监控系统界面上没有数据显示，输入点状态界面各点都显示黑色，并且没有刷新

原因：在打开监控系统界面之前，未运行 DCommServ 后台通信程序，导致前台程序与后台程序之间的通信中断。

处理：（1）重启监控系统。

（2）如果上述方法处理不成功，则重启计算机。

3. 系统界面上数据没有刷新，包括开关量状态界面在内的各点状态显示都没有刷新

原因：不小心关闭了 DCommServ. exe 后台通信程序。

处理：（1）重启监控系统。

（2）如果上述方法处理不成功，则重启计算机。

4. 打印机打印不全，甚至打印失真

原因：默认打印机选择错误或安装了其他打印机驱动程序。

处理：若默认打印机选择错误，选择正确的默认打印机即可；若未安装正确的打印机驱动程序，须安装正确的打印机驱动程序，并将其设定为默认打印机。

5. 电脑主机指示灯不亮，电脑主机不能开启

原因：电脑主机电源线接触不良；交流电源总开关没有打开；不间断电源（UPS）没有运行或故障。

处理：检查主机电源线是否破损，若无破损，重新插好电脑主机电源线，检查电源总开关是否打开；开启不间断电源（UPS），如 UPS 故障则应及时修理、更换。

6. 主机运行指示灯亮，但是显示器出现黑屏，显示器的电源指示灯也不亮

原因：显示器电源开关没有打开；显示器损坏；显示器电源线未连接好。

处理：给显示器正常通电并打开显示器电源开关；若显示器损坏须及时维修或更换。

## 二、机组现地控制单元

1. 现地单元与上位计算机通信中断

原因：设备通信的 MOXA 通信口损坏或者与这一设备通信的 3COM 通信服务器的以太网口损坏或者元件本身已损坏。

处理：当现地单元某一设备与上位机通信中断（上位机没有该设备的信息），可更换其中的通信口或与厂家联系。

2. 现地控制单元上某一装置失电

原因：电源的空气开关未合上。

处理：先检查装置电源的空气开关是否合上，若空气开关已合上，在确认该装置已供电的情况下，则有可能该装置已损坏。

3. 现地某一自动化元件发生故障（指装置本身的故障）

现象：当报警信号响起时，在光字牌画面出现故障闪光。

处理：（1）如果光字牌画面出现"调速器油压偏低"故障闪光，先到现地查看调速器油压压力，若压力偏低，再检查调速器及其油泵控制回路；若压力指示正常，但仍有报警，则说明电接点压力表损坏，需要更换电接点压力表。

（2）其他元件发生故障时检查方法以此类推。

（3）当现地某一自动化元件本身发生故障时，而在短时间内无法修复或找到可替换的元件，在确认该元件的故障不会影响机组的运行时，可做一些应急处理。譬如：示流信号器发生故障，无法正常开机时，在确认冷却水供应正常的情况下，可暂时将示流信号器输出点短接，等有同类产品替换后，切记恢复短接点。其他元件发生故障时亦可仿效，但是须注意：必须确认该元件的故障不会影响机组的运行。

4. 在触摸屏主操作画面上按下相应的操作按钮后，上位机消息框中有相关的信息，但现场设备却不动作。例如：按下"发电"按钮后，上位机消息框中有"正在执行发电令"字样显示，而机组没转起来

原因：输出继电器回路电源有可能没有合上。

处理：（1）检查屏柜后面标注有"PLC **输出**"字样的空气开关是否在合上的位置。

（2）若没有合上，则先将发电机组 LCU 屏柜后面标注有"PLC 电源"字样的空气开关

断电一下再合上（复归 PLC 命令，防止误动作）。

（3）确认在合上位置后，再进行相关的操作。

5. 同期启动后 3min 计时时间到，并网失败、同期退出并报警

原因：系统侧无电压或待并侧频率变化太大，无法达到同期条件。

处理：（1）机组并网失败，自动退回到空载态，检查系统电压，待系统电压恢复后再重新发"发电令"进行同期并网。

（2）如果系统频率变化太大，则待频率稳定后，再重新发"发电令"进行同期并网。

# 第十一节　电气设备绝缘试验

对电气设备潜在威胁最大的安全隐患是设备的绝缘下降或绝缘破坏，设备绝缘下降时，过程不宜发现，但一旦下降到一定数值时，瞬间过电压就能将绝缘击穿使设备失去工作能力。因此，必须对电气设备进行例行的绝缘试验，监测设备的绝缘变化情况和过程，防患于未然。

阴雨潮湿的气候及环境湿度太大时，不宜进行电气绝缘试验。电气绝缘试验的方法分非破坏性试验和破坏性试验两类。

## 一、非破坏性试验

在较低的电压下或用其他不会损伤绝缘的办法来测量各种特性，从而判断设备内部缺陷。这类试验不会损伤设备，但由于试验电压较低，有些缺陷较难充分暴露。非破坏性试验有绝缘电阻试验、吸收比试验、泄漏电流试验和介质损失角正切值（$\tan\delta$）试验四种。

### 1. 绝缘电阻试验

在绕组与绕组之间或绕组与地之间加直流试验电压，直流试验电压与流过绝缘层的泄漏电流之比称试品的绝缘电阻。试验应注意事项：

（1）直流试验电压不得大于试品的额定工作电压。

（2）不同温度下测得的绝缘电阻值必须用换算公式换算成接近运行状态的工作温度 75℃时的绝缘电阻值，以便进行比较。

### 2. 吸收比试验

在绕组与绕组之间或绕组与地之间加直流试验电压，由于绕组与绕组之间或绕组与地之间的绝缘层相当于电容器两极板之间的绝缘介质，因此在加试验电压的开始几十秒时间内，绕组与绕组之间或绕组与地之间具有试验电压对电容有较大的充电电流的充电效应，出现绕组与绕组之间或绕组与地之间的绝缘电阻较小的假象。随着加在试品上的试验电压作用时间延长，充电电流逐步减小，表现为绝缘电阻逐步增大，当充电电流趋向于零时，绝缘电阻趋向稳定。加压 60s 时间测量得到的绝缘电阻 $R_{60}$ 与加压 15s 时间测量得到的绝缘电阻 $R_{15}$ 之比称吸收比 $K$。$K$ 值越大，说明绝缘状况越好。

做试验时需三人同时合作：一人匀速转动兆欧表的手柄达每分钟 120 转左右；一人用兆欧表的两根测量棒测量绕组与绕组之间或绕组与地之间的绝缘电阻；一人手握秒表，在测量棒开始测量时计时，用笔记录测量进行到 15s 时的测量绝缘电阻值 $R_{15}$ 和 60s 时的测量绝缘电阻值 $R_{60}$，然后计算两者的比值就是被测设备的绝缘吸收比 $R_{60}/R_{15}$。一般要求 $R_{60}/R_{15}$

大于 1.3 为合格。试验应注意事项：

(1) 试验过程中不能用手或布擦拭兆欧表的表面玻璃。

(2) 历次试验应用同一规格或者同一型号的兆欧表。

3. 泄漏电流试验

在绕组与绕组之间或绕组与地之间加直流试验电压，直流试验电压为 2～3 倍试品额定工作电压，观察泄漏电流是否超过规程规定值。直流试验电压应能从低到高缓慢调节。试验应注意事项：

(1) 被测试品的上下周围不得有人从事工作，监视人员应远离绕组的端部以及其他可能出现高电压的部位。试验场地应加临时围栏，并挂警告牌。

(2) 试验设备的外壳和非试验相的绕组应可靠接地，接地线应用截面积不小于 $10mm^2$ 的多股铜质裸绞线。

(3) 试验用的仪表和设备，均应事先进行校核和检查。读表时务求准确、迅速。在同一电压下三相的泄漏电流应用同一表计的倍率读取。

(4) 每次加压试验前，应检查被试验绕组的接地线是否已经拆除。

4. 介质损失角正切值（tanδ）试验

在绕组与绕组之间或绕组与地之间加交流试验电压 $U$，如果绕组与绕组之间或绕组与地之间的绝缘层为理想绝缘，则交流泄漏电流 $I_R$ 为零。由于绕组与绕组之间或绕组与地之间的绝缘层使得绕组与绕组之间或绕组与地之间具有电容效应，因为交流电流是能够流过电容器的，所以此时流过绝缘层的仅仅是容性电流 $I_C$，交流容性电流 $I_C$ 超前交流试验电压 $U$ 相位 90°，容性无功功率 $Q = UI_C$ 不消耗电能。

测量绕组与地之间介质损失角正切值（tanδ）的试验电气等效电路图如图 6-1 所示，A 为试品绕组导体端，B 为试品接地端，C 为绝缘层等效电容，R 为泄漏等效电阻。实际绕组与地之间的绝缘层不可能是理想绝缘，存在交流泄漏电流 $I_R$，交流泄漏电流消耗的电能称介质损耗功率 $P = UI_R$，介质损耗功率 $P$ 转换成绝缘介质的热能。交流电流 $I$ 与交流电压 $U$ 相位差 $\varphi < 90°$，$\delta$ 称介质损失角，$\delta = 90° - \varphi$。在同样的交流试验电压 $U$ 的作用下，介质损失角 $\delta$ 越大，表明交流泄漏电流 $I_R$ 越大，介质损耗功率 $P$ 越大，介质温升越大，促使绝缘介质发热老化，绝缘下降，从而又促使交流泄漏电流 $I_R$ 增大，介质损耗功率 $P$ 增大，陷入恶性循环。

因为电气设备一旦制造完毕，绝缘层的等效电容 $C$ 等于常数，当试验交流电压 $U$ 一定时，容性电流 $I_C$ 也是常数，所以介质损耗功率 $P$ 正比于 $I_R/I_C = \tan\delta$，介质损失角正切值 tanδ 是衡量绝缘介质性能好坏的一项重要指标。

介质损失角正切值（tanδ）试验的测量方法有：平衡电桥法、不平衡电桥法、相敏电路法和低功率因数瓦特表法等。

## 二、破坏性试验

破坏性试验就是对电气设备人为地施加高电压，检验试品绝缘的耐压能力。故，破坏性试验又称耐压试验。由于试验电压很高，可能将有缺陷的部位击穿，或者使局部缺陷发展，甚至将尚能额定工况继续运行的设备损伤，因此具有一定的破坏性。

破坏性试验有交流耐压试验和直流耐压试验两种，为能更好模拟试品实际运行的工作状况，采用交流耐压试验较多。

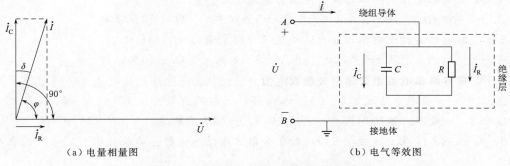

（a）电量相量图　　　　　　　　　　（b）电气等效图

图 6-1　介质损失角测量电气等效电路图

交流耐压试验是对试品施加超过工作电压一定倍数的高电压，经历 1min 时间，用来模拟设备在运行状态下可能遇到的过电压，对设备的绝缘性能进行极其严峻的破坏性试验。如果耐压试验合格，则说明电气设备的绝缘不但能满足运行状态下可能遇到的过电压的绝缘要求，而且有一定的绝缘安全裕度。交流耐压试验时应注意事项：

（1）耐压试验的目的是希望试品在规程规定的试验电压下不击穿，一旦试品被击穿，就无法正常使用，因此，应严格控制试验电压，并有防止试验电压过高的安全措施。

（2）应先对试品进行各项非破坏性试验，并对试验中出现的缺陷处理完毕，才能进行耐压试验，确保耐压试验中试品不击穿。

（3）对电容效应较大的电力电容器、电力电缆、大容量发电机、变压器，交流耐压试验中要求试验电压电源提供较大的容性电流 $I_C$，这就要求有大容量、高电压交流电压电源，使得交流耐压试验变得比较困难。为此，可以采用直流耐压试验。

（4）试验前应严格划定、明确标明高压危险区域，严禁非试验人员进入。试验结束后，应对试品充分放电并接地后，才能解除高压危险区域。

电气设备的绝缘试验应严格遵循《电气设备预防性试验规程》规定的要求进行。《电气设备预防性试验规程》是进行电气试验的准则。

# 习　　题

**一、判断题（在括号中打√或×，每题 2 分，共 10 分）**

6-1. 在不停机条件下，可把无功负荷降下来后带电更换碳刷。　　　　　　　　　（　　）

6-2. 凡危及到人身伤亡和重要设备损坏，首先请示调度和厂领导，然后进行紧急事故处理。　　　　　　　　　　　　　　　　　　　　　　　　　　　　　　　　（　　）

6-3. 交接班时发生事故，而交接班工作尚未结束时，由接班者负责处理，交班者在接班者的要求下可协助处理。　　　　　　　　　　　　　　　　　　　　　　　　（　　）

6-4. 发电机发生火灾时应在火灾完全熄灭前，将发电机完全停转。　　　　　　　（　　）

6-5. 主变压器如因差动或重瓦斯保护动作而跳闸，不管原因如何，绝对不能强行送电。　　　　　　　　　　　　　　　　　　　　　　　　　　　　　　　　　　（　　）

**二、选择题（将正确答案填入括号内，每题 2 分，共 30 分）**

6-6. 发电机运行中电压的波动范围为额定值的（　　）。

A. +5% 以内　　B. -5% 以内　　C. ±5% 以内　　D. ±10% 以内

6-7. 发电机运行中电压的最大波动范围为额定值的（　　）。

A. +5% 以内　　B. -5% 以内　　C. ±5% 以内　　D. ±10% 以内

6-8. 发电机在运行中应保证功率因数为（　　）。

A. 0.85，一般不应超过 0.9　　　　B. 0.85，一般不应超过 0.95

C. 0.8，一般不应超过 0.95　　　　D. 0.8，一般不应超过 0.9

6-9. 机组大修或小修后，应经过验收合格方能投入运行。验收应由（　　）代表人员参加。

A. 主管生产领导

B. 主管生产领导、技术人员

C. 主管生产领导、技术人员、检修人员

D. 主管生产领导、技术人员、检修人员、值班员

6-10. 发电机转子绕组的绝缘电阻（　　）应测量一次。

A. 每班　　　　B. 每周　　　　C. 每月　　　　D. 每年

6-11. 值班员应（　　）一次打印计算机监控的参数记录。

A. 每小时　　B. 每班　　　　C. 每周　　　　D. 每月

6-12. 发电机定子电流超过允许值时，值班人员首先应检查发电机的（　　）。

A. 功率因数和电压　　　　　　B. 电压和无功功率

C. 无功功率和有功功率　　　　D. 有功功率和功率因数

6-13. 发电机过负荷时（　　）。

A. 首先减小有功功率输出

B. 首先减小有功功率输出；如果不行，再减小无功功率输出

C. 首先减小无功功率输出；如果不行，再减小有功功率输出

D. 同时减小无功功率输出和有功功率输出

6-14. 测量转子一点接地时将电压表一端接地，（　　）。

A. 当测量"+"极对地电压不为零，"-"极对地电压为零，说明转子负极发生一点接地

B. 当测量"+"极对地电压为零，"-"极对地电压不为零，说明转子负极发生一点接地

C. 当测量"+"极对地电压不为零，"-"极对地电压不为零，说明转子负极发生一点接地

D. 当测量"+"极对地电压为零，"-"极对地电压为零，说明转子负极发生一点接地

6-15. 测量转子一点接地时将电压表一端接地，当测量"-"极和"+"极对地电压同时为零，（　　）。

A. 说明转子负极发生一点接地　　B. 说明转子正极发生一点接地

C. 说明转子没有发生一点接地　　D. 不可能出现的现象

6-16. 变压器在运行中任何二相电流之差不得超过额定电流的（　　　）。

　　A. 10%　　　　　　B. 20%　　　　　　C. 30%　　　　　　D. 40%

6-17. 变压器检修后或停用（　　　）以上后，在投入运行前均应测量各绕组之间和绕阻与外壳之间的绝缘电阻。

　　A. 一周　　　　　　B. 半个月　　　　　C. 三周　　　　　　D. 一个月

6-18. 如果没有负荷开关或断路器，可用隔离开关拉合空载电流不超过（　　　）的变压器。

　　A. 1A　　　　　　　B. 2A　　　　　　　C. 3A　　　　　　　D. 4A

6-19. 电压互感器停役更换高压熔断器时，必须（　　　）。

　　A. 停一次侧　　　　　　　　　　　　B. 停二次侧

　　C. 先停一次侧，后停二次侧　　　　　D. 先停二次侧，后停一次侧

6-20. 线路由"运行"改"冷备用"操作步骤是（　　　）。

　　A. 跳开线路断路器　　　　　　　　　B. 拉开线路隔离开关

　　C. 拉开线路压变二次侧开关　　　　　D. 全部三项

### 三、填空题（每空 1 分，共 30 分）

6-21. 发电机定子绕组绝缘电阻应在每千伏_____兆欧以上，吸收比 $R_{60}/R_{15}$ 应不小于_____。当绝缘电阻较上次测量值下降_____时，应查明原因，加以消除。

6-22. 发电机转子绕组的绝缘电阻应用_____V 的摇表（兆欧表）测量，绝缘电阻应在_____MΩ 以上，当绝缘电阻降到_____MΩ 以下时，就应视为已发生转子一点接地故障。

6-23. 处理事故的原则是尽量限制事故的扩大，首先解除对_____和_____的危险，其次尽量坚持设备继续运行。

6-24. 变压器的上层油温最高不得超过_____℃，同时上层油允许温升不得超过_____℃。为防止变压器油劣化过快，上层油温最好不要超过_____℃。

6-25. 测量变压器绝缘电阻时应用同一_____等级的兆欧表测量，测量数值应换算到同一温度（一般换算到 20℃），结果不得降低至原来的_____%，其吸收比 $R_{60}/R_{15}\geqslant$_____。

6-26. 断路器在"工作位"进行合闸、分闸操作试验时，必须确认发电机或主变没有_____或操作后不会出现_____，否则发生非同期合闸事故。

6-27. 允许发电机在主变低压侧母线单相接地情况下短时间运行，但最长不得超过_____小时，室内不得接近接地点_____米之内，室外不得接近接地点_____米之内。

6-28. 计算机监控系统数据库中_____、_____长期保存。对于遥测越限记录、遥信变位记录、简报信息及系统日志保留最近_____天的历史数据。

6-29. 电气绝缘试验的方法分_____试验和_____试验两类。

6-30. 非破坏性试验有_____试验、_____试验、_____和_____试验四种。

6-31. 破坏性试验有_____试验和_____试验两种。

### 四、简答题（5 题，共 29 分）

6-32. 为什么电压上升到额定值的 110% 时，此时励磁电流不得超过额定值？（5 分）

6-33. 为什么当发电机电压下降到额定电压的 95% 时，定子电流不应超过额定值的

105%，转子励磁电流不得超过额定值？（6分）

6-34. 为什么当低于 49.5Hz 时，应注意转子电流不得超过额定值？（6分）

6-35. 为什么功率因数低于 0.8 时，应注意不使转子电流高于允许值，同时定子电流也不应高于允许值？（6分）

6-36. 计算机监控系统运行注意事项？（6分）

# 第七章　水电厂运行安全管理

水电厂机电设备的特点是与人体接触密切、频繁，如果发生安全事故特别是高压电气设备的安全事故，后果严重。水电厂运行安全管理的内容是人身和设备安全，其中人身安全是第一位的。水电厂重要电气设备有发电机、主变压器、高压配电装置。

## 第一节　电气设备操作安全管理

当电气设备进行运行方式的改变或进行检修时，需要对电气设备进行一系列的操作，电气设备处于操作状态时的设备和人身安全是靠各种安全规程来保证的。国家电网公司颁布了《国家电网公司电力安全工作规程》（简称"安规"），在对电气设备进行操作时，必须严格遵循安规条例。

### 一、电气设备上安全工作的组织措施

1. 工作票制度

凡是在电气设备上进行任何电气作业，都必须填用工作票，并依据工作票布置安全措施和办理开工、终结手续，这种制度称为工作票制度。在事故应急抢修时，可不用工作票，但应使用事故应急抢修单。

工作票应明确工作负责人（监护人）、工作班人员、工作设备名称、工作任务、计划工作时间、安全措施等内容。事故应急抢修单应明确抢修工作负责人（监护人）、抢修班人员、抢修任务、安全措施、抢修地点保留带电部分或注意事项等内容。

（1）执行工作票制度方式。执行工作票制度有填用工作票和执行口头和电话命令两种方式。填用工作票又有填用第一种工作票（见附表Ⅰ）和填用第二种工作票（见附表Ⅱ）两种工作票。

第一种工作票适用在高压电气设备（包括线路）上工作，需要全部停电或部分停电场合，适用在高压开关室内的二次接线和照明回路上工作，需要将高压设备停电或做安全措施场合。

第二种工作票适用在带电作业和在带电设备外壳（包括线路）上工作；适用在控制盘、低压配电盘、低压配电箱、低压电源干线（包括运行中的配电变压器台上或配电变压器室内）上工作；适用在二次接线回路上工作，无需将高压设备停电；适用在转动中的发电机、同期调相机的励磁回路或高压电动机转子电阻回路上工作；适用非当班值班人员用绝缘杆和电压互感器定相或用钳形电流表测量高压回路的电流。

对于无需填用工作票的工作，可以通过口头或电话命令的形式向有关人员进行布置和联系。口头或电话命令，必须清楚正确，值班人员应将发令人、负责人及工作任务详细记入操作记录簿中，并向发令人复诵核对一遍。对重要的口头或电话命令，双方应进行录音。口头

命令适用在注油、取油样、测接地电阻、悬挂警告牌、电气值班员按现场规程规定所进行的工作、电气检修人员在低压电动机和照明回路上工作等。

（2）工作票正确填写与签发。一张工作票只能填写一个工作任务，工作票由签发人填写，也可以由工作负责人填写。工作票要使用钢笔或圆珠笔填写，一式两份，填写应正确清楚，不得任意涂改，如有个别错、漏字需要修改时，允许在错、漏处将两份工作票做同样修改，字迹应清楚。否则，会使工作票内容混乱模糊，失去严肃性并可能引起不应有的事故。填写工作票时，应查阅电气一次系统图，了解系统的运行方式，对照系统图，填写工作地点及工作内容，填写安全措施和注意事项。

工作票签发应由工作票签发人签发。工作票签发人应由车间、工区（发电厂或变电所）熟悉人员技术水平、熟悉设备情况、熟悉《电业安全工作规程》的生产领导人、技术人员或经主管生产领导批准的人员担任。工作票签发人员名单应书面公布。工作负责人和工作许可人（值班员）应由车间或工区（发电厂或变电所）主管生产的领导书面批准。

（3）工作票的使用。经签发人签发的一式两份的工作票，一份必须经常保存在工作地点，由工作负责人收执，以作为进行工作的依据，另一份由运行值班人员收执，按值移交。在无人值班的设备上工作时，第二份工作票由工作许可人收执。第一种工作票应在工作的前一天交给值班员，若发电厂或变电所距工区较远或因故更换新工作票，不能在工作前一天将工作票送到，工作票签发人可根据自己填写好的工作票用电话全文传达给变电所值班员，传达必须清楚，值班员应根据传达做好记录，并复诵核对。若电话联系有困难，也可在进行工作的当天预先将工作票交给值班员，临时工作可在工作开始以前直接交给值班员。第二种工作票应在进行工作的当天预先交给值班员。

（4）工作票中有关人员安全责任。工作票中的有关人员有：工作票签发人、工作负责人、工作许可人、值长、工作班成员。他们在工作票中负有相应的安全责任。

**2. 工作许可制度**

凡是在电气设备上进行停电或不停电的工作，事先都必须得到工作许可人的许可，并履行许可手续后方可工作的制度。未经许可人许可，一律不准擅自进行工作。

（1）工作许可内容：

1）审查工作票。工作许可人对工作负责人送来的工作票应进行认真、细致的全面审查，审查工作票所列安全措施是否正确完备，是否符合现场条件。若对工作票中所列内容即使发生细小疑问，也必须向工作票签发人询问清楚，必要时应要求作详细补充或重新填写。

2）布置安全措施。工作许可人审查工作票后，确认工作票合格，然后由工作许可人根据票面所列安全措施到现场逐一布置，并确认安全措施布置无误。

3）检查安全措施。安全措施布置完毕，工作许可人应会同工作负责人到工作现场检查所做的安全措施是否完备、可靠，工作许可人并以手背触试，证明检修设备确实无电压，然后，工作许可人对工作负责人指明带电设备的位置和注意事项。

（2）签发许可工作。工作许可人会同工作负责人检查工作现场安全措施，双方确认无问题后，双方分别在工作票上签名，至此，工作班方可开始工作。应该指出的是，工作许可手续是逐级许可的，即工作负责人从工作许可人那里得到工作许可后，工作班的工作人员只有得到工作负责人许可工作的命令后方准开始工作。

（3）工作许可注意事项。工作负责人、工作许可人任何一方不得擅自变更安全措施，值班人员不得变更有关检修设备的运行接线方式。工作中如有特殊情况需要变更时，应事先取得对方的同意。

3. 工作监护制度

凡是工作人员在工作过程中，工作监护人必须始终在工作现场，对工作人员的安全认真监护，及时纠正违反安全的行为和动作的制度称工作监护制度。

（1）监护职责。工作监护人在办完工作许可手续之后，在工作班开工之前应向工作班人员交代现场安全措施，指明带电部位和安全注意事项，进行危险点告知，在被告知人履行确认手续后，工作开始以后，工作负责人必须始终在工作现场，对工作人员的安全认真监护。

（2）监护要点：

1）对全体工作人员的安全进行认真监护。

2）监护人因故离开现场，应指定一名技术水平高且能胜任监护工作的人代替监护。

3）监护人一般只能做监护工作，不得兼做其他工作。

4）对容易发生事故的工作，应根据具体情况，增设专人监护并批准被监护的人数。

5）在准许单人在高压室独立工作时，监护人应事先将有关安全注意事项详尽指示。

（3）监护内容：

1）部分停电时，监护所有工作人员的活动范围，使其与带电部分之间保持不小于规定的安全距离。

2）带电作业时，监护所有工作人员的活动范围，使其与接地部分保持安全距离。

3）监护所有工作人员工具使用是否正确，工作位置是否安全，操作方法是否得当。

4. 工作间断、转移、终结制度

凡是电气设备上的工作一旦开始，工作过程中遇到需要中断一段工作时间时，必须办理工作间断手续。工作过程中需要转移工作地点时，必须办理工作转移手续。工作完成终结时，必须办理工作终结手续。

（1）工作间断。在当日内工作间断时，工作班人员应从工作现场撤出，所有安全措施保持不动，工作票仍由工作负责人执存。间断后继续工作，无需通过工作许可人许可。隔日工作间断时，当日收工，应清扫工作现场，开放已封闭的通路，并将工作票交回运行人员。次日复工时，应得到运行人员许可，取回工作票，工作负责人必须事前重新认真检查安全措施，合乎要求后，方可工作。

（2）工作转移制度。在同一电气连接部分用同一工作票依次在几个工作地点转移工作时，全部安全措施由值班员在开工前一次做完，转移工作时，不需再办理转移手续，但工作负责人在转移工作地点时，应向工作人员交代带电范围、安全措施和注意事项，尤其应该提醒新的工作条件的特殊注意事项。

（3）工作终结制度。电气作业全部结束后，工作班应清扫、整理现场，消除工作中各种遗留物件。工作负责人经过周密检查，待全体工作人员撤离工作现场后，再向运行人员讲清检修项目、发现的问题、试验结果和存在的问题等，并在值班处的检修记录簿上记载检修情况和结果，然后与值班人员共同检查检修设备的状况，包括有无遗留物件，是否清洁等，必要时可做无电压下的操作试验。然后，在工作票（一式两份）上填明工作终结时间，经双方签名后，即认为工作终结。工作终结并不是工作票终结，只有工作地点的全部接地线由值班人员全部拆除并经值班负责人在工作票上签字后，工作票方告终结。

## 二、电气设备上安全工作的技术措施

在全部停电或部分停电条件下对需要临时维修的电气设备进行维修时，必须完成停电、验电、接地、悬挂标示牌和装设遮拦安全技术措施。这些安全技术措施由运行人员或有权执行操作的人员执行。

### 1. 停电

将需要维修的设备停电，必须把各方面的电源完全断开，既要断开断路器，又要断开隔离开关，并且将隔离开关的操作把手锁住。应使停电设备两侧各有一个明显的断开点，手车式断路器应拉出到试验或检修位置，应断开停电设备和可能来电的断路器的控制电源和合闸电源，防止误操作送电。与停电设备有关的变压器、电压互感器，必须高、低两侧都断开，以防停电维修设备时，误操作使低压侧向高压侧反送电产生高压危及工作人员人身安全。停电时应充分考虑工作人员正常活动所需要的安全距离。

### 2. 验电

停电后还应检验已停电线路有无电压。这样可以明显地验证停电设备是否确无电压，以防出现带电装设接地线或带电合接地刀闸等危及工作人身安全的恶性事故发生。

验电的工具应是与被验电压等级相应而且合格的验电器（试电笔），验电前先把验电器在有电设备上试验，以确认验电器是良好的，然后在维修设备进出线两侧各相分别验电。验电器伸缩式绝缘杆的长度应足够绝缘要求，为了工作人员的人身安全，高压验电时必须戴绝缘手套，手应握在手柄处，不得超过护环，人体应与验电设备保持安全距离，以防不测。雨雪天气时不得进行室外直接验电。

### 3. 接地

当验明设备确实已无电压后，应立即将检修设备接地并三相短路，这样可以释放掉具有大电容效应的检修设备残余电荷，消除残余电压，消除因线路平行、交叉等引起的感应电压或大气过电压造成的危害。同时当突然误操作来电时，能作用继电保护将断路器迅速跳闸切除电源，减轻对工作人员的人身危害。

对于可能送电至停电设备的各方面都应装设接地线或合上接地刀闸，对因平行或邻近带电设备可能在停电设备中产生感应电压的也要装设接地线，所装接地线与带电部分应考虑接地线摆动时仍符合安全距离的规定。接地线装设的位置应保证对来电侧而言，工作人员始终处在接地线的后侧。装有接地刀闸的设备停电维修时应合上接地刀闸以代替接地线。当接地刀闸有缺陷需检修时，应另行装设接地线才可拉开接地刀闸进行检修。

装设携带型接地线如图 7-2 所示。装设接地线时必须先接接地网的接地端（图 7-2 右），后接设备的导体端（图 7-2 左），这样做的好处是停电设备若还有剩余电荷或感应电时，因接地线已经接地而将电荷放尽，不会危及工作人员的人身安全。万一因疏忽走错设备间格或意外突然来电时，因接地而使保护动作于断路器跳闸，将电源切断，有效地限制接地线上的电位而保护工作人员的人身安全。同理，拆除接地线的顺序与装设接地线相反。为进一步确保工作人员的人身安全，要求拆、装接地线时，均应使用绝缘棒和戴绝缘手套。接地线在装设前应经过仔细检查，接地线应用多股软裸铜线，其截面应符合短路电流的要求，但不得小于 $25mm^2$。禁止使用不符合规定的导线做短路接地用。接地线必须使用专用的线夹固定在导体上，严禁用缠绕的方法进行接地或短路。

**4. 悬挂标志牌和装设遮栏**

（1）悬挂标志牌。工作人员在验电和装设接地线后，在远控屏柜一经操作即可送电到检修地点的断路器合闸开关上，必须悬挂"禁止合闸，有人工作！"等标志牌，标志牌如图 7-3 所示，在现地开关柜隔离开关的操作把手上，必须悬挂"禁止合闸，有人工作！"或"禁止合闸，线路有人工作！"等标志牌。标志牌的悬挂和拆除应按调度员的命令执行。

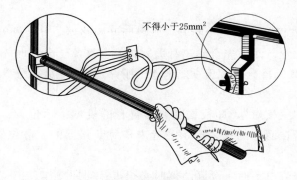

图 7-2 装设携带型接地线　　　　　　图 7-3 标志牌

（2）设遮栏：部分停电工作时应装设临时遮栏，临时遮栏如图 7-4 所示，用以隔离带电设备并限制工作人员的活动范围，防止在工作中接近高压带电的危险部分。临时遮栏可用干燥木材、橡胶或其他坚韧绝缘材料制成，装设应牢固并悬挂"止步，高压危险！"的标志牌。

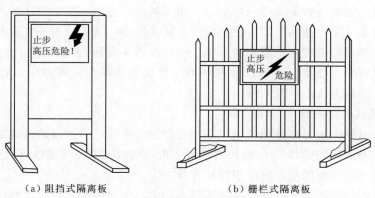

（a）阻挡式隔离板　　　　　　（b）栅栏式隔离板

图 7-4 临时遮栏

各种安全标志牌和遮栏等都是为了保证工作人员的人身安全和设备安全而采取的安全措施，任何人员在工作中都不得随便移动和拆除。如确因其他工作需要，必须临时变动标志牌和遮栏位置时，必须征得工作许可人同意，工作完成后应立即恢复原状并报告工作许可人。

## 三、倒闸操作的安全管理

除了继电保护作用断路器动作以外，所有由运行人员将高压配电装置从一种运行方式转换到另一种运行方式的操作称倒闸操作。配电装置倒闸操作时是运行人员最接近高压设备同时又是最容易引发事故的操作，操作错误，引发设备事故，操作不慎，引发人身事故。因此必须严格执行倒闸操作的程序和规定，做到"三不"：不伤害自己，不伤害别人，不被别人伤害。倒闸操作必须两个人进行并填用倒闸操作工作票，倒闸操作工作票应明确发令人、受令人、操作任务、操作顺序和操作项目。

1. 倒闸操作涉及的范围

倒闸操作涉及一次回路上的断路器、隔离开关的操作，涉及相关的直流控制回路、继电保护回路、自动装置回路的操作。如果倒闸操作是为了设备停电检修，则还涉及检修设备的安全措施、测量设备绝缘电阻等。

2. 倒闸操作的一般原则

（1）合闸时必须确定断路器在断开位置，然后先合隔离开关，再合断路器；分闸时先分断路器，必须确定断路器在断开位置，然后再分隔离开关。严禁用隔离开关带负荷分、合回路。

（2）在断路器分、合闸前必须进行"三核对"，即根据断路器自身的机械指示位置、电气控制回路指示灯指示的位置和断路器所在回路的仪表指示三者来核对断路器的实际位置，不能盲目相信三者其中的一个位置指示。

（3）断路器两侧是相互分开独立的交流电源时，合断路器时必须进行同期操作。

3. 隔离开关操作的安全技术

（1）合隔离开关时应快速果断，如果是误操作出现电弧，也只得将错就错，果断将闸刀的刀片快速插入刀座到底。在任何情况下不应将要合上的隔离闸刀再拉开，只能使电弧更大，造成更大的设备损坏和人身伤害。

但很多情况下一旦发现带负荷合闸，条件反射，本能地会将闸刀拉开，某水电厂隔离开关与断路器的机械闭锁装置失灵，凑巧运行工作人员在注意力不集中的状态下带负荷合隔离开关，一发现电弧，又本能地将即将合上的隔离开关拉开，造成隔离开关和断路器损坏。

（2）分隔离开关时应缓慢观察，第一步，小心缓慢地将闸刀的刀片拉出刀座很小间隙；第二步，如果没有异常弧光，则继续拉开闸刀，如果是误操作出现电弧，必须立即知错改错，将闸刀快速推回刀座内，查明原因。

4. 断路器操作的安全技术

断路器本身的故障或对断路器的使用不当都会发生事故，最严重的事故是断路器爆炸。

（1）在屏柜上进行断路器的合闸和跳闸操作时都必须迅速、果断地将切换开关切到终点，直到指示合闸或跳闸的指示灯亮了以后才算完成。

（2）断路器断开后如果还要断开一侧的隔离开关，为了防止其他人误将断路器合上造成带负荷拉隔离开关的事故，在断路器的操作把手上挂上"不可合闸"警告牌，然后到安装该断路器的地方检查断路器断、合闸指示器和其他表示断路器断、合状态的指示，确认断路器已经断开后才可操作隔离开关断开。

（3）断路器停用时或在该断路器的二次回路、继电保护和自动装置回路上进行工作时，必须断开断路器的操作电源。

（4）用线圈电磁力合闸的断路器合闸速度与操作电源的电压是否正常有很大关系，当操作电源的电压降低时，由于合闸功率不够使得断路器合闸速度降低，曾经发生过由于操作电压过低造成断路器爆炸和不同期并网的重大事故，因此在操作断路器前应检查操作直流电源电压是否正常。

（5）在断路器合闸前应检查该断路器的继电保护和自动装置是否在投入位置，以便合闸后万一发生事故能正确及时将故障切除。

（6）合闸后应密切监视该断路器回路的设备和线路的有关表计指示情况，尤其要监视电流表和电压表，如果发现指示异常应立即跳开断路器。

（7）合闸后应检查三相电流、电压是否平衡，如果发现缺相合闸，应立即跳开断路器。

5. 送电操作的安全技术

送电操作容易发生的事故是带接地线合闸，后果是断路器设备损坏、检修人员伤亡，甚至危及电力系统的安全运行。送电操作的安全措施：

（1）检查设备上装设的各种临时安全措施和接地线确已完全拆除。

（2）检查有关继电保护和自动装置确已按规定投入。

（3）检查断路器确在断开位置。

（4）合隔离开关。

（5）合断路器。

6. 停电操作的安全技术

停电操作容易发生的事故是带负荷拉隔离开关和带电挂接地线。其后果是断路器设备损坏、操作人员伤亡，甚至危及电力系统的安全运行，比送电误操作更严重。停电操作的安全措施：

（1）检查有关表计指示确定是否允许跳断路器。

（2）跳开断路器。

（3）拉开隔离开关。

（4）切断断路器的操作电源。

（5）断开断路器的控制回路保险丝。

（6）按照检修工作票的要求布置接地等安全措施。

## 四、防止电气误操作的措施

电气设备典型的误操作有带负荷拉合隔离开关、带地线合闸、带电挂接地线或和接地刀闸、误拉合断路器和误入带电隔离五种。为防止电气设备的误操作，现代高压电气开关柜大多采用可靠性高的机械闭锁方法实现"五防"功能，即防带负荷拉合隔离开关、防带地线合闸、防带电挂接地线或接地刀闸、防误拉合断路器和防误入带电隔离。

1. 防止误操作的组织措施

防止误操作的组织措施有操作命令复诵制度、操作票制度和操作监护制度三部分。

（1）操作命令复诵制度。由两个人执行倒闸操作，一个人下达操作命令，另一个人复诵无误后执行倒闸操作。

（2）操作票制度。凡改变电气设备运行方式的倒闸操作及其他较复杂的操作，都必须事先填写操作票（见附表Ⅲ）。操作票由操作人填写，每张操作票只能填写一个操作任务。操作票填写要求如下：

1）操作票上的操作项目要详细具体，必须同时填写被操作开关设备的名称和编号。拆装接地线要写明具体地点和地线编号。

2）操作票填写字迹要清楚，严禁并项、添相以及用勾画的方法颠倒顺序。

3）操作票填写不得任意涂改，如有错字、漏字需要修改时，必须保证清晰，在修改的地方要由修改人签章。每页修改字数不宜太多，如果超过三个字最好重新填写。

4）下列检查内容应列入操作项目，单一项填写：

a. 合隔离开关前，检查断路器的实际在"开"位置。

b. 操作中合断路器或隔离开关后，检查实际开合位置。对于在操作前已合的隔离开关，在操作中需要检查实际开合位置者，应列入操作项目。

c. 并列、解列时，检查负荷分配。

d. 设备检修后，合闸送电前，检查送电范围内的接地刀闸是否确已拉开，接地线是否确已拆除。

5）填写操作票时，应使用规定的术语；

a. 断路器、隔离开关和熔断器的切、合，规定用"拉开""合上"。

b. 检查断路器、隔离开关的运行状态，规定用"检查在开位""检查在合位"。

c. 拆装接地线，规定用"拆除接地线""装设接地线"。

d. 检查负荷分配时，规定用"指示正确"。

e. 继电保护回路压板的切换，规定用"启用""停用"。

f. 验电，规定用"验电确无电压"。

6）操作票填写好后，操作人和监护人共同根据模拟图板或接线图核对所填写的操作项目是否正确，并经值班负责人审核签名；

（3）操作监护制度。倒闸操作必须由两个人进行，一人操作，一人监护，操作中监护人唱票，操作人复诵正确后执行。

**2. 防止误操作的技术措施**

防误装置是防止运行人员和其他人员发生误操作的有效技术措施。采用闭锁的方法，使两个设备的动作相互有一定的制约，达到相互闭锁的目的。防止误操作技术措施有机械闭锁、电气闭锁、电磁闭锁和微机闭锁。

（1）机械闭锁。采用机械机构的方式，使两个设备的动作相互有制约，达到相互闭锁的目的，适用场合为：

1）在带接地刀闸的隔离开关操作时，必须保证隔离开关主刀分闸不带电条件下，合上接地刀闸，否则会发生带电合接地刀闸的严重事故，因此自这类隔离开关必须采取机械闭锁措施，保证实现主刀分、地刀合；地刀分、主刀合。

2）在隔离开关与断路器串联的场合，必须采取机械闭锁措施，保证断路器没跳开之前，隔离开关无法拉开或接地刀闸无法合闸，保证隔离开关没有合闸之前或接地刀闸没有断开之间，断路器无法合闸。

3）在两个隔离开关之间，可以采用机械闭锁措施保证当一台手动隔离开关没断开之前，另一台隔离开关无法合闸。机械闭锁的优点是闭锁直观，不宜损坏。检修工作量小，操作方便；缺点是两个相制约的设备必须装配在一起；

（2）电气闭锁。两个相互闭锁的电气设备必须是能自动操作，利用自动操作的断路器、隔离开关、接地刀闸的辅助接点，接通或断开操作回路的电源，使两个设备的动作相互有制约，达到相互闭锁的目的。

1）保证一个断路器没有断开之前，另一个断路器无法合闸。

2）保证断路器没跳开之前，自动隔离开关无法拉开。

适用在两个相互闭锁的电气设备相距较远和两者都是自动控制。

（3）电磁闭锁。与电气闭锁实现原理相同，一般由锁杆、电磁铁、行程开关、指示灯和防误罩组成。安装在需联锁的手动操作机构上，同时在操作机构的操作轴上安装一个相应的附件，当锁杆插入附件槽内，达到卡住操作轴的目的。由电磁锁直接控制锁杆的开关；需要配备解锁钥匙，电磁锁如图7-5所示。在手动操作的隔离开关和接地刀闸，一般采用电磁锁闭锁。其优点是操作方便，操作过程中没有辅助开锁动作；缺点是易受潮锈蚀。

图7-5　电磁锁

（4）微机闭锁。微机防误闭锁是指通过计算机软件实现锁具之间的闭锁逻辑关系，从而达到电气设备防误闭锁的目的。由防误主机、电脑钥匙、遥控闭锁控制单元、电气编码锁等功能单元组成。能达到电气操作的"五防"功能：防带负荷拉合隔离开关；防带地线合闸；防带电挂接地线；防误拉合断路器；防误入带电隔离。

## 五、低压机组安全管理

### 1. 低压机组的励磁安全管理

低压机组大部分操作是手动进行，并网之前调励磁应从小到大慢慢调，如果调过头，发电机机端过电压。并网以后调励磁，励磁电流调大，无功功率增大，励磁电流调小，无功功率减小，励磁电流调得过小，发电机变成进相运行，此时功率因数为负值，一般的发电机不允许进相运行，

低压发电机没有失磁保护，万一发电机失磁，转速立即上升，过速装置立即作用导叶或喷针紧急关闭，同时发电机成为挂在电网上的三相线圈，电网向线圈倒送电，定子过电流，发电机过电流保护动作断路器跳闸。

### 2. 低压机组的定子安全管理

并网运行时机组转速不需要管，哪怕不小心将导叶或喷针全关，机组转速也不会降下来，这时的电机成为三相同步电动机，电网向电机输入电流，拖着转子转动，这么小的机组对电网几乎没有影响，而大机组一般是不允许发电机作为电动运行的。

采用自动调速器的机组，当电网频率下降时，自动调速器会自动开大导叶或喷针，增加机组出力，不小心会造成机组过负荷，因此自动调速器中有开度限制机构，由运行人员设定导叶或喷针的最大开度，保证机组在电网中自动调节负荷时不过负荷。

如果 10kV 线路突然停电，10kV 线路上所有负荷压向本电厂机组，发电机出现过电流，此时，发电机过电流保护应及时作用机组跳闸停机。

（1）电网有功功率变化对低压机组的影响。运行中应经常关注定子电流，如果并入电网带上有功功率后，任其不管，可能会出现当电网有功负荷增大造成电网频率下降时，水轮机原先用来建立机组转速的水流量被转用为带有功功率，机组有功功率输出会自动增大，假如机组原先带的有功功率就比较多的话，则很有可能会出现发电机定子过电流。因此，应密切关注定子电流不要超过额定电流。必要时只得减无功功率。

（2）电网无功功率变化对低压机组的影响。运行中应经常关注定子电流，如果并入电网带上无功功率后，任其不管，可能会出现两种情况：

1）电网无功负荷减小会造成电网电压上升，发电机本来用来带无功功率的部分励磁电流被转用为建立机端电压，机组无功功率会自动减小，功率因数增大。假如机组原先带的无功功率就比较少的话，则很有可能会出现发电机由发出无功功率变为吸收无功功率，功率因数变为负值，发电机成为进相运行。

2）电网无功负荷增大会造成电网电压下降，发电机本来用来建立机端电压的部分励磁电流被转用为带无功功率，机组无功功率会自动增大，功率因数减小。假如机组原先带的有功功率就比较多的话，则很有可能会出现发电机定子过电流。发电机的功率因数应保证在 0.8～0.95 之间，当发现功率因数过低时，应密切关注定子电流不要超过额定电流，必要时不得不减小励磁电流，降低无功功率。

# 第二节　电气设备操作安全用具

电气安全用具是电气工作人员保护人身安全，杜绝或降低人身伤害的有效工具，在工作中不得图一时方便，抱着侥幸心理，在没有安全用具的条件下进行作业。应严格安全用具的保养和使用规范，确保安全用具性能良好，使用得当。

## 一、安全照明灯具

常用的安全照明灯具有两种：自充电蓄电池手提灯和手提行灯。

（1）充电蓄电池手提灯适用于水电厂各种设备维修中使用，特别适用于事故抢修中，由于是蓄电池供电，使用特别方便，绝对安全，是水电厂必不可少的安全用具。

（2）在生产场所使用手提行灯，手提行灯如图 7-6 所示，其电源电压规定不得超过 36V，在蜗壳、压力钢管等阴暗潮湿的场地使用手提行灯的电源电压规定不得超过 12V；因此，也是比较安全的照明用具。

## 二、防毒面具

在水电厂正常运行、事故抢修和灭火抢险过程中，有时会接触到危害人体的有害气体，此时必须佩戴防毒面具，以保证工作人员的人身安全。

## 三、护目眼镜

护目眼镜如图 7-7 所示，其用途是在维护电气设备和进行设备检修时，保护工作人员眼睛不受电弧灼伤以及防止脏东西落入眼内。眼镜应该是封闭型的，镜片玻璃要耐热及能承受一定的机械撞击力。

### 四、绝缘杆

绝缘杆如图 7-8 所示，又称绝缘棒或操作杆，是最基本的安全用具之一。绝缘杆主要由工作部分、绝缘部分和握手部分组成，绝缘部分和握手部分用护环木或玻璃钢制成，工作部分一般用金属制成，也可以用玻璃钢等有较大机械强度的绝缘材料制成。

绝缘杆在水电厂主要用于闭合或断开高压隔离开关用绝缘杆闭合或断开隔离开关如图 7-9 所示，用绝缘杆安装或拆除携带型接地线如图 7-10 所示，以及进行电气测量和试验工作。使用时应注意握手绝对不能超出护环，同时要戴绝缘手套和穿绝缘靴。绝缘杆应每年进行一次定期的耐压试验。

### 五、绝缘夹钳

绝缘夹钳如图 7-11 所示，其主要由工作钳口、绝缘部分和握手部分组成。钳口必须保证能夹紧熔断器。制造绝缘夹的材料与绝缘杆相同。只能用在 35kV 及以下的场合。使用绝缘夹钳夹持熔断器时，工作人员的头部不得超过握手部分，并戴上护目眼镜、绝缘手套和穿上绝缘靴，或站在绝缘台、绝缘垫上。绝缘夹钳应每年进行一次定期的耐压试验。

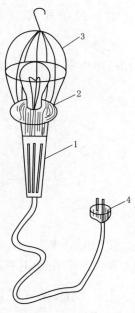

图 7-6　手提行灯
1—绝缘手柄；2—灯座；
3—护网；4—插头

图 7-7　护目眼镜

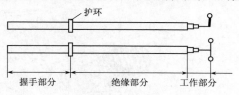

图 7-8　绝缘杆

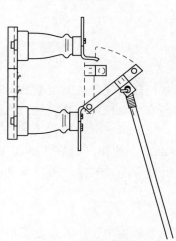

图 7-9　用绝缘杆闭合或断开
隔离开关

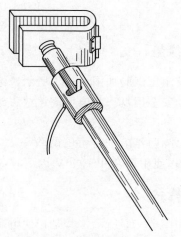

图 7-10　用绝缘杆安装或
拆除接地线

### 六、绝缘手套

绝缘手套如图 7-12 所示，是用特种橡胶制成的电气安全手套，是高压电气设备操作时常用的辅助安全用具，也是在低压电气设备带电部分上工作时使用的基本安全用具。

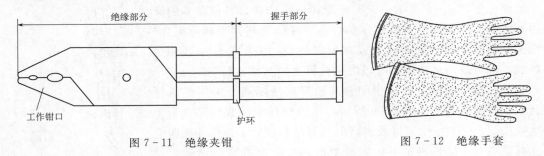

图 7-11　绝缘夹钳　　　　　　　　　　　　图 7-12　绝缘手套

使用时应将外衣袖口放入绝缘手套的伸长部分内，使用完毕后必须将绝缘手套擦干净，存放在柜子中并与其他工具分开，绝缘手套应每半年进行一次定期的耐压试验。

### 七、绝缘靴（鞋）

绝缘靴（鞋）如图 7-13 所示，是在任何电压等级的电气设备上工作时用来与地保持绝缘的辅助安全用具，也是防护跨步电压的基本安全用具。使用后将绝缘靴（鞋）擦干净，存放在柜子中并与其他工具分开。绝缘靴（鞋）的使用期限以制造厂家规定的大底磨光为止，即当大底露出黄色面胶的绝缘层时，就认为该绝缘靴（鞋）不适合在电气作业中使用了。

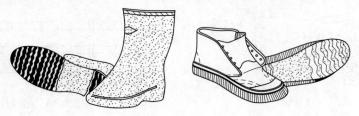

图 7-13　绝缘靴（鞋）

### 八、绝缘垫

绝缘垫及耐压试验如图 7-14 所示，绝缘垫是在任何电气设备上带电操作时用来作为与地绝缘的辅助安全用具。水电厂应该放置绝缘垫的地方为高压配电装置前。绝缘垫是用特殊橡胶制成的。

绝缘垫每隔两年应进行耐压试验一次，试验标准是：使用场合在 1000V 以上时，试验电压为 15kV；使用场合在 1000V 以下时，试验电压为 5kV，试验时间为 2min。

### 九、绝缘台

绝缘台如图 7-15 所示，其是任何电压等级的电力装置中，作为带电工作时使用的辅助安全用具。绝缘台的台面是用干燥的、漆过绝缘漆的木板或木条做成的，四角用绝缘瓷瓶作台脚。

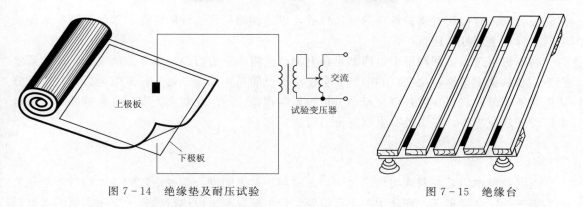

图 7-14　绝缘垫及耐压试验　　　　　　　　图 7-15　绝缘台

绝缘台每隔三年定期作耐压试验一次，试验标准是不分使用时的电压等级，一律加交流电压 40kV 绝缘台耐压试验接线图如图 7-16 所示，持续时间为 2min。

### 十、验电笔

验电笔分为高压验电笔和低压验电笔两大类，都是用来检验设备是否带电的工具。当设备断开电源装设携带型接地线以前，必须用验电笔验明设备是否确实无电，否则会造成重大人身事故。

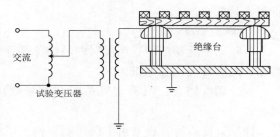

图 7-16　绝缘台耐压试验接线图

高压验电笔如图 7-17 所示，主要由电容器 2 来承受高电压的大部分电压，低压验电笔如图 7-18 所示，与民用验电笔完全一样。

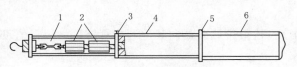

图 7-17　高压验电笔
1—氖光灯；2—电容器；3—接地螺栓；
4—绝缘部分；5—护环；6—握柄

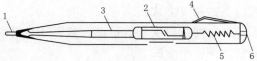

图 7-18　低压验电笔
1—工作触头；2—氖灯；3—炭精电阻；
4—金属夹；5—弹簧；6—中心螺栓

验电时必须使用额定电压和被验设备电压等级相一致的合格验电笔，在验电前应将验电笔在带电的设备上试验一下，证实验电笔性能良好，然后再在被验设备进出线的两侧逐相进行验电。验明被验设备无电压后，再把验电笔在带电设备上复核验电笔是否性能良好，这种验电操作程序叫作验电"三步骤"。在高压设备上验电时，工作人员必须戴绝缘手套。验电笔必须每隔六个月定期试验一次。安全措施是安全的底线，任何情况下不得突破，安全用具则是安全的防线，确保生产安全。

# 第三节　水电厂调度安全管理

水电厂作为电网中的电源点，对电网的安全稳定运行影响重大。为保证电网安全稳定运行，作为"发电、配电、供电、用电"一体化的电网，以"公平、公正、公开"的原则，依据有关合同或者协议，维护各方的合法权益，以"铁的纪律、铁的面孔、铁的处理"来保证电网运行安全和处理违章操作。

高压机组进入电网和退出电网都是在电网调度指令下进行的，遵守调度规程，理解调度指令，服从调度指挥，是电厂和电网安全稳定运行的基本保证。每一位发电运行人员应充分认识到不守调度规程，曲解调度指令，拒缓调度指挥，不但会对个人安全带来威胁，还会对电厂设备造成损害，甚至危及电网安全运行。

## 一、电网调度术语

电网调度术语是在调度与调度之间、调度与厂站之间进行调度指挥的技术词组，是相关各方事先约定词组定义、在使用中不再需要作任何解释就可以执行操作的专用术语。水电厂作为电网调度的下级厂站，每一位运行人员必须牢记每一条调度术语的名称，正确理解每一条调度术语的意思。避免由于对调度术语的不正确理解，出现误操作、错操作，造成重大设备和人身事故。

1. 调度管理

（1）调度管辖范围：调度对电网设备运行和操作指挥权的范围。例如，水电厂的线路断路器、隔离开关、发电机。

（2）调度同意：值班调度员对调度管辖厂站运行值班员提出的工作申请及要求给予同意。

（3）调度许可：设备由下级厂站管辖，但在进行该设备有关操作前，厂站运行值班员必须向上级值班调度员申请，征得同意。例如，水电厂主变、主变高压侧母线、断路器、隔离开关等。

（4）直接调度：值班调度员向将要具体执行调度指令的调度管辖厂站运行值班员发布调度指令的调度方式。

（5）间接调度：值班调度员通过下级调度机构值班调度员向其他调度管辖厂站运行值班员转达调度指令的方式。

（6）委托调度：一方委托他方对其调度管辖的设备进行运行和操作指挥的调度方式。

（7）越级调度：紧急情况下值班调度员不通过下级调度机构值班调度员而直接下达调度指令给下级调度机构调度管辖的运行值班单位的运行值班员的方式。

（8）调度关系转移：经两调度机构协商一致，决定将一方调度管辖的某些设备的调度职权，由另一方代替或暂时行使。转移期间，设备由接受调度关系转移的一方全权负责，直至转移关系结束。

2. 调度

（1）调度指令。值班调度员对其管辖厂站运行值班员发布有关运行和操作的指令。

1）口头令：由值班调度员口头下达的调度指令，值班调度员无须填写操作票。

2）操作令：值班调度员其管辖厂站运行值班员发布的有关操作的指令。

a. 单项操作令：值班调度员向其管辖厂站运行值班员发布单一一项操作的指令。

b. 逐项操作令：值班调度员向其管辖厂站运行值班员发布的指令是逐项按顺序执行的操作步骤和内容，要求运行值班员按照指令的操作步骤和内容逐项按顺序进行操作。

c. 综合操作令：值班调度员向其管辖厂站运行值班员发布的不涉及其他厂站配合的综

合操作任务的调度指令。其具体的逐项操作步骤和内容以及安全措施，均由运行值班员自行按规程拟定；

（2）发布指令。值班调度员正式向调度所属各运行值班员发布的调度指令。

（3）接受指令。运行值班员正式接受值班调度员所发布的调度指令。

（4）复诵指令。值班调度员发布指令或接受汇报时，受话方必须重复通话内容以确认正确性。

（5）回复指令。运行值班员在执行完值班调度员下达的调度指令后，向值班调度员报告已经执行完调度指令的步骤、内容和时间等。

（6）许可操作。在改变电气设备的状态和方式前，根据有关规定，由有关人员提出操作项目，值班调度员同意其操作。

3. 主要设备状态及变更用语

（1）检修。设备的所有断路器、隔离开关均断开，挂好接地线或合上接地刀闸时，并在可能来电侧挂好工作牌，装好临时遮拦，称为"检修状态"。

1）断路器检修：断路器及两侧隔离开关拉开，断路器失灵保护停用，在断路器两侧装设接地线或合上接地刀闸。

2）线路检修：线路隔离开关及线路高抗（高压侧并联电抗器）高压侧隔离开关拉开，线路电压互感器低压侧断开，并在线路出线端合上接地刀闸或挂设接地线。

3）变压器检修：变压器各侧隔离开关均拉开，并合上变压器本体侧接地闸刀或装设接地线，断开变压器冷却器电源，非电量保护按现场规程处理，如有电压互感器，则将其低压侧断开。

4）母线检修：母线侧所有断路器及其两侧隔离开关均在分闸位置，母线电压互感器低压侧断开，合上母线接地刀闸或挂设接地线。

（2）设备备用。指设备处于完好状态，所有安全措施全部拆除，接地闸刀在断开位置，随时可以投入运行。

1）设备热备用：设备的断路器断开，而隔离开关仍在合闸位置，设备保护均应在运行状态。

2）设备冷备用：设备的断路器和隔离开关都断开，设备保护均应在退出状态。

a. 断路器冷备用：断路器两侧隔离开关均在断开位置，相关保护压板退出。

b. 线路冷备用：线路两侧隔离开关均在断开位置，接在断路器或线路上的电压互感器高低压侧熔丝一律取下，高压侧隔离开关拉开。

c. 主变冷备用：主变压器两侧隔离开关均拉开。

d. 母线冷备用：母线侧所用断路器及隔离开关均在分闸位置。

e. 无高压侧隔离开关的电压互感器当低压侧断开后，即处于"冷备用"状态。

3）紧急备用：设备停止运行，隔离开关断开，但设备具备运行条件，包括有较大缺陷可短期投入运行的设备。

4）旋转备用：机组已并网运行且仅带一部分负荷，随时可以增加出力至额定出力。

## 二、水电厂调度安全

很多水电厂地处偏远山区，交通不便，人才难留，中小型水电厂更是投资主体多样化，利益关系较复杂，技术力量较薄弱，运行管理不规范，在电网对水电厂的调度、管理中经常出现诸多不安全因素。遵守调度规程，严格调度纪律是水电厂调度安全的重要保证。

1. 电网调度规程

（1）值班调度员在其值班期间是电网运行、操作和事故处理的指挥人，在调度管辖范围行使指挥权。值班调度员必须按照规定发布调度指令，并对其发布的调度指令的正确性负责。

（2）下级厂站运行值班员，受上级调度机构值班调度员的调度指挥，接受上级调度机构值班调度员的调度指令，厂站运行值班员应对其执行调度指令的正确性负责。

（3）进行调度业务联系时，必须使用普通话及调度术语，互报单位、姓名。严格执行下令、复诵、录音、记录和汇报制度，受令单位在接受调度指令时，受令人应主动复诵调度指令并与发令人核对无误，待到达下令时间后才能执行；指令执行完毕后应立即向发令人汇报执行情况，并以汇报完成时间确认指令已执行完毕。

（4）如厂站运行值班员认为所接受的调度指令不正确时，应立即向值班调度员提出意见，如值班调度员重复其调度指令时，厂站运行值班员应按调度指令要求执行。如执行该调度指令确实将威胁人员、设备或电网的安全时，运行值班员可以拒绝执行，同时将拒绝执行的理由及修改建议上报给下达调度指令的值班调度员，并向本单位领导汇报。

（5）未经值班调度员许可，任何单位和个人不得擅自改变其调度管辖设备的状态。对危及人身和设备安全的情况按厂站规程改变设备状态，但在改变设备状态后应立即向值班调度员汇报。

（6）对于调度管辖设备，厂站运行值班员在操作前应向调度申请，在调度许可后方可操作，操作后向调度汇报。当发生紧急情况时，允许厂站运行值班员不经值班调度员许可进行调度许可设备的操作，但必须及时报告值班调度员。

（7）调度管辖的设备，其运行方式变化对有关电网运行影响较大时，在操作前、后或事故后要及时向相关调度通报；在电网中出现了威胁电网安全，不采取紧急措施就可能造成严重后果的情况下，一级值班调度员可跨越二级值班调度员直接或通过二级调度机构的值班调度员向二级调度机构管辖厂站运行值班员下达调度指令，有关厂站值班人员在执行指令后应迅速汇报设备所辖调度机构的值班调度员。

（8）当电网运行设备发生异常或故障情况时，厂站运行值班员应立即向管辖该设备的值班调度员汇报情况。

（9）任何单位和个人不得干预调度系统值班人员下达或者执行调度指令，不得无故不执行或延误执行上级值班调度员的调度指令。调度值班人员有权拒绝各种非法干预。

（10）当发生无故拒绝执行调度指令、破坏调度纪律的行为时，有关调度机构应立即组织调查，依据有关法律、法规和规定处理。

2. 小型水电厂多发的安全案例

装机容量较小的水电厂，特别是低压机组水电厂，由于技术力量薄弱，人员配置不足。组织管理松懈，安全意识淡薄，常引发安全事故和安全隐患。

（1）水电厂运行值班员应绝对服从电网值班调度员的调度指挥，接受值班调度员的调度指令，但有的水电站运行值班员受命于业主，受令人以业主不同意减负荷或停机为由，拒不执行调度指令。

（2）水电厂运行值班员应对其执行指令的正确性负责。但有的运行值班员在受令时精力不集中，做与工作无关的事，听错调度指令或误解调度指令，执行了错误的操作，引发事故。

（3）未经值班调度员许可，任何单位和个人不得擅自改变其调度管辖设备状态。大多数水电厂在调度要求停役时，能认真执行，但有的水电厂在停役期间自作主张，擅自改变调度管辖设备状态。例如有一个水电厂看见电厂附近的线路检修人员撤离检修现场，认为线路检修已经完成，没得到调度指令自作主张将 10kV 跌落式熔断器合上，后果相当严重。

（4）为抢发电、多发电的经济效益，隐瞒、虚报事实，延缓执行值班调度员停机的指令。例如，有一条 10kV 线路需要检修，电力部门对线路跳闸停电后验电，发现仍有电，原来有一个延缓停机的水电厂继续在带该线路的负荷孤网运行，由于该线路负荷不大，没有引起该电厂发电机过负荷跳闸。

（5）在进行倒闸操作与调度进行业务联系时，不使用普通话及调度术语，调度与受令人无法正常沟通。不报单位、姓名，不复诵调度指令，没有录音、记录。

（6）由于现在调度与电厂通信大多采用手机，山区信号较弱，通信不畅。一旦调度指令发布中途通信中断，调度失去对水电厂的调度控制。规定如果调度下令时通信中断的话，继续执行通信中断前的指令，通信中断后的指令不允许自作主张执行。调度下令时通信中断时，其他厂站有责任转达指令。

（7）雷雨季节没有避雷器的线路不允许开口运行，线路隔离开关断开时必须挂设接地线，否则遭雷击的线路开口处会出现高电压。但有的水电厂运行人员没有这个安全意识。

（8）电气运行规程规定雷雨时不得进行户外倒闸操作，调度发布户外倒闸操作指令时，并不知道受令电厂区域是否遭雷雨。实际中很少有运行值班员向值班调度员反映电厂周围的雷雨情况，受令违章执行操作，没有自我保护意识。

水电厂运行值班员的行为不规范，水电厂的组织管理不严密，给电网调度工作带来诸多困难，给系统运行带来安全隐患。如果发生设备和人身事故，不但个人和业主要承担民事和刑事责任，电厂还将受经济处罚，甚至与电网解列，禁止入网。

# 第四节　水电厂消防安全管理

位于偏僻山区的水电厂发生火灾时，如依靠城市的消防车赶来灭火，可能出现"远水救不了近火"的现象。因此水电厂发生火灾时基本靠自救。消防安全对偏远山区的水电厂的尤为重要。

## 一、厂房消防安全管理

（1）厂房内必须设消火栓，水电厂的消火栓在任何时候都必须保证水源可靠、水压足够，出水畅通，水带完好。应保证发生任何事故情况下都能出水。消火栓的布置数量应保证水枪射流能射击到厂房任何一个位置。消火栓周围不得堆放货物，消火栓的水带应定期检查和晾晒，防止发霉。由于消防灭火设施长期不用，很容易出现消防水源压力不足，消火栓无法出水，水带霉变破损。

（2）厂房墙上应设灭火器箱，以便小范围灭火时使用。灭火器应定期检查和换药。

（3）设备检修时是消防安全的薄弱环节，应有专人负责在现场监督和管理消防安全。易燃易爆物品应放置在专门的房间内进行隔离，现场气焊、电焊时应注意周围是否有易燃易爆物品，是否会引发火灾。

### 二、发电机消防安全管理

发电机灭火前应确定本发电机的出口断路器和灭磁开关已经跳开，机端电压已经消失，并将发电机的出口断路器"工作位"转移到"隔离/试验位"后才能进行灭火，否则将造成人员触电伤亡。火焰较小时，可用干式灭火器灭火，只有火焰较大时才考虑用水灭火，不得用沙或泡沫灭火剂，实践证明用水喷射后的发电机干燥后仍能使用。灭火时不要进入发电机机坑，原因是发电机绝缘物质燃烧时会释放有毒气体，会危及救火人员的人身安全。在喷水灭火过程中，导叶关到零后应再稍微打开，维持发电机转子以 10% 额定转速低速转动，防止由于转子冷却不均匀产生永久性变形，造成转子报废。

### 三、油系统消防安全管理

油系统的油桶必须单独放在密闭的油库内，油库的大门用铁门制造，油库顶部设灭火喷水淋蓬，油桶底部的事故放油阀设在油库外面。当油库发生火灾时，关闭铁门，打开淋蓬喷水灭火，同时打开事故排油阀将油桶内的油排入事故油池。严禁进入油库灭火。

### 四、变压器消防安全管理

（1）主变压器应位于填满鹅卵石的事故油池中央，主变压器油箱底部应设事故放油阀。当主变压器发生火灾时，应立即跳开高低压侧的断路器，并拉开高压侧隔离开关，确认变压器不带电后再进行灭火。若是上盖或套管着火，应打开事故放油阀将箱内油面降至着火点以下，然后用灭火器灭火。若灭火器无法控制火势，应一边通过事故放油阀将箱内绝缘油排入事故油池，通过导油管将绝缘油引入远处的积油坑，一边用消防栓喷水灭火。

（2）对室内厂用变压器和励磁变压器，应在室内备有砂箱和灭火器，当变压器发生火灾时应立即拉开室内墙上的变压器高压侧隔离开关，确认变压器不带电后再用砂子或灭火器进行灭火。

## 第五节　水电厂生产安全管理

水电厂的机电设备是一套完整的、有机的系统，相互之间的联系与约束遵循一定的技术原理和技术规律，保证水电厂机电设备正常、安全运行，必须有一套相应的技术规范和制度。我国水电厂多年的运行实践和总结，已成就了一套行之有效的"两票三制"生产安全管理制度。水电厂生产安全管理的"两票三制"为工作票制度、操作票制度、交接班制度、巡回检查制度和设备定期试验与轮换制度。

### 一、工作票制度

电气设备需要进行检查或维修之前，必须办理工作票，这是保证维修人员安全工作的组织措施，是为避免人身和设备事故而履行的一种设备维修工作手续。值班员要按照工作票的要求，进行有关倒闸操作并布置安全措施。然后由值班员与维修人员共同办理工作票开工手续。当维修工作结束时，值班员与维修工作负责人共同检查、验收设备，并共同办理工作票结束手续。

## 二、操作票制度

严格执行操作票（见附表Ⅲ）制度，对每一次倒闸操作，必须写明需要进行操作的开关编号、名称和位置，操作时间和顺序，由操作人填票，监护人审票。倒闸操作时由监护人唱票，操作人复诵，监护人确认复诵无误后，命令操作人执行。

## 三、交接班制度

严格的交接班制度为分清事故责任带来方便，促进严格岗位责任。交接班制度的内容应包括：

（1）接班者必须提前 15min 到达生产现场接班，交班者必须提前 30min 清扫场地、检查设备等做好交班的准备工作。

（2）接班者应详细查看运行日记，对不清楚的地方应提出疑问，直到弄清为止。对不清楚的地方不提出疑问的视为已经理解。

（3）交接班过程中发现事故苗子，应由交班者进行处理，如接班者愿意接受处理事故苗子，可由接班者接班后继续处理。如果一时不能处理好的事故苗子，应在交接班记录本上详细说明，并报告生产责任人。

## 四、巡回检查制度

巡回检查的是使设备在不正常运行时能及时发现和处理，防止事故扩大，并对设备运行状况做到心中有数。一般每隔 2h 进行一次巡回检查，并对检查情况进行详细记录。对于带病运行的设备及在高温、高峰季节，应增加巡回检查的次数。

## 五、设备定期试验与轮换制度

为了减少设备长期运转造成的磨损，长期停运出现的受潮，保证设备的正常安全运行，及时发现设备缺陷和隐患。运行值班人员应按期对所有备用设备进行定期试验、切换。

电气设备停用时间超过一个月，应进行检查或试验后方可重新投运，以便及时发现设备存在的问题，保证安全运行。备用电气设备及自动投切回路等均应执行定期的预防性试验和切换制度。

# 习　　题

**一、判断题（在括号中打√或×，每题 2 分，共 10 分）**

7-1. 倒闸操作合闸时应该先合断路器，再合隔离开关。　　　　　　　　（　　）

7-2. 倒闸操作分闸时应该先分断路器，再分隔离开关。　　　　　　　　（　　）

7-3. 合隔离开关时应缓慢观察，分隔离开关时应快速果断。　　　　　　（　　）

7-4. 合隔离开关时如果是误操作出现电弧,果断将闸刀的刀片快速插入刀座到底。

          (     )

7-5. 分隔离开关时如果是误操作出现电弧,将闸刀快速推回刀座内。  (     )

## 二、选择题 (将正确答案填入括号内,每题 2 分,共 30 分)

7-6. 根据电气设备所处的状态不同 (     )。

A. 运行状态要求主要保证人身安全,操作状态要求主要保证人身安全

B. 运行状态要求主要保证设备安全,操作状态要求主要保证设备安全

C. 运行状态要求主要保证设备安全,操作状态要求主要保证人身安全

D. 运行状态要求主要保证人身安全,操作状态要求主要保证设备安全

7-7. 运行中发生机组甩负荷时,为防止过电压,应密切注意 (     ) 是否分闸,必要时应手动紧急分闸。

A. 发电机断路器                      B. 厂用变压器负荷开关

C. 励磁变压器隔离开关              D. 励磁系统灭磁开关

7-8. 凡是在电气设备上进行任何电气作业,都必须填用 (     ),

A. 操作票          B. 工作票          C. 工作许可票          D. 工作终结票

7-9. 电气设备上安全工作的四大技术措施的顺序是 (     )。

A. 停电、悬挂标志牌和装设遮栏、接地和验电

B. 停电、悬挂标志牌和装设遮栏、验电和接地

C. 停电、接地、验电和悬挂标志牌和装设遮栏

D. 停电、验电、接地和悬挂标志牌和装设遮栏

7-10. 将检修设备接地装设接地线时必须 (     )。

A. 先接设备的导体端,后接接地网的接地端

B. 先接接地网的接地端,后接设备的导体端

C. 先接设备的外壳端,后接接地网的接地端

D. 先接接地网的接地端,后接设备的外壳端

7-11. 在远控屏柜一经操作即可送电到检修地点的 (     ) 的合闸开关上,必须悬挂标示牌。

A. 断路器          B. 隔离开关          C. 接地闸刀          D. 灭磁开关

7-12. 检修时在现地开关柜 (     ) 的操作把手上必须悬挂标示牌。

A. 断路器          B. 隔离开关          C. 接地闸刀          D. 灭磁开关

7-13. 现代高压电气开关柜大多采用可靠性强的 (     ) 方法实现"五防"功能,

A. 机械闭锁          B. 电气闭锁          C. 电磁闭锁          D. 微机闭锁

7-14. 防止误操作的组织措施有 (     )。

A. 工作票制度、工作许可制度、工作终结制度

B. 操作命令复诵制度、工作许可制度、工作终结制度

C. 操作命令复诵制度、操作票制度、工作终结制度

D. 操作命令复诵制度、操作票制度、操作监护制度

7-15. 水电厂属于调度管辖的设备有 (     )。

A. 发电机、发电机断路器、主变压器       B. 发电机断路器、主变压器、线路断路器

C. 主变压器、线路断路器、线路隔离开关　　D. 线路断路器、线路隔离开关、发电机

7-16. 设备热备用时，（　　），设备保护均应在运行状态。

A. 断路器断开，隔离开关在合闸位置　　　　B. 断路器合闸，隔离开关在断开位置

C. 断路器断开，隔离开关在断开位置　　　　D. 断路器合闸，隔离开关在合闸位置

7-17. 设备冷备用时，（　　），设备保护均应在退出状态。

A. 断路器断开，隔离开关在合闸位置　　　　B. 断路器合闸，隔离开关在断开位置

C. 断路器断开，隔离开关在断开位置　　　　D. 断路器合闸，隔离开关在合闸位置

7-18. 雷雨季节没有避雷器的线路在（　　）时必须挂设接地线。

A. 线路隔离开关分闸　　　　　　　　　　　B. 线路隔离开关合闸

C. 线路断路器分闸　　　　　　　　　　　　D. 线路断路器合闸

7-19. 发电机灭火前应确定（　　）已经分闸。

A. 发电机的断路器和隔离开关　　　　　　　B. 发电机的隔离开关和灭磁开关

C. 发电机的断路器和灭磁开关　　　　　　　D. 发电机的断路器、隔离开关和灭磁开关

7-20. 水电厂安全管理制度为（　　）和设备定期试验与轮换制度。

A. 工作许可制度、工作监护制度、工作票制度、操作票制度

B. 工作监护制度、工作票制度、操作票制度、交接班制度

C. 工作票制度、操作票制度、交接班制度、巡回检查制度

D. 操作票制度、交接班制度、巡回检查制度、工作许可制度

**三、填空题（每空 1 分，共 30 分）**

7-21. 电气设备上安全工作的四大组织措施为＿＿＿＿＿＿制度、＿＿＿＿＿＿制度、＿＿＿＿＿＿制度和工作间断、转移、终结制度。

7-22. 凡是在电气设备上进行停电或不停电的工作，事先都必须得到＿＿＿＿＿＿＿的许可。

7-23. 验电前先把验电器在＿＿＿＿＿设备上试验，以确认验电器是良好的。

7-24. 倒闸操作应做到"三不"：不伤害＿＿＿＿＿，不伤害＿＿＿＿＿，不被＿＿＿＿＿伤害。

7-25. 防止误操作的技术措施有＿＿＿＿＿闭锁、＿＿＿＿＿闭锁、＿＿＿＿＿闭锁和＿＿＿＿＿闭锁。

7-26. 电气设备操作安全用具有＿＿＿＿＿＿灯具、＿＿＿＿＿面具、＿＿＿＿＿眼镜、＿＿＿＿＿杆、＿＿＿＿＿夹钳、＿＿＿＿＿手套、＿＿＿＿＿靴、＿＿＿＿＿垫、＿＿＿＿＿台、＿＿＿＿＿笔。

7-27. 不得携带＿＿＿＿＿杆件进入升压站，以免触及高压带电体或尖端放电发生人身事故。

7-28. 每一位运行人员必须牢记每一条调度术语的＿＿＿＿＿，正确理解每一条调度术语的＿＿＿＿＿。避免由于对调度术语的不正确理解，出现＿＿＿＿＿、＿＿＿＿＿，造成重大设备和人身事故。

7-29. 值班调度员发布指令或接受汇报时，受话方必须＿＿＿＿＿＿内容以确认正确性。

7-30. 水电厂运行值班员应对其执行调度指令的＿＿＿＿＿性负责。

7-31. 未经值班调度员许可，任何单位和个人不得擅自改变其调度管辖设备的_____。

## 四、简答题（5题，共28分）

7-32. 什么是工作间断、转移、终结制度？（5分）

7-33. 电气设备上安全工作技术措施中的停电要求？（6分）

7-34. 什么是断路器分、合闸前必须进行"三核对"？（6分）

7-35. 送电操作的安全措施？（6分）

7-36. 电气设备典型的误操作有哪五种？（5分）

# 附　表

　　　　　　　　　　发电厂（变电所）第一种工作票

第＿＿＿＿＿号

1. 工作负责人（监护人）：＿＿＿＿＿＿＿＿＿＿＿＿＿＿＿＿＿＿＿＿＿＿＿＿＿＿＿＿

　　班组：＿＿＿＿＿＿＿＿＿＿＿＿＿＿＿＿＿＿＿＿＿＿＿＿＿＿＿＿＿＿＿＿＿＿＿＿

2. 工作班人员：＿＿＿＿＿＿＿＿＿＿＿＿＿＿＿＿＿＿＿＿＿＿＿＿＿＿　共　　人

3. 工作内容和工作地点：＿＿＿＿＿＿＿＿＿＿＿＿＿＿＿＿＿＿＿＿＿＿＿＿＿＿＿＿

＿＿＿＿＿＿＿＿＿＿＿＿＿＿＿＿＿＿＿＿＿＿＿＿＿＿＿＿＿＿＿＿＿＿＿＿＿＿＿＿＿

4. 计划工作时间：　　　　自＿＿＿＿＿年＿＿＿＿＿月＿＿＿＿＿日＿＿＿＿＿时＿＿＿＿＿分

　　　　　　　　　　　　至＿＿＿＿＿年＿＿＿＿＿月＿＿＿＿＿日＿＿＿＿＿时＿＿＿＿＿分

5. 安全措施。

| （下列由工作票签发人填写） | （下列由工作许可人或值班员填写） |
|---|---|
| （应拉断路器和隔离开关，包括填写前已拉断路器和隔离开关，并注明编号） | （已拉断路器和隔离开关并注明编号） |
| （应装接的地线并注明确实地点） | （已装接地线并注明接地线编号和装设地点） |
| （应设遮拦和应挂标识牌） | （已设遮拦和已挂标识牌并注明地点） |
| 工作票签发人签名：＿＿＿＿＿＿＿<br>收到工作票时间：＿＿＿年＿＿＿月＿＿＿日＿＿＿时＿＿＿分<br>值班负责人签名：＿＿＿＿＿＿＿ | 工作许可人签名：＿＿＿＿＿＿＿＿＿<br>值班负责人签名：＿＿＿＿＿＿＿＿＿ |

值长签名：＿＿＿＿＿＿＿＿＿

6. 许可开始工作时间：＿＿＿＿＿年＿＿＿＿月＿＿＿＿日＿＿＿＿时＿＿＿＿分

　　工作许可人签名：＿＿＿＿＿＿＿＿　　　　工作负责人签名：＿＿＿＿＿＿＿＿＿

7. 工作负责人变动：

　　原工作负责人＿＿＿＿＿＿＿＿＿＿离去，变更＿＿＿＿＿＿＿＿＿＿＿＿为工作负责人。

　　变更时间：＿＿＿＿＿年＿＿＿＿＿月＿＿＿＿＿日＿＿＿＿＿时＿＿＿＿＿分

　　工作票签发人签名：＿＿＿＿＿＿＿＿

8. 工作票延期，有效期延长到＿＿＿＿＿年＿＿＿＿＿月＿＿＿＿＿日＿＿＿＿＿时＿＿＿＿＿分

　　工作负责人签名：＿＿＿＿＿＿＿＿＿＿＿＿＿＿＿＿＿＿＿＿＿＿＿＿＿＿＿＿＿＿

　　值长或值班负责人签名：＿＿＿＿＿＿＿＿＿＿＿＿＿＿＿＿＿＿＿＿＿＿＿＿＿＿

9. 工作终结：

　　工作班人员已全部撤离，现场已清理完毕。

　　全部工作于＿＿＿＿＿年＿＿＿＿＿月＿＿＿＿＿日＿＿＿＿＿时＿＿＿＿＿分结束。

　　接地线共＿＿＿＿＿＿＿＿＿＿＿＿＿＿＿＿＿＿＿＿＿＿＿＿＿＿组已拆除。

　　　工作负责人签名：＿＿＿＿＿＿＿＿　　　　工作许可人签名：＿＿＿＿＿＿＿＿＿

　　　　　　　　　　　　　　　　　　　　　　值班负责人签名：＿＿＿＿＿＿＿＿＿

10. 备注：＿＿＿＿＿＿＿＿＿＿＿＿＿＿＿＿＿＿＿＿＿＿＿＿＿＿＿＿＿＿＿＿＿＿＿

＿＿＿＿＿＿＿＿＿＿＿＿＿＿＿＿＿＿＿＿＿＿＿＿＿＿＿＿＿＿＿＿＿＿＿＿＿＿＿＿＿

**附表 Ⅱ**　　　　　　　　　　　　　**发电厂（变电所）第二种工作票**

第_____号

1. 工作负责人（监护人）：_____

　　班组：_____

　　工作班人员：_____ 共　人

2. 工作任务：_____

_____

_____

_____

3. 计划工作时间：　　　　自_____年_____月_____日_____时_____分

　　　　　　　　　　　　至_____年_____月_____日_____时_____分

4. 安全条件（停电或不停电）：

_____

_____

5. 注意事项（安全措施）：_____

_____

_____

_____

_____

_____

_____

_____

_____

_____

_____

工作票签发人签名：_____

6. 许可开始工作时间：_____年_____月_____日_____时_____分

　　工作许可人（值班员）签名：_____

　　工作负责人签名：_____

7. 工作结束时间：_____年_____月_____日_____时_____分

　　工作负责人签名：_____

　　工作许可人（值班员）签名：_____

8. 备注：_____

_____

_____

_____

_____

**附表Ⅲ**　　　　　　　　　　　　**发电厂（变电所）倒闸操作票**

编号：＿＿＿＿＿＿＿＿

操作开始时间：　　年　　月　　日　　时　　分　　　　终了时间：　　日　　时　　分

操作任务：

| √ | 顺　序 | 操　作　项　目 |
|---|---|---|
| | | |
| | | |
| | | |
| | | |
| | | |
| | | |
| | | |
| | | |
| | | |
| | | |
| | | |
| | | |
| | | |
| | | |
| | | |
| | | |
| | | |
| | | |
| | | |
| | | |
| | | |
| | | |
| | | |
| | | |
| | | |
| | | |
| | | |
| | | |
| | | |

操作人：＿＿＿＿＿＿　　监护人：＿＿＿＿＿＿　　值班负责人：＿＿＿＿＿＿　　值长：＿＿＿＿＿＿

# 习 题 参 考 答 案

第一章：

**一、判断题**

1-1. ×；1-2. √；1-3. ×；1-4. √；1-5. √。

**二、选择题**

1-6. D；1-7. C；1-8. B；1-9. A；1-10. C；1-11. C；1-12. A；1-13. D；1-14. B；1-15. C；1-16. B；1-17. C；1-18. C；1-19. D；1-20. D。

**三、填空题**

1-21. <u>6000</u> ，<u>10000</u> ，<u>220/380</u> 。1-22. <u>电流</u> ，<u>变化率</u> 。

1-23. <u>有效值</u> ，<u>初相位</u> 。1-24. <u>调相运行</u> ，<u>无功补偿电容器</u> 。

1-25. <u>功率因数</u> ，<u>无功补偿电容器</u> 。1-26. <u>电磁力</u> ，<u>相互独立</u> 。

1-27. <u>原方</u> ，<u>匝数 $N_2$</u> ，<u>电压 $U_2$</u> 。1-28. <u>3000</u> ，<u>同步</u> 。

1-29. <u>磁极对数</u> ，<u>旋转方向</u> ，<u>旋转转速</u> 。1-30. <u>低</u> ，<u>转差</u> 。

1-31. <u>1450</u> ，<u>960</u> 。1-32. <u>6~7</u> ，<u>线路电压</u> 。

1-33 <u>熔断丝</u> ，<u>开关</u> ，<u>中断</u> 。

**四、简答题**

1-34. 答：感性负荷在交流电路中将电源的一部分电能消耗并转换成光能、热能或机械能等非电能，这部分能量消耗的功率称有功功率。另一部分电能在感性负荷与电源之间进行不消耗的反复的电能与磁场能的能量转换，这部分不消耗的能量转换的功率称无功功率。

1-35. 答：负荷功率因数过低会造成发电机有功出力不足，直接影响发电厂的经济效益。造成电网的网损增加，供电部门的经济效益下降。造成线路压降增大，受电端用户的电压下降。

1-36. 答：水电厂在枯水期将空闲的机组启动起来并入电网，再关闭导叶切断水流，成为电网提供电能的同步电动机运行，此时再增大励磁电流，电机空转消耗少量的有功功率，发出大量的无功功率。

1-37. 答：（1）对三相电源来讲三相异步电动机、工业电炉属于三相对称负载；（2）所有的民用单相负载属于三相不对称负载；（3）对于不对称负荷必须采用三相四线制供电。

1-38. 答：可控硅控制极输入触发脉冲 $U_g$ 来得越早，控制角 $\alpha$ 越小，导通角 $\beta$ 越大，输出直流电压平均值 $U$ 越高；触发脉冲 $U_g$ 来得越迟，控制角 $\alpha$ 越大，导通角 $\beta$ 越小，输出直流电压平均值 $U$ 越低。因此改变控制角 $\alpha$ 可以方便地改变可控硅整流电的输出电压。

第二章：

**一、判断题**

2-1. ×；2-2. ×；2-3. ×；2-4. √；2-5. ×。

**二、选择题**

2-6.B；2-7.D；2-8.C；2-9.C；2-10.D；2-11.C；2-12.B；2-13.C；

2-14.C；2-15.C；2-16.A；2-17.C；2-18.D；2-19.B；2-20.B。

**三、填空题**

2-21.　36　，　144　，　相　，　线　。

2-22.　瓦衬　，　瓦托　，　机架　，　镜板　。

2-23.　轴承座　。2-24.　推力　，　径向　，　轴承座　，　0.3　。

2-25.　可靠性　，　绝缘投资　，　35　。2-26.　5A　，　消弧线圈　。

2-27.　零　，　地　。2-28.　工作　，　隔离/试验　，　柜内　，　柜外　。

2-29.　带负荷分闸　，　带负荷合闸　。2-30.　储能电机　，　合闸弹簧　。

2-31.　并　，　串　。

**四、简答题**

2-32.答：（1）发电机转子旋转磁场会在附近定子外壳，上机架和下机架等所有固定不动的金属部件产生感应电动势，借道发电机主轴形成电流回路。（2）轴电流的流通一方面消耗能量，使金属部件发热，另一方面由于轴瓦间隙处接触电阻大，发热比较大，加速润滑油的老化，使油温上升。

2-33.答：分接开关的作用是根据现场电力线路实际情况调整线圈匝数，在线路电压长期偏高或偏低时，保证发电机所带无功功率正常。

2-34.答：电力系统的线路在输送电能的路途上，大量工业高频电力设备和民用通信设备产生的电磁波会对电力线路感应产生谐波，大量工业电力电子变流装置和民用电子产品整流装置也会向电网反射谐波。

2-35.答：两机一变水电厂有1号发电机出口断路器1QF同期点，2号发电机出口断路器2QF同期点，主变压器高压侧断路器4QF同期点。其中4QF同期点的同期装置基本是一个摆设。

2-36.答：低压机组发电机三相绕组"Y"连接，并且将发电机中性点接地并引出零线，零线使得在主变压器脱离电网时，可以启动机组，由发电机能实现对自己电厂的三相四线制供电。

**第三章：**

**一、判断题**

3-1.×；3-2.×；3-3.×；3-4.×；3-5.√。

**二、选择题**

3-6.A；3-7.C；3-8.A；3-9.B；3-10.C；3-11.C；3-12.D；3-13.C；

3-14.C；3-15.A；3-16.C；3-17.B；3-18.C；3-19.D；3-20.A。

**三、填空题**

3-21.　异步电动机　，　检修维护　，　空调照明　，　直流厂用电　。

3-22.　"Y"　，　地　。

3-23.　保护　，　控制　，　测量　，　监视　，　事故照明　。

3-24.　电压毫伏　。

3-25.　整流模块　，　电池监测仪　，　绝缘监测仪　，　降压装置　。

3-26. ___终止___ 。

3-27. ___恒流限压___ ， ___恒压限流___ ， ___恒压浮___ ， ___720___ ， ___恒流限压___ 。

3-28. ___励磁电压___ ， ___励磁电流___ ， ___机端电压___ 。3-29. ___就地___ ， ___变压器___ 。

3-30. ___调差___ ， ___调差率___ ， ___明确___ 。

## 四、简答题

3-31. 答：（1）PZG6 型高频开关模块式微机直流系统整流模块组由 M1～M4 四个整流模块并联后组成。（2）将交流电整流成直流正、负电压后送到母线 L2＋、L－两根铝排上，L2＋向蓄电池充电的同时经降压装置将直流电压再送到母线 L1＋铝排上。

3-32. 答：（1）微机监控模块内的参数不能随意修改，如果确需修改，必须得到厂家认可；（2）整流模块上的电位器严禁随意调整；（3）蓄电池组做容量试验时，不得将蓄电池组的电放尽。任何情况下，蓄电池组的电压不得低于整个蓄电池组的终止电压 $10.5 \times n$V，$n$ 为蓄电池的个数。

3-33. 答：（1）低压机组发电机转子励磁有静止可控硅励磁、无刷励磁和电抗分流励磁三种方式。（2）其中静止可控硅励磁与高压机组发电机励磁相同。

3-34. 答：（1）异步电动机过载最严重的后果是定子线圈发热甚至烧毁。（2）异步电动机轻载势必会造成异步电动机的功率因数进一步降低。（3）应尽量避免异步电动机长时间空转或大功率异步电动机带小功率机械负荷。

3-35. 答：利用硅堆的正向导通特性，保证在断路器合闸造成合闸母线 HM 电压瞬间波动±6V 时，波动部分电压全部消化在硅堆上，控制母线 KM 电压几乎不变，保证控制母线直流用户安全稳定运行。

## 第四章：

### 一、判断题

4-1. √；4-2. ×；4-3. √；4-4. ×；4-5. ×。

### 二．选择题

4-6. D；4-7. C；4-8. B；4-9. B；4-10. A；4-11. D；4-12. A；4-13. B；4-14. A；4-15. A；4-16. B；4-17. B；4-18. B；4-19. D；4-20. A。

### 三、填空题

4-21. ___软件编程___ ， ___自动化元件___ 。

4-22. ___中间___ ， ___同期检查___ ， ___双线圈___ 。

4-23. ___电模拟___ ， ___电开关___ ， ___非电模拟___ ， ___非电开关___ 。

4-24. ___非电模拟___ ， ___电模拟___ 。

4-25. ___电气式转速___ ， ___温度___ ， ___电力___ ， ___交流电能___ 。

4-26. ___去向何方___ ， ___回路号___ 。4-27. ___95___ ， ___30___ ， ___10___ ， ___自主___ 。

4-28. ___频率___ ， ___电压___ ， ___相位___ 。4-29. ___旁路___ ， ___"切除"___ ， ___手动___ 。

4-30. ___电压___ ， ___非同期合闸___ 。4-31. ___短路___ 。

## 四、简答题

4-32. 答：接触器和继电器控制回路相同，都是用二次控制回路的电流或电压信号切换被控回路。接触器和继电器的被控回路数不同，接触器有被控一次主回路和被控二次回路，继电器路只有被控二次回路。

4-33. 答：两个完全一样的模块，输入一样的交流模拟量信号和开关量信号，一样的软件运行，输出一样的可控硅触发脉冲，但是只有主机输出六路触发脉冲经六只脉冲变压器1MB～6MB分别送往六只可控硅的控制极，从机只产生触发脉冲不输出，一旦主机故障退出，从机立即无扰动切换成主机，这种运行方式称热备用的无扰动切换。

4-34. 答：发电机手动准同期操作时，先将粗细调开关转到"粗调"位置，操作人员眼睛看着组合同期表，左手不断点动转速调整开关3KK；右手不断点动电压调整开关2KK，使频率差表和电压差表的两个指针趋向于水平。然后再将粗细调切换开关顺钟向转到"细调"位置。

4-35. 答：当发电机发生电气事故时，微机保护模块同时输出三个开关量：TJ1闭合直接作用断路器操作回路发电机甩负荷跳闸；TJ2闭合直接作用灭磁开关操作回路灭磁开关跳闸压；TJ3闭合直接作用调速器操作回路紧急关闭导叶。

4-36. 答：5%额定转速时，输出开关量告知机组LCU的PLC机组即将停转；35%额定转速时，输出开关量作用机组刹车制动；80%额定转速时，输出开关量作用调速器测频回路投入；95%额定转速时，输出开关量作用励磁调节器励磁投入；115%额定转速时，输出开关量作用机组事故停机；140%额定转速时，输出开关量作用机组紧急停机。

第五章：

一、判断题

5-1. √；5-2. √；5-3. √；5-4. ×；5-5. ×。

二．选择题

5-6. A；5-7. D；5-8. C；5-9. A；5-10. A；5-11. B；5-12. C；5-13. D；
5-14. A；5-15. D；5-16. D；5-17. D；5-18. B；5-19. C；5-20. D。

三、填空题

5-21. 机组，公用，PLC，CPU。

5-22. 地址码，地址，数据。 5-23. 标准电模拟。

5-24. 模/数，高电位，低电位。

5-25. 主控，现地控制单元，通信工作。

5-26. 现地控制单元，LCU，现地控制单元，LCU。

5-27. 通信，开关量。 5-28. 调制解调器，通信，以太网。

5-29. 喇叭，电铃。

5-30. 发电机断路器跳闸、灭磁开关跳闸、导叶关到零。

5-31. 失灵，失准。

四、简答题

5-32. 答：单一功能的分体式PLC模块有开关量输入模块、模拟量输入模块、开关量输出模块、模拟量输出模块、中央处理器模块和电源模块六种。

5-33. 答：机组PLC的CPU通过总线（STD Bus）接受所有开关量输入模块的输入开关量和模拟量输入模块的输入的模拟量，由预先编制好的控制软件程序进行分析、处理，最终再通过总线（STD Bus）经开关量输出模块输出开关量，对本机组设备进行操作控制。

5-34. 答：所有模拟量输出全部由输出锁存器输出用"高电位"和"低电位"表示的二进制数字量。再经过模块内的D/A（数/模）转换器转换成0～10V的标准电模拟量调节信号，调节控制被控对象。

5-35.答：公用部分的主变线路微机保护、主变智能电参数测量仪、厂变智能电参数测量仪、主变智能电度表、厂变智能电度表通过公用 LCU 的 PLC 的 RS485 通信接口经调制解调器 DB 与公用通信服务器 CS 连接，进行信息交换。

5-36.答：计算机监控系统首次安装时，水电厂技术人员更应该关注计算机监控的流程设计是否合理？是否有多余的操作流程或是否会产生安全隐患？

**第六章：**

**一、判断题**

6-1.√；6-2.×；6-3.×；6-4.×；6-5.√。

**二、选择题**

6-6.C；6-7.D；6-8.C；6-9.D；6-10.C；6-11.A；6-12.A；6-13.C；

6-14.A；6-15.C；6-16.C；6-17.B；6-18.B；6-19.D；6-20.D。

**三、填空题**

6-21. __1__ ， __1∶3__ ， __1/3__ 。6-22. __500__ ， __0.5__ ， __0.1__ 。

6-23. __人身__ ， __设备__ 。6-24. __95__ ， __55__ ， __85__ 。

6-25. __电压__ ， __50__ ， __1.3__ 。6-26. __带电__ ， __电流__ 。

6-27. __2__ ， __4__ ， __8__ 。6-28. __运行日志__ ， __电度量整点记录__ ， __90__ 。

6-29. __非破坏性__ ， __破坏性__ 。

6-30. __绝缘电阻__ ， __吸收比__ ， __泄漏电流试验__ ， __介质损失角正切值__ 。

6-31. __交流耐压__ ， __直流耐压__ 。

**四、简答题**

6-32.答：因为当发电机电压高于额定值时，意味着本来用来带无功功率的励磁电流，现在用来建立机端电压，如果现在还是带额定无功功率的话，意味着转子励磁电流过大，所以要求此时关注励磁电流不得超过额定值。

6-33.答：当发电机电压低于额定值时，意味着本来用来建立发电机机端电压的励磁电流现在用来带无功功率。如果现在转子仍是额定励磁电流的话，意味着所带的无功功率大于额定无功功率。有可能造成发电机定子电流过大。所以要求此时关注定子电流不得超过额定值的105％，转子励磁电流不得超过额定值。

6-34.答：因为发电机机端电压不但与转子励磁电流成正比，还与转速成正比。当发电机频率过低也就是转速过低时，为维持原来的电压，本来用来带无功功率的励磁电流现在用来建立机端电压，如果仍带额定无功功率的话，意味着转子过电流，所以要求此时关注转子励磁电流不得超过额定值。

6-35.答：当发电机功率因数低于0.8时，根据功率三角形可知，肯定是发电机所带的无功功率大于额定无功功率，如果此时机端电压为额定电压的话，意味着转子励磁电流大于额定励磁电流，如果此时发电机带额定有功功率的话，意味着定子电流大于额定定子电流。

6-36.答：(1)禁止在通电情况下插拔通信插头，以防通信口损坏；(2)禁止运行与监控系统无关的程序，尤其是游戏，以防系统运行缓慢或死机；(3)禁止在监控计算机上使用来路不明或不能保证不带病毒的软盘、光盘或带 USB 接口的存储设备，以防止监控计算机被病毒感染。

**第七章：**

**一、判断题**

7-1. ×；7-2. √；7-3. ×；7-4. √；7-5. √。

**二、选择题**

7-6. C；7-7. D；7-8. B；7-9. D；7-10. A；7-11. A；7-12. B；7-13. A；

7-14. D；7-15. D；7-16. A；7-17. C；7-18. A；7-19. C；7-20. C。

**三、填空题**

7-21. 工作票 ， 工作许可 ， 工作监护 。7-22. 工作许可人 。

7-23. 有电 。7-24. 自己 ， 别人 ， 别人 。

7-25. 机械 ， 电气 ， 电磁 ， 微机 。

7-26. 安全照明 ， 防毒 ， 护目 ， 绝缘 ， 绝缘 ， 绝缘 ，

　　　 绝缘 ， 绝缘 ， 绝缘 ， 验电 。

7-27. 长金属 。7-28. 名称 ， 意思 ， 误操作 ， 错操作 。

7-29. 重复通话 。7-30. 正确 。7-31. 状态 。

**四、简答题**

7-32. 答：凡是电气设备上的工作一旦开始，工作过程中遇到需要中断一段工作时间时，必须办理工作间断手续。工作过程中需要转移工作地点时，必须办理工作转移手续。工作完成终结时，必须办理工作终结手续。

7-33. 答：既要断开断路器，又要断开隔离开关，并且将隔离开关的操作把手锁住。手车式断路器应拉出到试验或检修位置，应断开停电设备和可能来电的断路器的控制电源和合闸电源。与停电设备有关的变压器、电压互感器，必须高、低两侧都断开。

7-34. 答：在断路器分、合闸前必须根据断路器自身的机械指示位置、电气控制回路指示灯指示的位置和断路器所在回路的仪表指示三者来核对断路器的实际位置，不能盲目相信三者其中的一个位置指示。

7-35. 答：（1）检查设备上装设的各种临时安全措施和接地线确已完全拆除；（2）检查有关继电保护和自动装置确已按规定投入；（3）检查断路器确在断开位置；（4）合隔离开关；（5）合断路器。

7-36. 答：电气设备典型的误操作有带负荷拉合隔离开关、带接地线合闸、带电挂接地线或和接地刀闸、误拉合断路器和误入带电隔离五种。